RPM

유형의 완성 RPM

중학 수학 **1-2**

KB085375

구성과 특징

핵심 개념 정리 & 교과서문제 정복하기

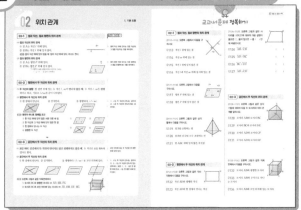

● 핵심 개념 정리

교과서에 나오는 꼭 필요한 핵심 개념만을 모아 알차게 정리하였습니다. 추가 설명이 필요한 개념은 예와 주의, 참고를 구성하여 개념 이해를 돕도록 하였습니다.

● 교과서문제 정복하기

개념과 공식을 바로 적용해 보는 교과서 기본 문제를 충분히 구성하여 개념을 확실히 익힐 수 있습니다.

유형 & 유형 UP 익히기

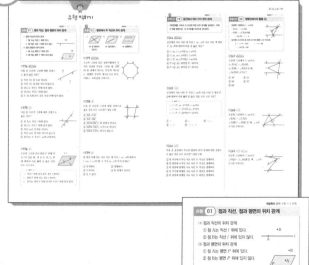

● 유형 익히기

모든 수학 문제를 개념&공식/해결 방법/문제 형태로 유형화하고 유형별 핵심 공략법을 제시하여 문제해결력을 키울 수 있습니다.

필수 유형은 중요로 표시하였고, 유형 내에서는 난이도 순으로 문제를 구성하여 자연스럽게 유형별 완전 학습이 이루어지도록 하였습니다. 또한 중요한 고난도 유형은 유형 익히기 마지막에 유형UP을 별도로 구성하여 단계별 학습이 가능합니다.

● 개념원리 연계 링크

각 유형에 대한 기본 개념의 원리와 공식의 적용 방법을 더 자세히 학습할 수 있는 개념원리 기본서 쪽수를 제시하였습니다.

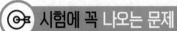

● 시험에 꼭 나오는 문제

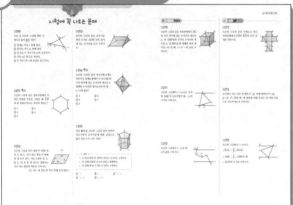

시험에 꼭 나오는 문제를 선별하여 유형별로 골고루 구성하고, 특히 출제율이 높은 문제는 **중요**로 표시하였습니다.

또한 시험에 자주 출제되는 서술형 문제와 고난도 문제도 **서술형 주관식 / 실력 UP**으로 구성하여 실전에도 완벽하게 대비할 수 있습니다.

● 대표문제 다시 풀기

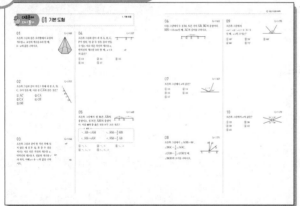

각 유형 대표문제의 쌍둥이 문제를 제공하여 유형별 점검이 가능합니다. 문제에 제시된 번호를 따라가면 대표문제 및 유형별 복습을 원활히 할 수 있습니다.

RPM 유형 완성 Check List

매일매일 꾸준히 풀어서 **RPM** 유형 학습을 완성해 보세요.

1. 각 코너별로 학습할 문제 수를 확인하고 학습 기간을 정하세요.

2. 학습 후 맞힌 문제 수를 성취도 칸에 적고, My Log에 '**칭찬할 점**'과 '**개선할 점**'을 스스로 정리해 보세요.

꾸준히 해나가는 것은 정말 대단한 일이에요!

단원명		교과서 문제	유형 익히기	시험에 꼭!	대표문제 다시 풀기 (부록)	My Log
01 기본 도형	학습 계획	3/1~3/2				
	성취도	/47	/47	/18	/14	
02 위치 관계	학습 계획					
	성취도	/61	/76	/26	/20	
03 작도와 합동	학습 계획					
	성취도	/31	/48	/24	/14	
04 다각형	학습 계획					
	성취도	/42	/85	/24	/24	
05 원과 부채꼴	학습 계획					
	성취도	/39	/65	/22	/18	
06 다면체와 회전체	학습 계획					
	성취도	/31	/73	/29	/20	
07 입체도형의 겉넓이와 부피	학습 계획					
	성취도	/33	/94	/27	/26	
08 대푯값	학습 계획					
	성취도	/23	/18	/18	/6	
09 도수분포표와 상대도수	학습 계획					
	성취도	/30	/61	/24	/19	

● 매일매일 학습한 문제 수에 맞게 색칠하면 조금씩 성장하는 나를 확인할 수 있어요!

Goal **1277Q**

0   100   200   300   400   500   600   700   800   900   1000 1100 1200

어제보다 나은 **오늘의 나**

오늘보다 나은 **내일의 나**

조금씩 조금씩 **성장하는 나**

I
기본 도형

01 기본 도형

01-1 점, 선, 면

개념플러스 ✅

(1) 도형의 기본 요소

   ① 점, 선, 면을 도형의 기본 요소라 한다.

   ② 점이 움직인 자리는 선이 되고, 선이 움직인 자리는 면이 된다.

(2) 평면도형과 입체도형

   ① 평면도형: 삼각형, 원과 같이 한 평면 위에 있는 도형

   ② 입체도형: 정육면체, 삼각뿔과 같이 한 평면 위에 있지 않은 도형

(3) 교점과 교선

   ① **교점**: 선과 선 또는 선과 면이 만나서 생기는 점

   ② **교선**: 면과 면이 만나서 생기는 선

> 선은 무수히 많은 점으로 이루어져 있고, 면은 무수히 많은 선으로 이루어져 있다.
>
> 선에는 직선과 곡선이 있고, 면에는 평면과 곡면이 있다.
>
> 교선은 직선이 될 수도 있고 곡선이 될 수도 있다.

참고 평면으로만 둘러싸인 입체도형에서 교점의 개수는 꼭짓점의 개수와 같고, 교선의 개수는 모서리의 개수와 같다.

01-2 직선, 반직선, 선분

(1) 직선이 정해질 조건: 한 점을 지나는 직선은 무수히 많지만 서로 다른 두 점을 지나는 직선은 오직 하나뿐이다.

(2) 직선, 반직선, 선분

   ① **직선 AB**: 서로 다른 두 점 A, B를 지나 양쪽으로 한없이 곧게 뻗은 선을 직선 AB라 하고, 기호로 $\overleftrightarrow{AB}$와 같이 나타낸다.

   ② **반직선 AB**: 직선 AB 위의 한 점 A에서 시작하여 점 B의 방향으로 한없이 뻗어 나가는 직선의 일부분을 반직선 AB라 하고, 기호로 $\overrightarrow{AB}$와 같이 나타낸다.

   ③ **선분 AB**: 직선 AB 위의 두 점 A, B를 포함하여 점 A에서 점 B까지의 부분을 선분 AB라 하고, 기호로 $\overline{AB}$와 같이 나타낸다.

> $\overleftrightarrow{AB}$와 $\overleftrightarrow{BA}$는 같은 직선이다.
>
> $\overrightarrow{AB}$와 $\overrightarrow{BA}$는 시작점과 뻗어 나가는 방향이 모두 다르므로 서로 다른 반직선이다.
>
> $\overline{AB}$와 $\overline{BA}$는 같은 선분이다.

01-3 두 점 사이의 거리

(1) 두 점 A, B 사이의 거리: 두 점 A, B를 양 끝 점으로 하는 무수히 많은 선 중에서 길이가 가장 짧은 선은 선분 AB이다. 이때 선분 AB의 길이를 **두 점 A, B 사이의 거리**라 한다.

두 점 A, B 사이의 거리

> $\overline{AB}$는 도형으로서 선분 AB를 나타내기도 하고, 그 선분의 길이를 나타내기도 한다.

(2) 선분 AB의 중점: 선분 AB 위의 한 점 M에 대하여 $\overline{AM}=\overline{MB}$일 때, 점 M을 선분 AB의 **중점**이라 한다.

➡ $\overline{AM}=\overline{MB}=\dfrac{1}{2}\overline{AB}$

선분 AB의 중점

선분 AB의 삼등분점

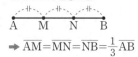

➡ $\overline{AM}=\overline{MN}=\overline{NB}=\dfrac{1}{3}\overline{AB}$

교과서문제 정복하기

▶ 정답 및 풀이 2쪽

01-1 점, 선, 면

[0001~0003] 다음 설명이 옳으면 ○, 옳지 않으면 ×를 ( ) 안에 써넣으시오.

0001 점, 선, 면을 도형의 기본 요소라 한다. ( )

0002 점이 움직인 자리는 항상 직선이 된다. ( )

0003 교선은 선과 선이 만날 때 생긴다. ( )

[0004~0006] 오른쪽 그림과 같은 삼각뿔에 대하여 다음을 구하시오.

0004 면의 개수

0005 교점의 개수

0006 교선의 개수

[0007~0009] 오른쪽 그림과 같은 삼각기둥에 대하여 다음을 구하시오.

0007 면의 개수

0008 교점의 개수

0009 교선의 개수

01-2 직선, 반직선, 선분

[0010~0013] 다음 도형을 기호로 나타내시오.

0010 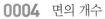 M　　　N

0011 M　　　N

0012 M　　　N

0013 M　　　N

[0014~0017] 오른쪽 그림을 보고 다음 □ 안에 = 또는 ≠을 써넣으시오.

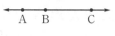
A　B　　C

0014 $\overleftrightarrow{AC}$ □ $\overleftrightarrow{BC}$

0015 $\overrightarrow{BA}$ □ $\overrightarrow{BC}$

0016 $\overrightarrow{CA}$ □ $\overrightarrow{CB}$

0017 $\overline{AC}$ □ $\overline{CA}$

01-3 두 점 사이의 거리

[0018~0019] 오른쪽 그림에서 다음을 구하시오.

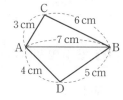

0018 두 점 A, B 사이의 거리

0019 두 점 B, D 사이의 거리

[0020~0022] 오른쪽 그림에서 $\overline{AB}$의 중점을 M, $\overline{AM}$의 중점을 N이라 할 때, 다음 □ 안에 알맞은 수를 써넣으시오.

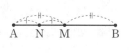
A　N　M　　B

0020 $\overline{AB}$ = □ $\overline{AM}$

0021 $\overline{AM}$ = □ $\overline{NM}$

0022 $\overline{AB}$ = □ $\overline{NM}$

[0023~0025] 오른쪽 그림에서 두 점 M, N이 $\overline{AB}$의 삼등분점일 때, 다음 □ 안에 알맞은 수를 써넣으시오.

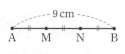
A　M　N　B

0023 $\overline{AM}$ = □ cm

0024 $\overline{AN}$ = □ cm

0025 $\overline{MB}$ = □ cm

01-4 각

(1) **각 AOB**: 두 반직선 OA, OB로 이루어진 도형을 각 AOB라 하고, 기호로 ∠**AOB**와 같이 나타낸다.

참고 ∠AOB는 ∠BOA, ∠O, ∠a로 나타내기도 한다.

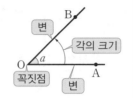

(2) **∠AOB의 크기**: ∠AOB에서 꼭짓점 O를 중심으로 변 OA가 변 OB까지 회전한 양

(3) **각의 분류**

① **평각**: 각의 두 변이 꼭짓점을 중심으로 반대쪽에 있으면서 한 직선을 이루는 각, 즉 크기가 180°인 각

② **직각**: 평각의 크기의 $\frac{1}{2}$인 각, 즉 크기가 90°인 각

③ **예각**: 크기가 0°보다 크고 90°보다 작은 각

④ **둔각**: 크기가 90°보다 크고 180°보다 작은 각

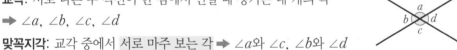

(평각)=180°   (직각)=90°   0°<(예각)<90°   90°<(둔각)<180°

> ∠AOB는 도형으로서 각 AOB를 나타내기도 하고, 그 각의 크기를 나타내기도 한다.
>
>
>
> 위의 그림에서 ∠AOB의 크기는 60° 또는 300°라 생각할 수 있다. 그러나 보통 ∠AOB는 크기가 작은 쪽의 각을 나타낸다.

01-5 맞꼭지각

(1) **교각**: 서로 다른 두 직선이 한 점에서 만날 때 생기는 네 개의 각
➡ ∠a, ∠b, ∠c, ∠d

(2) **맞꼭지각**: 교각 중에서 서로 마주 보는 각 ➡ ∠a와 ∠c, ∠b와 ∠d

(3) **맞꼭지각의 성질**: 맞꼭지각의 크기는 서로 같다. ➡ ∠a=∠c, ∠b=∠d

참고 위의 그림에서 ∠a+∠b=180°, ∠b+∠c=180°이므로 ∠a=∠c, 마찬가지로 ∠b=∠d이다.

> 두 직선이 한 점에서 만나면 2쌍의 맞꼭지각이 생긴다.

01-6 수직과 수선

(1) **직교**: 두 직선 AB와 CD의 교각이 직각일 때, 두 직선은 서로 **직교**한다고 하고, 기호로 $\overleftrightarrow{AB} \perp \overleftrightarrow{CD}$와 같이 나타낸다.

(2) **수직과 수선**: 두 직선이 서로 직교할 때, 두 직선은 서로 수직이고, 한 직선은 다른 직선의 수선이다.

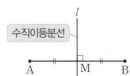

(3) **수직이등분선**: 선분 AB의 중점 M을 지나면서 선분 AB에 수직인 직선 l을 선분 AB의 **수직이등분선**이라 한다.

➡ $l \perp \overline{AB}$, $\overline{AM}=\overline{MB}=\frac{1}{2}\overline{AB}$

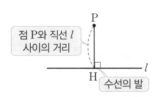

> $\overleftrightarrow{AB}$는 $\overleftrightarrow{CD}$의 수선이고, $\overleftrightarrow{CD}$는 $\overleftrightarrow{AB}$의 수선이다.

(4) **점과 직선 사이의 거리**

① **수선의 발**: 직선 l 위에 있지 않은 한 점 P에서 직선 l에 수선을 그었을 때, 그 수선과 직선 l의 교점 H를 점 P에서 직선 l에 내린 **수선의 발**이라 한다.

② **점과 직선 사이의 거리**: 직선 l 위에 있지 않은 한 점 P에서 직선 l에 내린 수선의 발 H에 대하여 선분 PH의 길이를 점 P와 직선 l 사이의 거리라 한다.

> 선분 PH는 점 P와 직선 l 위의 점을 이은 선분 중에서 길이가 가장 짧다.

교과서문제 정복하기

01-4 각

[0026~0029] 다음 각을 **보기**에서 모두 고르시오.

```
┌── 보기 ──────────────────────────┐
│  ㄱ. 45°      ㄴ. 115°      ㄷ. 180°  │
│  ㄹ. 90°      ㅁ. 72°       ㅂ. 136°  │
└──────────────────────────────────┘
```

0026 예각

0027 직각

0028 둔각

0029 평각

[0030~0033] 오른쪽 그림에서 다음 각을 평각, 직각, 예각, 둔각으로 분류하시오.

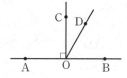

0030 ∠AOB

0031 ∠DOB

0032 ∠AOD

0033 ∠COB

[0034~0035] 다음 그림에서 ∠x의 크기를 구하시오.

0034

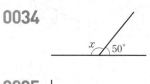

0035

01-5 맞꼭지각

[0036~0038] 오른쪽 그림과 같이 세 직선이 한 점 O에서 만날 때, 다음 각의 맞꼭지각을 구하시오.

0036 ∠AOB

0037 ∠BOC

0038 ∠AOC

[0039~0041] 다음 그림에서 ∠x, ∠y의 크기를 구하시오.

0039

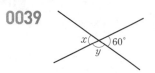

0040

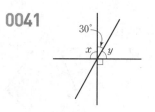

0041

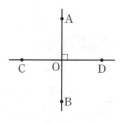

01-6 수직과 수선

[0042~0044] 오른쪽 그림에서 ∠AOD＝90°일 때, 다음 물음에 답하시오.

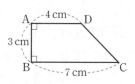

0042 직선 AB와 직선 CD의 관계를 기호로 나타내시오.

0043 점 C에서 직선 AB에 내린 수선의 발을 구하시오.

0044 점 A와 직선 CD 사이의 거리를 나타내는 선분을 구하시오.

[0045~0047] 오른쪽 그림과 같은 사다리꼴 ABCD에 대하여 다음을 구하시오.

0045 점 D에서 $\overline{AB}$에 내린 수선의 발

0046 $\overline{AD}$와 직교하는 변

0047 점 A와 $\overline{BC}$ 사이의 거리

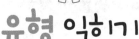

유형 익히기

유형 01 교점, 교선의 개수

(1) 교점: 선과 선 또는 선과 면이 만나서 생기는 점

(2) 교선: 면과 면이 만나서 생기는 선

➡ 평면으로만 둘러싸인 입체도형에서

(교점의 개수)=(꼭짓점의 개수),

(교선의 개수)=(모서리의 개수)

0048 대표문제

오른쪽 그림과 같은 사각뿔에서 교점의 개수를 a, 교선의 개수를 b라 할 때, $b-a$의 값은?

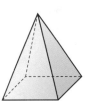

① 1 　　　② 2

③ 3 　　　④ 4

⑤ 5

0049 중하

오른쪽 그림과 같은 직육면체에서 교점의 개수와 교선의 개수를 차례대로 구한 것은?

① 6, 8 　　　② 6, 12

③ 8, 8 　　　④ 8, 12

⑤ 8, 16

0050 중 서술형

오른쪽 그림과 같은 육각기둥에서 면의 개수를 a, 교점의 개수를 b, 교선의 개수를 c라 할 때, $a+b-c$의 값을 구하시오.

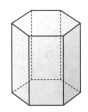

유형 02 직선, 반직선, 선분 중요

(1) ●────● A B ➡ 직선 AB ($\overleftrightarrow{AB}$)

(2) ●────● A B ➡ 반직선 AB ($\overrightarrow{AB}$) → 시작점과 뻗어 나가는 방향이 모두 같아야 같은 반직선이다.

(3) ●────● A B ➡ 선분 AB ($\overline{AB}$)

0051 대표문제

오른쪽 그림과 같이 직선 l 위에 네 점 A, B, C, D가 있을 때, 다음 중 $\overrightarrow{BD}$와 같은 것은?

① $\overrightarrow{AB}$ 　　　② $\overrightarrow{BC}$

③ $\overline{BD}$ 　　　④ $\overleftarrow{BD}$

⑤ $\overrightarrow{DB}$

0052 중하

오른쪽 그림과 같이 직선 l 위에 세 점 A, B, C가 있을 때, 다음 주어진 도형과 같은 것을 보기에서 모두 고르시오.

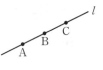

┌─── 보기 ───

ㄱ. $\overrightarrow{AB}$ 　　ㄴ. $\overrightarrow{AC}$ 　　ㄷ. $\overline{AC}$

ㄹ. $\overrightarrow{BA}$ 　　ㅁ. $\overrightarrow{BC}$ 　　ㅂ. $\overrightarrow{CB}$

└────────

(1) $\overrightarrow{AC}$ 　　(2) $\overrightarrow{AB}$ 　　(3) $\overline{BC}$

0053 중

오른쪽 그림과 같이 직선 l 위에 네 점 P, Q, R, S가 있다. 다음 중 옳지 않은 것은?

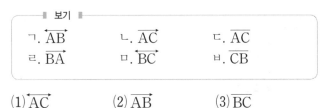

① $\overleftrightarrow{PR}=\overleftrightarrow{QS}$ 　　　　② $\overline{PR}=\overline{RP}$

③ $\overrightarrow{QR}=\overrightarrow{RS}$ 　　　　④ $\overrightarrow{PQ}=\overrightarrow{QR}$

⑤ $\overrightarrow{SP}=\overrightarrow{SR}$

유형 03 직선, 반직선, 선분의 개수 (1)

두 점 A, B로 만들 수 있는 서로 다른 직선, 반직선, 선분은 다음과 같다.

① 직선 ➡ $\overrightarrow{AB}$의 1개

② 반직선 ➡ $\overrightarrow{AB}$, $\overrightarrow{BA}$의 2개 → 직선의 개수의 2배이다.

③ 선분 ➡ $\overline{AB}$의 1개 → 직선의 개수와 같다.

0054 대표문제

오른쪽 그림과 같이 한 직선 위에 있지 않은 세 점 A, B, C 중 두 점을 지나는 서로 다른 직선의 개수를 a, 반직선의 개수를 b라 할 때, $a+b$의 값은?

① 6   ② 8

③ 9   ④ 12

⑤ 15

0055 중

오른쪽 그림과 같이 어느 세 점도 한 직선 위에 있지 않은 네 점 A, B, C, D가 있다. 다음을 구하시오.

(1) 두 점을 지나는 서로 다른 직선의 개수

(2) 두 점을 지나는 서로 다른 반직선의 개수

(3) 두 점을 지나는 서로 다른 선분의 개수

0056 중

오른쪽 그림과 같이 한 원 위에 5개의 점 A, B, C, D, E가 있다. 이 중 두 점을 지나는 서로 다른 반직선의 개수를 구하시오.

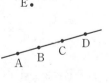

유형 04 직선, 반직선, 선분의 개수 (2)

한 직선 위에 있는 세 점 A, B, C 중 두 점을 골라 만들 수 있는 서로 다른 직선, 반직선, 선분은 다음과 같다.

① 직선 ➡ $\overrightarrow{AB}$의 1개

② 반직선 ➡ $\overrightarrow{AB}$, $\overrightarrow{BA}$, $\overrightarrow{BC}$, $\overrightarrow{CB}$의 4개

③ 선분 ➡ $\overline{AB}$, $\overline{AC}$, $\overline{BC}$의 3개

0057 대표문제

오른쪽 그림과 같이 네 점 A, B, C, D가 있다. 이 중 두 점을 골라 만들 수 있는 서로 다른 직선의 개수를 a, 반직선의 개수를 b라 할 때, $b-a$의 값을 구하시오.

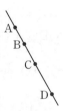

0058 중

오른쪽 그림과 같이 한 직선 위에 네 점 A, B, C, D가 있을 때, 다음을 구하시오.

(1) 두 점을 골라 만들 수 있는 서로 다른 직선의 개수

(2) 두 점을 골라 만들 수 있는 서로 다른 반직선의 개수

(3) 두 점을 골라 만들 수 있는 서로 다른 선분의 개수

0059 상중 서술형

오른쪽 그림과 같이 5개의 점 A, B, C, D, E가 있다. 이 중 두 점을 골라 만들 수 있는 서로 다른 직선의 개수를 a, 반직선의 개수를 b라 할 때, $a+b$의 값을 구하시오.

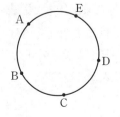

01

기본 도형

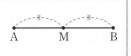

유형 05 선분의 중점

점 M이 $\overline{AB}$의 중점
$\Rightarrow \overline{AM}=\overline{MB}=\dfrac{1}{2}\overline{AB}$

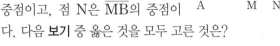

0060 대표문제

오른쪽 그림에서 점 M은 $\overline{AB}$의 중점이고, 점 N은 $\overline{MB}$의 중점이다. 다음 **보기** 중 옳은 것을 모두 고른 것은?

─── 보기 ───

ㄱ. $\overline{AB}=2\overline{MB}$　　　ㄴ. $\overline{MB}=2\overline{NB}$

ㄷ. $\overline{AN}=3\overline{NB}$　　　ㄹ. $\overline{MN}=\dfrac{1}{3}\overline{AB}$

① ㄱ, ㄴ　　　② ㄱ, ㄷ　　　③ ㄴ, ㄹ
④ ㄱ, ㄴ, ㄷ　　⑤ ㄴ, ㄷ, ㄹ

0061 중

오른쪽 그림에서
$\overline{AP}=\overline{PQ}=\overline{QB}$이고 점 M은
$\overline{QB}$의 중점일 때, 다음 중 옳지 <u>않은</u> 것은?

① $\overline{AQ}=\overline{PB}$　　　② $\overline{QB}=\dfrac{1}{3}\overline{AB}$

③ $\overline{MB}=\dfrac{1}{2}\overline{AP}$　　　④ $\overline{AM}=5\overline{QM}$

⑤ $\overline{PB}=\dfrac{3}{2}\overline{PM}$

0062 중

아래 그림과 같이 직선 l 위에 다섯 개의 점 A, M, B, N, C가 있다. $\overline{AB}$의 중점을 M, $\overline{BC}$의 중점을 N이라 할 때, 다음 중 옳은 것을 모두 고르면? (정답 2개)

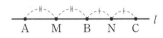

① $\overline{AB}=2\overline{AM}$　　　② $\overline{MN}=\dfrac{1}{3}\overline{AC}$

③ $\overline{MB}=2\overline{BN}$　　　④ $\overline{NC}=\dfrac{1}{2}\overline{BC}$

⑤ $\overline{AN}=\overline{MC}$

중요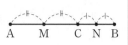

유형 06 두 점 사이의 거리

두 점 M, N이 각각 $\overline{AC}$, $\overline{CB}$의 중점일 때
① $\overline{AM}=\overline{MC}$, $\overline{CN}=\overline{NB}$
② $\overline{AC}=2\overline{MC}$, $\overline{CB}=2\overline{CN}$
③ $\overline{AB}=\overline{AC}+\overline{CB}=2(\overline{MC}+\overline{CN})=2\overline{MN}$

0063 대표문제

다음 그림에서 두 점 M, N은 각각 $\overline{AB}$, $\overline{BC}$의 중점이다. $\overline{MN}=12\,\text{cm}$일 때, $\overline{AC}$의 길이를 구하시오.

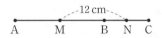

0064 중하

다음 그림에서 점 M은 $\overline{AB}$의 중점이고, 점 N은 $\overline{AM}$의 중점이다. $\overline{NM}=7\,\text{cm}$일 때, $\overline{AB}$의 길이를 구하시오.

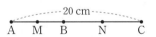

0065 중

다음 그림에서 두 점 M, N은 각각 $\overline{AB}$, $\overline{BC}$의 중점이다. $\overline{AC}=20\,\text{cm}$일 때, $\overline{MN}$의 길이를 구하시오.

0066 상중 서술형

다음 그림에서 $\overline{AB}=3\overline{BC}$이고, 두 점 M, N은 각각 $\overline{AB}$, $\overline{BC}$의 중점이다. $\overline{AM}=6\,\text{cm}$일 때, $\overline{MN}$의 길이를 구하시오.

유형 07 평각 또는 직각을 이용하여 각의 크기 구하기

(1) ∠AOC=180°일 때, ∠BOC=a°라 하면
$$∠AOB=180°-a°$$

(2) ∠AOC=90°일 때, ∠BOC=a°라 하면
$$∠AOB=90°-a°$$

0067 대표문제

오른쪽 그림에서 x의 값은?

① 10 ② 15
③ 20 ④ 25
⑤ 30

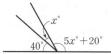

0068 중하

오른쪽 그림에서 ∠x, ∠y의 크기를 구하시오.

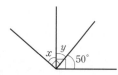

0069 중

오른쪽 그림에서 ∠BOD의 크기를 구하시오.

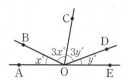

0070 중 서술형

오른쪽 그림에서 ∠BOC의 크기를 구하시오.

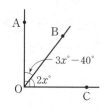

중요 유형 08 각의 크기 사이의 조건이 주어진 경우 각의 크기 구하기

평각의 크기가 180°, 직각의 크기가 90°임을 이용하여 식을 세운 후 각의 크기를 구한다.

➡ ∠AOD=180°, ∠BOC=90°이면
$$∠AOB+∠COD=90°$$

0071 대표문제

오른쪽 그림에서 ∠AOB=90°,
∠BOC=$\frac{1}{4}$∠AOC,
∠COD=$\frac{1}{5}$∠COE일 때,
∠BOD의 크기를 구하시오.

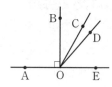

0072 중

오른쪽 그림에서 ∠DOE=68°이고 ∠AOB=∠BOD,
∠COD=$\frac{1}{2}$∠BOD일 때,
∠COD의 크기를 구하시오.

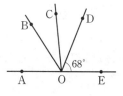

0073 중

오른쪽 그림에서
∠AOB=2∠BOC,
∠DOE=2∠COD일 때,
∠BOD의 크기를 구하시오.

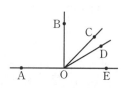

0074 상중

오른쪽 그림에서
5∠AOB=3∠AOC,
5∠DOE=3∠COE일 때,
∠BOD의 크기를 구하시오.

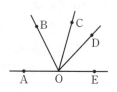

유형 09 각의 크기의 비가 주어진 경우 각의 크기 구하기

오른쪽 그림에서
$\angle x : \angle y : \angle z = a : b : c$일 때
① $\angle x = 180° \times \dfrac{a}{a+b+c}$
② $\angle y = 180° \times \dfrac{b}{a+b+c}$
③ $\angle z = 180° \times \dfrac{c}{a+b+c}$

0075 대표문제

오른쪽 그림에서
$\angle x : \angle y : \angle z = 2 : 1 : 3$일 때,
$\angle y$의 크기는?

① $25°$　　　② $30°$　　　③ $35°$
④ $40°$　　　⑤ $45°$

0076 중하

오른쪽 그림에서 $\angle x : \angle y = 7 : 3$일 때,
$\angle x$의 크기를 구하시오.

0077 중

오른쪽 그림에서
$\angle x : \angle y : \angle z = 1 : 3 : 5$일 때,
$\angle z$의 크기를 구하시오.

0078 중 서술형

오른쪽 그림에서 $\angle AOC = 100°$이고
$\angle AOB : \angle BOC = 3 : 2$일 때,
$\angle BOD$의 크기를 구하시오.

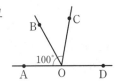

중요 유형 10 맞꼭지각의 성질 (1)

맞꼭지각의 크기는 서로 같다.
➡ $\angle a = \angle c$, $\angle b = \angle d$

0079 대표문제

오른쪽 그림에서 x의 값을 구하시오.

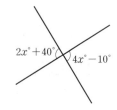

0080 중하

오른쪽 그림에서 x의 값을 구하시오.

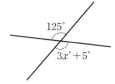

0081 중

오른쪽 그림에서 $y - x$의 값은?

① 30　　　② 40
③ 50　　　④ 60
⑤ 70

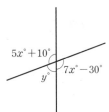

0082 중

오른쪽 그림에서 $2x + y$의 값을 구하시오.

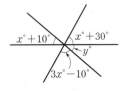

유형 **11** 맞꼭지각의 성질 (2)

오른쪽 그림에서
$\angle a + \angle b = \angle c$

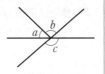

0083 대표문제

오른쪽 그림에서 $y - x$의 값은?

① 45　　② 50

③ 55　　④ 60

⑤ 65

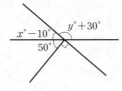

0084 중

오른쪽 그림에서 $\angle a : \angle b = 3 : 2$
일 때, $\angle x$의 크기는?

① 10°　　② 12°

③ 14°　　④ 16°

⑤ 18°

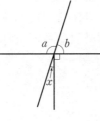

0085 중 서술형

오른쪽 그림에서 $x - y$의 값을 구
하시오.

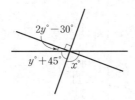

유형 **12** 맞꼭지각의 쌍의 개수

두 직선이 한 점에서 만날 때 생기는 맞꼭지각

➡ $\angle a$와 $\angle c$, $\angle b$와 $\angle d$

➡ 2쌍

0086 대표문제

오른쪽 그림과 같이 세 직선이 한
점 O에서 만날 때 생기는 맞꼭지각
은 모두 몇 쌍인지 구하시오.

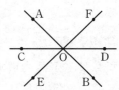

0087 중

오른쪽 그림과 같이 네 직선이 한 점
에서 만날 때 생기는 맞꼭지각은 모
두 몇 쌍인가?

① 4쌍　　② 6쌍

③ 8쌍　　④ 12쌍

⑤ 16쌍

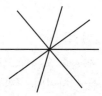

0088 중

오른쪽 그림과 같이 5개의 직선이 한
점에서 만날 때 생기는 맞꼭지각은 모
두 몇 쌍인지 구하시오.

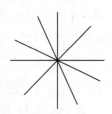

유형 13 수직과 수선

오른쪽 그림에서
① $\overline{AH} \perp l$
② 점 A에서 직선 l에 내린 수선의 발
　➡ 점 H
③ 점 A와 직선 l 사이의 거리
　➡ $\overline{AH}$의 길이

0089 대표문제

다음 중 오른쪽 그림에 대한 설명으
로 옳지 않은 것은?

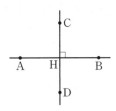

① $\overleftrightarrow{AB} \perp \overleftrightarrow{CD}$
② $\overleftrightarrow{CD}$는 $\overleftrightarrow{AB}$의 수선이다.
③ $\angle DHB = 90°$
④ 점 D에서 직선 AB에 내린 수선의 발은 점 H이다.
⑤ 점 B와 직선 CD 사이의 거리는 $\overline{BC}$의 길이와 같다.

0090 하

다음 중 오른쪽 그림에서 점 P와 직
선 l 사이의 거리를 나타내는 선분
은?

① $\overline{PA}$　　② $\overline{PB}$
③ $\overline{PC}$　　④ $\overline{PD}$
⑤ $\overline{PE}$

0091 중

다음 중 오른쪽 그림과 같은 직
사각형 ABCD에 대한 설명으로
옳지 않은 것은?

① $\overline{AB} \perp \overline{BC}$
② 점 A에서 $\overline{CD}$에 내린 수선
　의 발은 점 D이다.
③ 점 C와 $\overline{AB}$ 사이의 거리는 4 cm이다.
④ 점 D와 $\overline{BC}$ 사이의 거리는 5 cm이다.
⑤ $\overline{AD}$와 수직으로 만나는 선분은 $\overline{AB}$와 $\overline{DC}$이다.

유형 UP 14 시계에서 각의 계산

① 시침: 1시간에 30°만큼 움직이므로 1분에 0.5°만큼 움직인다.
② 분침: 1시간에 360°만큼 움직이므로 1분에 6°만큼 움직인다.

0092 대표문제

오른쪽 그림과 같이 시계가 3시 30분을
가리킬 때, 시침과 분침이 이루는 각 중
에서 작은 쪽의 각의 크기는?

① 68°　　　② 70°
③ 72°　　　④ 75°
⑤ 78°

0093 상중

오른쪽 그림과 같이 시계가 5시 10분을
가리킬 때, 시침과 분침이 이루는 각 중
에서 작은 쪽의 각의 크기를 구하시오.

0094 상

오른쪽 그림과 같이 1시와 2시 사이에 시
침과 분침이 서로 반대 방향을 가리키며
평각을 이루는 시각은?

① 1시 $\dfrac{400}{11}$ 분　　② 1시 37분

③ 1시 $\dfrac{410}{11}$ 분　　④ 1시 38분

⑤ 1시 $\dfrac{420}{11}$ 분

시험에 꼭 나오는 문제

0095

오른쪽 그림과 같은 오각기둥에서 교점의 개수를 a, 교선의 개수를 b라 할 때, $2a+b$의 값을 구하시오.

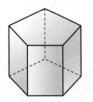

0096 중요

오른쪽 그림과 같이 직선 l 위에 네 점 A, B, C, D가 있을 때, 다음 중 $\overrightarrow{AC}$와 같은 것은 모두 몇 개인가?

$$\overrightarrow{AB}, \quad \overleftrightarrow{AC}, \quad \overrightarrow{AD}, \quad \overleftarrow{AD}, \quad \overrightarrow{BC}, \quad \overleftarrow{CA}$$

① 1개   ② 2개   ③ 3개
④ 4개   ⑤ 5개

0097

다음 중 옳은 것은?

① 한 점을 지나는 직선은 오직 하나뿐이다.
② 서로 다른 두 점을 지나는 직선은 무수히 많다.
③ 시작점이 같은 두 반직선은 서로 같다.
④ 반직선의 길이는 직선의 길이의 $\dfrac{1}{2}$이다.
⑤ 두 점을 잇는 선 중에서 가장 짧은 것은 선분이다.

0098

오른쪽 그림과 같이 어느 세 점도 한 직선 위에 있지 않은 5개의 점 A, B, C, D, E가 있다. 이 중 두 점을 지나는 서로 다른 직선의 개수는?

① 5   ② 10
③ 15   ④ 20
⑤ 25

0099

오른쪽 그림에서 점 M은 $\overline{BC}$의 중점이고 $\overline{AB}=\dfrac{1}{2}\overline{BC}$일 때, 다음 **보기** 중 옳은 것을 모두 고른 것은?

보기

ㄱ. $\overline{AB}=\overline{MC}$ ㄴ. $\overline{AM}=\overline{BC}$
ㄷ. $\overline{AC}=3\overline{BM}$ ㄹ. $\overline{BC}=\dfrac{3}{4}\overline{AC}$

① ㄱ, ㄴ   ② ㄱ, ㄷ   ③ ㄴ, ㄹ
④ ㄱ, ㄴ, ㄷ   ⑤ ㄴ, ㄷ, ㄹ

0100 중요

다음 그림에서 두 점 M, N은 각각 $\overline{AB}$, $\overline{BC}$의 중점이고 $\overline{AM}=4$ cm, $\overline{AN}=10$ cm일 때, $\overline{AC}$의 길이를 구하시오.

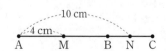

0101

오른쪽 그림에서
∠AOC=90°, ∠BOD=90°,
∠AOB+∠COD=50°일 때,
∠BOC의 크기를 구하시오.

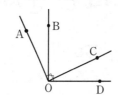

0102 중요

오른쪽 그림에서

$\angle BOC = \dfrac{1}{5} \angle AOC$,

$\angle COD = \dfrac{1}{5} \angle COE$일 때,

∠BOD의 크기는?

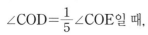

① 28°   ② 30°   ③ 32°

④ 34°   ⑤ 36°

0103

오른쪽 그림에서
∠a : ∠b : ∠c=2 : 5 : 3일 때,
다음 중 옳지 않은 것은?

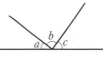

① ∠a+∠b+∠c=180°   ② ∠a=36°

③ ∠b=90°   ④ ∠c=60°

⑤ ∠c는 예각이다.

0104

오른쪽 그림에서 ∠x의 크기는?

① 55°   ② 60°

③ 65°   ④ 70°

⑤ 75°

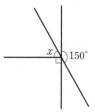

0105 중요

오른쪽 그림에서 ∠COD의 크기
를 구하시오.

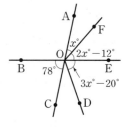

0106

오른쪽 그림에서 ∠AHC=90°이고
$\overline{AH}=\overline{BH}$일 때, 다음 중 옳지 않은
것을 모두 고르면? (정답 2개)

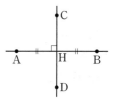

① $\overleftrightarrow{AB}$와 $\overleftrightarrow{CD}$는 직교한다.

② 점 C에서 $\overleftrightarrow{AB}$에 내린 수선의 발
    은 점 H이다.

③ $\overleftrightarrow{AB}$는 $\overline{CD}$의 수직이등분선이다.

④ $\overleftrightarrow{CD}$는 $\overline{AB}$의 수직이등분선이다.

⑤ $\overline{CH}=\overline{DH}$

● 정답 및 풀이 7쪽

📝 서술형 주관식

0107

다음 그림에서 $\overline{AC}=2\overline{CD}$, $\overline{AB}=2\overline{BC}$이다. $\overline{AD}=18$ cm일 때, $\overline{BC}$의 길이를 구하시오.

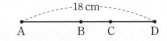

0108 중요

오른쪽 그림에서 $\angle BOD=18°$, $\angle COE=2\angle AOC$, $\angle EOF=2\angle FOB$일 때, $\angle FOB$의 크기를 구하시오.

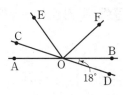

0109

오른쪽 그림과 같은 평행사변형 ABCD에서 점 A와 $\overline{BC}$ 사이의 거리를 x cm, 점 A와 $\overline{CD}$ 사이의 거리를 y cm라 할 때, $x+y$의 값을 구하시오.

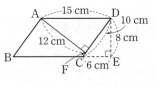

👍 실력 UP

0110

오른쪽 그림과 같이 반원 위에 5개의 점 A, B, C, D, E가 있다. 이 중 두 점을 골라 만들 수 있는 서로 다른 직선의 개수를 a, 반직선의 개수를 b, 선분의 개수를 c라 할 때, $a+b-c$의 값을 구하시오.

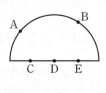

0111

다음 그림에서 두 점 M, N은 각각 $\overline{BC}$, $\overline{CD}$의 중점이다. $\overline{AB}=5$ cm, $\overline{MN}=\dfrac{3}{7}\overline{AD}$일 때, $\overline{MN}$의 길이를 구하시오.

0112

오른쪽 그림과 같이 7시와 8시 사이에 시침과 분침이 서로 반대 방향을 가리키며 평각을 이루는 시각을 구하시오.

02 위치 관계

02-1 점과 직선, 점과 평면의 위치 관계

(1) **점과 직선의 위치 관계**

① 점 A는 직선 l 위에 있다.

② 점 B는 직선 l 위에 있지 않다.

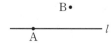

참고 점이 직선 위에 있지 않을 때 '점이 직선 밖에 있다.'라고도 한다.

▶ 점이 직선 위에 있다는 것은 직선이 그 점을 지난다는 것을 의미한다.

(2) **점과 평면의 위치 관계**

① 점 A는 평면 P 위에 있다.

② 점 B는 평면 P 위에 있지 않다.
  └▶ 평면은 보통 평행사변형 모양으로 그리고 P, Q, R, …와 같이 나타낸다.

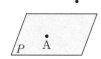

▶ 점이 평면 위에 있다는 것은 평면이 그 점을 포함한다는 것을 의미한다.

02-2 평면에서 두 직선의 위치 관계

(1) **두 직선의 평행**: 한 평면 위에 있는 두 직선 l, m이 만나지 않을 때, 두 직선 l, m은 **평행**하다고 하고, 기호로 $l /\!/ m$과 같이 나타낸다.

(2) **평면에서 두 직선의 위치 관계**

① 한 점에서 만난다. ② 일치한다. ③ 평행하다. ($l /\!/ m$)

▶ ①, ②는 두 직선이 만나는 경우이고, ③은 두 직선이 만나지 않는 경우이다.

참고 평면이 하나로 정해질 조건

① 한 직선 위에 있지 않은 서로 다른 세 점

② 한 직선과 그 직선 위에 있지 않은 한 점

③ 한 점에서 만나는 두 직선

④ 평행한 두 직선

02-3 공간에서 두 직선의 위치 관계

(1) **꼬인 위치**: 공간에서 두 직선이 만나지도 않고 평행하지도 않을 때, 두 직선은 **꼬인 위치**에 있다고 한다.

(2) **공간에서 두 직선의 위치 관계**

① 한 점에서 만난다. ② 일치한다. ③ 평행하다. ($l /\!/ m$) ④ 꼬인 위치에 있다.

▶ 꼬인 위치에 있는 두 직선은 한 평면 위에 있지 않다.

▶ ①, ②는 두 직선이 만나는 경우이고, ③, ④는 두 직선이 만나지 않는 경우이다. 또한 ①, ②, ③은 한 평면 위에 있고, ④는 한 평면 위에 있지 않다.

예 오른쪽 그림과 같은 직육면체에서

① 모서리 BC와 평행한 모서리 ➡ $\overline{AD}$, $\overline{EH}$, $\overline{FG}$

② 모서리 BC와 꼬인 위치에 있는 모서리 ➡ $\overline{AE}$, $\overline{DH}$, $\overline{EF}$, $\overline{HG}$

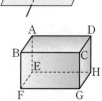

교과서문제 정복하기

02-1 점과 직선, 점과 평면의 위치 관계

[0113~0116] 오른쪽 그림에서 다음을 구하시오.

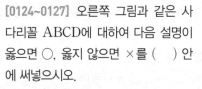

0113 직선 l 위에 있는 점

0114 직선 m 위에 있는 점

0115 직선 l 위에 있지 않은 점

0116 직선 l과 직선 m 위에 동시에 있는 점

[0117~0118] 오른쪽 그림에서 다음을 구하시오.

0117 평면 P 위에 있는 점

0118 평면 P 위에 있지 않은 점

[0119~0121] 오른쪽 그림과 같은 삼각뿔에서 다음을 구하시오.

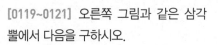
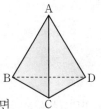

0119 점 B를 포함하는 면

0120 점 B와 점 D를 모두 포함하는 면

0121 면 ABC 위에 있지 않은 꼭짓점

02-2 평면에서 두 직선의 위치 관계

[0122~0123] 오른쪽 그림과 같은 직사각형에서 다음을 구하시오.

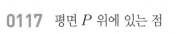

0122 직선 AD와 평행한 직선

0123 직선 AD와 한 점에서 만나는 직선

[0124~0127] 오른쪽 그림과 같은 사다리꼴 ABCD에 대하여 다음 설명이 옳으면 ○, 옳지 않으면 ×를 ( ) 안에 써넣으시오.

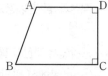

0124 $\overleftrightarrow{AB} /\!/ \overleftrightarrow{CD}$ (   )

0125 $\overleftrightarrow{AD} /\!/ \overleftrightarrow{BC}$ (   )

0126 $\overleftrightarrow{BC} \perp \overleftrightarrow{CD}$ (   )

0127 $\overleftrightarrow{AD} \perp \overleftrightarrow{CD}$ (   )

02-3 공간에서 두 직선의 위치 관계

[0128~0131] 오른쪽 그림과 같은 삼각기둥에 대하여 다음 두 모서리의 위치 관계를 말하시오.

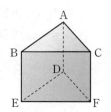

0128 모서리 AB와 모서리 BC

0129 모서리 BC와 모서리 DE

0130 모서리 AD와 모서리 CF

0131 모서리 AD와 모서리 EF

[0132~0134] 오른쪽 그림과 같은 직육면체에서 다음을 구하시오.

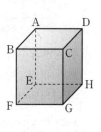

0132 모서리 AB와 평행한 모서리

0133 모서리 AB와 수직으로 만나는 모서리

0134 모서리 AB와 꼬인 위치에 있는 모서리

02-4) 공간에서 직선과 평면의 위치 관계

(1) **직선과 평면의 평행**: 공간에서 직선 l과 평면 P가 만나지 않을 때, 직선 l과 평면 P는 평행하다고 하고, 기호로 $l /\!/ P$와 같이 나타낸다.

(2) **공간에서 직선과 평면의 위치 관계**

① 한 점에서 만난다.　② 포함된다.　③ 평행하다. ($l /\!/ P$)

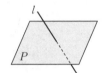　　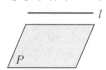

①, ②는 직선과 평면이 만나는 경우이고, ③은 직선과 평면이 만나지 않는 경우이다.

(3) **직선과 평면의 수직**: 직선 l이 평면 P와 한 점 H에서 만나고 점 H를 지나는 평면 P 위의 모든 직선과 수직일 때, 직선 l과 평면 P는 수직이다 또는 직교한다고 하고, 기호로 $l \perp P$와 같이 나타낸다. 이때 직선 l을 평면 P의 수선, 점 H를 수선의 발이라 한다.

직선 l이 평면 P와 수직인지를 알아보려면 직선 l이 점 H를 지나는 평면 P에 포함된 서로 다른 두 직선과 수직인지를 알아보면 된다.

참고 점과 평면 사이의 거리

평면 P 위에 있지 않은 점 A에서 평면 P에 내린 수선의 발 H까지의 거리, 즉 $\overline{\mathrm{AH}}$의 길이를 점 A와 평면 P 사이의 거리라 한다.

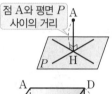

예 오른쪽 그림과 같은 직육면체에서

① 면 ABCD와 수직인 모서리 ➡ $\overline{\mathrm{AE}}$, $\overline{\mathrm{BF}}$, $\overline{\mathrm{CG}}$, $\overline{\mathrm{DH}}$

② 점 A와 면 EFGH 사이의 거리

➡ $\overline{\mathrm{AE}}$의 길이와 같으므로 4 cm이다.

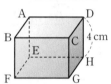

02-5) 공간에서 두 평면의 위치 관계

(1) **두 평면의 평행**: 공간에서 두 평면 P, Q가 만나지 않을 때, 두 평면 P, Q는 평행하다고 하고, 기호로 $P /\!/ Q$와 같이 나타낸다.

(2) **공간에서 두 평면의 위치 관계**

① 한 직선에서 만난다.　② 일치한다.　③ 평행하다. ($P /\!/ Q$)

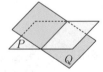　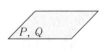　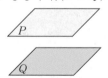

한 평면에 평행한 모든 평면은 서로 평행하다.

①, ②는 두 평면이 만나는 경우이고, ③은 두 평면이 만나지 않는 경우이다.

(3) **두 평면의 수직**: 평면 P가 평면 Q에 수직인 직선 l을 포함할 때, 평면 P와 평면 Q는 수직이다 또는 직교한다고 하고, 기호로 $P \perp Q$와 같이 나타낸다.

참고 두 평면 사이의 거리

평행한 두 평면 P, Q에 대하여 평면 P 위의 점 A에서 평면 Q에 내린 수선의 발 H까지의 거리, 즉 $\overline{\mathrm{AH}}$의 길이를 두 평면 P, Q 사이의 거리라 한다.

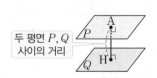

▶ 정답 및 풀이 9쪽

교과서문제 정복하기

02-4 공간에서 직선과 평면의 위치 관계

[0135~0138] 오른쪽 그림과 같은 직육면체에서 다음을 구하시오.

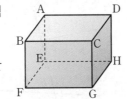

0135 면 ABFE와 한 점에서 만나는 모서리

0136 모서리 AB를 포함하는 면

0137 모서리 AB와 수직인 면

0138 모서리 AB와 평행한 면

[0139~0142] 오른쪽 그림과 같은 삼각기둥에서 다음을 구하시오.

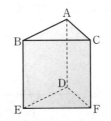

0139 면 ADFC와 한 점에서 만나는 모서리

0140 면 BEFC에 포함된 모서리

0141 면 ABC와 수직인 모서리

0142 면 DEF와 평행한 모서리

[0143~0146] 오른쪽 그림과 같은 직육면체에서 다음을 구하시오.

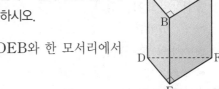

0143 $\overline{AC}$와 평행한 면

0144 점 B와 면 EFGH 사이의 거리

0145 점 A와 면 CGHD 사이의 거리

0146 점 C와 면 AEHD 사이의 거리

02-5 공간에서 두 평면의 위치 관계

[0147~0150] 오른쪽 그림과 같은 직육면체에서 다음을 구하시오.

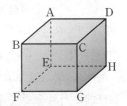

0147 면 ABCD와 한 모서리에서 만나는 면

0148 면 ABCD와 평행한 면

0149 면 ABFE와 수직인 면

0150 면 ABCD와 면 CGHD의 교선

[0151~0154] 오른쪽 그림과 같은 삼각기둥에서 다음을 구하시오.

0151 면 ADEB와 한 모서리에서 만나는 면

0152 면 ABC와 평행한 면

0153 면 BEFC와 수직인 면

0154 모서리 BE를 교선으로 갖는 두 면

[0155~0158] 오른쪽 그림과 같이 밑면이 정오각형인 오각기둥에 대하여 다음 설명이 옳으면 ○, 옳지 않으면 ×를 ( ) 안에 써넣으시오.

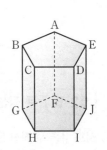

0155 면 ABCDE와 면 BGHC의 교선은 $\overline{AB}$이다. ( )

0156 면 ABCDE와 평행한 면은 1개이다. ( )

0157 면 BGHC와 한 모서리에서 만나는 면은 4개이다. ( )

0158 면 CHID와 수직인 면은 4개이다. ( )

02 위치 관계

02-6 동위각과 엇각

한 평면 위에서 서로 다른 두 직선 l, m이 다른 한 직선 n과 만날
때 생기는 8개의 교각 중에서

(1) **동위각**: 서로 같은 위치에 있는 두 각

➡ $\angle a$와 $\angle e$, $\angle b$와 $\angle f$, $\angle c$와 $\angle g$, $\angle d$와 $\angle h$

(2) **엇각**: 서로 엇갈린 위치에 있는 두 각

➡ $\angle b$와 $\angle h$, $\angle c$와 $\angle e$

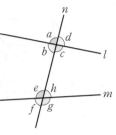

(참고) 서로 다른 두 직선이 다른 한 직선과 만나면 4쌍의 동위각과 2쌍의 엇각이 생긴다.

개념플러스 ⊘

> 동위각과 엇각
>
>
>
> 엇갈린 위치 / 같은 위치

02-7 평행선의 성질

평행한 두 직선 l, m이 다른 한 직선 n과 만날 때

(1) 동위각의 크기는 같다.

➡ $l \parallel m$이면 $\angle a = \angle b$

(2) 엇각의 크기는 같다.

➡ $l \parallel m$이면 $\angle c = \angle d$

(예) 오른쪽 그림에서 $l \parallel m$일 때, $\angle a$, $\angle b$의 크기를 구해 보자.

➡ $l \parallel m$이므로

$\angle a = 80°$ (동위각), $\angle b = 75°$ (엇각)

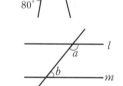

(참고) 오른쪽 그림에서 $l \parallel m$이면 $\angle a + \angle b = 180°$

> 맞꼭지각의 크기는 항상 같지만 동위각과 엇각의 크기는 두 직선이 평행할 때에만 같다.

02-8 두 직선이 평행할 조건

서로 다른 두 직선 l, m이 다른 한 직선 n과 만날 때

(1) 동위각의 크기가 같으면 두 직선은 평행하다.

➡ $\angle a = \angle b$이면 $l \parallel m$

(2) 엇각의 크기가 같으면 두 직선은 평행하다.

➡ $\angle c = \angle d$이면 $l \parallel m$

(참고) 오른쪽 그림에서 $\angle a + \angle b = 180°$이면 $l \parallel m$

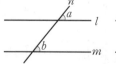 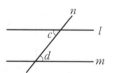

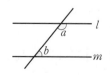

> 두 직선이 평행한지 알아보려면 동위각 또는 엇각의 크기가 같은지 확인하면 된다.

교과서문제 정복하기

02-6 동위각과 엇각

[0159~0161] 오른쪽 그림과 같이 세 직선이 만날 때, 다음 각의 동위각을 구하시오.

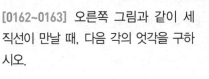

0159 $\angle a$

0160 $\angle c$

0161 $\angle h$

[0162~0163] 오른쪽 그림과 같이 세 직선이 만날 때, 다음 각의 엇각을 구하시오.

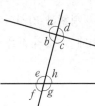

0162 $\angle b$

0163 $\angle e$

[0164~0165] 오른쪽 그림과 같이 세 직선이 만날 때, 다음 각의 크기를 구하시오.

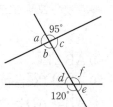

0164 $\angle a$의 동위각

0165 $\angle f$의 엇각

02-7 평행선의 성질

[0166~0167] 다음 그림에서 $l /\!/ m$일 때, $\angle x$, $\angle y$의 크기를 구하시오.

0166

0167

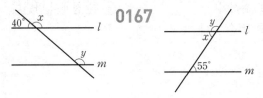

0168 오른쪽 그림에서 $l /\!/ m$일 때, $\angle x$, $\angle y$, $\angle z$의 크기를 구하시오.

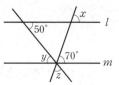

0169 다음은 오른쪽 그림에서 $l /\!/ m$일 때, $\angle x$의 크기를 구하는 과정이다. □ 안에 알맞은 것을 써넣으시오.

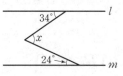

두 직선 l, m에 평행한 직선 n을 그으면 다음과 같다.

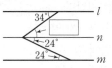

∴ $\angle x = $ □ $+ 24° = $ □

02-8 두 직선이 평행할 조건

[0170~0173] 다음 그림에서 두 직선 l, m이 평행하면 ○, 평행하지 않으면 ×를 ( ) 안에 써넣으시오.

0170

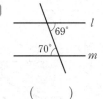

( )

0171

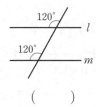

( )

0172

( )

0173

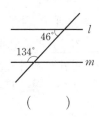

( )

유형 익히기

유형 01 점과 직선, 점과 평면의 위치 관계

(1) 점과 직선의 위치 관계
  ① 점 A는 직선 l 위에 있다.
  ② 점 B는 직선 l 위에 있지 않다.

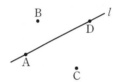

(2) 점과 평면의 위치 관계
  ① 점 A는 평면 P 위에 있다.
  ② 점 B는 평면 P 위에 있지 않다.

0174 대표문제

다음 중 오른쪽 그림에 대한 설명으로 옳지 <u>않은</u> 것은?

① 직선 l은 점 A를 지난다.
② 직선 l은 점 B를 지나지 않는다.
③ 점 C는 직선 l 위에 있지 않다.
④ 점 D는 직선 l 위에 있다.
⑤ 두 점 A와 D는 같은 직선 위에 있지 않다.

0175 ㈜

다음 중 오른쪽 그림에 대한 설명으로 옳은 것은?

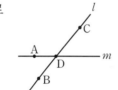

① 점 A는 직선 l 위에 있다.
② 점 C는 직선 l 위에 있지 않다.
③ 직선 m은 점 B를 지난다.
④ 직선 m은 점 D를 지나지 않는다.
⑤ 점 D는 두 직선 l, m의 교점이다.

0176 ㈜

오른쪽 그림과 같이 평면 P 위에 직선 l이 있을 때, 네 점 A, B, C, D 에 대하여 다음 **보기** 중 옳은 것을 모두 고르시오.

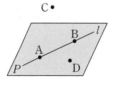

┌─── 보기 ───
│ ㄱ. 직선 l 위에 있지 않은 점은 2개이다.
│ ㄴ. 평면 P 위에 있는 점은 2개이다.
│ ㄷ. 점 D는 평면 P 위에 있지만 직선 l 위에 있지 않다.
└─────────────

중요 **유형 02** 평면에서 두 직선의 위치 관계

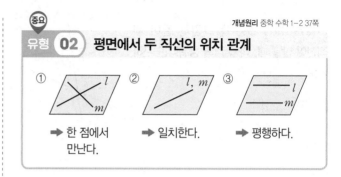

① ➡ 한 점에서 만난다. ② ➡ 일치한다. ③ ➡ 평행하다.

0177 대표문제

오른쪽 그림과 같은 정팔각형에서 각 변을 연장한 직선을 그었을 때, $\overleftrightarrow{AB}$ 와 한 점에서 만나는 직선의 개수를 a, 평행한 직선의 개수를 b라 하자. 이때 $a-b$의 값을 구하시오.

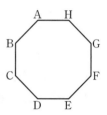

0178 ㈜

다음 중 오른쪽 그림에 대한 설명으로 옳은 것을 모두 고르면? (정답 2개)

① $\overleftrightarrow{AB} /\!/ \overleftrightarrow{CD}$
② $\overleftrightarrow{AB} \perp \overleftrightarrow{BC}$
③ $\overleftrightarrow{AD}$와 $\overleftrightarrow{BC}$는 한 점에서 만난다.
④ $\overleftrightarrow{AB}$와 $\overleftrightarrow{AD}$는 수직으로 만난다.
⑤ $\overleftrightarrow{AB}$와 $\overleftrightarrow{CD}$는 만나지 않는다.

0179 ㈜

한 평면 위에 있는 서로 다른 세 직선 l, m, n에 대하여 $l \perp m$, $l \perp n$일 때, 두 직선 m, n의 위치 관계는?

① 일치한다.　　　　② 평행하다.
③ 수직이다.　　　　④ 한 점에서 만난다.
⑤ 알 수 없다.

유형 03 평면이 하나로 정해질 조건

다음과 같은 경우에 평면이 하나로 정해진다.
① 한 직선 위에 있지 않은 서로 다른 세 점
② 한 직선과 그 직선 위에 있지 않은 한 점
③ 한 점에서 만나는 두 직선
④ 평행한 두 직선

0180 대표문제

다음 중 평면이 하나로 정해질 조건이 <u>아닌</u> 것은?

① 한 직선 위에 있지 않은 서로 다른 세 점
② 한 직선과 그 직선 위에 있지 않은 한 점
③ 한 점에서 만나는 두 직선
④ 평행한 두 직선
⑤ 꼬인 위치에 있는 두 직선

0181 중하

오른쪽 그림과 같이 직선 l 위에 세 점 A, B, C가 있고, 직선 l 밖에 한 점 D가 있다. 네 점 A, B, C, D 중에서 세 점으로 정해지는 서로 다른 평면의 개수를 구하시오.

0182 중

오른쪽 그림과 같이 평면 P 위에 세 점 B, C, D가 있고, 평면 P 밖에 한 점 A가 있다. 이들 네 점 A, B, C, D 중에서 세 점으로 정해지는 서로 다른 평면의 개수를 구하시오.

(단, 어느 세 점도 한 직선 위에 있지 않다.)

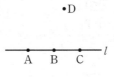

유형 04 꼬인 위치

공간에서 두 직선이 만나지도 않고 평행하지도 않을 때, 두 직선은 꼬인 위치에 있다고 한다.

참고 입체도형에서 꼬인 위치에 있는 모서리는 한 점에서 만나는 모서리와 평행한 모서리를 모두 찾은 후 그 모서리를 제외한 나머지 모서리를 찾으면 된다.

0183 대표문제

다음 중 오른쪽 그림과 같이 밑면이 정육각형인 육각뿔에서 각 모서리를 연장한 직선을 그었을 때, $\overleftrightarrow{AB}$와 꼬인 위치에 있는 직선이 <u>아닌</u> 것은?

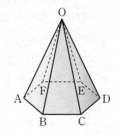

① $\overleftrightarrow{OC}$　　　② $\overleftrightarrow{OD}$
③ $\overleftrightarrow{OE}$　　　④ $\overleftrightarrow{OF}$
⑤ $\overleftrightarrow{EF}$

0184 중하

다음 중 오른쪽 그림과 같은 삼각뿔에서 꼬인 위치에 있는 모서리끼리 짝지은 것을 모두 고르면? (정답 2개)

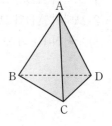

① $\overline{AB}$와 $\overline{CD}$　　② $\overline{AC}$와 $\overline{AD}$
③ $\overline{AC}$와 $\overline{BD}$　　④ $\overline{AD}$와 $\overline{CD}$
⑤ $\overline{BC}$와 $\overline{CD}$

0185 중 서술형

오른쪽 그림과 같은 직육면체에서 $\overline{AF}$, $\overline{CD}$와 동시에 꼬인 위치에 있는 모서리를 구하시오.

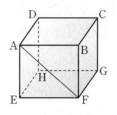

유형 05 공간에서 두 직선의 위치 관계

(1) 만난다. ┌ 한 점에서 만난다. ┐
　　　　　└ 일치한다. ──────┴─ 한 평면 위에 있다.

(2) 만나지 않는다. ┌ 평행하다. ─────┐
　　　　　　　└ 꼬인 위치에 있다. ─ 한 평면 위에 있지 않다.

0186 대표문제

오른쪽 그림과 같은 삼각기둥에서 모서리 AB와 평행한 모서리의 개수를 a, 수직으로 만나는 모서리의 개수를 b, 꼬인 위치에 있는 모서리의 개수를 c라 할 때, $a+b+c$의 값을 구하시오.

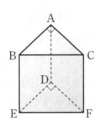

0187 중하

오른쪽 그림과 같이 밑면이 사다리꼴인 사각기둥에서 다음 두 모서리의 위치 관계를 말하시오.

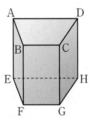

(1) 모서리 AB와 모서리 AD
(2) 모서리 AD와 모서리 EH
(3) 모서리 EF와 모서리 CG

0188 중

다음 중 오른쪽 그림과 같이 밑면이 정오각형인 오각기둥에 대한 설명으로 옳지 <u>않은</u> 것은?

① 모서리 AB와 모서리 BC는 한 점에서 만난다.
② 모서리 AF와 모서리 CH는 평행하다.
③ 모서리 CD와 모서리 AF는 꼬인 위치에 있다.
④ 모서리 BC와 모서리 CH는 수직으로 만난다.
⑤ 모서리 AE와 평행한 모서리는 3개이다.

0189 중

다음 중 오른쪽 그림과 같은 직육면체에서 $\overline{AC}$와의 위치 관계가 나머지 넷과 <u>다른</u> 하나는?

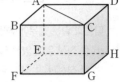

① $\overline{BF}$　　　② $\overline{CG}$
③ $\overline{DH}$　　　④ $\overline{EF}$
⑤ $\overline{GH}$

0190 중

오른쪽 그림과 같이 밑면이 정육각형인 육각기둥에서 모서리 AF와 평행한 모서리의 개수를 a, 수직으로 만나는 모서리의 개수를 b라 할 때, $a+b$의 값은?

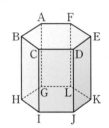

① 3　　　② 4
③ 5　　　④ 6
⑤ 7

0191 상중 서술형

오른쪽 그림의 입체도형은 정삼각형 8개로 이루어져 있다. 모서리 AB와 한 점에서 만나는 모서리의 개수를 a, 모서리 CF와 꼬인 위치에 있는 모서리의 개수를 b라 할 때, $a-b$의 값을 구하시오.

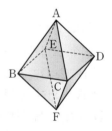

유형 06 공간에서 직선과 평면의 위치 관계

개념원리 중학 수학 1-2 42쪽

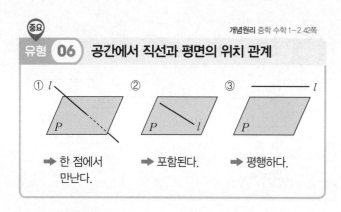

➡ 한 점에서 만난다. ➡ 포함된다. ➡ 평행하다.

0192 대표문제

다음 중 오른쪽 그림과 같은 직육면체에 대한 설명으로 옳은 것을 모두 고르면? (정답 2개)

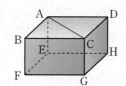

① $\overline{AB}$는 면 ABCD에 포함된다.
② $\overline{AC}$와 면 CGHD는 수직이다.
③ $\overline{AC}$와 면 EFGH는 평행하다.
④ $\overline{FG}$와 평행한 면은 1개이다.
⑤ $\overline{BF}$와 수직인 면은 4개이다.

0193 하

다음 중 공간에서 직선과 평면의 위치 관계가 될 수 <u>없는</u> 것은?

① 평행하다. ② 수직이다.
③ 꼬인 위치에 있다. ④ 한 점에서 만난다.
⑤ 직선이 평면에 포함된다.

0194 중하

오른쪽 그림과 같은 직육면체에서 면 ABCD와 평행한 모서리의 개수는?

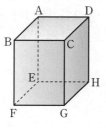

① 2 ② 3
③ 4 ④ 5
⑤ 6

0195 중 서술형

오른쪽 그림과 같은 삼각기둥에서 면 ABC와 평행한 모서리의 개수를 a, 면 ADEB와 수직인 모서리의 개수를 b라 할 때, ab의 값을 구하시오.

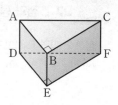

0196 중

다음 중 오른쪽 그림과 같이 밑면이 사다리꼴인 사각기둥에 대한 설명으로 옳지 <u>않은</u> 것은?

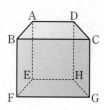

① 면 ABFE와 모서리 AD는 한 점에서 만난다.
② 모서리 EH는 면 EFGH에 포함된다.
③ 모서리 AB와 면 EFGH는 평행하다.
④ 모서리 CG와 수직인 면은 2개이다.
⑤ 면 BFGC와 평행한 모서리는 2개이다.

0197 상중

오른쪽 그림과 같이 밑면이 정오각형인 오각기둥에서 모서리 AF와 꼬인 위치에 있는 모서리의 개수를 a, 면 CHID와 평행한 모서리의 개수를 b, 면 FGHIJ와 수직인 모서리의 개수를 c라 할 때, $a-b+c$의 값은?

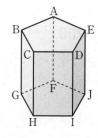

① 5 ② 6 ③ 7
④ 8 ⑤ 9

유형 07 점과 평면 사이의 거리

점 A와 평면 P 사이의 거리

➡ 선분 AH의 길이

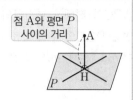

0198 대표문제

오른쪽 그림과 같은 삼각기둥에서 점 A와 면 DEF 사이의 거리를 x cm, 점 F와 면 ABED 사이의 거리를 y cm라 할 때, $x+y$의 값은?

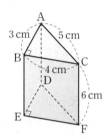

① 7   ② 8

③ 9   ④ 10

⑤ 11

0199 중하

오른쪽 그림과 같은 직육면체에서 다음을 구하시오.

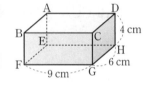

(1) 점 A와 면 EFGH 사이의 거리
(2) 점 E와 면 CGHD 사이의 거리

0200 중

오른쪽 그림에서 $l \perp P$이고 점 H는 직선 l 위의 점 A에서 평면 P에 내린 수선의 발이다. 점 A와 평면 P 사이의 거리가 7 cm일 때, 다음 중 옳지 <u>않은</u> 것은? (단, 두 직선 m, n은 평면 P 위에 있다.)

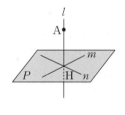

① $l \perp m$ ② $l \perp n$ ③ $m \perp n$
④ $\overline{AH}=7$ cm   ⑤ $\overline{AH} \perp n$

 유형 08 공간에서 두 평면의 위치 관계

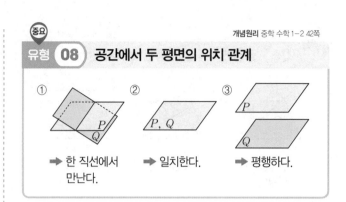

① ➡ 한 직선에서 만난다.
② ➡ 일치한다.
③ ➡ 평행하다.

0201 대표문제

다음 중 오른쪽 그림과 같은 직육면체에서 면 BFHD와 수직인 면을 모두 고르면? (정답 2개)

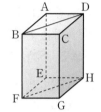

① 면 ABCD   ② 면 AEHD
③ 면 BFGC   ④ 면 EFGH
⑤ 면 CGHD

0202 중 서술형

오른쪽 그림과 같은 삼각기둥에서 면 DEF와 평행한 면의 개수를 a, 수직인 면의 개수를 b라 할 때, $b-a$의 값을 구하시오.

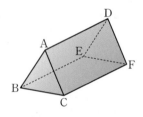

0203 중

오른쪽 그림과 같이 밑면이 정육각형인 육각기둥에서 서로 평행한 두 면은 모두 몇 쌍인지 구하시오.

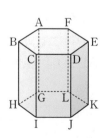

개념원리 중학 수학 1-2. 43쪽

유형 09 **일부를 잘라 낸 입체도형에서의 위치 관계**

주어진 입체도형의 모서리와 면을 각각 공간에서의 직선과 평면으로 생각하여 위치 관계를 살펴본다.

0204 대표문제

오른쪽 그림은 직육면체를 세 꼭짓점 A, B, E를 지나는 평면으로 잘라 내고 남은 입체도형이다. 모서리 AD와 꼬인 위치에 있는 모서리의 개수를 a, 면 DEFG와 수직인 모서리의 개수를 b라 할 때, ab의 값은?

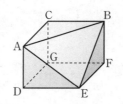

① 6 ② 8 ③ 9
④ 10 ⑤ 12

0205 중

오른쪽 그림은 직육면체에서 삼각기둥을 잘라 낸 것이다. 다음 중 모서리 BC와 꼬인 위치에 있는 모서리가 아닌 것을 모두 고르면?

(정답 2개)

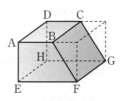

① $\overline{AE}$ ② $\overline{CG}$ ③ $\overline{EF}$
④ $\overline{HG}$ ⑤ $\overline{GF}$

0206 중

오른쪽 그림은 직육면체를 세 꼭짓점 A, B, E를 지나는 평면으로 잘라 내고 남은 입체도형이다. 다음을 구하시오.

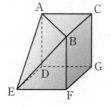

(1) 모서리 AE와 평행한 면
(2) 모서리 BF와 수직인 면

0207 중

오른쪽 그림은 직육면체를 네 꼭짓점 A, B, E, F를 지나는 평면으로 잘라 내고 남은 입체도형이다. 다음 **보기** 중 옳은 것을 모두 고른 것은?

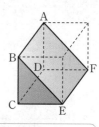

┤ 보기 ├
ㄱ. $\overline{BE}$와 꼬인 위치에 있는 모서리는 3개이다.
ㄴ. 면 ABCD와 수직인 면은 2개이다.
ㄷ. 면 ABEF와 평행한 모서리는 1개이다.

① ㄱ ② ㄱ, ㄴ ③ ㄱ, ㄷ
④ ㄴ, ㄷ ⑤ ㄱ, ㄴ, ㄷ

0208 중 서술형

오른쪽 그림은 직육면체에서 삼각기둥을 잘라 낸 것이다. 면 ABCD와 평행한 면의 개수를 a, 면 AEFB와 수직인 면의 개수를 b라 할 때, $a+b$의 값을 구하시오.

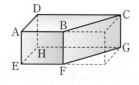

0209 상중

오른쪽 그림은 큰 직육면체에서 작은 직육면체를 잘라 내고 남은 입체도형이다. 모서리 DG와 꼬인 위치에 있는 모서리의 개수는?

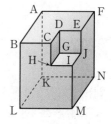

① 7 ② 8
③ 9 ④ 10
⑤ 11

유형 10 전개도가 주어졌을 때의 위치 관계

전개도로 만들어지는 입체도형을 그린 후 위치 관계를 살펴본다.

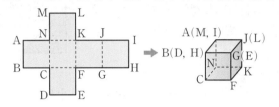

0210 대표문제

오른쪽 그림과 같은 전개도로 만든 정육면체에서 다음 중 모서리 ML 과 꼬인 위치에 있는 모서리가 아닌 것은?

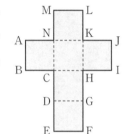

① $\overline{AN}$ ② $\overline{CN}$
③ $\overline{DC}$ ④ $\overline{GH}$
⑤ $\overline{HK}$

0211 ⑧

오른쪽 그림과 같은 전개도로 만든 삼각뿔에서 다음 중 모서리 AB와 꼬인 위치에 있는 모서리는?

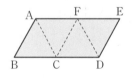

① $\overline{CD}$ ② $\overline{CF}$ ③ $\overline{DE}$
④ $\overline{DF}$ ⑤ $\overline{EF}$

0212 ⑧

오른쪽 그림과 같은 전개도로 만든 삼각기둥에서 다음 중 면 ABCJ와 평행한 모서리는?

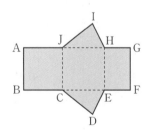

① $\overline{EF}$ ② $\overline{GF}$
③ $\overline{HE}$ ④ $\overline{HG}$
⑤ $\overline{DE}$

0213 ⑧

오른쪽 그림과 같은 전개도로 만든 정육면체에서 다음 중 면 D와 평행한 면은?

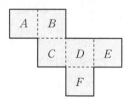

① 면 A ② 면 B
③ 면 C ④ 면 E
⑤ 면 F

0214 ⑧

오른쪽 그림과 같은 전개도로 만든 정육면체에서 다음 중 면 ABCN과 수직인 면이 아닌 것은?

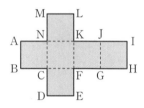

① 면 NCFK
② 면 MNKL
③ 면 CDEF
④ 면 JGHI
⑤ 면 KFGJ

0215 상중 서술형

오른쪽 그림과 같은 전개도로 만든 삼각기둥에 대하여 다음 물음에 답하시오.

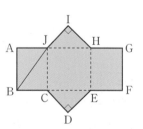

(1) $\overline{AB}$와 평행한 모서리를 모두 구하시오.
(2) $\overline{GF}$와 수직으로 만나는 모서리를 모두 구하시오.
(3) $\overline{JB}$와 꼬인 위치에 있는 모서리를 모두 구하시오.

정답 및 풀이 13쪽

유형 11 동위각과 엇각

서로 다른 두 직선이 다른 한 직선과 만날 때

(1) 동위각: 서로 같은 위치에 있는 두 각

→ $\angle a$와 $\angle e$, $\angle b$와 $\angle f$,

$\angle c$와 $\angle g$, $\angle d$와 $\angle h$

(2) 엇각: 서로 엇갈린 위치에 있는 두 각

→ $\angle c$와 $\angle e$, $\angle d$와 $\angle f$

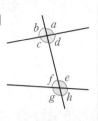

0216 대표문제

오른쪽 그림과 같이 세 직선이 만날 때, 다음 중 옳지 않은 것은?

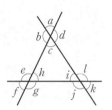

① $\angle a$의 동위각은 $\angle e$와 $\angle l$이다.

② $\angle b$의 동위각은 $\angle f$와 $\angle i$이다.

③ $\angle c$의 엇각은 $\angle e$와 $\angle l$이다.

④ $\angle d$의 엇각은 $\angle f$와 $\angle i$이다.

⑤ $\angle h$의 엇각은 $\angle b$와 $\angle j$이다.

0217 중

오른쪽 그림과 같이 세 직선이 만날 때, 다음 중 옳은 것을 모두 고르면?

(정답 2개)

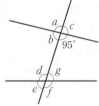

① $\angle a$의 동위각은 $\angle d$이다.

② $\angle b$의 엇각은 $\angle f$이다.

③ $\angle c$의 동위각의 크기는 $95°$이다.

④ $\angle f$의 동위각의 크기는 $85°$이다.

⑤ $\angle g$의 엇각의 크기는 $85°$이다.

0218 중

오른쪽 그림과 같이 세 직선이 만날 때, $\angle x$의 모든 동위각의 크기의 합을 구하시오.

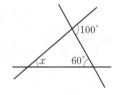

유형 12 평행선에서 동위각, 엇각의 크기 중요

평행한 두 직선이 다른 한 직선과 만날 때

(1) 동위각의 크기는 같다.

(2) 엇각의 크기는 같다.

0219 대표문제

오른쪽 그림에서 $l /\!/ m$일 때, $\angle x$, $\angle y$의 크기를 구하시오.

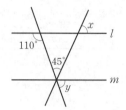

0220 중하

오른쪽 그림에서 $l /\!/ m$일 때, 다음 중 각의 크기가 나머지 넷과 다른 하나는?

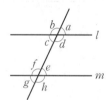

① $\angle a$ ② $\angle c$

③ $\angle e$ ④ $\angle h$

⑤ $\angle g$

0221 중

오른쪽 그림에서 $l /\!/ m$일 때, $\angle x - \angle y$의 크기를 구하시오.

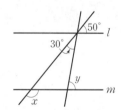

0222 중 서술형

오른쪽 그림에서 $l /\!/ m$, $p /\!/ q$일 때, $x + y$의 값을 구하시오.

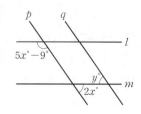

유형 13 두 직선이 평행할 조건

서로 다른 두 직선 l, m이 다른 한 직선과 만날 때

(1) 동위각의 크기가 같으면 ➡ $l /\!/ m$

(2) 엇각의 크기가 같으면 ➡ $l /\!/ m$

0223 대표문제

다음 중 두 직선 l, m이 평행하지 않은 것은?

①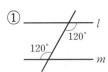

②

③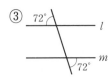

④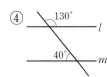

⑤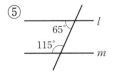

0224 중하

다음 보기 중 오른쪽 그림에서 평행한 두 직선인 것을 모두 고르시오.

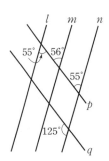

보기

ㄱ. l과 m ㄴ. l과 n

ㄷ. m과 n ㄹ. p와 q

0225 중

다음 중 오른쪽 그림에서 두 직선 l, m이 평행할 조건이 아닌 것은?

① $\angle a = 110°$

② $\angle b = 70°$

③ $\angle c = 110°$

④ $\angle a + \angle g = 180°$

⑤ $\angle g = 70°$

유형 14 평행선에서 각의 크기 구하기 ; 삼각형의 성질 이용

삼각형의 세 각의 크기의 합은 180°이다.

➡ $\angle x + \angle y + \angle z = 180°$

0226 대표문제

오른쪽 그림에서 $l /\!/ m$일 때, $\angle x$의 크기는?

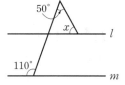

① 40°   ② 45°

③ 50°   ④ 55°

⑤ 60°

0227 중

오른쪽 그림에서 $l /\!/ m$일 때, $\angle x$의 크기는?

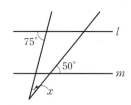

① 10°   ② 15°

③ 20°   ④ 25°

⑤ 30°

0228 중

오른쪽 그림에서 $l /\!/ m$일 때, x의 값은?

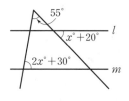

① 25   ② 30

③ 35   ④ 40

⑤ 45

개념원리 중학 수학 1-2 50쪽

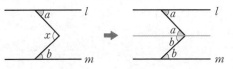

유형 15 평행선에서 각의 크기 구하기
; 평행한 보조선을 긋는 경우 (1)

꺾인 점을 지나면서 주어진 평행선에 평행한 직선을 긋고, 동위각과 엇각의 크기는 각각 같음을 이용한다.

$l \,/\!/\, m$이면 $\angle x = \angle a + \angle b$

0229 대표문제

오른쪽 그림에서 $l \,/\!/\, m$일 때, $\angle x$의 크기는?

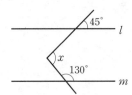

① $85°$ ② $90°$
③ $95°$ ④ $100°$
⑤ $105°$

0230 종

오른쪽 그림에서 $l \,/\!/\, m$일 때, $\angle x$의 크기를 구하시오.

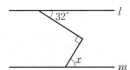

0231 종

오른쪽 그림에서 $l \,/\!/\, m$일 때, x의 값을 구하시오.

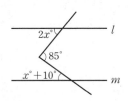

0232 상종

오른쪽 그림에서 $l \,/\!/\, m$일 때, $\angle x$의 크기는?

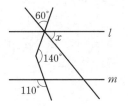

① $50°$ ② $55°$
③ $60°$ ④ $65°$
⑤ $70°$

개념원리 중학 수학 1-2 50쪽

유형 16 평행선에서 각의 크기 구하기
; 평행한 보조선을 긋는 경우 (2)

꺾인 두 점을 지나면서 주어진 평행선에 평행한 직선 2개를 긋고, 동위각과 엇각의 크기는 각각 같음을 이용한다.

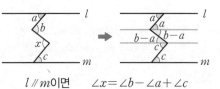

$l \,/\!/\, m$이면 $\angle x = \angle b - \angle a + \angle c$

0233 대표문제

오른쪽 그림에서 $l \,/\!/\, m$일 때, $\angle x$의 크기를 구하시오.

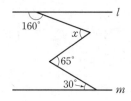

0234 종

오른쪽 그림에서 $l \,/\!/\, m$일 때, $\angle x$의 크기를 구하시오.

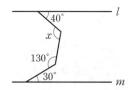

0235 종 서술형

오른쪽 그림에서 $l \,/\!/\, m$일 때, $\angle x + \angle y$의 크기를 구하시오.

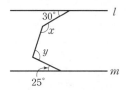

0236 상종

오른쪽 그림에서 $l \,/\!/\, m$일 때, x의 값을 구하시오.

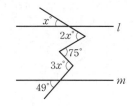

02 위치 관계

유형 17 평행선에서의 활용 (1)

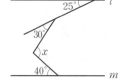

$l /\!/ m$이면 　　$\angle a + \angle b + \angle c + \angle d = 180°$

0237 대표문제

오른쪽 그림에서 $l /\!/ m$일 때, $\angle x$의 크기는?

① 90° 　　② 95°

③ 100° 　　④ 105°

⑤ 110°

0238 중

오른쪽 그림에서 $l /\!/ m$일 때, $\angle a + \angle b + \angle c$의 크기를 구하시오.

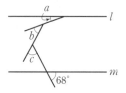

0239 상중

오른쪽 그림에서 $l /\!/ m$일 때, $\angle x$의 크기는?

① 65° 　　② 70°

③ 75° 　　④ 80°

⑤ 85°

유형 18 직사각형 모양의 종이를 접은 경우

직사각형 모양의 종이를 접으면

① 접은 각의 크기가 같다.

　➡ $\angle DAC = \angle BAC$

② 엇각의 크기가 같다.

　➡ $\angle DAC = \angle BCA$

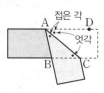

0240 대표문제

오른쪽 그림과 같이 직사각형 모양의 종이를 접었을 때, $\angle x$의 크기를 구하시오.

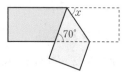

0241 중

오른쪽 그림과 같이 직사각형 모양의 종이를 접었을 때, $\angle x$의 크기를 구하시오.

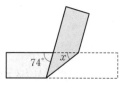

0242 중

오른쪽 그림과 같이 직사각형 모양의 종이를 접었을 때, $\angle x$의 크기를 구하시오.

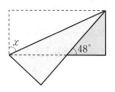

0243 상중

오른쪽 그림과 같이 직사각형 모양의 종이를 접었을 때, $\angle x$의 크기를 구하시오.

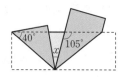

▶ 정답 및 풀이 15쪽

유형UP 19 공간에서 여러 가지 위치 관계

직육면체를 그려서 각 조건에 따른 위치 관계를 살펴본다. 이때 각 면을 평면으로, 각 모서리를 직선으로 생각한다.

0244 대표문제

공간에서 서로 다른 세 직선 l, m, n과 서로 다른 세 평면 P, Q, R에 대하여 다음 중 옳은 것은?

① $l /\!/ m$, $l \perp n$이면 $m /\!/ n$이다.
② $l \perp m$, $m \perp n$이면 $l /\!/ n$이다.
③ $l \perp P$, $m \perp P$이면 $l /\!/ m$이다.
④ $P \perp Q$, $Q \perp R$이면 $P /\!/ R$이다.
⑤ $P /\!/ Q$, $Q \perp R$이면 $P /\!/ R$이다.

0245 상중

공간에서 서로 다른 두 직선 l, m과 서로 다른 두 평면 P, Q에 대하여 다음 보기 중 옳은 것을 모두 고른 것은?

┤ 보기 ├
ㄱ. $l /\!/ P$, $m \perp P$이면 $l /\!/ m$이다.
ㄴ. $l /\!/ m$, $l \perp P$이면 $m \perp P$이다.
ㄷ. $l /\!/ P$, $l /\!/ Q$이면 $P /\!/ Q$이다.

① ㄱ   ② ㄴ   ③ ㄱ, ㄴ
④ ㄴ, ㄷ   ⑤ ㄱ, ㄴ, ㄷ

0246 상중

다음 중 공간에서 직선과 평면의 위치 관계에 대한 설명으로 옳은 것을 모두 고르면? (정답 2개)

① 한 직선에 수직인 서로 다른 두 직선은 평행하다.
② 한 평면에 수직인 서로 다른 두 직선은 평행하다.
③ 한 평면에 평행한 서로 다른 두 직선은 평행하다.
④ 한 직선에 평행한 서로 다른 두 평면은 평행하다.
⑤ 한 평면에 평행한 서로 다른 두 평면은 평행하다.

유형UP 20 평행선에서의 활용 (2)

오른쪽 그림에서 $l /\!/ m$이고
$\angle DAC = \angle CAB$,
$\angle EBC = \angle CBA$이면
$\quad \angle ACB = \times + \bullet$
삼각형 ACB의 세 각의 크기의 합은 $180°$이므로
$\quad 2 \times + 2 \bullet = 180°$, $\times + \bullet = 90°$
$\quad \therefore \angle ACB = 90°$

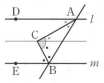

0247 대표문제

오른쪽 그림에서 $l /\!/ m$이고
$4 \angle DAC = \angle DAB$,
$4 \angle EBC = \angle EBA$일 때,
$\angle ACB$의 크기는?

① $40°$ ② $45°$
③ $50°$ ④ $55°$
⑤ $60°$

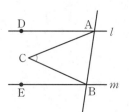

0248 상중

오른쪽 그림에서 $l /\!/ m$이고
$\angle BAC = \angle CAD$,
$\angle ABD = \angle DBC$일 때, $\angle x$의 크기를 구하시오.

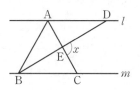

0249 상중 서술형

오른쪽 그림에서 $l /\!/ m$이고
$\angle PQS = 2 \angle SQR$일 때, $\angle x$의 크기를 구하시오.

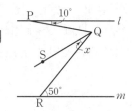

02
위치
관계

시험에 꼭 나오는 문제

0250

다음 중 오른쪽 그림에 대한 설명으로 옳지 <u>않은</u> 것은?

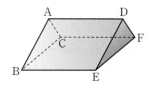

① 점 B는 직선 l 위에 있다.
② 점 D는 직선 m 위에 있다.
③ 점 A는 두 직선 l과 m의 교점이다.
④ 직선 n은 점 C를 지난다.
⑤ 두 직선 l과 n의 교점은 점 C이다.

0251 중요

오른쪽 그림과 같은 정육각형에서 각 변을 연장한 직선을 그었을 때, $\overleftrightarrow{\mathrm{CD}}$ 와 한 점에서 만나는 직선의 개수는?

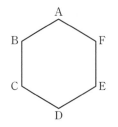

① 1　　　　② 2
③ 3　　　　④ 4
⑤ 5

0252

오른쪽 그림과 같이 평면 P 위에 네 점 A, B, C, D가 있고 평면 P 밖에 한 점 E가 있다. 이들 5개의 점 A, B, C, D, E 중 세 점으로 정해지는 서로 다른 평면의 개수를 구하시오.

(단, 어느 세 점도 한 직선 위에 있지 않다.)

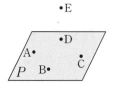

0253

오른쪽 그림과 같은 삼각기둥에서 모서리 AD와 꼬인 위치에 있는 모서리를 모두 구하시오.

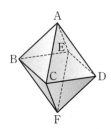

0254 중요

오른쪽 그림과 같이 정삼각형 8개로 이루어진 입체도형에서 모서리 BC와 꼬인 위치에 있는 모서리의 개수를 a, 평행한 모서리의 개수를 b라 할 때, $a+b$의 값은?

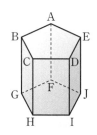

① 4　　　　② 5
③ 6　　　　④ 7
⑤ 8

0255

다음 **보기** 중 오른쪽 그림과 같이 밑면이 정오각형인 오각기둥에 대한 설명으로 옳은 것을 모두 고른 것은?

----- 보기 -----

ㄱ. 모서리 DI와 한 점에서 만나는 모서리는 5개이다.
ㄴ. 면 ABCDE와 모서리 GH는 평행하다.
ㄷ. 면 ABGF와 수직인 모서리는 4개이다.

① ㄱ　　　　② ㄴ　　　　③ ㄱ, ㄴ
④ ㄱ, ㄷ　　　⑤ ㄴ, ㄷ

▶ 정답 및 풀이 17쪽

0256

다음 중 오른쪽 그림과 같이 밑면이 정육각형인 육각기둥에서 면 AGLF와의 위치 관계가 나머지 넷과 <u>다른</u> 하나는?

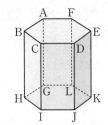

① 면 ABCDEF   ② 면 ABHG
③ 면 GHIJKL   ④ 면 CIJD
⑤ 면 FLKE

0257 중요

다음 중 오른쪽 그림과 같은 직육면체에 대한 설명으로 옳지 <u>않은</u> 것을 모두 고르면? (정답 2개)

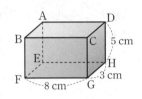

① 모서리 CG와 꼬인 위치에 있는 모서리는 4개이다.
② 모서리 AE와 수직으로 만나는 모서리는 2개이다.
③ 면 ABCD와 평행한 모서리는 4개이다.
④ 면 ABFE와 수직인 면은 4개이다.
⑤ 점 E와 면 BFGC 사이의 거리는 5 cm이다.

0258

오른쪽 그림은 직육면체를 네 점 B, F, G, C를 지나는 평면으로 잘라서 만든 입체도형이다. $\overline{EH}$와 평행한 면의 개수를 a, 면 EFGH와 수직인 면의 개수를 b라 할 때, $b-a$의 값을 구하시오.

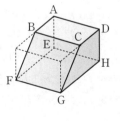

0259

오른쪽 그림과 같은 전개도로 만든 입체도형에서 모서리 BE와 꼬인 위치에 있는 모서리를 구하시오.

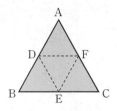

0260

오른쪽 그림에서 $\angle b$의 동위각을 모두 고른 것은?

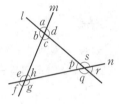

① $\angle e$, $\angle p$ ② $\angle g$, $\angle r$
③ $\angle h$, $\angle s$ ④ $\angle f$, $\angle p$
⑤ $\angle f$, $\angle q$

0261 중요

오른쪽 그림에서 $l /\!/ m$일 때, 다음 중 옳지 <u>않은</u> 것은?

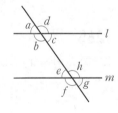

① $\angle a = \angle e$
② $\angle c = \angle e$
③ $\angle b + \angle e = 180°$
④ $\angle b = \angle h$
⑤ $\angle d + \angle f = 180°$

0262

오른쪽 그림과 같이 직사각형 모양의 종이 두 개를 겹쳐 놓았을 때, $\angle x + \angle y$의 크기를 구하시오.

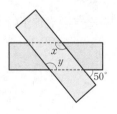

0263

다음 중 오른쪽 그림에서 평행한 두 직선을 고른 것은?

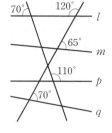

① l과 m ② l과 p
③ l과 q ④ m과 q
⑤ p와 q

0264

오른쪽 그림에서 $l /\!/ m$, $p /\!/ q$ 일 때, $\angle x$의 크기를 구하시오.

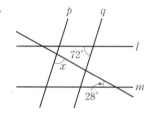

0265

오른쪽 그림에서 $l /\!/ m$일 때, x의 값을 구하시오.

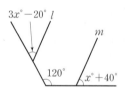

0266 중요

오른쪽 그림에서 $l /\!/ m$일 때, $\angle x - \angle y$의 크기를 구하시오.

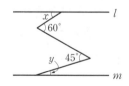

0267

오른쪽 그림에서 $l /\!/ m$일 때, $\angle a + \angle b + \angle c + \angle d$의 크기는?

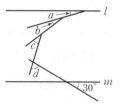

① $130°$ ② $135°$
③ $140°$ ④ $145°$
⑤ $150°$

0268

오른쪽 그림과 같이 직사각형 모양의 종이를 접었을 때, $\angle x$의 크기는?

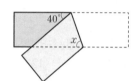

① $60°$ ② $65°$
③ $70°$ ④ $75°$
⑤ $80°$

0269 중요

공간에서 서로 다른 세 직선 l, m, n과 서로 다른 세 평면 P, Q, R에 대하여 다음 중 옳은 것은?

① $l \perp m$, $m \perp n$이면 $l \perp n$이다.
② $l /\!/ P$, $l /\!/ Q$이면 $P \perp Q$이다.
③ $l /\!/ m$, $m \perp P$이면 $l \perp P$이다.
④ $P \perp Q$, $P \perp R$이면 $Q /\!/ R$이다.
⑤ $l /\!/ P$, $m /\!/ P$이면 $l /\!/ m$이다.

📝 **서술형 주관식**

0270

오른쪽 그림과 같은 직육면체에서 $\overline{AG}$ 와 꼬인 위치에 있는 모서리의 개수를 a, 면 ABFE와 수직인 모서리의 개수를 b, 면 BFGC와 평행한 면의 개수를 c라 할 때, $a+b-c$의 값을 구하시오.

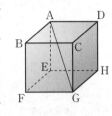

0271

오른쪽 그림에서 $l /\!/ m$이고 삼각형 ABC가 정삼각형일 때, $\angle x$의 크기를 구하시오.

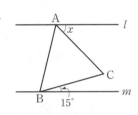

0272

오른쪽 그림에서 $l /\!/ m$일 때, x의 값을 구하시오.

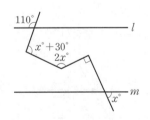

👍 **실력 UP**

0273

오른쪽 그림과 같은 전개도로 만든 정육면체에서 $\overline{CH}$와 $\overline{KN}$의 위치 관계를 말하시오.

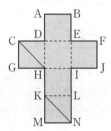

0274

공간에서 서로 다른 세 평면 P, Q, R에 대하여 $P \perp Q$, $Q \perp R$, $P \perp R$일 때, 세 평면에 의해 공간은 몇 개의 부분으로 나누어지는지 구하시오.

0275

오른쪽 그림에서 $l /\!/ m$이고 $\angle BAC = \dfrac{2}{3} \angle BAD$, $\angle ABC = \dfrac{2}{3} \angle ABE$일 때, $\angle ACB$의 크기를 구하시오.

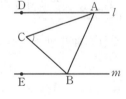

03 작도와 합동

03-1 작도

작도: 눈금 없는 자와 컴퍼스만을 사용하여 도형을 그리는 것
① 눈금 없는 자: 두 점을 연결하는 선분을 그리거나 선분을 연장할 때 사용한다.
② 컴퍼스: 원을 그리거나 선분의 길이를 재어서 다른 직선 위에 옮길 때 사용한다.

개념플러스 ✐

작도에서 사용하는 자는 눈금 없는 자이므로 선분의 길이를 잴 때에는 컴퍼스를 사용한다.

03-2 길이가 같은 선분의 작도

선분 AB와 길이가 같은 선분 PQ는 다음과 같이 작도한다.

❶ 자로 직선을 긋고, 이 직선 위에 점 P를 잡는다.
❷ 컴퍼스로 $\overline{AB}$의 길이를 잰다.
❸ 점 P를 중심으로 하고 반지름의 길이가 $\overline{AB}$인 원을 그려 직선과의 교점을 Q라 하면 선분 AB와 길이가 같은 선분 PQ가 작도된다. ➡ $\overline{AB} = \overline{PQ}$

03-3 크기가 같은 각의 작도

각 XOY와 크기가 같은 각 DPC는 다음과 같이 작도한다.

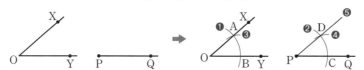

크기가 같은 각을 작도할 때 각도기는 사용하지 않는다.

❶ 점 O를 중심으로 하는 원을 그려 $\overrightarrow{OX}$, $\overrightarrow{OY}$와의 교점을 각각 A, B라 한다.
❷ 점 P를 중심으로 하고 반지름의 길이가 $\overline{OA}$인 원을 그려 $\overrightarrow{PQ}$와의 교점을 C라 한다.
❸ 컴퍼스로 $\overline{AB}$의 길이를 잰다.
❹ 점 C를 중심으로 하고 반지름의 길이가 $\overline{AB}$인 원을 그려 ❷에서 그린 원과의 교점을 D라 한다.
❺ $\overrightarrow{PD}$를 그으면 각 XOY와 크기가 같은 각 DPC가 작도된다. ➡ $\angle XOY = \angle DPC$

03-4 평행선의 작도

직선 l 밖의 한 점 P를 지나고 직선 l과 평행한 직선 PD는 다음과 같이 작도한다.

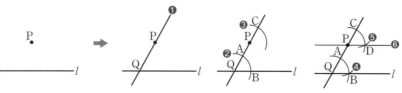

'서로 다른 두 직선이 다른 한 직선과 만날 때, 동위각 또는 엇각의 크기가 같으면 두 직선은 평행하다.'는 성질을 이용하여 평행선을 작도할 수 있다.

❶ 점 P를 지나는 직선을 그어 직선 l과의 교점을 Q라 한다.
❷ 점 Q를 중심으로 하는 원을 그려 직선 PQ, 직선 l과의 교점을 각각 A, B라 한다.
❸ 점 P를 중심으로 하고 반지름의 길이가 $\overline{QA}$인 원을 그려 직선 PQ와의 교점을 C라 한다.
❹ 컴퍼스로 $\overline{AB}$의 길이를 잰다.
❺ 점 C를 중심으로 하고 반지름의 길이가 $\overline{AB}$인 원을 그려 ❸에서 그린 원과의 교점을 D라 한다.
❻ 직선 PD를 그으면 직선 l과 평행한 직선 PD가 작도된다. ➡ $l \parallel \overrightarrow{PD}$

교과서문제 정복하기

03-1) 작도

0276 다음 **보기** 중 작도할 때 사용하는 것을 모두 고르시오.

> ┤ 보기 ├
> ㄱ. 각도기　　　　　ㄴ. 컴퍼스
> ㄷ. 눈금 있는 자　　ㄹ. 눈금 없는 자

[0277~0280] 작도에 대한 다음 설명이 옳으면 ○, 옳지 않으면 ×를 ( ) 안에 써넣으시오.

0277 선분의 길이를 옮길 때에는 컴퍼스를 사용한다.
(　)

0278 작도에서 사용하는 자는 눈금 있는 자이다.
(　)

0279 작도할 때에는 각도기를 사용하지 않는다.
(　)

0280 두 선분의 길이를 비교할 때에는 눈금 없는 자를 사용한다.
(　)

03-2) 길이가 같은 선분의 작도

0281 다음은 선분 AB와 길이가 같은 선분 PQ를 작도하는 과정이다. □ 안에 알맞은 것을 써넣으시오.

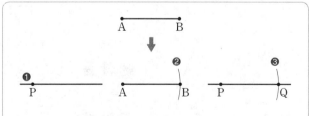

❶ 자로 직선을 긋고, 이 직선 위에 점 P를 잡는다.
❷ □로 $\overline{AB}$의 길이를 잰다.
❸ 점 □를 중심으로 하고 반지름의 길이가 □인 원을 그려 직선과의 교점을 □라 한다.

03-3) 크기가 같은 각의 작도

[0282~0284] 다음 그림은 ∠XOY와 크기가 같은 각을 $\overrightarrow{PQ}$를 한 변으로 하여 작도하는 과정이다. □ 안에 알맞은 것을 써넣으시오.

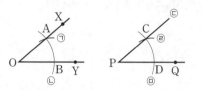

0282 작도 순서는 ㉡ → □ → □ → □ → ㉢이다.

0283 $\overline{OA} = \overline{OB} = $ □ $= \overline{PD}$

0284 $\overline{AB} = $ □

03-4) 평행선의 작도

[0285~0286] 오른쪽 그림은 직선 l 밖의 한 점 P를 지나고 직선 l과 평행한 직선을 작도하는 과정이다. □ 안에 알맞은 것을 써넣으시오.

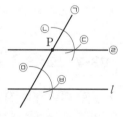

0285 작도 순서는
㉠ → ㉤ → □ → □ → □ → ㉣이다.

0286 위의 작도 과정은 '서로 다른 두 직선이 다른 한 직선과 만날 때, □ 의 크기가 같으면 두 직선은 평행하다.'는 성질을 이용한 것이다.

[0287~0288] 오른쪽 그림은 직선 l 밖의 한 점 P를 지나고 직선 l과 평행한 직선을 작도하는 과정이다. □ 안에 알맞은 것을 써넣으시오.

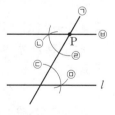

0287 작도 순서는
㉠ → ㉢ → □ → □ → □ → ㉡이다.

0288 위의 작도 과정은 '서로 다른 두 직선이 다른 한 직선과 만날 때, □ 의 크기가 같으면 두 직선은 평행하다.'는 성질을 이용한 것이다.

03 작도와 합동

03-5 삼각형

(1) 삼각형 ABC를 기호로 △ABC와 같이 나타낸다.

① **대변**: 한 각과 마주 보는 변

② **대각**: 한 변과 마주 보는 각

(2) **삼각형의 세 변의 길이 사이의 관계**

삼각형의 두 변의 길이의 합은 나머지 한 변의 길이보다 크다.

➡ $a+b>c$, $b+c>a$, $c+a>b$

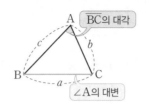

△ABC에서 세 변 AB, BC, CA
와 세 각 ∠A, ∠B, ∠C를 삼각형
의 6요소라 한다.

세 변의 길이가 주어졌을 때 삼각형
이 될 수 있는 조건
➡ (가장 긴 변의 길이)
   < (나머지 두 변의 길이의 합)

03-6 삼각형의 작도

다음과 같은 세 가지 경우에 삼각형을 하나로 작도할 수 있다.

① 세 변의 길이가 주어질 때	② 두 변의 길이와 그 끼인각의 크기가 주어질 때	③ 한 변의 길이와 그 양 끝 각의 크기가 주어질 때
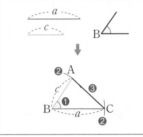	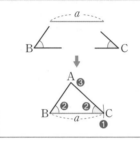	

참고 삼각형이 하나로 정해질 조건은 위의 세 가지 경우와 같다.

삼각형이 하나로 정해지지 않는 경우
① 가장 긴 변의 길이가 나머지 두 변의 길이의 합보다 크거나 같은 경우
② 두 변의 길이와 그 끼인각이 아닌 다른 한 각의 크기가 주어진 경우
③ 세 각의 크기가 주어진 경우

03-7 도형의 합동

(1) **합동**: 한 도형을 모양이나 크기를 바꾸지 않고 다른 도형에 완전히 포갤 수 있을 때, 이 두 도형을 서로 합동이라 하고, 기호 ≡로 나타낸다.

(2) **대응**: 합동인 두 도형에서 서로 포개어지는 꼭짓점과 꼭짓점, 변과 변, 각과 각은 서로 대응한다고 한다.

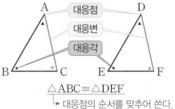

서로 대응하는 꼭짓점을 대응점, 대응하는 변을 대응변, 대응하는 각을 대응각이라 한다.

합동인 도형의 성질
두 도형이 서로 합동이면
① 대응변의 길이가 같다.
② 대응각의 크기가 같다.

03-8 삼각형의 합동 조건

두 삼각형 ABC와 DEF는 다음의 각 경우에 서로 합동이다.

① 대응하는 세 변의 길이가 각각 같을 때(SSS 합동)
➡ $\overline{AB}=\overline{DE}$, $\overline{BC}=\overline{EF}$, $\overline{CA}=\overline{FD}$

② 대응하는 두 변의 길이가 각각 같고, 그 끼인각의 크기가 같을 때(SAS 합동)
➡ $\overline{AB}=\overline{DE}$, $\overline{BC}=\overline{EF}$, ∠B=∠E

③ 대응하는 한 변의 길이가 같고, 그 양 끝 각의 크기가 각각 같을 때(ASA 합동)
➡ $\overline{BC}=\overline{EF}$, ∠B=∠E, ∠C=∠F

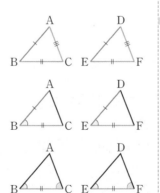

교과서문제 정복하기

03-5 삼각형

[0289~0290] 오른쪽 그림과 같은 △ABC에서 다음을 구하시오.

0289 ∠B의 대변

0290 $\overline{AB}$의 대각

[0291~0292] 세 선분의 길이가 다음과 같을 때, 삼각형을 만들 수 있으면 ○, 만들 수 없으면 ×를 ( ) 안에 써넣으시오.

0291 3 cm, 4 cm, 8 cm ( )

0292 7 cm, 8 cm, 9 cm ( )

03-6 삼각형의 작도

[0293~0294] 다음은 주어진 조건을 이용하여 △ABC를 작도하는 과정이다. □ 안에 알맞은 것을 써넣으시오.

0293

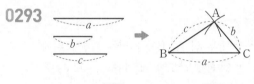

작도 순서: $\overline{BC}$ → ☐ → $\overline{AB}$

0294

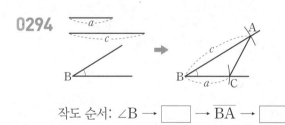

작도 순서: ∠B → ☐ → $\overline{BA}$ → ☐

[0295~0297] 다음과 같은 조건이 주어질 때, △ABC가 하나로 정해지는 것은 ○, 하나로 정해지지 않는 것은 ×를 ( ) 안에 써넣으시오.

0295 $\overline{AB}=2$ cm, $\overline{BC}=3$ cm, $\overline{CA}=5$ cm ( )

0296 $\overline{AB}=5$ cm, $\overline{BC}=7$ cm, ∠B=65° ( )

0297 $\overline{AC}=8$ cm, ∠A=35°, ∠C=70° ( )

03-7 도형의 합동

[0298~0300] 다음 두 도형이 합동인 것은 ○, 합동이 아닌 것은 ×를 ( ) 안에 써넣으시오.

0298 한 변의 길이가 같은 두 삼각형 ( )

0299 반지름의 길이가 같은 두 원 ( )

0300 넓이가 같은 두 정사각형 ( )

0301 다음 그림에서 △ABC≡△DEF일 때, x, y의 값을 구하시오.

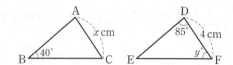

03-8 삼각형의 합동 조건

[0302~0304] 다음 중 △ABC와 △DEF가 합동이면 ○, 합동이 아니면 ×를 ( ) 안에 써넣으시오.

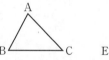

0302 $\overline{AB}=\overline{DE}$, $\overline{BC}=\overline{EF}$, $\overline{CA}=\overline{FD}$ ( )

0303 $\overline{AB}=\overline{DE}$, $\overline{AC}=\overline{DF}$, ∠C=∠F ( )

0304 $\overline{BC}=\overline{EF}$, ∠A=∠D, ∠B=∠E ( )

[0305~0306] 다음 그림과 같은 두 삼각형이 합동일 때, 기호 ≡를 사용하여 나타내고, 이때 사용된 합동 조건을 말하시오.

0305

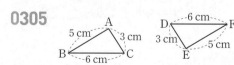

0306

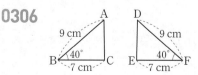

유형 익히기

유형 01 작도

(1) 작도: 눈금 없는 자와 컴퍼스만을 사용하여 도형을 그리는 것
(2) 눈금 없는 자: 두 점을 연결하는 선분을 그리거나 선분을 연장할 때 사용한다.
(3) 컴퍼스: 원을 그리거나 선분의 길이를 재어서 다른 직선 위에 옮길 때 사용한다.

0307 대표문제

다음 중 작도에 대한 설명으로 옳지 <u>않은</u> 것을 모두 고르면? (정답 2개)

① 눈금 없는 자와 컴퍼스만을 사용하여 도형을 그리는 것을 작도라 한다.
② 선분을 연장할 때에는 눈금 없는 자를 사용한다.
③ 선분의 길이를 다른 직선 위에 옮길 때에는 눈금 없는 자를 사용한다.
④ 두 점을 지나는 직선을 그릴 때에는 컴퍼스를 사용한다.
⑤ 원을 그릴 때에는 컴퍼스를 사용한다.

0308 하

다음은 작도에 대한 설명이다. (개), (내)에 알맞은 것을 구하시오.

> 작도는 [개] 와 [내] 만을 사용하여 도형을 그리는 것이다. 두 점을 연결하는 선분을 그리거나 선분을 연장할 때에는 [개] 를 사용하고, 원을 그리거나 선분의 길이를 재어서 다른 직선 위에 옮길 때에는 [내] 를 사용한다.

0309 중하

다음 중 작도할 때 눈금 없는 자의 용도로 옳은 것을 모두 고르면? (정답 2개)

① 각의 크기를 측정한다.
② 원을 그린다.
③ 선분을 연장한다.
④ 선분의 길이를 옮긴다.
⑤ 두 점을 연결하는 선분을 그린다.

유형 02 길이가 같은 선분의 작도

선분 AB와 길이가 같은 선분의 작도

➡ $\overline{AB} = \overline{PQ}$

0310 대표문제

다음은 선분 AB를 점 B의 방향으로 연장한 반직선 위에 $\overline{AC} = 2\overline{AB}$가 되도록 선분 AC를 작도하는 과정이다. 작도 순서를 나열하시오.

> ㉠ $\overline{AB}$를 점 B의 방향으로 연장한다.
> ㉡ 점 B를 중심으로 하고 반지름의 길이가 $\overline{AB}$인 원을 그려 $\overline{AB}$의 연장선과의 교점을 C라 한다.
> ㉢ 컴퍼스로 $\overline{AB}$의 길이를 잰다.

0311 중하

다음 그림과 같이 두 점 A, B를 지나는 직선 l 위에 $3\overline{AB} = \overline{AC}$인 점 C를 작도할 때 사용하는 도구는?

① 컴퍼스   ② 각도기   ③ 삼각자
④ 눈금 있는 자   ⑤ 눈금 없는 자

0312 중

다음은 선분 AB를 한 변으로 하는 정삼각형을 작도하는 과정이다. ☐ 안에 알맞은 것을 써넣으시오.

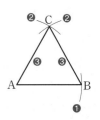

❶ [☐]로 $\overline{AB}$의 길이를 잰다.
❷ 두 점 A, B를 중심으로 하고 반지름의 길이가 [☐]인 원을 각각 그려 두 원의 교점을 C라 한다.
❸ $\overline{AC}$, $\overline{BC}$를 그으면 △ABC는 [☐]이다.

유형 03 크기가 같은 각의 작도

각 XOY와 크기가 같은 각의 작도

➡ ∠XOY=∠CPD

0313 대표문제

아래 그림은 ∠XOY와 크기가 같은 각을 $\overrightarrow{PQ}$를 한 변으로 하여 작도하는 과정이다. 다음 중 작도 순서를 바르게 나열한 것은?

① ㉠ → ㉡ → ㉢ → ㉣ → ㉤
② ㉠ → ㉢ → ㉡ → ㉣ → ㉤
③ ㉡ → ㉣ → ㉠ → ㉢ → ㉤
④ ㉤ → ㉠ → ㉡ → ㉢ → ㉣
⑤ ㉤ → ㉠ → ㉢ → ㉡ → ㉣

0314 중

아래 그림은 ∠XOY와 크기가 같은 각을 $\overrightarrow{PQ}$를 한 변으로 하여 작도한 것이다. 다음 보기 중 옳은 것을 모두 고른 것은?

┌─── 보기 ───
ㄱ. $\overline{OA}=\overline{OB}$ ㄴ. $\overline{AB}=\overline{CD}$
ㄷ. $\overline{PC}=\overline{CD}$ ㄹ. ∠AOB=∠CPD
└──────────

① ㄱ, ㄴ   ② ㄱ, ㄷ   ③ ㄴ, ㄹ
④ ㄱ, ㄴ, ㄹ   ⑤ ㄴ, ㄷ, ㄹ

유형 04 평행선의 작도

직선 *l* 밖의 한 점 P를 지나고 직선 *l*과 평행한 직선의 작도

➡ $l /\!/ \overrightarrow{PQ}$

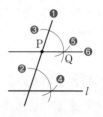

0315 대표문제

오른쪽 그림은 직선 *l* 밖의 한 점 P를 지나고 직선 *l*과 평행한 직선 *m*을 작도한 것이다. 다음 중 옳지 않은 것은?

① $\overline{OA}=\overline{OB}$ ② $\overline{OA}=\overline{PD}$
③ $\overline{OB}=\overline{CD}$ ④ $\overleftrightarrow{OB} /\!/ \overrightarrow{PD}$
⑤ ∠CPD=∠AOB

0316 중

오른쪽 그림은 직선 *l* 밖의 한 점 P를 지나고 직선 *l*과 평행한 직선을 작도하는 과정이다. 작도 순서를 나열하시오.

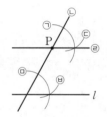

0317 중

오른쪽 그림은 직선 *l* 밖의 한 점 P를 지나고 직선 *l*과 평행한 직선 *m*을 작도한 것이다. 이때 사용된 성질은?

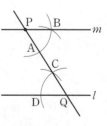

① 한 직선에 수직인 두 직선은 평행하다.
② 맞꼭지각의 크기가 같은 두 직선은 평행하다.
③ 동위각의 크기가 같은 두 직선은 평행하다.
④ 엇각의 크기가 같은 두 직선은 평행하다.
⑤ 두 직선 사이의 거리가 같으면 두 직선은 평행하다.

유형 05 삼각형의 세 변의 길이 사이의 관계

삼각형의 두 변의 길이의 합은 나머지 한 변의 길이보다 크다.
➡ (가장 긴 변의 길이)<(나머지 두 변의 길이의 합)

0318 대표문제
다음 중 삼각형의 세 변의 길이가 될 수 없는 것은?

① 3 cm, 5 cm, 7 cm
② 4 cm, 8 cm, 10 cm
③ 5 cm, 5 cm, 5 cm
④ 6 cm, 6 cm, 13 cm
⑤ 7 cm, 9 cm, 14 cm

0319 중하
삼각형의 두 변의 길이가 5 cm, 10 cm일 때, 다음 **보기** 중 나머지 한 변의 길이가 될 수 있는 것을 모두 고르시오.

┌─ 보기 ─┐
ㄱ. 5 cm   ㄴ. 8 cm
ㄷ. 10 cm   ㄹ. 16 cm

0320 중
삼각형의 세 변의 길이가 4 cm, 7 cm, x cm일 때, 다음 중 x의 값이 될 수 있는 자연수의 개수는?

① 4   ② 5   ③ 6
④ 7   ⑤ 8

0321 상중 서술형
길이가 5 cm, 8 cm, 9 cm, 13 cm인 네 개의 막대기가 있다. 이 중 세 개를 뽑아서 삼각형을 만들 때, 서로 다른 삼각형을 몇 개 만들 수 있는지 구하시오.

유형 06 삼각형의 작도

다음과 같은 세 가지 경우에 삼각형을 하나로 작도할 수 있다.
① 세 변의 길이가 주어질 때
② 두 변의 길이와 그 끼인각의 크기가 주어질 때
③ 한 변의 길이와 그 양 끝 각의 크기가 주어질 때

0322 대표문제
오른쪽 그림과 같이 변 BC의 길이와 ∠B, ∠C의 크기가 주어졌을 때, 다음 중 △ABC를 작도하는 순서로 옳지 않은 것은?

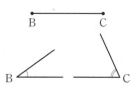

① $\overline{BC}$ → ∠B → ∠C
② $\overline{BC}$ → ∠C → ∠B
③ ∠B → ∠C → $\overline{BC}$
④ ∠B → $\overline{BC}$ → ∠C
⑤ ∠C → $\overline{BC}$ → ∠B

0323 중하
다음은 두 변의 길이와 그 끼인각의 크기가 주어졌을 때 삼각형을 작도하는 과정이다. ☐ 안에 알맞은 것을 써넣으시오.

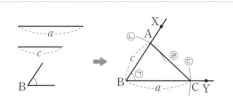

ㄱ ∠B와 크기가 같은 ∠XBY를 작도한다.
ㄴ 점 B를 중심으로 하고 반지름의 길이가 c인 원을 그려 반직선 BX와의 교점을 ☐라 한다.
ㄷ 점 B를 중심으로 하고 반지름의 길이가 a인 원을 그려 반직선 BY와의 교점을 ☐라 한다.
ㄹ ☐☐를 그으면 △ABC가 작도된다.

0324 중
다음 그림은 세 변의 길이가 주어졌을 때, 변 AB가 직선 l 위에 있도록 삼각형 ABC를 작도하는 과정이다. 작도 순서를 나열하시오.

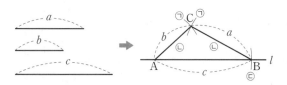

정답 및 풀이 21쪽

유형 07 삼각형이 하나로 정해질 조건

다음과 같은 세 가지 경우에 삼각형이 하나로 정해진다.
① 세 변의 길이가 주어질 때
② 두 변의 길이와 그 끼인각의 크기가 주어질 때
③ 한 변의 길이와 그 양 끝 각의 크기가 주어질 때

0325 대표문제

다음 중 △ABC가 하나로 정해지는 것을 모두 고르면?
(정답 2개)

① $\overline{AB}=10$ cm, $\overline{BC}=5$ cm, $\overline{CA}=7$ cm
② $\overline{AB}=10$ cm, $\overline{BC}=3$ cm, $\overline{CA}=7$ cm
③ $\overline{AB}=6$ cm, $\overline{BC}=8$ cm, $\angle C=30°$
④ $\overline{BC}=5$ cm, $\angle B=60°$, $\angle C=50°$
⑤ $\angle A=70°$, $\angle B=45°$, $\angle C=65°$

0326 중

다음 중 △ABC가 하나로 정해지지 <u>않는</u> 것을 모두 고르면? (정답 2개)

① $\overline{AB}=4$ cm, $\overline{BC}=11$ cm, $\overline{CA}=5$ cm
② $\overline{AB}=6$ cm, $\overline{AC}=9$ cm, $\angle A=40°$
③ $\overline{AC}=5$ cm, $\angle B=35°$, $\angle C=75°$
④ $\overline{BC}=5$ cm, $\angle B=20°$, $\angle C=50°$
⑤ $\angle A=30°$, $\angle B=60°$, $\angle C=90°$

0327 중

$\overline{AC}$의 길이가 주어졌을 때, 다음 **보기** 중 △ABC가 하나로 정해지기 위해 더 필요한 조건인 것을 모두 고르시오.

| 보기 |
| ㄱ. $\overline{AB}$, $\angle B$ ㄴ. $\overline{BC}$, $\angle A$ |
| ㄷ. $\overline{BC}$, $\angle C$ ㄹ. $\angle B$, $\angle C$ |

0328 중

$\angle A=35°$, $\overline{AB}=3$ cm일 때, 다음 중 △ABC가 하나로 정해지기 위해 더 필요한 조건이 <u>아닌</u> 것은?

① $\angle B=75°$ ② $\overline{AC}=5$ cm   ③ $\overline{BC}=2$ cm
④ $\angle C=45°$ ⑤ $\overline{AC}=3$ cm

유형 08 합동인 도형의 성질

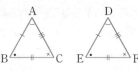

△ABC≡△DEF이면
① 대응변의 길이가 같다.
➡ $\overline{AB}=\overline{DE}$, $\overline{BC}=\overline{EF}$, $\overline{CA}=\overline{FD}$
② 대응각의 크기가 같다.
➡ $\angle A=\angle D$, $\angle B=\angle E$, $\angle C=\angle F$

0329 대표문제

아래 그림에서 두 사각형 ABCD와 EFGH가 합동일 때, 다음 중 옳지 <u>않은</u> 것은?

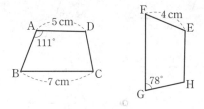

① $\overline{AB}=4$ cm   ② $\angle C=78°$ ③ $\overline{EH}=5$ cm
④ $\overline{FG}=7$ cm   ⑤ $\angle H=111°$

0330 중하

아래 그림에서 △ABC≡△DEF일 때, 다음 중 옳지 <u>않은</u> 것은?

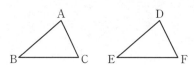

① $\overline{AC}=\overline{DF}$
② $\angle A=\angle D$
③ 점 B의 대응점은 점 F이다.
④ △ABC와 △DEF는 완전히 포개어진다.
⑤ △ABC와 △DEF의 넓이는 같다.

0331 중 서술형

다음 그림에서 △ABC≡△DEF일 때, $y-x$의 값을 구하시오.

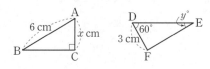

유형 09 합동인 삼각형 찾기

다음과 같은 세 가지 경우에 두 삼각형은 서로 합동이다.
① SSS 합동: 대응하는 세 변의 길이가 각각 같을 때
② SAS 합동: 대응하는 두 변의 길이가 각각 같고, 그 끼인각
의 크기가 같을 때
③ ASA 합동: 대응하는 한 변의 길이가 같고, 그 양 끝 각의
크기가 각각 같을 때

0332 대표문제

다음 **보기** 중 서로 합동인 삼각형끼리 짝 지은 것으로 옳은
것은?

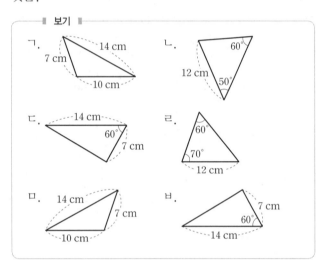

① ㄱ과 ㄷ   ② ㄱ과 ㅁ   ③ ㄴ과 ㄷ
④ ㄷ과 ㄹ   ⑤ ㄹ과 ㅂ

0333 중

다음 중 오른쪽 그림의 삼각형과 합동인
것은?

①   ② 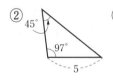   ③

④   ⑤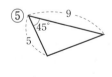

0334 중

다음 중 △ABC≡△DEF라 할 수 <u>없는</u> 것은?

① $\overline{AB}=\overline{DE}$, ∠A=∠D, ∠B=∠E
② $\overline{BC}=\overline{EF}$, ∠A=∠D, ∠B=∠E
③ $\overline{AB}=\overline{DE}$, $\overline{BC}=\overline{EF}$, $\overline{AC}=\overline{DF}$
④ $\overline{AB}=\overline{DE}$, $\overline{AC}=\overline{DF}$, ∠B=∠E
⑤ $\overline{BC}=\overline{EF}$, $\overline{AC}=\overline{DF}$, ∠C=∠F

0335 중

다음 **보기** 중 오른쪽 그림의 삼각형과 합
동인 삼각형을 모두 찾고, 이때 사용된
합동 조건을 말하시오.

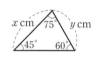

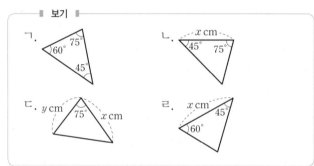

0336 중

다음 중 나머지 넷과 합동이 <u>아닌</u> 것은?

① 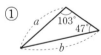   ②

③   ④

⑤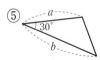

유형 10 두 삼각형이 합동이 되기 위한 조건

(1) 두 변의 길이가 같을 때
→ 나머지 한 변의 길이 또는 그 끼인각의 크기가 같아야 한다.
(2) 한 변의 길이와 그 양 끝 각 중 한 각의 크기가 같을 때
→ 그 각을 끼고 있는 다른 한 변의 길이 또는 다른 한 각의 크기가 같아야 한다.
(3) 두 각의 크기가 같을 때
→ 한 변의 길이가 같아야 한다.

0337 대표문제

오른쪽 그림에서 $\overline{AB}=\overline{DE}$, $\overline{BC}=\overline{EF}$일 때, 다음 중 $\triangle ABC \equiv \triangle DEF$이기 위해 필요한 나머지 한 조건을 모두 고르면? (정답 2개)

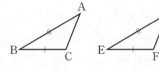

① $\overline{AC}=\overline{DF}$ ② $\angle A=\angle D$ ③ $\angle B=\angle E$
④ $\angle C=\angle F$ ⑤ $\overline{AB}=\overline{EF}$

0338 중

오른쪽 그림에서 $\angle A=\angle D$, $\angle C=\angle F$일 때, 다음 중 $\triangle ABC \equiv \triangle DEF$이기 위해 필요한 나머지 한 조건은?

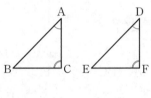

① $\overline{AB}=\overline{DF}$ ② $\angle B=\angle F$ ③ $\overline{BC}=\overline{EF}$
④ $\angle C=\angle E$ ⑤ $\overline{AC}=\overline{EF}$

0339 중

오른쪽 그림에서 $\overline{AB}=\overline{DE}$일 때, 다음 중 $\triangle ABC \equiv \triangle DEF$이기 위해 더 필요한 조건이 <u>아닌</u> 것은?

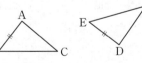

① $\overline{AC}=\overline{DF}$, $\overline{BC}=\overline{EF}$
② $\overline{BC}=\overline{EF}$, $\angle B=\angle E$
③ $\overline{AC}=\overline{DF}$, $\angle C=\angle F$
④ $\angle A=\angle D$, $\angle B=\angle E$
⑤ $\angle B=\angle E$, $\angle C=\angle F$

유형 11 삼각형의 합동 조건; SSS 합동

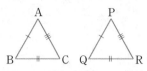

대응하는 세 변의 길이가 각각 같을 때
→ $\overline{AB}=\overline{PQ}$, $\overline{BC}=\overline{QR}$, $\overline{AC}=\overline{PR}$이면
$\triangle ABC \equiv \triangle PQR$ (SSS 합동)

0340 대표문제

다음은 오른쪽 그림과 같은 사각형 ABCD에서 $\overline{AB}=\overline{AD}$, $\overline{BC}=\overline{DC}$일 때, $\triangle ABC \equiv \triangle ADC$임을 보이는 과정이다. ⑺, ⑻에 알맞은 것을 구하시오.

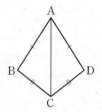

$\triangle ABC$와 $\triangle ADC$에서
$\overline{AB}=\overline{AD}$, $\overline{BC}=\overline{DC}$, ⎡⑺⎤는 공통
∴ $\triangle ABC \equiv \triangle ADC$ (⎡⑻⎤ 합동)

0341 중

다음은 $\angle XOY$와 크기가 같고 반직선 $O'Y'$을 한 변으로 하는 각을 작도하였을 때, $\triangle AOB \equiv \triangle A'O'B'$임을 보이는 과정이다. ⑺, ⑻, ⑼에 알맞은 것을 구하시오.

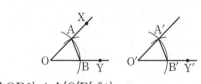

$\triangle AOB$와 $\triangle A'O'B'$에서
$\overline{OA}=\overline{O'A'}$, $\overline{OB}=$⎡⑺⎤, $\overline{AB}=$⎡⑻⎤
∴ $\triangle AOB \equiv \triangle A'O'B'$ (⎡⑼⎤ 합동)

0342 중 서술형

오른쪽 그림과 같은 사각형 ABCD에서 $\overline{AB}=\overline{CD}$, $\overline{BC}=\overline{DA}$일 때, 합동인 두 삼각형을 찾아 기호를 사용하여 나타내고, 이때 사용된 합동 조건을 말하시오.

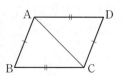

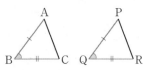 **유형 12** 삼각형의 합동 조건; SAS 합동

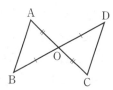

대응하는 두 변의 길이가 각각 같고, 그 끼인각의 크기가 같을 때

➡ $\overline{AB}=\overline{PQ}$, $\overline{BC}=\overline{QR}$, $\angle B=\angle Q$이면

$\triangle ABC \equiv \triangle PQR$ (SAS 합동)

0343 대표문제

다음은 오른쪽 그림에서 $\overline{OA}=\overline{OC}$, $\overline{OB}=\overline{OD}$일 때, $\triangle OAB \equiv \triangle OCD$ 임을 보이는 과정이다. (가), (나)에 알 맞은 것을 구하시오.

$\triangle OAB$와 $\triangle OCD$에서

$\overline{OA}=\overline{OC}$, $\overline{OB}=\overline{OD}$, $\angle AOB=$ ⟨가⟩

∴ $\triangle OAB \equiv \triangle OCD$ (⟨나⟩ 합동)

0344 중

다음은 오른쪽 그림에서 점 P가 $\overline{AB}$ 의 수직이등분선 위의 한 점일 때, $\triangle PAM \equiv \triangle PBM$임을 보이는 과정 이다. (가), (나), (다)에 알맞은 것을 구하 시오.

$\triangle PAM$과 $\triangle PBM$에서

$\overline{AM}=$ ⟨가⟩ , $\overline{PM}$은 공통,

$\angle PMA=$ ⟨나⟩ $=90°$

∴ $\triangle PAM \equiv \triangle PBM$ (⟨다⟩ 합동)

0345 중

오른쪽 그림에서 $\overline{OA}=\overline{OC}$, $\overline{AB}=\overline{CD}$일 때, 다음 중 옳지 않은 것은?

① $\overline{AD}=\overline{CB}$ ② $\overline{OB}=\overline{OD}$
③ $\overline{OC}=\overline{CB}$ ④ $\angle OAD=\angle OCB$
⑤ $\angle OBC=\angle ODA$

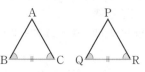 **유형 13** 삼각형의 합동 조건; ASA 합동

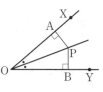

대응하는 한 변의 길이가 같고, 그 양 끝 각의 크기가 각각 같을 때

➡ $\overline{BC}=\overline{QR}$, $\angle B=\angle Q$, $\angle C=\angle R$이면

$\triangle ABC \equiv \triangle PQR$ (ASA 합동)

0346 대표문제

다음은 오른쪽 그림에서 $\angle XOY$의 이등분선 위의 한 점 P에서 $\overrightarrow{OX}$, $\overrightarrow{OY}$에 내린 수선의 발을 각각 A, B 라 할 때, $\overline{AP}=\overline{BP}$임을 보이는 과 정이다. (가)~(라)에 알맞은 것을 구하시오.

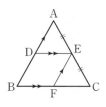

$\triangle AOP$와 $\triangle BOP$에서

$\angle AOP=$ ⟨가⟩ , ⟨나⟩ 는 공통,

$\angle APO=90°-\angle AOP=90°-$ ⟨가⟩ $=$ ⟨다⟩

∴ $\triangle AOP \equiv \triangle BOP$ (⟨라⟩ 합동)

∴ $\overline{AP}=\overline{BP}$

0347 중

다음은 오른쪽 그림에서 $\overline{AB}/\!/\overline{EF}$, $\overline{DE}/\!/\overline{BC}$이고 점 E가 $\overline{AC}$의 중점일 때, $\triangle ADE \equiv \triangle EFC$임을 보이는 과정이다. (가), (나), (다)에 알맞은 것을 구하시오.

$\triangle ADE$와 $\triangle EFC$에서

$\overline{AE}=$ ⟨가⟩

$\overline{AB}/\!/\overline{EF}$이므로 $\angle EAD=\angle CEF$

$\overline{DE}/\!/\overline{BC}$이므로 $\angle AED=$ ⟨나⟩

∴ $\triangle ADE \equiv \triangle EFC$ (⟨다⟩ 합동)

0348 중 서술형

오른쪽 그림에서 $\overline{AC}/\!/\overline{BD}$이고 점 M이 $\overline{BC}$의 중점일 때, $\triangle AMC$ 와 합동인 삼각형을 찾아 기호를 사용하여 나타내고, 이때 사용된 합동 조건을 말하시오.

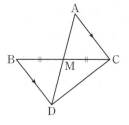

▶ 정답 및 풀이 23쪽

중요

유형UP 14 삼각형의 합동의 활용

개념원리 중학 수학 1-2 78쪽

다음과 같은 도형의 성질을 이용하여 합동인 두 삼각형을 찾는다.

(1) 정삼각형
➡ 세 변의 길이가 모두 같고, 세 각의 크기는 모두 60°이다.

(2) 정사각형
➡ 네 변의 길이가 모두 같고, 네 각의 크기는 모두 90°이다.

0349 대표문제

오른쪽 그림에서 △ABC와 △ECD는 정삼각형이다. $\overline{AD}$와 $\overline{BE}$의 교점을 P라 할 때, ∠x의 크기를 구하시오.

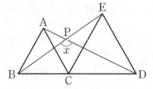

0350 중

오른쪽 그림에서 사각형 ABCD와 사각형 ECFG가 모두 정사각형일 때, $\overline{DF}$의 길이를 구하시오.

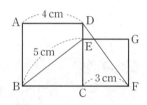

0351 상중

오른쪽 그림에서 △ABC는 정삼각형이고, $\overline{AD}=\overline{BE}=\overline{CF}$일 때, 다음 중 옳지 않은 것은?

① $\overline{AF}=\overline{BD}$
② $\overline{DF}=\overline{EF}$
③ ∠DEB=∠EFC
④ △ADF≡△CFE
⑤ ∠DEF=55°

0352 상중

오른쪽 그림과 같은 정사각형 ABCD에서 $\overline{BE}=\overline{CF}$일 때, ∠$x$의 크기는?

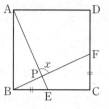

① 80°
② 85°
③ 90°
④ 95°
⑤ 100°

0353 상중

오른쪽 그림은 △ABC의 두 변 AB, AC를 각각 한 변으로 하는 정삼각형 ADB와 ACE를 만든 것이다. 다음 중 옳지 않은 것은?

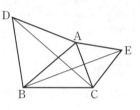

① ∠DAC=∠BAE
② $\overline{DC}=\overline{BE}$
③ △ADC≡△ABE
④ $\overline{AB}=\overline{BC}$
⑤ ∠ACD=∠AEB

0354 상 서술형

오른쪽 그림과 같은 정사각형 ABCD에서 점 E는 대각선 BD 위의 점이고, 점 F는 $\overline{AE}$, $\overline{BC}$의 연장선의 교점이다. ∠F=30°일 때, ∠x의 크기를 구하시오.

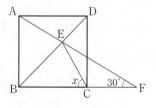

0355

다음 중 작도에 대한 설명으로 옳은 것은?

① 두 선분의 길이를 비교할 때에는 눈금 없는 자를 사용한다.
② 작도할 때에는 눈금 있는 자와 컴퍼스만을 사용한다.
③ 주어진 각과 크기가 같은 각을 작도할 때에는 각도기를 사용한다.
④ 두 점을 지나는 직선을 그릴 때에는 눈금 없는 자를 사용한다.
⑤ 선분을 연장할 때에는 컴퍼스를 사용한다.

0356

다음은 $\overline{AB}$와 길이가 같은 $\overline{PQ}$를 작도하는 과정이다. 작도 순서를 나열하시오.

ㄱ 점 P를 중심으로 하고 반지름의 길이가 $\overline{AB}$인 원을 그려 직선과의 교점을 Q라 한다.
ㄴ 컴퍼스로 $\overline{AB}$의 길이를 잰다.
ㄷ 자로 직선을 긋고, 이 직선 위에 점 P를 잡는다.

0357 중요

아래 그림은 ∠XOY와 크기가 같은 각을 $\overrightarrow{PQ}$를 한 변으로 하여 작도한 것이다. 다음 중 옳지 않은 것은?

① $\overline{OA}=\overline{OB}$
② $\overline{OA}=\overline{AB}$
③ $\overline{AB}=\overline{CD}$
④ $\overline{OB}=\overline{PC}$
⑤ 작도 순서는 ㄱ → ㄷ → ㄴ → ㄹ → ㅁ이다.

0358

오른쪽 그림은 직선 l 위에 있지 않은 한 점 P를 지나고 직선 l과 평행한 직선 m을 작도한 것이다. 다음 보기 중 옳은 것을 모두 고른 것은?

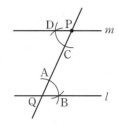

보기

ㄱ. $\overline{AQ}=\overline{DP}$
ㄴ. $\overline{BQ}=\overline{CD}$
ㄷ. ∠AQB=∠CPD
ㄹ. 동위각의 크기가 같으면 두 직선은 평행하다는 성질이 이용되었다.

① ㄱ, ㄴ
② ㄱ, ㄷ
③ ㄴ, ㄷ
④ ㄴ, ㄹ
⑤ ㄱ, ㄷ, ㄹ

0359 중요

삼각형의 세 변의 길이가 x, $x-2$, $x+5$일 때, 다음 중 x의 값이 될 수 없는 것은?

① 7
② 8
③ 9
④ 10
⑤ 11

0360

오른쪽 그림과 같이 두 변의 길이와 그 끼인각의 크기가 주어졌을 때, △ABC를 작도하려고 한다. 맨 마지막에 작도하는 과정은?

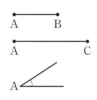

① $\overline{AB}$를 긋는다.
② $\overline{AC}$를 긋는다.
③ $\overline{BC}$를 긋는다.
④ ∠A를 작도한다.
⑤ ∠C를 작도한다.

▶ 정답 및 풀이 25쪽

0361 중요

다음 중 △ABC가 하나로 정해지는 것을 모두 고르면?

(정답 2개)

① $\overline{AB}=9$ cm, $\overline{BC}=6$ cm, $\overline{CA}=17$ cm
② $\overline{AB}=15$ cm, $\overline{BC}=10$ cm, $\overline{CA}=24$ cm
③ $\overline{AB}=4$ cm, $\angle A=30°$, $\angle C=70°$
④ $\overline{AB}=5$ cm, $\overline{BC}=8$ cm, $\angle C=30°$
⑤ $\angle A=54°$, $\angle B=42°$, $\angle C=84°$

0362

오른쪽 그림과 같이 $\angle B=53°$일 때, 다음 중 △ABC가 하나로 정해지기 위해 더 필요한 조건이 아닌 것은?

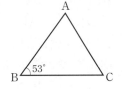

① $\angle A$와 $\overline{AB}$ ② $\angle A$와 $\overline{BC}$
③ $\angle C$와 $\overline{AC}$ ④ $\overline{AB}$와 $\overline{AC}$
⑤ $\overline{AB}$와 $\overline{BC}$

0363

다음 중 두 도형이 합동인 것을 모두 고르면? (정답 2개)

① 한 변의 길이가 같은 두 정사각형
② 두 변의 길이가 같은 두 이등변삼각형
③ 둘레의 길이가 같은 두 원
④ 둘레의 길이가 같은 두 직사각형
⑤ 반지름의 길이가 같은 두 부채꼴

0364 중요

다음 그림에서 두 사각형 ABCD, EFGH가 합동일 때, $x+y$의 값을 구하시오.

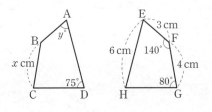

0365

다음 중 나머지 넷과 합동이 아닌 것은?

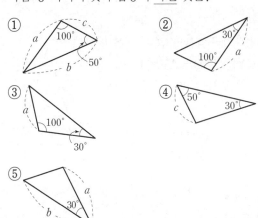

0366

아래 그림에서 $\overline{AB}=\overline{DE}$, $\angle B=\angle E$일 때, 다음 보기 중 △ABC와 △DEF가 합동이 되기 위해 더 필요한 조건인 것을 모두 고른 것은?

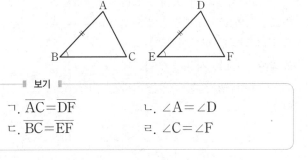

┤ 보기 ├

ㄱ. $\overline{AC}=\overline{DF}$ ㄴ. $\angle A=\angle D$
ㄷ. $\overline{BC}=\overline{EF}$ ㄹ. $\angle C=\angle F$

① ㄱ, ㄴ   ② ㄴ, ㄷ   ③ ㄷ, ㄹ
④ ㄱ, ㄴ, ㄷ   ⑤ ㄴ, ㄷ, ㄹ

0367

오른쪽 그림과 같은 사각형 ABCD에서 △ABC와 △ADC는 합동이다. 이때 사용된 합동 조건을 말하시오.

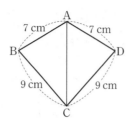

0368

오른쪽 그림과 같이 $\overline{AB}=\overline{AC}$인 이등변삼각형 ABC에서 $\overline{AD}=\overline{AE}$이고 ∠A=35°, ∠ABE=20°일 때, ∠x의 크기는?

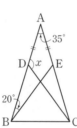

① 110° ② 115°
③ 120° ④ 125°
⑤ 130°

0369

오른쪽 그림과 같은 평행사변형 ABCD에서 $\overline{BC}$의 중점을 E라 하고 $\overline{AE}$와 $\overline{DC}$의 연장선의 교점을 F라 할 때, 합동인 두 삼각형을 찾아 기호를 사용하여 나타내고, 이때 사용된 합동 조건을 말하시오.

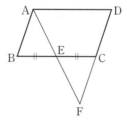

0370

다음 그림에서 $\overline{AC}$와 $\overline{BD}$의 교점을 O라 할 때, 호수 둘레의 두 지점 A, B 사이의 거리를 구하시오.

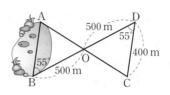

0371

오른쪽 그림과 같은 정삼각형 ABC에서 변 BC의 연장선 위에 점 D를 잡고, $\overline{AD}$를 한 변으로 하는 정삼각형 ADE를 그렸다. $\overline{BC}=5\,cm$, $\overline{CD}=6\,cm$일 때, 다음 중 옳지 <u>않은</u> 것은?

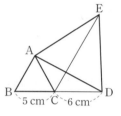

① $\overline{CE}=11\,cm$ ② ∠ADB=∠AEC
③ △ABD≡△ACE   ④ ∠BAD=∠CAE
⑤ △ACD≡△CAE

0372

오른쪽 그림에서 점 E는 정사각형 ABCD의 대각선 AC 위의 점이고 ∠CED=65°일 때, ∠x의 크기는?

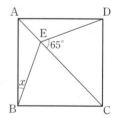

① 15° ② 20°
③ 25° ④ 30°
⑤ 35°

▶ 정답 및 풀이 26쪽

0373

세 변의 길이가 2 cm, 6 cm, 7 cm일 때 만들 수 있는 삼각형의 개수를 x, 한 변의 길이가 9 cm이고 두 각의 크기가 30°, 100°일 때 만들 수 있는 삼각형의 개수를 y라 하자. 이때 $y-x$의 값을 구하시오.

0374

오른쪽 그림과 같이 $\overline{AB}=\overline{AC}$인 직각이등변삼각형 ABC의 꼭짓점 A를 지나는 직선 l이 있다. 점 B, C에서 직선 l에 내린 수선의 발을 각각 D, E라 하고, $\overline{DE}=18$ cm, $\overline{EC}=6$ cm일 때, $\overline{BD}$의 길이를 구하시오.

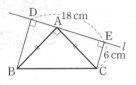

0375

오른쪽 그림과 같이 정삼각형 ABC의 한 변 BC 위에 점 D를 잡고 $\overline{AD}$를 한 변으로 하는 정삼각형 ADE를 그렸다. $\overline{AB}=10$ cm, $\overline{CD}=3$ cm일 때, $\overline{CE}$의 길이를 구하시오.

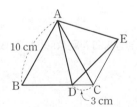

0376

세 변의 길이가 a cm, a cm, b cm이고 둘레의 길이가 19 cm인 이등변삼각형의 개수를 구하시오.
(단, a, b는 서로 다른 자연수이다.)

0377

오른쪽 그림과 같은 정사각형 ADEB, ACFG에 대하여 $\overline{CD}$와 $\overline{BG}$의 교점을 P, $\overline{AB}$와 $\overline{CD}$의 교점을 Q, $\overline{AC}$와 $\overline{BG}$의 교점을 R라 할 때, $\angle x$의 크기를 구하시오.

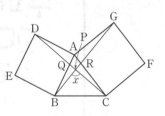

0378

오른쪽 그림과 같이 한 변의 길이가 12 cm인 두 정사각형이 있다. 한 정사각형의 대각선의 교점 O에 다른 정사각형의 한 꼭짓점이 있을 때, 사각형 OHCI의 넓이를 구하시오.

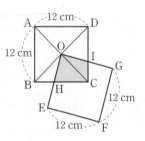

공감 한 스푼

" 나에게 해줄 말 "

수고했어 내 자신
고마워 내 자신
사랑해 내 자신

남들은 해주지도
어쩌면 관심없는
말

수고 했어

고마워
사랑해

내가 있어 다행이야

『찌그러져도 괜찮아』, 임임(찌오) 지음, 북로망스, 2003

Ⅱ 평면도형

04 다각형

04-1 다각형

개념플러스 🖉

다각형: 여러 개의 선분으로 둘러싸인 평면도형

① **변**: 다각형을 이루는 선분

② **꼭짓점**: 다각형의 변과 변이 만나는 점

③ **내각**: 다각형에서 이웃하는 두 변으로 이루어진 내부의 각

④ **외각**: 다각형의 각 꼭짓점에서 한 변과 그 변에 이웃한 변의 연장선으로 이루어진 각

참고 ① 다각형에서 한 내각에 대한 외각은 2개이지만 서로 맞꼭지각으로 그 크기가 같으므로 둘 중 하나만 생각한다.

② 다각형의 한 꼭짓점에서 내각의 크기와 외각의 크기의 합은 180°이다.

변이 3개, 4개, 5개, ⋯, n개인 다각형을 각각 삼각형, 사각형, 오각형, ⋯, n각형이라 한다.

04-2 정다각형

정다각형: 모든 변의 길이가 같고 모든 내각의 크기가 같은 다각형

주의 ① 변의 길이가 모두 같아도 내각의 크기가 다르면 정다각형이 아니다.

② 내각의 크기가 모두 같아도 변의 길이가 다르면 정다각형이 아니다.

변이 3개, 4개, 5개, ⋯, n개인 정다각형을 각각 정삼각형, 정사각형, 정오각형, ⋯, 정n각형이라 한다.

04-3 다각형의 대각선

(1) **대각선**: 다각형에서 이웃하지 않는 두 꼭짓점을 이은 선분

(2) **대각선의 개수**

① n각형의 한 꼭짓점에서 그을 수 있는 대각선의 개수
➡ $n-3$

n각형의 한 꼭짓점에서 자기 자신과 이웃하는 2개의 꼭짓점에는 대각선을 그을 수 없으므로 n각형의 한 꼭짓점에서 그을 수 있는 대각선의 개수는 $n-3$이다.

② n각형의 대각선의 개수 ➡ $\dfrac{n(n-3)}{2}$

(꼭짓점의 개수 / 한 꼭짓점에서 그을 수 있는 대각선의 개수 / 한 대각선을 중복하여 센 횟수)

예 ① 팔각형의 한 꼭짓점에서 그을 수 있는 대각선의 개수는 $8-3=5$

② 팔각형의 대각선의 개수는 $\dfrac{8\times(8-3)}{2}=20$

참고 ① n각형의 한 꼭짓점에서 대각선을 모두 그었을 때 생기는 삼각형의 개수 ➡ $n-2$

② n각형의 내부의 한 점에서 각 꼭짓점에 선분을 그었을 때 생기는 삼각형의 개수 ➡ n

교과서문제 정복하기

04-1 다각형

0379 다음 **보기** 중 다각형인 것을 모두 고르시오.

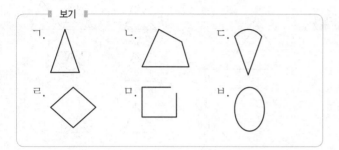

[0380~0382] 다음 설명이 옳으면 ○, 옳지 않으면 ×를 ( ) 안에 써넣으시오.

0380 다각형은 2개 이상의 선분으로 둘러싸인 평면도형이다. ( )

0381 다각형의 한 내각에 대한 외각은 2개이다. ( )

0382 다각형의 한 꼭짓점에서 내각의 크기와 외각의 크기의 합은 360°이다. ( )

[0383~0384] 다음 다각형에서 ∠A의 외각의 크기를 구하시오.

0383

0384

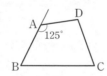

04-2 정다각형

[0385~0386] 다음 □ 안에 알맞은 것을 써넣으시오.

0385 모든 변의 길이가 같고 모든 내각의 크기가 같은 다각형을 □□□□□이라 한다.

0386 변이 9개인 정다각형을 □□□□□이라 한다.

[0387~0390] 다음 설명이 옳으면 ○, 옳지 않으면 ×를 ( ) 안에 써넣으시오.

0387 세 변의 길이가 같은 삼각형은 정삼각형이다. ( )

0388 네 변의 길이가 같은 사각형은 정사각형이다. ( )

0389 네 내각의 크기가 같은 사각형은 정사각형이다. ( )

0390 정다각형은 모든 변의 길이가 같다. ( )

04-3 다각형의 대각선

[0391~0394] 다음 다각형의 한 꼭짓점에서 그을 수 있는 대각선의 개수를 구하시오.

0391

0392

0393

0394

[0395~0398] 다음 다각형의 대각선의 개수를 구하시오.

0395 육각형

0396 구각형

0397 십일각형

0398 이십각형

[0399~0400] 대각선의 개수가 다음과 같은 다각형을 구하시오.

0399 14

0400 54

04 다각형

04-4 삼각형의 내각과 외각

(1) 삼각형의 세 내각의 크기의 합은 $180°$이다.

➡ $\angle A + \angle B + \angle C = 180°$

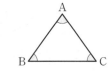

(2) 삼각형의 한 외각의 크기는 그와 이웃하지 않는 두 내각의 크기의 합과 같다.

➡ $\angle ACD = \angle A + \angle B$

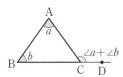

> 예 오른쪽 그림과 같은 △ABC에서 ∠CAD는 ∠A의 외각이므로
>
> $\angle CAD = \angle B + \angle C$
> $= 45° + 60° = 105°$

04-5 다각형의 내각의 크기의 합과 외각의 크기의 합

(1) n각형의 내각의 크기의 합은 $180° \times (n-2)$

삼각형의 세 내각의 크기의 합 ←┘ └→ 삼각형의 개수

> 참고 n각형의 한 꼭짓점에서 대각선을 그으면 이 대각선에 의하여 n각형은 $(n-2)$개의 삼각형으로 나누어진다.
> 따라서 n각형의 내각의 크기의 합은
> $180° \times (n-2)$

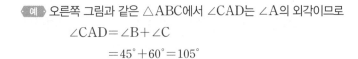

> 예 오각형은 한 꼭짓점에서 그은 대각선에 의하여 3개의 삼각형으로 나누어지므로 오각형의 내각의 크기의 합은
> $180° \times (5-2) = 540°$

(2) n각형의 외각의 크기의 합은 항상 $360°$이다.

> 예 오각형의 외각의 크기의 합은 $360°$이다.

04-6 정다각형의 한 내각의 크기와 한 외각의 크기

(1) 정n각형의 한 내각의 크기는 $\dfrac{180° \times (n-2)}{n}$

(2) 정n각형의 한 외각의 크기는 $\dfrac{360°}{n}$

> 참고

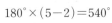

정다각형	정삼각형	정사각형	정오각형	정육각형
한 내각의 크기	$\dfrac{180°}{3}=60°$	$\dfrac{360°}{4}=90°$	$\dfrac{180°\times(5-2)}{5}=108°$	$\dfrac{180°\times(6-2)}{6}=120°$
한 외각의 크기	$\dfrac{360°}{3}=120°$	$\dfrac{360°}{4}=90°$	$\dfrac{360°}{5}=72°$	$\dfrac{360°}{6}=60°$

정답 및 풀이 28쪽

교과서문제 정복하기

04-4 삼각형의 내각과 외각

[0401~0402] 다음 그림에서 ∠x의 크기를 구하시오.

0401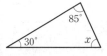

0402

[0403~0404] 다음 그림에서 ∠x의 크기를 구하시오.

0403

0404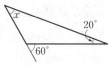

04-5 다각형의 내각의 크기의 합과 외각의 크기의 합

[0405~0406] 다음 다각형의 내각의 크기의 합을 구하시오.

0405 칠각형

0406 십이각형

[0407~0408] 내각의 크기의 합이 다음과 같은 다각형을 구하시오.

0407 1080°

0408 2160°

[0409~0410] 다음 그림에서 ∠x의 크기를 구하시오.

0409

0410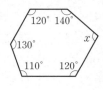

[0411~0412] 다음 다각형의 외각의 크기의 합을 구하시오.

0411 구각형

0412 십일각형

[0413~0414] 다음 그림에서 ∠x의 크기를 구하시오.

0413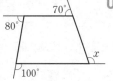

0414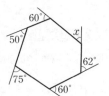

04-6 정다각형의 한 내각의 크기와 한 외각의 크기

[0415~0416] 다음 정다각형의 한 내각의 크기와 한 외각의 크기를 차례대로 구하시오.

0415 정팔각형

0416 정십각형

[0417~0418] 한 내각의 크기가 다음과 같은 정다각형을 구하시오.

0417 140°

0418 162°

[0419~0420] 한 외각의 크기가 다음과 같은 정다각형을 구하시오.

0419 24°

0420 30°

유형 익히기

유형 01 다각형

(1) 다각형: 여러 개의 선분으로 둘러싸인 평면도형

(2) 다각형이 아닌 것

　① 전체 또는 일부가 곡선일 때

　② 선분의 일부가 끊어져 있을 때

　③ 입체도형

0421 대표문제

다음 중 다각형인 것을 모두 고르면? (정답 2개)

① 사다리꼴　　② 부채꼴　　③ 정육면체

④ 구각형　　　⑤ 원기둥

0422 하

다음 보기 중 다각형인 것을 모두 고른 것은?

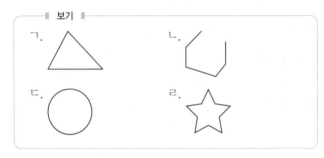

ㄱ.　　ㄴ.

ㄷ.　　ㄹ.

① ㄱ, ㄴ　　② ㄱ, ㄹ　　③ ㄴ, ㄷ

④ ㄷ, ㄹ　　⑤ ㄱ, ㄴ, ㄹ

0423 중하

다음 중 다각형에 대한 설명으로 옳지 않은 것은?

① 다각형을 이루는 각 선분을 변이라 한다.

② 변과 변이 만나는 점을 꼭짓점이라 한다.

③ 오각형의 변의 개수는 5이다.

④ 구각형의 꼭짓점의 개수는 9이다.

⑤ 한 다각형에서 꼭짓점의 개수와 변의 개수는 같지 않을 수도 있다.

유형 02 다각형의 내각과 외각

(1) 내각: 다각형에서 이웃하는 두 변으로 이루어진 내부의 각

(2) 외각: 다각형의 각 꼭짓점에서 한 변과 그 변에 이웃한 변의 연장선으로 이루어진 각

(3) 다각형의 한 꼭짓점에서

　(내각의 크기)+(외각의 크기)=180°

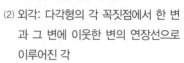

0424 대표문제

오른쪽 그림과 같은 사각형 ABCD에서 $\angle x + \angle y$의 크기는?

① 160°　　　② 165°

③ 170°　　　④ 175°

⑤ 180°

0425 하

어떤 다각형의 한 꼭짓점에서 내각의 크기가 55°일 때, 이 내각에 대한 외각의 크기를 구하시오.

0426 하

오른쪽 그림과 같은 사각형 ABCD에서 ∠B의 외각의 크기를 구하시오.

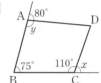

0427 중하

오른쪽 그림과 같은 △ABC에서 x의 값은?

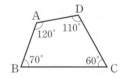

① 40　　　② 45

③ 50　　　④ 55

⑤ 60

정답 및 풀이 29쪽

중요

개념원리 중학 수학 1-2 92쪽

유형 03 정다각형

정다각형: 모든 변의 길이가 같고 모든 내각의 크기가 같은 다각형
① 변의 길이가 모두 같다고 해서 정다각형인 것은 아니다.
예 마름모
② 내각의 크기가 모두 같다고 해서 정다각형인 것은 아니다.
예 직사각형

0428 대표문제

다음 중 옳은 것을 모두 고르면? (정답 2개)

① 네 변의 길이가 같은 사각형은 정사각형이다.
② 세 내각의 크기가 같은 삼각형은 정삼각형이다.
③ 정다각형은 모든 외각의 크기가 같다.
④ 내각의 크기가 모두 같은 다각형은 정다각형이다.
⑤ 정다각형은 한 내각의 크기와 한 외각의 크기가 같다.

0429 중

다음 중 정육각형에 대한 설명으로 옳지 않은 것은?

① 변의 개수는 6이다.
② 모든 내각의 크기가 같다.
③ 모든 외각의 크기가 같다.
④ 모든 대각선의 길이가 같다.
⑤ 한 꼭짓점에서 내각의 크기와 외각의 크기의 합은 180°이다.

0430 중

다음 조건을 만족시키는 다각형을 구하시오.

(가) 8개의 선분으로 둘러싸여 있다.
(나) 모든 변의 길이가 같다.
(다) 모든 내각의 크기가 같다.

개념원리 중학 수학 1-2 92쪽

유형 04 한 꼭짓점에서 그을 수 있는 대각선의 개수

(1) n각형의 한 꼭짓점에서 그을 수 있는 대각선의 개수
➡ $n-3$
(2) n각형의 한 꼭짓점에서 대각선을 모두 그었을 때 생기는 삼각형의 개수 ➡ $n-2$
(3) n각형의 내부의 한 점에서 각 꼭짓점에 선분을 그었을 때 생기는 삼각형의 개수 ➡ n

0431 대표문제

꼭짓점의 개수가 16인 다각형의 한 꼭짓점에서 그을 수 있는 대각선의 개수를 구하시오.

0432 하

한 꼭짓점에서 그을 수 있는 대각선의 개수가 4인 다각형을 구하시오.

0433 중 서술형

십이각형의 한 꼭짓점에서 그을 수 있는 대각선의 개수를 a, 이때 생기는 삼각형의 개수를 b라 할 때, $b-a$의 값을 구하시오.

0434 중

어떤 다각형의 내부의 한 점에서 각 꼭짓점에 선분을 그었을 때 생기는 삼각형의 개수가 9이다. 이때 이 다각형의 한 꼭짓점에서 그을 수 있는 대각선의 개수는?

① 5 ② 6 ③ 7
④ 8 ⑤ 9

유형 05 다각형의 대각선의 개수

(1) 다각형이 주어진 경우
→ n각형의 대각선의 개수는 $\dfrac{n(n-3)}{2}$ 임을 이용한다.

(2) 다각형이 주어지지 않은 경우
→ 조건을 이용하여 다각형을 먼저 구한 후 대각선의 개수를 구한다.

0435 대표문제

한 꼭짓점에서 그을 수 있는 대각선의 개수가 8인 다각형의 대각선의 개수를 구하시오.

0436 중

십사각형의 대각선의 개수를 a, 십육각형의 대각선의 개수를 b라 할 때, $b-a$의 값은?

① 27   ② 30   ③ 33
④ 36   ⑤ 39

0437 중

한 꼭짓점에서 그을 수 있는 대각선의 개수가 육각형의 대각선의 개수와 같은 다각형은?

① 팔각형   ② 구각형   ③ 십각형
④ 십일각형   ⑤ 십이각형

0438 중

어떤 다각형의 한 꼭짓점에서 대각선을 모두 그었을 때 생기는 삼각형의 개수가 5일 때, 이 다각형의 대각선의 개수를 구하시오.

유형 06 대각선의 개수가 주어질 때 다각형 구하기

대각선의 개수가 주어지면 구하는 다각형을 n각형이라 하고 식을 세운 다음, 조건을 만족시키는 n의 값을 구한다.

예 대각선의 개수가 9인 다각형을 구해 보자.
→ 구하는 다각형을 n각형이라 하면
$$\frac{n(n-3)}{2}=9, \qquad n(n-3)=18=6\times 3$$
$$\therefore n=6$$
따라서 육각형이다.

0439 대표문제

대각선의 개수가 65인 다각형의 한 꼭짓점에서 대각선을 모두 그었을 때 생기는 삼각형의 개수는?

① 8   ② 9   ③ 10
④ 11   ⑤ 12

0440 중하

대각선의 개수가 27인 다각형은?

① 육각형   ② 칠각형   ③ 팔각형
④ 구각형   ⑤ 십각형

0441 중 서술형

대각선의 개수가 90인 다각형의 한 꼭짓점에서 그을 수 있는 대각선의 개수를 구하시오.

0442 중

다음 조건을 만족시키는 다각형을 구하시오.

㈎ 변의 길이가 모두 같다.
㈏ 내각의 크기가 모두 같다.
㈐ 대각선의 개수는 35이다.

유형 **07** 삼각형의 세 내각의 크기의 합

삼각형의 세 내각의 크기의 합은 180°이다.

➡ △ABC에서　∠A+∠B+∠C=180°

0443 대표문제

오른쪽 그림에서 $\overline{AD}$와 $\overline{BC}$의 교점을 O라 할 때, ∠x의 크기는?

① 25°　② 30°
③ 35°　④ 40°
⑤ 45°

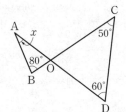

0444 중하

오른쪽 그림에서 x의 값을 구하시오.

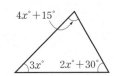

0445 중

오른쪽 그림과 같은 △ABC에서 ∠C의 크기는 ∠B의 크기의 3배이고, ∠A의 크기는 ∠B의 크기보다 30°만큼 크다고 한다. 이때 ∠B의 크기를 구하시오.

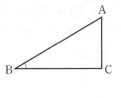

0446 중

삼각형의 세 내각의 크기의 비가 2 : 5 : 8일 때, 가장 작은 내각의 크기를 구하시오.

유형 **08** 삼각형의 내각과 외각 사이의 관계

삼각형의 한 외각의 크기는 그와 이웃하지 않는 두 내각의 크기의 합과 같다.

➡ ∠ACD=∠A+∠B

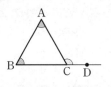

0447 대표문제

오른쪽 그림에서 x의 값을 구하시오.

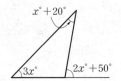

0448 중하

오른쪽 그림과 같은 △ABC에서 ∠x의 크기는?

① 115°　② 120°
③ 125°　④ 130°
⑤ 135°

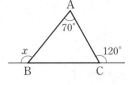

0449 중 서술형

오른쪽 그림에서 ∠x의 크기를 구하시오.

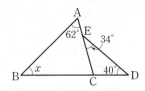

0450 중

오른쪽 그림과 같은 △ABC에서 ∠x의 크기를 구하시오.

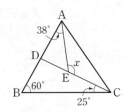

04
다각형

유형 09 삼각형의 한 내각의 이등분선이 이루는 각

△ABC에서 $\overline{AD}$가 ∠A의 이등분선일 때
△ABD에서 $\angle y = \angle x + \angle a$
△ADC에서 $\angle z = \angle y + \angle a$

0451 대표문제

오른쪽 그림과 같은 △ABC에서 $\overline{AD}$는 ∠A의 이등분선일 때, ∠x의 크기는?

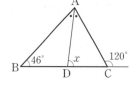

① 77° ② 80°
③ 83° ④ 86°
⑤ 89°

0452 중

오른쪽 그림과 같은 △ABC에서 $\overline{BD}$는 ∠B의 이등분선일 때, ∠x의 크기를 구하시오.

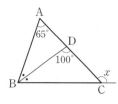

0453 중

오른쪽 그림과 같은 △ABC에서 $\overline{AD}$는 ∠A의 이등분선일 때, ∠x＋∠y의 크기는?

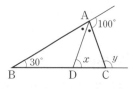

① 160° ② 165°
③ 170° ④ 175°
⑤ 180°

유형 10 삼각형의 두 내각의 이등분선이 이루는 각

△ABC에서 ∠B와 ∠C의 이등분선의 교점을 I라 할 때
△ABC에서
$$2\angle a + 2\angle b = 180° - \angle A$$
$$\therefore \angle a + \angle b = 90° - \frac{1}{2}\angle A \quad \cdots\cdots \bigcirc$$
△IBC에서
$$\angle a + \angle b = 180° - \angle x \quad \cdots\cdots \bigcirc$$
$\bigcirc$, $\bigcirc$에서 $\angle x = 90° + \frac{1}{2}\angle A$

0454 대표문제

오른쪽 그림과 같은 △ABC에서 점 I는 ∠B와 ∠C의 이등분선의 교점이다. ∠A=70°일 때, ∠x의 크기는?

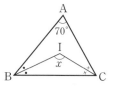

① 115° ② 120° ③ 125°
④ 130° ⑤ 135°

0455 중 서술형

오른쪽 그림과 같은 △ABC에서 점 I는 ∠B와 ∠C의 이등분선의 교점이다. ∠BIC=120°일 때, ∠x의 크기를 구하시오.

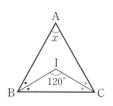

0456 중

오른쪽 그림과 같은 △ABC에서 점 I는 ∠B와 ∠C의 이등분선의 교점이다. ∠A의 외각의 크기가 100°일 때, ∠x의 크기를 구하시오.

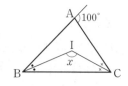

유형 11 삼각형의 한 내각의 이등분선과 한 외각의 이등분선이 이루는 각

△ABC에서 ∠B의 이등분선과 ∠C의 외각의 이등분선의 교점을 D라 할 때

△ABC에서

$2\angle b = 2\angle a + \angle A$

$\therefore \angle b = \angle a + \dfrac{1}{2}\angle A$ ...... ㉠

△DBC에서

$\angle b = \angle a + \angle x$ ...... ㉡

㉠, ㉡에서 $\angle x = \dfrac{1}{2}\angle A$

0457 대표문제

오른쪽 그림과 같은 △ABC에서 점 D는 ∠B의 이등분선과 ∠C의 외각의 이등분선의 교점이다. ∠A=80°일 때, ∠x의 크기를 구하시오.

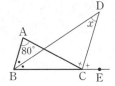

0458 중

오른쪽 그림과 같은 △ABC에서 점 D는 ∠B의 이등분선과 ∠C의 외각의 이등분선의 교점이다. ∠A=70°, ∠ACB=46°일 때, ∠x의 크기를 구하시오.

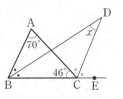

0459 중 서술형

오른쪽 그림과 같은 △ABC에서 점 D는 ∠B의 이등분선과 ∠C의 외각의 이등분선의 교점이다. ∠D=20°일 때, ∠x의 크기를 구하시오.

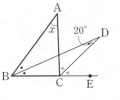

유형 12 중요 이등변삼각형의 성질을 이용하여 각의 크기 구하기

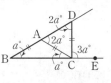

△DBC에서 $\overline{AB}=\overline{AC}=\overline{CD}$일 때, 이등변삼각형과 삼각형의 외각의 성질을 이용하여 각의 크기를 구할 수 있다.

① △ABC에서 $\angle ACB = \angle B = a°$

② △ACD에서 $\angle CDA = \angle CAD = a° + a° = 2a°$

③ △DBC에서 $\angle DCE = a° + 2a° = 3a°$

0460 대표문제

오른쪽 그림과 같은 △DBC에서 $\overline{AB}=\overline{AC}=\overline{CD}$이고 ∠B=40°일 때, ∠x의 크기를 구하시오.

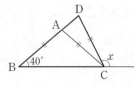

0461 중하

오른쪽 그림과 같은 △ABC에서 $\overline{AB}=\overline{AC}$이고 ∠ABD=130°일 때, ∠x의 크기를 구하시오.

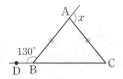

0462 중

오른쪽 그림과 같은 △ABD에서 $\overline{AB}=\overline{AC}=\overline{CD}$이고 ∠ADE=145°일 때, ∠x의 크기를 구하시오.

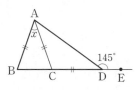

0463 상중

오른쪽 그림과 같은 △DBE에서 $\overline{AB}=\overline{AC}=\overline{CD}=\overline{DE}$이고 ∠B=23°일 때, ∠x의 크기를 구하시오.

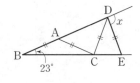

유형 13 △ 모양의 도형에서 각의 크기 구하기

오른쪽 그림과 같이 $\overline{BC}$를 그으면

$\triangle ABC$에서

$\angle DBC + \angle DCB$
$= 180° - (\angle a + \angle b + \angle c)$ ... ㉠

$\triangle DBC$에서

$\angle DBC + \angle DCB$
$= 180° - \angle x$ ... ㉡

㉠, ㉡에서 $\angle x = \angle a + \angle b + \angle c$

0464 대표문제

오른쪽 그림에서 $\angle x$의 크기는?

① $90°$ ② $95°$

③ $100°$ ④ $105°$

⑤ $110°$

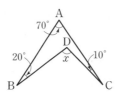

0465 중

오른쪽 그림에서 $\angle x$의 크기는?

① $20°$ ② $25°$

③ $30°$ ④ $35°$

⑤ $40°$

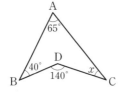

0466 중

오른쪽 그림에서 $\angle x$의 크기를 구하시오.

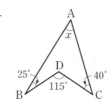

유형 14 별 모양의 도형에서 각의 크기 구하기

적당한 삼각형을 찾아 삼각형의 내각과 외각 사이의 관계를 이용한다.

$\triangle FCE$에서 $\angle AFG = \angle c + \angle e$

$\triangle BDG$에서 $\angle AGF = \angle b + \angle d$

따라서 $\triangle AFG$에서

$\angle a + \angle b + \angle c + \angle d + \angle e = 180°$

0467 대표문제

오른쪽 그림에서 $\angle x$의 크기는?

① $20°$ ② $25°$

③ $30°$ ④ $35°$

⑤ $40°$

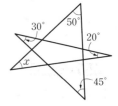

0468 중

오른쪽 그림에서 $\angle x$의 크기는?

① $95°$ ② $100°$

③ $105°$ ④ $110°$

⑤ $115°$

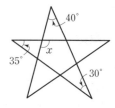

0469 상중 서술형

오른쪽 그림에서 $\angle x + \angle y$의 크기를 구하시오.

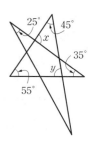

정답 및 풀이 32쪽

유형 15 다각형의 내각의 크기의 합

(1) n각형의 한 꼭짓점에서 대각선을 모두 그었을 때 생기는 삼각형의 개수 ➡ $n-2$

(2) n각형의 내각의 크기의 합 ➡ $180° \times (n-2)$

0470 대표문제

한 꼭짓점에서 그을 수 있는 대각선의 개수가 10인 다각형의 내각의 크기의 합은?

① 1260° ② 1440° ③ 1620°
④ 1800° ⑤ 1980°

0471 중

내각의 크기의 합이 1800°인 다각형의 한 꼭짓점에서 대각선을 모두 그었을 때 생기는 삼각형의 개수는?

① 9 ② 10 ③ 11
④ 12 ⑤ 13

0472 중 서술형

내각의 크기의 합이 1260°인 다각형의 변의 개수를 a, 대각선의 개수를 b라 할 때, $a+b$의 값을 구하시오.

0473 중

오른쪽 그림은 팔각형의 내부의 한 점에서 각 꼭짓점에 선분을 그은 것이다. 삼각형의 내각의 크기의 합이 180°임을 이용하여 팔각형의 내각의 크기의 합을 구하시오.

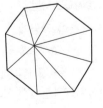

유형 16 다각형의 내각의 크기 구하기

❶ n각형의 내각의 크기의 합을 먼저 구한다.
➡ $180° \times (n-2)$

❷ ❶에서 구한 내각의 크기의 합을 이용하여 구하고자 하는 내각의 크기를 구한다.

0474 대표문제

오른쪽 그림에서 $\angle x$의 크기는?

① 105° ② 110°
③ 115° ④ 120°
⑤ 125°

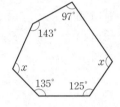

0475 중하

오른쪽 그림과 같은 사각형 ABCD에서 $\angle x$의 크기를 구하시오.

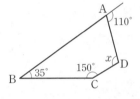

0476 중

오른쪽 그림에서 x의 값은?

① 53 ② 55
③ 57 ④ 59
⑤ 61

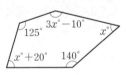

0477 중

오른쪽 그림과 같은 사각형 ABCD에서 $\angle B$와 $\angle C$의 이등분선의 교점을 O라 할 때, $\angle x$의 크기를 구하시오.

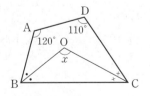

유형 17 다각형의 외각의 크기 구하기

(1) 다각형의 한 꼭짓점에서 내각의 크기와 외각의 크기의 합은 180°이다.
(2) 다각형의 외각의 크기의 합은 항상 360°이다.

0478 대표문제

오른쪽 그림에서 $\angle x + \angle y$의 크기는?

① 135° ② 139°
③ 143° ④ 147°
⑤ 151°

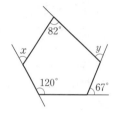

0479 중하

오른쪽 그림에서 $\angle x$의 크기를 구하시오.

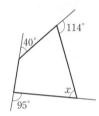

0480 중

오른쪽 그림에서 x의 값을 구하시오.

0481 중

오른쪽 그림에서 $\angle x$의 크기는?

① 100° ② 103°
③ 105° ④ 108°
⑤ 110°

유형 18 다각형의 내각의 크기의 합의 활용

오른쪽 그림과 같이 보조선을 그으면 맞꼭지 각의 크기가 서로 같으므로
$$\angle a + \angle b = \angle c + \angle d$$

0482 대표문제

오른쪽 그림에서 $\angle x + \angle y$의 크기는?

① 62° ② 64°
③ 66° ④ 68°
⑤ 70°

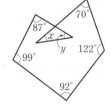

0483 중

오른쪽 그림에서 $\angle x$의 크기를 구하시오.

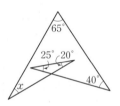

0484 중 서술형

오른쪽 그림에서 $\angle x$의 크기를 구하시오.

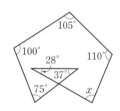

0485 상중

오른쪽 그림에서
$\angle a + \angle b + \angle c + \angle d + \angle e$
$+ \angle f + \angle g + \angle h$
의 크기를 구하시오.

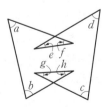

개념원리 중학 수학 1-2 106쪽

유형 19 정다각형의 한 내각의 크기와 한 외각의 크기

(1) 정n각형의 한 내각의 크기 ➡ $\dfrac{180° \times (n-2)}{n}$

(2) 정n각형의 한 외각의 크기 ➡ $\dfrac{360°}{n}$

0486 대표문제

다음 중 대각선의 개수가 20인 정다각형에 대한 설명으로 옳지 <u>않은</u> 것은?

① 한 꼭짓점에서 그을 수 있는 대각선의 개수는 5이다.

② 한 꼭짓점에서 대각선을 모두 그었을 때 생기는 삼각형의 개수는 6이다.

③ 내각의 크기의 합은 1080°이다.

④ 한 내각의 크기는 140°이다.

⑤ 한 외각의 크기는 45°이다.

0487 중하

한 내각의 크기가 156°인 정다각형은?

① 정구각형 　② 정십각형 　③ 정십이각형

④ 정십오각형 　⑤ 정십팔각형

0488 중

모든 내각의 크기와 모든 외각의 크기의 합이 2160°인 정다각형의 한 외각의 크기를 구하시오.

0489 중

한 내각의 크기와 한 외각의 크기의 비가 7 : 2인 정다각형의 한 꼭짓점에서 그을 수 있는 대각선의 개수를 구하시오.

개념원리 중학 수학 1-2 106쪽

유형 20 정다각형에서 각의 크기 구하기 (1)

정n각형에서 내각을 이용하여 각의 크기를 구할 때 다음을 이용한다.

(1) 모든 변의 길이가 같다.

(2) 한 내각의 크기는 $\dfrac{180° \times (n-2)}{n}$이다.

0490 대표문제

오른쪽 그림과 같은 정오각형에서 $\overline{AC}$와 $\overline{BE}$의 교점을 F라 할 때, $\angle x$의 크기는?

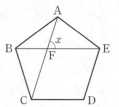

① 68° 　　② 72°

③ 76° 　　④ 80°

⑤ 84°

0491 중 서술형

오른쪽 그림과 같은 정오각형에서 $\angle x$의 크기를 구하시오.

0492 상중

오른쪽 그림과 같은 정육각형에서 $\overline{AC}$와 $\overline{BD}$의 교점을 G라 할 때, $\angle x$의 크기는?

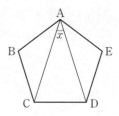

① 50° 　　② 55°

③ 60° 　　④ 65°

⑤ 70°

유형 21 정다각형에서 각의 크기 구하기 (2)

정n각형에서 외각을 이용하여 각의 크기를 구할 때 정n각형의 한 외각의 크기는 $\dfrac{360°}{n}$임을 이용한다.

0493 대표문제

오른쪽 그림과 같이 한 변의 길이가 같은 정오각형과 정육각형이 변 ED를 공유할 때, $\angle x$의 크기는?

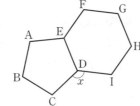

① 116°　　② 120°

③ 124°　　④ 128°

⑤ 132°

0494 중 서술형

오른쪽 그림과 같이 정오각형 ABCDE의 두 변 AE와 CD의 연장선의 교점을 F라 할 때, $\angle x - \angle y$의 크기를 구하시오.

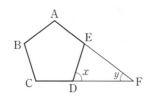

0495 상중

오른쪽 그림과 같이 한 변의 길이가 같은 정오각형과 정팔각형이 변 ED를 공유한다. 두 변 BC와 KJ의 연장선이 만날 때, $\angle x$의 크기를 구하시오.

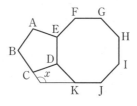

유형 UP 22 다각형의 대각선의 개수의 활용

원형의 탁자에 앉은 n명의 사람들이

(1) 양옆에 앉은 사람을 제외한 모든 사람들과 서로 한 번씩 악수를 하는 횟수

➡ $\dfrac{n(n-3)}{2}$ ← n각형의 대각선의 개수

(2) 양옆에 앉은 사람을 포함한 모든 사람들과 서로 한 번씩 악수를 하는 횟수

➡ $n + \dfrac{n(n-3)}{2}$ ← (n각형의 변의 개수) + (n각형의 대각선의 개수)

0496 대표문제

오른쪽 그림과 같이 원탁에 6명의 사람이 앉아 있다. 양옆에 앉은 사람을 제외한 모든 사람과 서로 한 번씩 악수를 할 때, 악수는 모두 몇 번 하게 되는가?

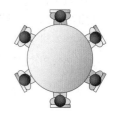

① 7번　　② 8번　　③ 9번

④ 10번　　⑤ 11번

0497 상중

오른쪽 그림과 같이 위치한 다섯 개의 도시 A, B, C, D, E에 다른 도시를 거치지 않고 직접 왕래할 수 있는 도로를 각각 하나씩 건설할 때, 만들 수 있는 도로의 개수를 구하시오.

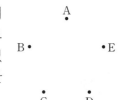

0498 상중

오른쪽 그림과 같이 원 위에 서로 다른 7개의 점이 있다. 이 점들을 연결하여 만들 수 있는 선분의 개수를 구하시오.

유형UP 23 삼각형의 두 외각의 이등분선이 이루는 각

$\triangle ABC$에서 $\angle A$의 외각의 이등분선과 $\angle C$의 외각의 이등분선의 교점을 P라 할 때 $\triangle ABC$에서

$\angle BAC + \angle BCA = 180° - \angle B$

$(180° - 2\angle a) + (180° - 2\angle b) = 180° - \angle B$

$\therefore \angle a + \angle b = 90° + \dfrac{1}{2}\angle B$

따라서 $\triangle ACP$에서

$\angle x = 180° - (\angle a + \angle b) = 90° - \dfrac{1}{2}\angle B$

0499 대표문제

오른쪽 그림과 같은 $\triangle ABC$에서 점 P는 $\angle A$의 외각의 이등분선과 $\angle C$의 외각의 이등분선의 교점이다. $\angle B = 40°$일 때, $\angle x$의 크기를 구하시오.

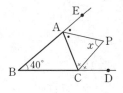

0500 상중

오른쪽 그림에서 $\angle EBP = \angle PBC$, $\angle BCP = \angle DCP$이고 $\angle P = 58°$일 때, $\angle x$의 크기는?

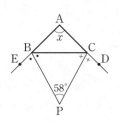

① 60°   ② 62°
③ 64°   ④ 66°
⑤ 68°

0501 상중

오른쪽 그림과 같은 $\triangle ABC$에서 점 P는 $\angle A$의 외각의 이등분선과 $\angle C$의 외각의 이등분선의 교점이다. $\angle P = 68°$일 때, $\angle x$의 크기를 구하시오.

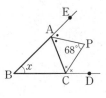

유형UP 24 삼각형의 외각의 성질을 이용하여 각의 크기 구하기

복잡한 도형에서 각의 크기를 구할 때는 다음 성질을 이용한다.

(1) 삼각형의 한 외각의 크기는 그와 이웃하지 않는 두 내각의 크기의 합과 같다.

(2) n각형의 내각의 크기의 합은 $180° \times (n-2)$이다.

(3) n각형의 외각의 크기의 합은 $360°$이다.

0502 대표문제

오른쪽 그림에서 $\angle x + \angle y$의 크기는?

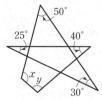

① 210°   ② 215°
③ 220°   ④ 225°
⑤ 230°

0503 상중

오른쪽 그림에서
$\angle a + \angle b + \angle c + \angle d + \angle e$
$+ \angle f + \angle g$
의 크기를 구하시오.

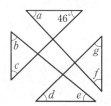

0504 상중 서술형

오른쪽 그림에서
$\angle a + \angle b + \angle c + \angle d + \angle e$
의 크기를 구하시오.

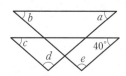

0505 상

오른쪽 그림에서
$\angle a + \angle b + \angle c + \angle d + \angle e$
$+ \angle f + \angle g + \angle h + \angle i + \angle j$
의 크기를 구하시오.

04
다각형

0506

다음 중 옳지 <u>않은</u> 것을 모두 고르면? (정답 2개)

① 다각형은 3개 이상의 선분으로 둘러싸인 평면도형이다.

② 다각형에서 이웃하는 두 변으로 이루어진 내부의 각을 내각이라 한다.

③ 한 다각형에서 꼭짓점의 개수와 변의 개수는 항상 같다.

④ 사각형에서 변의 길이가 모두 같으면 내각의 크기도 모두 같다.

⑤ 모든 변의 길이가 같은 다각형은 정다각형이다.

0507 중요

대각선의 개수가 44인 다각형의 한 꼭짓점에서 그을 수 있는 대각선의 개수를 a, 이때 생기는 삼각형의 개수를 b라 할 때, $a+b$의 값은?

① 15   ② 16   ③ 17

④ 18   ⑤ 19

0508

오른쪽 그림과 같이 $\overline{AC}$와 $\overline{BD}$의 교점을 E라 할 때, $\angle x$의 크기를 구하시오.

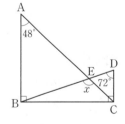

0509

오른쪽 그림에서 x의 값은?

① 10   ② 15

③ 20   ④ 25

⑤ 30

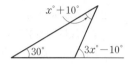

0510

오른쪽 그림과 같은 △ABC에서 $\angle ACD = \angle DCB$일 때, $\angle x$의 크기는?

① 87°   ② 90°

③ 93°   ④ 96°

⑤ 99°

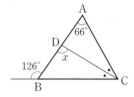

0511 중요

오른쪽 그림과 같은 △ABC에서 $\angle B$와 $\angle C$의 이등분선의 교점을 I라 하자. $\angle A = 84°$일 때, $\angle x$의 크기는?

① 124°   ② 126°   ③ 128°

④ 130°   ⑤ 132°

0512

오른쪽 그림과 같은 △ABC에서 점 D는 ∠B의 이등분선과 ∠C의 외각의 이등분선의 교점이다. ∠A＝62°일 때, ∠x의 크기를 구하시오.

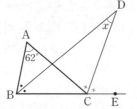

0513 중요

오른쪽 그림과 같은 △DBE에서 $\overline{AB}=\overline{AC}=\overline{CD}=\overline{DE}$이고, ∠DEC＝78°일 때, ∠x의 크기는?

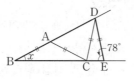

① 20° ② 22° ③ 24°
④ 26° ⑤ 28°

0514

오른쪽 그림에서 ∠x의 크기는?

① 110° ② 115°
③ 120° ④ 125°
⑤ 130°

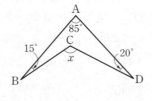

0515

오른쪽 그림에서 ∠x의 크기는?

① 32° ② 34°
③ 36° ④ 38°
⑤ 40°

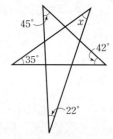

0516 중요

다음 조건을 만족시키는 다각형을 구하시오.

㈎ 모든 변의 길이가 같다.
㈏ 모든 외각의 크기가 같다.
㈐ 내각의 크기의 합은 900°이다.

0517

오른쪽 그림과 같은 사각형 ABCD에서 ∠x의 크기는?

① 72° ② 75°
③ 78° ④ 81°
⑤ 84°

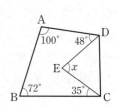

0518

오른쪽 그림에서 ∠x의 크기는?

① 75°   ② 78°
③ 80°   ④ 82°
⑤ 85°

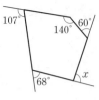

0519

세 외각의 크기의 비가 2 : 3 : 4인 삼각형의 세 내각 중 가장 작은 내각의 크기를 구하시오.

0520 중요

다음 중 정십오각형에 대한 설명으로 옳은 것을 모두 고르면? (정답 2개)

① 한 외각의 크기는 30°이다.
② 외각의 크기의 합은 360°이다.
③ 내각의 크기의 합은 2520°이다.
④ 한 꼭짓점에서 그을 수 있는 대각선의 개수는 12이다.
⑤ 내부의 한 점에서 각 꼭짓점에 선분을 그었을 때 생기는 삼각형의 개수는 13이다.

0521 중요

오른쪽 그림에서 $l /\!/ m$이고 정오각형 ABCDE의 두 꼭짓점 A, C가 각각 직선 l, m 위에 있다. ∠DCR=x°, ∠PAB=3x°일 때, x의 값은?

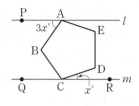

① 15   ② 16   ③ 17
④ 18   ⑤ 19

0522

오른쪽 그림과 같이 위치한 8개의 공장 사이에 서로 다른 공장을 거치지 않고 직접 왕래할 수 있는 도로를 각각 하나씩 건설할 때, 만들 수 있는 도로의 개수를 구하시오.

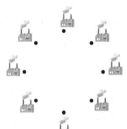

0523

오른쪽 그림과 같은 △ABC에서 점 D는 ∠A의 외각의 이등분선과 ∠C의 외각의 이등분선의 교점이다. ∠B=70°일 때, ∠x의 크기는?

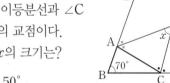

① 45°   ② 50°
③ 55°   ④ 60°
⑤ 65°

0524

오른쪽 그림과 같은 오각형 ABCDE 에서 ∠C와 ∠D의 이등분선의 교점을 F라 할 때, ∠x의 크기를 구하시오.

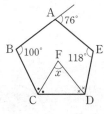

0525

한 내각의 크기와 한 외각의 크기의 비가 4 : 1인 정다각형 의 대각선의 개수를 구하시오.

0526

오른쪽 그림과 같은 정육각형 ABCDEF에서 두 대각선 AC, BF 의 교점을 G라 할 때, ∠x의 크기를 구하시오.

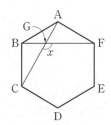

0527

다음 그림에서 ∠ABD＝∠DBE＝∠EBC, ∠ACD＝∠DCE＝∠ECP이고 ∠D＝54°일 때, ∠x－2∠y의 크기를 구하시오.

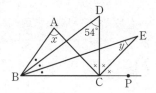

0528

오른쪽 그림에서
∠a＋∠b＋∠c＋∠d＋∠e
＋∠f＋∠g＋∠h＋∠i
의 크기를 구하시오.

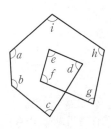

0529

오른쪽 그림에서
∠a＋∠b＋∠c＋∠d＋∠e
＋∠f＋∠g
의 크기를 구하시오.

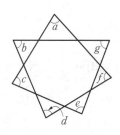

04

다각형

05 원과 부채꼴

05-1 원과 부채꼴

(1) **원**: 평면 위의 한 점 O로부터 일정한 거리에 있는 모든 점으로 이루어진 도형

(2) **호**: 원 위의 두 점은 원을 두 부분으로 나누는데 이 두 부분을 각각 **호**라 한다. 두 점 A, B를 양 끝 점으로 하는 원의 일부분을 호 AB라 하고 기호로 $\overparen{AB}$와 같이 나타낸다.

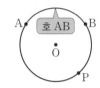

(3) **현**: 원 위의 두 점을 이은 선분을 **현**이라 하고, 두 점 C, D를 양 끝 점으로 하는 현을 현 CD라 한다.

(4) **할선**: 한 직선이 원 O와 두 점에서 만날 때, 이 직선을 원 O의 **할선**이라 한다.

(5) **부채꼴**: 원 O에서 두 반지름 OA, OB와 호 AB로 이루어진 도형을 **부채꼴 AOB**라 한다. 이때 ∠AOB를 호 AB에 대한 **중심각** 또는 부채꼴 AOB의 중심각이라 하고, 호 AB를 ∠AOB에 대한 호라 한다.

(6) **활꼴**: 현 CD와 호 CD로 이루어진 도형을 **활꼴**이라 한다.

05-2 중심각의 크기와 호의 길이 사이의 관계

한 원 또는 합동인 두 원에서
① 크기가 같은 중심각에 대한 부채꼴의 호의 길이는 같다.
② 부채꼴의 호의 길이는 중심각의 크기에 정비례한다.

05-3 중심각의 크기와 부채꼴의 넓이 사이의 관계

한 원 또는 합동인 두 원에서
① 크기가 같은 중심각에 대한 부채꼴의 넓이는 같다.
② 부채꼴의 넓이는 중심각의 크기에 정비례한다.

05-4 중심각의 크기와 현의 길이 사이의 관계

한 원 또는 합동인 두 원에서
① 크기가 같은 중심각에 대한 현의 길이는 같다.
② 현의 길이는 중심각의 크기에 정비례하지 않는다.

참고 오른쪽 그림에서 ∠AOC=2∠AOB이지만
$$\overline{AC} < \overline{AB} + \overline{BC} = \overline{AB} + \overline{AB} = 2\overline{AB}$$

개념플러스

일반적으로 $\overparen{AB}$는 짧은 쪽의 호를 나타내며, 긴 쪽의 호를 나타낼 때에는 그 호 위에 임의의 점 P를 잡아 $\overparen{APB}$와 같이 나타낸다.

원의 중심을 지나는 현은 그 원의 지름이고, 지름은 길이가 가장 긴 현이다.

반원은 부채꼴인 동시에 활꼴이다.

중심각의 크기가 2배, 3배, …가 되면 호의 길이도 2배, 3배, …가 된다.

중심각의 크기가 2배, 3배, …가 되면 부채꼴의 넓이도 2배, 3배, …가 된다.

한 원에서 활꼴의 넓이는 중심각의 크기에 정비례하지 않는다.

교과서문제 정복하기

05-1 원과 부채꼴

0530 오른쪽 그림과 같은 원 O 위에 다음을 나타내시오.

(1) 호 AB
(2) 현 AB

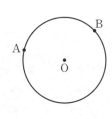

[0531~0533] 오른쪽 그림과 같은 원 O에 대하여 다음을 기호로 나타내시오.

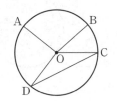

0531 $\overarc{AB}$에 대한 중심각

0532 ∠BOC에 대한 호

0533 ∠COD에 대한 현

[0534~0536] 다음 □ 안에 알맞은 것을 써넣으시오.

0534 원 위의 두 점을 이은 선분을 □이라 한다.

0535 두 반지름과 호로 이루어진 도형을 □이라 한다.

0536 호와 현으로 이루어진 도형을 □이라 한다.

[0537~0539] 다음 설명이 옳으면 ○, 옳지 않으면 ×를 ( ) 안에 써넣으시오.

0537 원의 중심을 지나는 현은 그 원의 지름이다.
( )

0538 중심각의 크기가 90°인 부채꼴은 반원이다.
( )

0539 반원은 부채꼴인 동시에 활꼴이다. ( )

05-2 중심각의 크기와 호의 길이 사이의 관계

[0540~0543] 다음 그림과 같은 원 O에서 x의 값을 구하시오.

0540

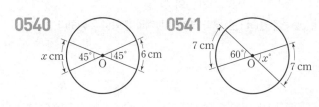

0541

0542

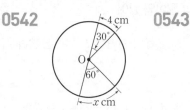

0543

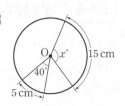

05-3 중심각의 크기와 부채꼴의 넓이 사이의 관계

[0544~0547] 다음 그림과 같은 원 O에서 x의 값을 구하시오.

0544

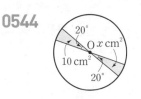

0545

0546

0547

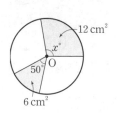

05-4 중심각의 크기와 현의 길이 사이의 관계

[0548~0549] 다음 그림과 같은 원 O에서 x의 값을 구하시오.

0548

0549

05 원과 부채꼴

개념플러스 ✅

05-5 원주율

원에서 지름의 길이에 대한 둘레의 길이의 비율을 원주율이라 한다. 원주율은 기호로 π와 같이 나타내며 '파이'라 읽는다.

➡ (원주율)$=\dfrac{(원의 \; 둘레의 \; 길이)}{(원의 \; 지름의 \; 길이)}=\pi$

참고 원주율(π)은 원의 크기에 관계없이 항상 일정하다.

원주율(π)은 실제로 3.141592…로 불규칙하게 한없이 계속되는 소수이다. 원주율이 특정한 값으로 주어지지 않는 한 π를 사용하여 나타낸다.

05-6 원의 둘레의 길이와 넓이

반지름의 길이가 r인 원의 둘레의 길이를 l, 넓이를 S라 하면

(1) $l=2\pi r$

(2) $S=\pi r^2$

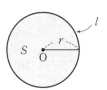

예 반지름의 길이가 3 cm인 원의 둘레의 길이를 l, 넓이를 S라 하면

(1) $l=2\pi \times 3=6\pi$ (cm)

(2) $S=\pi \times 3^2=9\pi$ (cm^2)

05-7 부채꼴의 호의 길이와 넓이

반지름의 길이가 r, 중심각의 크기가 $x°$인 부채꼴의 호의 길이를 l, 넓이를 S라 하면

(1) $l=\underline{2\pi r} \times \dfrac{x}{360}$
    └ 원의 둘레의 길이

(2) $S=\underline{\pi r^2} \times \dfrac{x}{360}$
    └ 원의 넓이

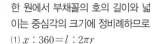

한 원에서 부채꼴의 호의 길이와 넓이는 중심각의 크기에 정비례하므로

(1) $x : 360 = l : 2\pi r$

    $\therefore l=2\pi r \times \dfrac{x}{360}$

(2) $x : 360 = S : \pi r^2$

    $\therefore S=\pi r^2 \times \dfrac{x}{360}$

예 반지름의 길이가 3 cm, 중심각의 크기가 60°인 부채꼴의 호의 길이를 l, 넓이를 S라 하면

(1) $l=2\pi \times 3 \times \dfrac{60}{360}=\pi$ (cm)

(2) $S=\pi \times 3^2 \times \dfrac{60}{360}=\dfrac{3}{2}\pi$ (cm^2)

05-8 부채꼴의 호의 길이와 넓이 사이의 관계

반지름의 길이가 r, 호의 길이가 l인 부채꼴의 넓이를 S라 하면

$S=\dfrac{1}{2}rl$ ⬅ (부채꼴의 넓이)$=\dfrac{1}{2}\times$(반지름의 길이)$\times$(호의 길이)

부채꼴의 반지름의 길이와 호의 길이가 주어지면 중심각의 크기를 구하지 않아도 $S=\dfrac{1}{2}rl$을 이용하여 부채꼴의 넓이를 구할 수 있다.

예 반지름의 길이가 4 cm, 호의 길이가 π cm인 부채꼴의 넓이를 S라 하면

$S=\dfrac{1}{2}\times 4 \times \pi=2\pi$ (cm^2)

05-5 원주율

[0550~0551] 다음 설명이 옳으면 ○, 옳지 않으면 ×를 ( ) 안에 써넣으시오.

0550 원주율은 원에서 반지름의 길이에 대한 둘레의 길이의 비율이다. ( )

0551 원주율은 원의 크기에 관계없이 일정하다. ( )

05-6 원의 둘레의 길이와 넓이

[0552~0553] 다음 그림과 같은 원의 둘레의 길이와 넓이를 차례대로 구하시오.

0552

0553

[0554~0555] 원의 둘레의 길이가 다음과 같을 때, 이 원의 반지름의 길이를 구하시오.

0554 6π cm

0555 14π cm

[0556~0557] 원의 넓이가 다음과 같을 때, 이 원의 반지름의 길이를 구하시오.

0556 36π cm^2

0557 81π cm^2

0558 오른쪽 그림에 대하여 다음을 구하시오.

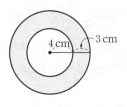

(1) 색칠한 부분의 둘레의 길이
(2) 색칠한 부분의 넓이

05-7 부채꼴의 호의 길이와 넓이

[0559~0562] 다음 그림과 같은 부채꼴의 호의 길이와 넓이를 차례대로 구하시오.

0559

0560

0561

0562

[0563~0564] 다음 조건을 만족시키는 부채꼴의 중심각의 크기를 구하시오.

0563 반지름의 길이가 5 cm이고 호의 길이가 2π cm

0564 반지름의 길이가 8 cm이고 넓이가 24π cm^2

05-8 부채꼴의 호의 길이와 넓이 사이의 관계

[0565~0566] 다음 그림과 같은 부채꼴의 넓이를 구하시오.

0565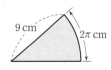

0566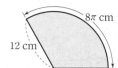

[0567~0568] 다음 물음에 답하시오.

0567 반지름의 길이가 4 cm이고 넓이가 4π cm^{2}인 부채꼴의 호의 길이를 구하시오.

0568 호의 길이가 6π cm이고 넓이가 45π cm^{2}인 부채꼴의 반지름의 길이를 구하시오.

유형 익히기

개념원리 중학 수학 1-2 117쪽

유형 01 원과 부채꼴

(1) 호 AB: 두 점 A, B를 양 끝 점으로
  하는 원의 일부분 ➡ $\widehat{AB}$
(2) 호 AB에 대한 중심각 ➡ ∠AOB
(3) 현 CD: 원 위의 두 점 C, D를 이은
  선분 ➡ $\overline{CD}$
(4) 부채꼴 AOB: 두 반지름 OA, OB와
  호 AB로 이루어진 도형
(5) 활꼴: 현 CD와 호 CD로 이루어진 도형

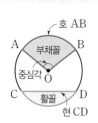

0569 대표문제

다음 중 오른쪽 그림과 같은 원 O에
대한 설명으로 옳지 <u>않은</u> 것은?
(단, 세 점 A, O, C는 한 직선 위에
있다.)

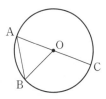

① $\overline{AB}$는 현이다.
② $\overline{OA}=\overline{OB}=\overline{OC}$
③ $\overline{AC}$는 이 원에서 가장 긴 현이다.
④ $\overline{AB}$와 $\widehat{AB}$로 이루어진 도형은 부채꼴이다.
⑤ ∠AOB는 호 AB에 대한 중심각이다.

0570 중

원 O에서 부채꼴 AOB의 반지름의 길이와 현 AB의 길이
가 같을 때, 부채꼴 AOB의 중심각의 크기를 구하시오.

0571 중

다음 중 옳은 것을 모두 고르면? (정답 2개)

① 지름은 길이가 가장 긴 현이다.
② 원 위의 두 점을 양 끝 점으로 하는 원의 일부분은 현이
  다.
③ 부채꼴은 지름과 호로 이루어진 도형이다.
④ 반원은 중심각의 크기가 180°인 부채꼴이다.
⑤ 한 원에서 부채꼴과 활꼴이 같아질 때, 이 부채꼴의 중
  심각의 크기는 90°이다.

유형 02 중심각의 크기와 호의 길이

한 원에서 호의 길이는 중심각의 크기에 정비
례하므로 비례식을 세워 호의 길이 또는 중심
각의 크기를 구한다.
➡ $\widehat{AB} : \widehat{CD}=∠AOB : ∠COD$

0572 대표문제

오른쪽 그림과 같은 원 O에서
x, y의 값은?

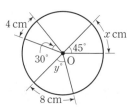

① $x=6$, $y=40$
② $x=6$, $y=50$
③ $x=6$, $y=60$
④ $x=8$, $y=50$
⑤ $x=8$, $y=60$

0573 하

오른쪽 그림과 같은 원 O에서 x
의 값을 구하시오.

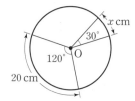

0574 중

오른쪽 그림과 같은 원 O에서
x의 값은?

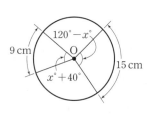

① 20   ② 25
③ 30   ④ 35
⑤ 40

0575 중

원 O에서 중심각의 크기가 60°인 부채꼴의 호의 길이가
5 cm일 때, 원 O의 둘레의 길이를 구하시오.

정답 및 풀이 41쪽

유형 03 호의 길이의 비가 주어질 때 중심각의 크기 구하기

$\widehat{AB} : \widehat{BC} : \widehat{CA} = a : b : c$

$\Rightarrow \angle AOB = 360° \times \dfrac{a}{a+b+c}$

$\angle BOC = 360° \times \dfrac{b}{a+b+c}$

$\angle COA = 360° \times \dfrac{c}{a+b+c}$

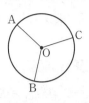

0576 대표문제

오른쪽 그림과 같은 원 O에서 $\widehat{AB} : \widehat{BC} : \widehat{CA} = 4 : 6 : 5$일 때, $\angle BOC$의 크기는?

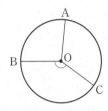

① 132° ② 136°
③ 140° ④ 144°
⑤ 148°

0577 중하

오른쪽 그림과 같은 반원 O에서 $\widehat{BC} = 4\widehat{AC}$일 때, $\angle AOC$의 크기를 구하시오.

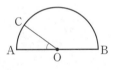

0578 중

오른쪽 그림과 같은 원 O에서 $\angle AOB = 140°$, $\widehat{AC} : \widehat{BC} = 7 : 3$일 때, $\angle BOC$의 크기를 구하시오.

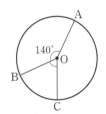

0579 중

오른쪽 그림과 같은 원 O에서 $\overline{AC}$는 원 O의 지름이고 $\widehat{AB} : \widehat{BC} : \widehat{DE} = 5 : 1 : 2$일 때, $\angle DOE$의 크기를 구하시오.

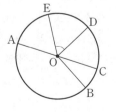

유형 04 보조선을 그어 호의 길이 구하기

다음 그림과 같은 반원 O에서 $\overline{AC} /\!/ \overline{OD}$이면 보조선을 그어 평행선의 성질, 이등변삼각형의 성질을 이용한다.

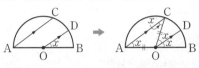

0580 대표문제

오른쪽 그림과 같이 지름이 $\overline{AB}$인 원 O에서 $\overline{AD} /\!/ \overline{OC}$이고 $\angle COB = 45°$, $\widehat{BC} = 10$ cm일 때, $\widehat{AD}$의 길이는?

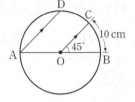

① 15 cm ② 18 cm
③ 20 cm ④ 22 cm
⑤ 25 cm

0581 중

오른쪽 그림과 같이 지름이 $\overline{AB}$인 원 O에서 $\angle CAB = 20°$, $\widehat{BC} = 4$ cm일 때, $\widehat{AC}$의 길이를 구하시오.

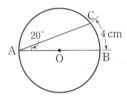

0582 중 서술형

오른쪽 그림과 같이 지름이 $\overline{AB}$인 원 O에서 $\overline{AD} /\!/ \overline{CO}$이고 $\angle AOC = 36°$, $\widehat{AC} = 7$ cm일 때, $\widehat{AD}$의 길이를 구하시오.

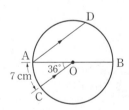

0583 상중

오른쪽 그림과 같이 지름이 $\overline{AB}$인 원 O에서 $\overline{BD} /\!/ \overline{OC}$이고 $\angle AOC = 30°$일 때, $\widehat{AC} : \widehat{CD} : \widehat{DB}$를 가장 간단한 자연수의 비로 나타내시오.

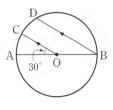

유형 05 중심각의 크기와 부채꼴의 넓이

한 원에서 부채꼴의 넓이는 중심각의 크기에 정비례한다.
→ 비례식을 세워 부채꼴의 넓이 또는 중심각의 크기를 구한다.

0584 대표문제

오른쪽 그림과 같은 원 O에서
∠AOB=100°, ∠COD=40°이다.
부채꼴 COD의 넓이가 10 cm²일 때,
부채꼴 AOB의 넓이는?

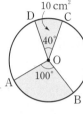

① 16 cm² ② 19 cm²
③ 22 cm² ④ 25 cm²
⑤ 28 cm²

0585 하

오른쪽 그림과 같은 원 O에서
∠AOB=65°이고 부채꼴 AOB의 넓
이는 13 cm²이다. 부채꼴 COD의 넓
이가 26 cm²일 때, ∠COD의 크기를
구하시오.

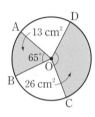

0586 중

오른쪽 그림과 같은 원 O에서 부채꼴
AOB의 넓이가 6 cm²일 때, 원 O의
넓이는?

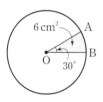

① 60 cm² ② 64 cm²
③ 68 cm² ④ 72 cm²
⑤ 76 cm²

0587 중

오른쪽 그림과 같은 원 O에서
$\overarc{AB}$: $\overarc{CD}$ =3 : 5이고 부채꼴 COD
의 넓이가 40 cm²일 때, 부채꼴
AOB의 넓이를 구하시오.

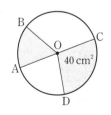

유형 06 중심각의 크기와 현의 길이

① 크기가 같은 중심각에 대한 현의 길이는 같다.
② 길이가 같은 현에 대한 중심각의 크기는 같다.

0588 대표문제

오른쪽 그림과 같은 원 O에서
$\overline{AB}=\overline{BC}=\overline{DE}$이고
∠AOC=100°일 때, ∠EOD의 크
기를 구하시오.

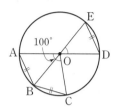

0589 하

오른쪽 그림과 같이 반지름의 길이가
4 cm인 원 O에서 $\overline{AB}=7$ cm이고
∠AOB=∠COD일 때, $\overline{CD}$의 길이
를 구하시오.

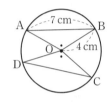

0590 중 서술형

오른쪽 그림과 같은 원 O에서
$\overline{AB}=\overline{BC}$이고 ∠OCB=55°일 때,
∠AOC의 크기를 구하시오.

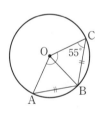

0591 중

오른쪽 그림과 같은 원 O에서
$\overarc{AB}=\overarc{AC}$이고 $\overarc{AB}=9$ cm,
$\overline{OB}=5$ cm일 때, 색칠한 부분의 둘레
의 길이를 구하시오.

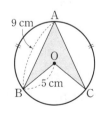

▶ 정답 및 풀이 42쪽

유형 07 중심각의 크기에 정비례하는 것

한 원에서 중심각의 크기에
① 정비례하는 것 ➡ 호의 길이, 부채꼴의 넓이
② 정비례하지 않는 것 ➡ 현의 길이, 삼각형의 넓이

0592 【대표문제】

오른쪽 그림과 같은 원 O에서
$\angle AOB = \dfrac{1}{3} \angle COD$일 때, 다음 중
옳은 것을 모두 고르면? (정답 2개)

① $\overset{\frown}{CD} = 3\overset{\frown}{AB}$
② $\overline{AB} /\!/ \overline{CD}$
③ $\overline{AB} = \dfrac{1}{3}\overline{CD}$
④ $\triangle OCD = 3\triangle OAB$

⑤ (부채꼴 AOB의 넓이) $= \dfrac{1}{3} \times$ (부채꼴 COD의 넓이)

0593 ⊕

오른쪽 그림과 같은 원 O에서
$\angle AOB = \angle BOC = \angle COD = \angle EOF$
일 때, 다음 중 옳지 <u>않은</u> 것은?

① $\overset{\frown}{BC} = \dfrac{1}{3}\overset{\frown}{AD}$
② $\overline{AB} = \overline{CD}$
③ $\overline{EF} = \dfrac{1}{2}\overline{AC}$
④ $\overset{\frown}{AC} = 2\overset{\frown}{CD}$
⑤ $\overline{AD} < 3\overline{EF}$

0594 ⊕

오른쪽 그림과 같은 원 O에서 $\overline{BD}$는
원 O의 지름이고 $\angle AOB = 30°$,
$\angle COD = 120°$일 때, 다음 **보기** 중 옳
은 것을 모두 고른 것은?

| 보기 |
ㄱ. $\overset{\frown}{CD} = 4\overset{\frown}{AB}$
ㄴ. $\overline{AC} = \overline{CD}$
ㄷ. $\overline{OB} = \overline{BC}$
ㄹ. $\triangle OAB = \dfrac{1}{4}\triangle OCD$
ㅁ. (부채꼴 COD의 넓이) $= 2 \times$ (부채꼴 BOC의 넓이)

① ㄱ, ㄷ
② ㄴ, ㅁ
③ ㄱ, ㄴ, ㄹ
④ ㄱ, ㄷ, ㅁ
⑤ ㄴ, ㄷ, ㄹ

유형 08 도형의 성질을 이용하여 호의 길이 구하기

삼각형의 한 외각의 크기는 그와 이웃
하지 않는 두 내각의 크기의 합과 같
다. 즉 오른쪽 그림에서
$\overset{\frown}{AC} : \overset{\frown}{BD} = \angle AOC : \angle BOD$
$= 1 : 3$

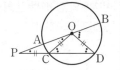

0595 【대표문제】

오른쪽 그림에서 점 P는 원
O의 지름 AB의 연장선과 현
CD의 연장선의 교점이다.
$\overline{CP} = \overline{CO}$, $\angle P = 18°$,
$\overset{\frown}{BD} = 12$ cm일 때, $\overset{\frown}{AC}$의 길이를 구하시오.

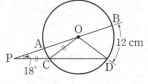

0596 ⊕

오른쪽 그림과 같은 원 O에서
점 P는 지름 AB의 연장선과
현 CD의 연장선의 교점이다.
$\overline{DO} = \overline{DP}$, $\angle P = 20°$,
$\overset{\frown}{BC} = 15$ cm일 때, $\overset{\frown}{AD}$의 길이를 구하시오.

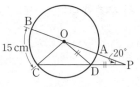

0597 (상중) 【서술형】

오른쪽 그림과 같은 원 O에서
점 P는 지름 AB의 연장선과
현 CD의 연장선의 교점이다.
$\overline{CP} = \overline{CO}$, $\angle BOD = 72°$,
$\overset{\frown}{BD} = 24$ cm일 때, $\overset{\frown}{CD}$의 길이를 구하시오.

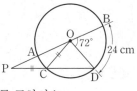

05 원과 부채꼴

유형 09 원의 둘레의 길이와 넓이

반지름의 길이가 r인 원의 둘레의 길이를 l, 넓이를 S라 하면
$$l = 2\pi r, \quad S = \pi r^2$$

0598 대표문제

오른쪽 그림과 같은 원에서 색칠한 부분의 둘레의 길이와 넓이를 차례대로 구하면?

① 9π cm, 6π cm^2
② 9π cm, 12π cm^2
③ 12π cm, 6π cm^2
④ 12π cm, 9π cm^2
⑤ 12π cm, 12π cm^2

0599 중하

오른쪽 그림과 같은 원에서 색칠한 부분의 넓이를 구하시오.

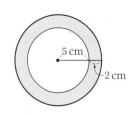

0600 중 서술형

오른쪽 그림과 같은 원에 대하여 다음을 구하시오.

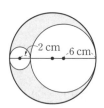

(1) 색칠한 부분의 둘레의 길이
(2) 색칠한 부분의 넓이

0601 중

오른쪽 그림에서 $\overline{AB} = \overline{BC} = \overline{CD}$이고 $\overline{AD}$는 원의 지름이다. $\overline{AD} = 24$ cm일 때, 색칠한 부분의 둘레의 길이를 구하시오.

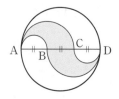

유형 10 부채꼴의 호의 길이와 넓이

반지름의 길이가 r, 중심각의 크기가 $x°$인 부채꼴의 호의 길이를 l, 넓이를 S라 하면

$$l = 2\pi r \times \frac{x}{360}$$
$$S = \pi r^2 \times \frac{x}{360} = \frac{1}{2}rl$$

0602 대표문제

오른쪽 그림과 같이 반지름의 길이가 12 cm이고 중심각의 크기가 150°인 부채꼴의 호의 길이와 넓이를 차례대로 구하시오.

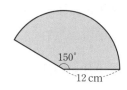

0603 하

반지름의 길이가 6 cm이고 넓이가 24π cm^{2}인 부채꼴의 호의 길이는?

① 4π cm ② 6π cm ③ 8π cm
④ 10π cm ⑤ 12π cm

0604 중

오른쪽 그림과 같이 반지름의 길이가 9 cm인 원에서 색칠한 부분의 넓이를 구하시오.

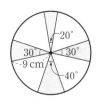

0605 중

호의 길이가 π cm, 넓이가 5π cm^{2}인 부채꼴에 대하여 다음을 구하시오.

(1) 반지름의 길이
(2) 중심각의 크기

유형 11 부채꼴에서 색칠한 부분의 둘레의 길이와 넓이

오른쪽 그림과 같은 부채꼴에서
(1) (색칠한 부분의 둘레의 길이)
  =(큰 호의 길이)+(작은 호의 길이)
  +2×(선분의 길이)
(2) (색칠한 부분의 넓이)
  =(큰 부채꼴의 넓이)−(작은 부채꼴의 넓이)

0606 대표문제

오른쪽 그림과 같은 부채꼴에서 다음을 구하시오.

(1) 색칠한 부분의 둘레의 길이
(2) 색칠한 부분의 넓이

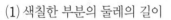

0607 중

오른쪽 그림과 같은 부채꼴에서 색칠한 부분의 둘레의 길이를 구하시오.

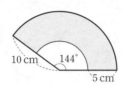

0608 중

오른쪽 그림과 같은 부채꼴에서 색칠한 부분의 넓이는?

① 12π cm^2 ② 14π cm^2
③ 16π cm^2 ④ 18π cm^2
⑤ 20π cm^2

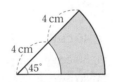

0609 상중 서술형

오른쪽 그림과 같은 부채꼴에서 색칠한 부분의 넓이를 구하시오.

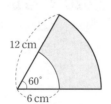

유형 12 색칠한 부분의 둘레의 길이

곡선 부분과 직선 부분으로 나누어 색칠한 부분의 둘레의 길이를 구할 수 있다.
(1) 곡선 부분 ➡ 원의 둘레의 길이 또는 부채꼴의 호의 길이 이용
(2) 직선 부분 ➡ 원의 지름의 길이 또는 반지름의 길이 이용

0610 대표문제

오른쪽 그림에서 색칠한 부분의 둘레의 길이는?

① $(6\pi+12)$ cm
② $(6\pi+24)$ cm
③ $(12\pi+6)$ cm
④ $(12\pi+12)$ cm
⑤ $(12\pi+24)$ cm

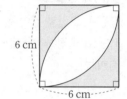

0611 중

오른쪽 그림에서 색칠한 부분의 둘레의 길이를 구하시오.

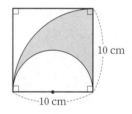

0612 중

오른쪽 그림에서 색칠한 부분의 둘레의 길이를 구하시오.

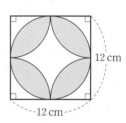

0613 상중

오른쪽 그림에서 색칠한 부분의 둘레의 길이를 구하시오.

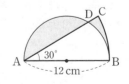

05
원과 부채꼴

유형 13 색칠한 부분의 넓이 (1)

전체 넓이에서 색칠하지 않은 부분의 넓이를 뺀다.

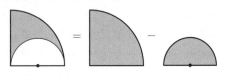

0614 대표문제

오른쪽 그림과 같이 한 변의 길이가 12 cm인 정사각형에서 색칠한 부분의 넓이는?

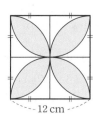

① $(56\pi - 112)$ cm²
② $(60\pi - 120)$ cm²
③ $(64\pi - 128)$ cm²
④ $(68\pi - 136)$ cm²
⑤ $(72\pi - 144)$ cm²

0615 중

오른쪽 그림에서 색칠한 부분의 넓이를 구하시오.

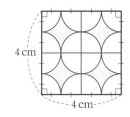

0616 중

오른쪽 그림에서 색칠한 부분의 넓이를 구하시오.

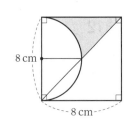

0617 상중

오른쪽 그림과 같은 정사각형 ABCD에서 색칠한 부분의 넓이를 구하시오.

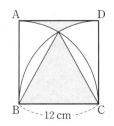

중요

유형 14 색칠한 부분의 넓이 (2)

도형의 일부분을 적당히 이동하면 넓이를 간단히 구할 수 있다.

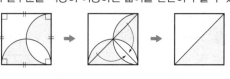

0618 대표문제

오른쪽 그림에서 색칠한 부분의 넓이를 구하시오.

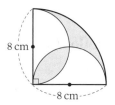

0619 중

오른쪽 그림과 같은 정사각형 ABCD에서 색칠한 부분의 넓이는?

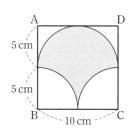

① 40 cm²　② 45 cm²
③ 50 cm²　④ 55 cm²
⑤ 60 cm²

0620 중 서술형

오른쪽 그림에서 색칠한 부분의 넓이를 구하시오.

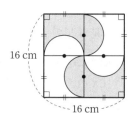

0621 중

오른쪽 그림과 같이 반지름의 길이가 6 cm인 두 원이 서로의 중심을 지날 때, 색칠한 부분의 넓이를 구하시오.

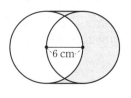

개념원리 중학 수학 1-2 127쪽

유형UP 15 색칠한 부분의 넓이 (3)

주어진 도형을 몇 개의 도형으로 나누어 넓이를 구한 후 각각의 넓이를 더하거나 빼서 색칠한 부분의 넓이를 구한다.

 = −

0622 대표문제

오른쪽 그림은 지름의 길이가 10 cm 인 반원을 점 A를 중심으로 60°만큼 회전한 것이다. 이때 색칠한 부분의 넓이는?

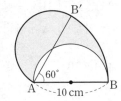

① 8π cm²   ② $\dfrac{25}{3}\pi$ cm²

③ 16π cm²   ④ $\dfrac{50}{3}\pi$ cm²

⑤ 24π cm²

0623 상중

오른쪽 그림은 세 변의 길이가 각각 3 cm, 4 cm, 5 cm인 직각삼각형 ABC의 각 변을 지름으로 하는 반원을 그린 것이다. 이때 색칠한 부분의 넓이를 구하시오.

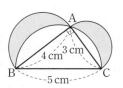

0624 상

오른쪽 그림에서 색칠한 부분의 넓이와 직사각형 ABCD의 넓이가 같을 때, 색칠한 부분의 넓이는?

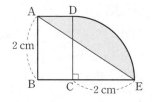

① $(\pi-2)$ cm²
② $(2\pi-4)$ cm²
③ $(2\pi-2)$ cm²
④ $(4\pi-8)$ cm²
⑤ $(4\pi-6)$ cm²

개념원리 중학 수학 1-2 131쪽

유형UP 16 끈의 길이

원을 묶은 끈의 최소 길이는 곡선 부분과 직선 부분으로 나누어 생각한다.

(1) 곡선 부분 ➡ 부채꼴의 호의 길이 이용
(2) 직선 부분 ➡ 원의 반지름의 길이 이용

0625 대표문제

오른쪽 그림과 같이 밑면인 원의 반지름의 길이가 2 cm인 원기둥 6개를 끈으로 묶으려고 할 때, 필요한 끈의 최소 길이는? (단, 끈의 매듭의 길이는 생각하지 않는다.)

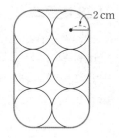

① $(4\pi+24)$ cm
② $(4\pi+36)$ cm
③ $(8\pi+24)$ cm
④ $(8\pi+36)$ cm
⑤ $(16\pi+48)$ cm

0626 상중

오른쪽 그림과 같이 밑면인 원의 반지름의 길이가 3 cm인 원기둥 3개를 끈으로 묶으려고 할 때, 필요한 끈의 최소 길이를 구하시오. (단, 끈의 매듭의 길이는 생각하지 않는다.)

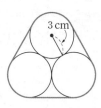

0627 상 서술형

다음 그림과 같이 밑면인 원의 반지름의 길이가 4 cm인 원기둥 모양의 캔 4개를 A, B 두 방법으로 묶으려고 한다. 끈의 길이를 최소로 하려고 할 때, 방법 A와 방법 B의 끈의 길이는 몇 cm 차이가 나는지 구하시오.
(단, 끈의 매듭의 길이는 생각하지 않는다.)

[방법 A]   [방법 B]

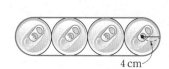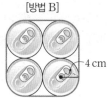

개념원리 중학 수학 1-2 131쪽

유형UP 17 원이 지나간 자리의 넓이

원이 지나간 자리의 넓이는 다음과 같이 구한다.
❶ 원이 지나간 자리를 그린다.
❷ 부채꼴 부분과 직사각형 부분으로 나누어 생각한다.

0628 대표문제

오른쪽 그림과 같이 반지름의 길이가 2 cm인 원이 한 변의 길이가 5 cm인 정삼각형의 변을 따라 한 바퀴 돌았을 때, 원이 지나간 자리의 넓이를 구하시오.

0629 (상)

오른쪽 그림과 같이 반지름의 길이가 1 cm인 원이 가로의 길이가 4 cm, 세로의 길이가 3 cm인 직사각형의 변을 따라 한 바퀴 돌았을 때, 원이 지나간 자리의 넓이를 구하시오.

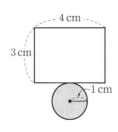

0630 (상)

오른쪽 그림과 같이 반지름의 길이가 3 cm인 원이 반지름의 길이가 9 cm이고 중심각의 크기가 120°인 부채꼴의 둘레를 따라 한 바퀴 돌았을 때, 다음을 구하시오.

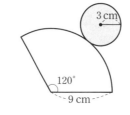

(1) 원의 중심이 움직인 거리
(2) 원이 지나간 자리의 넓이

개념원리 중학 수학 1-2 131쪽

유형UP 18 도형을 회전시켰을 때 움직인 거리

도형을 회전시켰을 때 움직인 거리
➡ 부채꼴의 호의 길이를 이용한다.

0631 대표문제

오른쪽 그림과 같이 $\overline{AB}=8$ cm, $\angle A=30°$, $\angle C=90°$인 삼각자 ABC를 점 B를 중심으로 회전시켰다. 이때 점 A가 움직인 거리는?

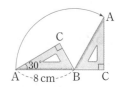

① 4π cm
② $\dfrac{13}{3}\pi$ cm
③ $\dfrac{14}{3}\pi$ cm
④ 5π cm
⑤ $\dfrac{16}{3}\pi$ cm

0632 (상중)

다음 그림과 같이 한 변의 길이가 6 cm인 정삼각형 ABC를 직선 l 위에서 회전시켰다. 이때 점 A가 움직인 거리를 구하시오.

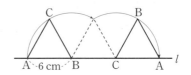

0633 (상)

다음 그림과 같이 가로, 세로의 길이가 각각 6 cm, 8 cm이고 대각선의 길이가 10 cm인 직사각형을 직선 l 위에서 회전시켰다. 이때 점 A가 움직인 거리를 구하시오.

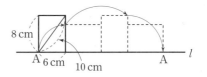

▶ 정답 및 풀이 47쪽

시험에 꼭 나오는 문제

0634

오른쪽 그림과 같은 원 O에서 다음 중 옳지 <u>않은</u> 것은? (단, 세 점 A, O, D는 한 직선 위에 있다.)

① ∠AOB는 부채꼴 AOB의 중심각이다.

② 반원은 중심각의 크기가 180°인 부채꼴이다.

③ $\overline{BC}$와 $\overset{\frown}{BC}$로 둘러싸인 도형은 활꼴이다.

④ 원 위의 두 점 A, B를 양 끝 점으로 하는 호는 1개이다.

⑤ $\overline{AD}$는 가장 긴 현이다.

0635

오른쪽 그림과 같은 원 O에서 x의 값을 구하시오.

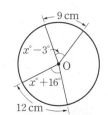

0636

오른쪽 그림에서 $\overline{AB}$는 원 O의 지름이고 $\overset{\frown}{AC}:\overset{\frown}{BC}=4:5$일 때, ∠AOC의 크기를 구하시오.

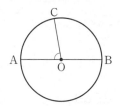

0637

오른쪽 그림과 같은 원 O에서 $\overline{AO}$ ∥ $\overline{BC}$이고 ∠AOB=30°, $\overset{\frown}{AB}$=2 cm일 때, $\overset{\frown}{BC}$의 길이를 구하시오.

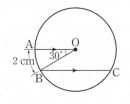

0638

오른쪽 그림과 같은 원 O에서
∠AOB : ∠BOC : ∠COA
=4 : 9 : 7
이고 원 O의 넓이가 80 cm²일 때, 부채꼴 AOB의 넓이는?

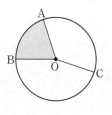

① 12 cm²   ② 16 cm²   ③ 20 cm²
④ 24 cm²   ⑤ 28 cm²

0639

오른쪽 그림과 같은 원 O에서 $\overline{AB}=\overline{BC}=\overline{CD}$이고 ∠OAB=65°일 때, ∠AOD의 크기는?

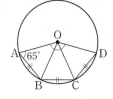

① 130°   ② 135°
③ 140°   ④ 145°
⑤ 150°

0640

오른쪽 그림과 같은 원 O에서 ∠COD=2∠AOB일 때, 다음 **보기** 중 옳은 것을 모두 고른 것은?

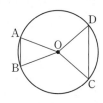

┃ 보기 ┃

ㄱ. $\overset{\frown}{CD}=2\overset{\frown}{AB}$ ㄴ. $\overline{CD}=2\overline{AB}$

ㄷ. ∠OAB=2∠OCD   ㄹ. △OAB=$\frac{1}{2}$△OCD

ㅁ. (부채꼴 COD의 넓이)=2×(부채꼴 AOB의 넓이)

① ㄱ, ㄷ   ② ㄱ, ㅁ   ③ ㄴ, ㄹ
④ ㄱ, ㄷ, ㅁ   ⑤ ㄴ, ㄹ, ㅁ

0641

오른쪽 그림에서 $\overline{AB}=\overline{BC}=\overline{CD}$이
고 $\overline{AD}$는 원의 지름이다.
$\overline{AD}=18$ cm일 때, 다음을 구하시오.

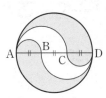

(1) 색칠한 부분의 둘레의 길이
(2) 색칠한 부분의 넓이

0642

오른쪽 그림과 같이 반지름의 길이
가 10 cm인 원 O와 정오각형이 만
날 때, 색칠한 부분의 넓이는?

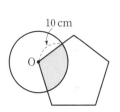

① 24π cm^2 ② 27π cm^2
③ 30π cm^2 ④ 33π cm^2
⑤ 36π cm^2

0643

오른쪽 그림과 같은 부채꼴에서 색칠한
부분의 넓이가 $\dfrac{9}{2}\pi$ cm^{2}일 때, $\angle x$의 크
기를 구하시오.

0644

오른쪽 그림과 같이 한 변의 길이가
9 cm인 정사각형에서 색칠한 부분의 둘
레의 길이를 구하시오.

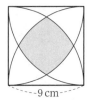

0645

오른쪽 그림과 같이 지름의 길이가
12 cm인 반원과 반지름의 길이가
12 cm인 부채꼴이 겹쳐져 있을 때,
색칠한 부분의 넓이는?

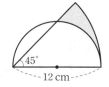

① $(6\pi-9)$ cm^2 ② $(6\pi-12)$ cm^2
③ $(9\pi-12)$ cm^2 ④ $(9\pi-15)$ cm^2
⑤ $(9\pi-18)$ cm^2

0646

오른쪽 그림과 같은 정사각형 ABCD
에서 색칠한 부분의 둘레의 길이와 넓
이를 차례대로 구하시오.

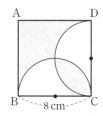

0647

오른쪽 그림에서 색칠한 부분의 넓
이를 구하시오.

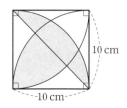

0648

오른쪽 그림과 같이 직사각형 ABCD
와 부채꼴 BCE가 겹쳐져 있다.
$\overline{BC}=10$ cm이고 색칠한 두 부분 (가)
와 (나)의 넓이가 같을 때, $\overline{AB}$의 길이
는?

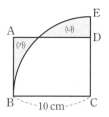

① $\dfrac{5}{3}\pi$ cm   ② $\dfrac{7}{4}\pi$ cm   ③ 2π cm
④ $\dfrac{7}{3}\pi$ cm   ⑤ $\dfrac{5}{2}\pi$ cm

▶ 정답 및 풀이 47쪽

0649

오른쪽 그림에서 점 P는 원 O의 지름 AB의 연장선과 현 CD의 연장선의 교점이다. ∠P=15°이고 $\overline{CP}=\overline{CO}$, $\overset{\frown}{BD}=9$ cm일 때, $\overset{\frown}{AC}$의 길이를 구하시오.

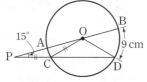

0650

호의 길이가 10π cm, 넓이가 50π cm²인 부채꼴의 반지름의 길이와 중심각의 크기를 차례대로 구하시오.

0651

오른쪽 그림에 대하여 다음을 구하시오.

(1) 색칠한 부분의 둘레의 길이
(2) 색칠한 부분의 넓이

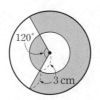

0652

오른쪽 그림은 세 변의 길이가 각각 5 cm, 12 cm, 13 cm인 직각삼각형의 각 변을 지름으로 하는 반원을 그린 것이다. 색칠한 부분의 둘레의 길이와 넓이를 차례대로 구하시오.

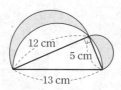

0653

다음 그림과 같이 밑면인 원의 반지름의 길이가 2 cm인 원기둥 모양의 캔 3개를 A, B 두 방법으로 묶으려고 한다. 끈의 길이를 최소로 하려고 할 때, 어느 방법의 끈이 얼마만큼 더 필요한지 구하시오.

(단, 끈의 매듭의 길이는 생각하지 않는다.)

[방법 A]   [방법 B]

0654

다음 그림과 같이 가로의 길이가 4 m, 세로의 길이가 3 m인 직사각형 모양의 울타리의 A 지점에 강아지가 길이가 5 m인 끈에 묶여 있다. 강아지가 울타리 밖에서 움직일 때, 움직일 수 있는 영역의 최대 넓이를 구하시오.

(단, 끈의 매듭의 길이는 생각하지 않는다.)

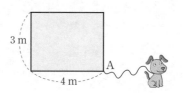

0655

다음 그림과 같이 직사각형 ABCD를 직선 l 위에서 회전시켰다. $\overline{AB}=5$ cm, $\overline{BC}=12$ cm, $\overline{BD}=13$ cm일 때, 점 B가 움직인 거리를 구하시오.

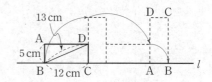

05

원과 부채꼴

III

입체도형

06 다면체와 회전체

06-1 다면체

(1) **다면체**: 다각형인 면으로만 둘러싸인 입체도형

　① **면**: 다면체를 둘러싸고 있는 다각형

　② **모서리**: 다면체를 이루는 다각형의 변

　③ **꼭짓점**: 다면체를 이루는 다각형의 꼭짓점

　주의 원기둥 또는 원뿔과 같이 원이나 곡면으로 둘러싸인 입체도형은 다면체가 아니다.

(2) 다면체는 그 면의 개수에 따라 사면체, 오면체, 육면체, …라 한다.

06-2 다면체의 종류

(1) **각뿔대**: 각뿔을 밑면에 평행한 평면으로 자를 때 생기는 두 입체도형 중에서 각뿔이 아닌 것

　① **밑면**: 각뿔대에서 평행한 두 면

　② **옆면**: 각뿔대에서 밑면이 아닌 면

　③ **높이**: 각뿔대에서 두 밑면 사이의 거리

(2) 각뿔대의 밑면은 다각형이고, 옆면은 모두 사다리꼴이다.

(3) **다면체의 종류**: 각기둥, 각뿔, 각뿔대 등

각뿔대는 밑면인 다각형의 모양에 따라 삼각뿔대, 사각뿔대, 오각뿔대, …라 한다.

① **각기둥**: 두 밑면은 서로 평행하며 그 모양이 합동인 다각형이고, 옆면은 모두 직사각형인 다면체
② **각뿔**: 밑면은 다각형이고, 옆면은 모두 삼각형인 다면체

06-3 정다면체

(1) **정다면체**: 각 면이 모두 합동인 정다각형이고 각 꼭짓점에 모인 면의 개수가 같은 다면체

　주의 정다면체가 되기 위한 두 조건 중 하나의 조건만을 만족시키는 다면체는 정다면체가 될 수 없다.

(2) **정다면체의 종류**: 정다면체는 다음의 5가지뿐이다.

다음 입체도형은 모든 면이 합동인 정삼각형이지만 각 꼭짓점에 모인 면의 개수가 같지 않으므로 정다면체가 아니다.

	정사면체	정육면체	정팔면체	정십이면체	정이십면체
겨냥도	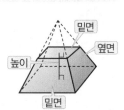				
면의 모양	정삼각형	정사각형	정삼각형	정오각형	정삼각형
한 꼭짓점에 모인 면의 개수	60° 60° 60° 3	90° 90° 90° 3	60° 60° 60° 4	108° 108° 108° 3	60° 60° 60° 60° 60° 5
전개도					

정다면체의 전개도는 이웃한 면의 위치에 따라 여러 가지 방법으로 그릴 수 있다.

참고 **정다면체가 5가지뿐인 이유**

정다면체는 입체도형이므로 한 꼭짓점에서 3개 이상의 면이 만나야 하고, 한 꼭짓점에 모인 각의 크기의 합이 360°보다 작아야 한다. 따라서 정다면체의 면이 될 수 있는 다각형은 정삼각형, 정사각형, 정오각형뿐이고, 만들 수 있는 정다면체는 정사면체, 정육면체, 정팔면체, 정십이면체, 정이십면체뿐이다.

교과서문제 정복하기

06-1 다면체

0656 다음 보기 중 다면체인 것을 모두 고르시오.

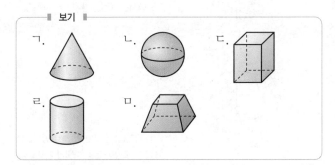

━ 보기 ━

ㄱ.   ㄴ.   ㄷ.

ㄹ.   ㅁ.

[0657~0658] 다음 다면체의 면의 개수를 구하고, 몇 면체인지 말하시오.

0657 칠각기둥   **0658** 오각뿔

06-2 다면체의 종류

[0659~0662] 오른쪽 그림과 같은 오각뿔대에 대하여 다음을 구하시오.

0659 면의 개수

0660 모서리의 개수

0661 꼭짓점의 개수

0662 옆면의 모양

0663 다음 표를 완성하시오.

	삼각기둥	삼각뿔	삼각뿔대
겨냥도			
면의 개수			
모서리의 개수			
꼭짓점의 개수			
옆면의 모양			

06-3 정다면체

0664 다음 □ 안에 알맞은 것을 써넣으시오.

정다면체는 각 면이 모두 합동인 □□□□이고 각 꼭짓점에 모인 □의 개수가 같은 다면체이다.

[0665~0668] 다음 설명이 옳으면 ◯, 옳지 않으면 ✕를 ( ) 안에 써넣으시오.

0665 정다면체의 종류는 6가지뿐이다.   ( )

0666 면의 모양이 정육각형인 정다면체가 있다. ( )

0667 정다면체는 각 면이 모두 합동인 정다각형으로 이루어져 있다.   ( )

0668 정다면체는 각 꼭짓점에 모인 면의 개수가 같다.   ( )

0669 다음 표를 완성하시오.

	면의 모양	한 꼭짓점에 모인 면의 개수
정사면체		
정육면체		
정팔면체		
정십이면체		
정이십면체		

[0670~0672] 오른쪽 그림과 같은 전개도로 만든 정다면체에 대하여 다음 물음에 답하시오.

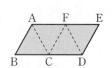

0670 정다면체의 이름을 말하시오.

0671 점 A와 겹치는 꼭짓점을 구하시오.

0672 모서리 BC와 겹치는 모서리를 구하시오.

06-4 회전체

(1) **회전체**: 평면도형을 한 직선을 축으로 하여 1회전 시킬 때 생기는 입체도형
  ① **회전축**: 회전시킬 때 축이 되는 직선
  ② **모선**: 회전시킬 때 옆면을 만드는 선분

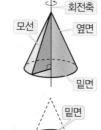

(2) **원뿔대**: 원뿔을 밑면에 평행한 평면으로 자를 때 생기는 두 입체도형 중에서 원뿔이 아닌 것
  ① **밑면**: 원뿔대에서 평행한 두 면
  ② **옆면**: 원뿔대에서 밑면이 아닌 면
  ③ **높이**: 원뿔대에서 두 밑면 사이의 거리

(3) **회전체의 종류**: 원기둥, 원뿔, 원뿔대, 구 등

원기둥	원뿔	원뿔대	구
직사각형	직각삼각형	사다리꼴	반원

개념플러스 ∅

• 구는 회전축이 무수히 많다.
• 구에서는 모선을 생각하지 않는다.

• ① **원기둥**: 두 밑면이 서로 평행하며 그 모양이 합동인 원인 입체도형
  ② **원뿔**: 밑면의 모양이 원이고 옆면이 곡면인 뿔 모양의 입체도형

06-5 회전체의 성질

(1) 회전체를 회전축에 수직인 평면으로 자를 때 생기는 단면은 항상 원이다.

(2) 회전체를 회전축을 포함하는 평면으로 자를 때 생기는 단면은 모두 합동이며, 회전축을 대칭축으로 하는 선대칭도형이다.

구의 단면
① 구는 어느 방향으로 자르더라도 그 단면이 항상 원이다.
② 단면이 가장 큰 경우는 구의 중심을 지나는 평면으로 잘랐을 때이다.

어떤 직선을 접는 선으로 하여 접었을 때 완전히 겹쳐지는 도형을 선대칭도형이라 하고, 그 직선을 대칭축이라 한다.

직사각형　　이등변삼각형　　사다리꼴　　원

06-6 회전체의 전개도

구의 전개도는 그릴 수 없다.

	원기둥	원뿔	원뿔대
겨냥도			
전개도			

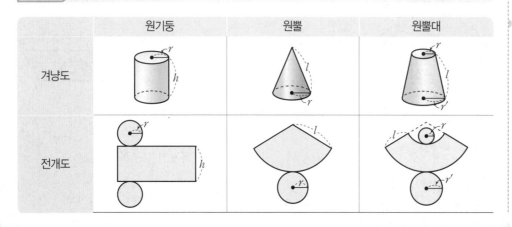

정답 및 풀이 50쪽

교과서문제 정복하기

06-4 회전체

0673 다음 **보기** 중 회전체인 것을 모두 고르시오.

> ┃ 보기 ┃
> ㄱ. 직육면체 ㄴ. 구 ㄷ. 칠각뿔대
> ㄹ. 원기둥 ㅁ. 원뿔 ㅂ. 정사면체

[0674~0676] 다음 □ 안에 알맞은 것을 써넣으시오.

0674 평면도형을 한 직선을 축으로 하여 1회전 시킬 때 생기는 입체도형을 □라 한다.

0675 반원의 지름을 회전축으로 하여 1회전 시킬 때 생기는 입체도형은 □이다.

0676 원뿔을 밑면에 평행한 평면으로 자를 때 생기는 두 입체도형 중에서 원뿔이 아닌 것을 □라 한다.

[0677~0680] 다음 그림과 같은 평면도형을 직선 *l*을 회전축으로 하여 1회전 시킬 때 생기는 회전체를 그리고, 회전체의 이름을 말하시오.

0677

0678

0679

0680

06-5 회전체의 성질

0681 다음 표를 완성하시오.

	회전축에 수직인 평면으로 자른 단면의 모양	회전축을 포함하는 평면으로 자른 단면의 모양
원기둥		
원뿔		
원뿔대		
구		

[0682~0684] 다음 설명이 옳으면 ○, 옳지 않으면 ×를 ( ) 안에 써넣으시오.

0682 회전체를 회전축에 수직인 평면으로 자를 때 생기는 단면은 모두 합동이다. ( )

0683 구의 전개도는 무수히 많다. ( )

0684 회전체를 회전축을 포함하는 평면으로 자를 때 생기는 단면은 회전축을 대칭축으로 하는 선대칭도형이다.
( )

06-6 회전체의 전개도

[0685~0686] 다음 그림과 같은 전개도로 만들어지는 입체도형을 그리시오.

0685

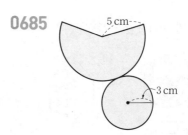

0686

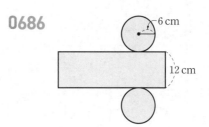

유형 익히기

유형 01 다면체

(1) 다면체: 다각형인 면으로만 둘러싸인 입체도형
(2) 다면체는 각기둥, 각뿔, 각뿔대 등이 있다.
(3) 면의 개수에 따라 사면체, 오면체, 육면체, …라 한다.

0687 대표문제

다음 중 다면체가 <u>아닌</u> 것을 모두 고르면? (정답 2개)

① 삼각기둥 ② 오각형 ③ 육각뿔
④ 직육면체 ⑤ 원뿔

0688 하

오른쪽 그림의 입체도형은 몇 면체인지 말하시오.

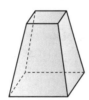

0689 중하

다음 중 다각형인 면으로만 둘러싸인 입체도형은?

① ② ③

④ ⑤

유형 02 다면체의 면의 개수

	n각기둥	n각뿔	n각뿔대
면의 개수	$n+2$	$n+1$	$n+2$

→ (면의 개수)=(옆면의 개수)+(밑면의 개수)

0690 대표문제

다음 중 면의 개수가 가장 많은 다면체는?

① 직육면체 ② 육각기둥 ③ 오각뿔
④ 칠각뿔대 ⑤ 육각뿔

0691 중하

다음 중 오른쪽 그림의 다면체와 면의 개수가 같은 것은?

① 사각기둥 ② 칠각뿔
③ 오각뿔대 ④ 칠각기둥
⑤ 정팔면체

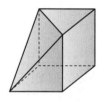

0692 중

다음 보기 중 다면체와 그 다면체가 몇 면체인지 바르게 짝 지어진 것을 모두 고르시오.

―― 보기 ――
ㄱ. 팔각기둥 – 구면체 ㄴ. 십각뿔대 – 십이면체
ㄷ. 구각뿔 – 십면체 ㄹ. 오각기둥 – 칠면체

0693 중 서술형

다음 다면체의 면의 개수의 합을 구하시오.

팔각뿔 육각뿔대 십일각기둥

유형 03 다면체의 모서리, 꼭짓점의 개수

	n각기둥	n각뿔	n각뿔대
모서리의 개수	$3n$	$2n$	$3n$
꼭짓점의 개수	$2n$	$n+1$	$2n$

0694 대표문제

육각뿔대의 모서리의 개수를 a, 구각뿔의 꼭짓점의 개수를 b라 할 때, $a+b$의 값을 구하시오.

0695 중하

다음 중 꼭짓점의 개수가 나머지 넷과 다른 하나는?

① 사각기둥   ② 정육면체   ③ 칠각뿔
④ 사각뿔대   ⑤ 사각뿔

0696 중

다음 중 모서리의 개수와 꼭짓점의 개수의 합이 19인 입체도형은?

① 삼각기둥   ② 오각뿔   ③ 육각뿔
④ 오각기둥   ⑤ 칠각뿔대

0697 상중

밑면의 대각선의 개수가 35인 각기둥의 꼭짓점의 개수를 구하시오.

유형 04 다면체의 면, 모서리, 꼭짓점의 개수의 활용

면, 모서리, 꼭짓점 중 어느 하나의 개수가 주어진 다면체는 다음과 같은 순서로 구한다.
❶ 주어진 조건에 따라 구하는 다면체를
     n각기둥 또는 n각뿔 또는 n각뿔대
로 놓는다.
❷ 주어진 개수를 이용하여 n에 대한 식을 세운 후 n의 값을 구한다.

0698 대표문제

모서리의 개수가 27인 각뿔대의 면의 개수를 x, 꼭짓점의 개수를 y라 할 때, $x+y$의 값은?

① 23   ② 25   ③ 27
④ 29   ⑤ 31

0699 중 서술형

면의 개수가 6인 각뿔의 모서리의 개수를 a, 꼭짓점의 개수를 b라 할 때, $a-b$의 값을 구하시오.

0700 중

꼭짓점의 개수가 14인 각기둥의 면의 개수를 x, 모서리의 개수를 y라 할 때, $x+y$의 값은?

① 22   ② 24   ③ 26
④ 28   ⑤ 30

0701 상중

어떤 각뿔의 모서리의 개수와 면의 개수의 합이 25일 때, 이 각뿔의 밑면의 모양은?

① 육각형   ② 칠각형   ③ 팔각형
④ 구각형   ⑤ 십각형

유형 05 다면체의 옆면의 모양

	각기둥	각뿔	각뿔대
옆면의 모양	직사각형	삼각형	사다리꼴

0702 대표문제

다음 중 다면체와 그 옆면의 모양이 바르게 짝 지어진 것은?

① 육각기둥 ― 육각형
② 사각뿔 ― 직사각형
③ 삼각뿔대 ― 사다리꼴
④ 오각뿔대 ― 오각형
⑤ 사각기둥 ― 이등변삼각형

0703 하

오른쪽 그림의 다면체에서 두 밑면이 서로 평행할 때, 이 다면체의 이름과 그 옆면의 모양을 차례대로 말하시오.

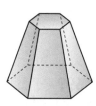

0704 중하

다음 중 옆면의 모양이 직사각형인 것은?

① 삼각뿔
② 원뿔
③ 팔각뿔
④ 팔각뿔대
⑤ 구각기둥

0705 중

다음 보기 중 옆면의 모양이 사각형인 다면체의 개수를 구하시오.

―― 보기 ――
ㄱ. 정육면체   ㄴ. 칠각뿔   ㄷ. 원기둥
ㄹ. 육각기둥   ㅁ. 사각뿔대   ㅂ. 원뿔대

중요 유형 06 다면체의 이해

(1) 각기둥: 두 밑면은 서로 평행하며 그 모양이 합동인 다각형이고, 옆면은 모두 직사각형인 다면체
(2) 각뿔: 밑면은 다각형이고, 옆면은 모두 삼각형인 다면체
(3) 각뿔대: 각뿔을 밑면에 평행한 평면으로 자를 때 생기는 두 입체도형 중에서 각뿔이 아닌 것

0706 대표문제

다음 중 각뿔대에 대한 설명으로 옳은 것을 모두 고르면?
(정답 2개)

① n각뿔대는 $2n$면체이다.
② 각뿔대의 종류는 밑면의 모양으로 결정된다.
③ 옆면과 밑면은 서로 수직이다.
④ 밑면에 수직인 평면으로 자른 단면의 모양은 사다리꼴 또는 삼각형이다.
⑤ 십각뿔대는 십각뿔보다 면이 2개 더 많다.

0707 중

다음 중 다면체에 대한 설명으로 옳지 않은 것은?

① 각기둥의 밑면의 개수는 2이다.
② n각뿔의 면의 개수와 꼭짓점의 개수는 같다.
③ n각뿔대를 밑면에 평행한 평면으로 자른 단면은 n각형이다.
④ n각뿔대의 모서리의 개수는 $2n$이다.
⑤ 각기둥의 옆면은 모두 직사각형이다.

0708 중

다음 보기 중 팔각기둥에 대한 설명으로 옳은 것을 모두 고르시오.

―― 보기 ――
ㄱ. 십면체이다.
ㄴ. 옆면의 모양은 사다리꼴이다.
ㄷ. 십이각뿔과 모서리의 개수가 같다.
ㄹ. 팔각뿔보다 꼭짓점이 8개 더 많다.

▶ 정답 및 풀이 52쪽

유형 07 주어진 조건을 만족시키는 다면체

(1) 다면체의 옆면의 모양이
- 직사각형이면 각기둥
- 삼각형이면 각뿔
- 사다리꼴이면 각뿔대
이다.

(2) 면, 모서리, 꼭짓점의 개수를 이용하여 밑면의 모양을 결정한다.

0709 대표문제

다음 조건을 만족시키는 입체도형을 구하시오.

(가) 두 밑면은 서로 평행하다.
(나) 옆면의 모양은 사다리꼴이다.
(다) 꼭짓점의 개수는 14이다.

0710 종

다음 조건을 만족시키는 입체도형을 구하시오.

(가) 밑면은 1개이다.
(나) 옆면의 모양은 삼각형이다.
(다) 오면체이다.

0711 종

다음 조건을 만족시키는 입체도형을 구하시오.

(가) 칠면체이다.
(나) 옆면의 모양은 직사각형이다.
(다) 두 밑면은 서로 평행하고 합동인 다각형이다.

0712 종 서술형

다음 조건을 만족시키는 다면체의 꼭짓점의 개수를 a, 모서리의 개수를 b라 할 때, $a+b$의 값을 구하시오.

(가) 밑면은 1개이다.
(나) 옆면의 모양은 삼각형이다.
(다) 밑면의 모양은 구각형이다.

유형 08 정다면체

(1) 정다면체: 각 면이 모두 합동인 정다각형이고 각 꼭짓점에 모인 면의 개수가 같은 다면체

(2) 정다면체는 정사면체, 정육면체, 정팔면체, 정십이면체, 정이십면체의 5가지뿐이다.

0713 대표문제

다음 중 정다면체에 대한 설명으로 옳지 <u>않은</u> 것은?

① 종류는 5가지뿐이다.
② 모든 정다면체는 평행한 면이 있다.
③ 각 꼭짓점에 모인 면의 개수가 같다.
④ 각 면이 모두 합동인 정다각형으로 이루어져 있다.
⑤ 면의 모양은 정삼각형, 정사각형, 정오각형 중 하나이다.

0714 하

다음 중 정다면체가 <u>아닌</u> 것은?

① 정육면체 　　② 정팔면체 　　③ 정십면체
④ 정십이면체 　　⑤ 정이십면체

0715 종

다음은 면의 모양이 정육각형인 정다면체가 없는 이유를 설명한 것이다. (가)~(마)에 알맞은 것을 구하시오.

다면체가 되려면 한 꼭짓점에 모인 면이 (가) 개 이상이어야 하고, 모인 다각형의 내각의 크기의 합이 (나) 보다 작아야 한다.
이때 정육각형의 한 내각의 크기는
$$\frac{180° \times (6 - \boxed{\text{(다)}})}{6} = \boxed{\text{(라)}}$$
이므로 한 꼭짓점에 정육각형 3개가 모이면 모인 각의 크기의 합이 (마) 가 되어 정다면체가 될 수 없다.

0716 종

오른쪽 그림과 같이 각 면이 모두 정다각형으로 이루어진 입체도형이 정다면체가 아닌 이유를 설명하시오.

유형 09 정다면체의 면, 모서리, 꼭짓점의 개수

	정사면체	정육면체	정팔면체	정십이면체	정이십면체
면의 개수	4	6	8	12	20
모서리의 개수	6	12	12	30	30
꼭짓점의 개수	4	8	6	20	12

0717 대표문제

꼭짓점의 개수가 가장 많은 정다면체의 면의 개수를 a, 모서리의 개수가 가장 적은 정다면체의 꼭짓점의 개수를 b라 할 때, $a-b$의 값은?

① 8　　　　② 9　　　　③ 10
④ 11　　　　⑤ 12

0718 중

다음 보기 중 큰 수인 것부터 차례대로 나열하시오.

―― 보기 ――
ㄱ. 정사면체의 면의 개수
ㄴ. 정육면체의 모서리의 개수
ㄷ. 정팔면체의 꼭짓점의 개수
ㄹ. 정십이면체의 꼭짓점의 개수
ㅁ. 정이십면체의 모서리의 개수

0719 중 서술형

정육면체의 면의 개수를 x, 정팔면체의 모서리의 개수를 y, 정이십면체의 꼭짓점의 개수를 z라 할 때, $x+y-z$의 값을 구하시오.

중요 유형 10 정다면체의 이해

	정사면체	정육면체	정팔면체	정십이면체	정이십면체
면의 모양	정삼각형	정사각형	정삼각형	정오각형	정삼각형
한 꼭짓점에 모인 면의 개수	3	3	4	3	5

0720 대표문제

다음 조건을 만족시키는 입체도형은?

㉮ 다면체이다.
㉯ 각 면이 모두 합동인 정다각형이다.
㉰ 각 꼭짓점에 모인 면의 개수는 4이다.

① 정육면체　　② 사각뿔대　　③ 정팔면체
④ 오각기둥　　⑤ 정십이면체

0721 중

다음 중 정다면체와 그 면의 모양, 한 꼭짓점에 모인 면의 개수가 잘못 짝 지어진 것은?

① 정사면체 － 정삼각형 － 3
② 정육면체 － 정사각형 － 3
③ 정팔면체 － 정삼각형 － 4
④ 정십이면체 － 정오각형 － 5
⑤ 정이십면체 － 정삼각형 － 5

0722 중

다음 중 옳은 것을 모두 고르면? (정답 2개)

① 면의 모양이 정삼각형인 정다면체의 종류는 2가지이다.
② 정사면체는 면의 개수와 모서리의 개수가 같다.
③ 정육면체의 꼭짓점의 개수와 정팔면체의 면의 개수는 같다.
④ 정십이면체의 꼭짓점의 개수와 정이십면체의 모서리의 개수는 같다.
⑤ 정이십면체의 꼭짓점의 개수는 정육면체의 모서리의 개수와 같다.

유형 11 정다면체의 전개도

개념원리 중학 수학 1-2 147쪽

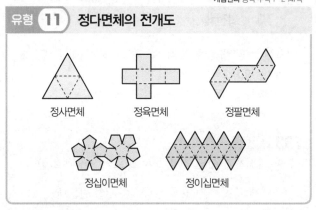

정사면체   정육면체   정팔면체

정십이면체   정이십면체

0723 대표문제

다음 중 오른쪽 그림과 같은 전개도로 만든 정다면체에 대한 설명으로 옳지 않은 것은?

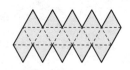

① 면의 개수는 20이다.
② 면의 모양은 정삼각형이다.
③ 꼭짓점의 개수는 20이다.
④ 모서리의 개수는 30이다.
⑤ 한 꼭짓점에 모인 면의 개수는 5이다.

0724 종하

오른쪽 그림과 같은 전개도로 만든 정다면체의 꼭짓점의 개수를 구하시오.

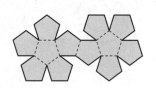

0725 종하

다음 중 정육면체의 전개도가 될 수 없는 것은?

①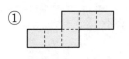

②

③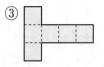

④

⑤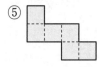

0726 종

오른쪽 그림과 같은 전개도로 만든 정다면체에서 모서리 AB와 겹치는 모서리를 구하시오.

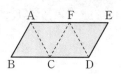

0727 상종 서술형

오른쪽 그림과 같은 전개도로 만든 정다면체에 대하여 다음을 구하시오.

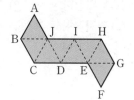

(1) 점 A와 겹치는 꼭짓점
(2) 모서리 CD와 꼬인 위치에 있는 모서리

0728 상종

다음 중 오른쪽 그림과 같은 전개도로 만든 정다면체에 대한 설명으로 옳지 않은 것은?

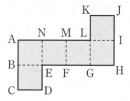

① 정육면체이다.
② 평행한 면은 3쌍이다.
③ 면 ABEN과 평행한 면은 면 MFGL이다.
④ $\overline{FG}$와 겹치는 모서리는 $\overline{KJ}$이다.
⑤ 점 N과 겹치는 꼭짓점은 점 J이다.

06 다면체와 회전체

유형 12 정다면체의 단면

정육면체를 한 평면으로 자를 때 생기는 단면의 모양은 다음과 같다.

삼각형　　　　사각형　　　　오각형　　　　육각형

0729 대표문제

오른쪽 그림과 같은 정육면체를 세 꼭짓점 B, D, H를 지나는 평면으로 자를 때 생기는 단면의 모양은?

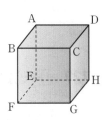

① 직각삼각형　　② 정삼각형
③ 직사각형　　　④ 마름모
⑤ 정오각형

0730 중

다음 중 정육면체를 한 평면으로 자를 때 생기는 단면의 모양이 될 수 <u>없는</u> 것은?

① 이등변삼각형　　② 직각삼각형　　③ 직사각형
④ 오각형　　　　　⑤ 육각형

0731 상중

오른쪽 그림과 같은 정육면체를 세 꼭짓점 A, F, C를 지나는 평면으로 자를 때 생기는 단면에서 ∠AFC의 크기를 구하시오.

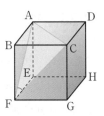

0732 상중

오른쪽 그림과 같은 정사면체에서 세 점 E, F, G는 각각 모서리 AB, BC, BD의 중점이다. 이 정사면체를 세 점 E, F, G를 지나는 평면으로 자를 때 생기는 단면의 모양은?

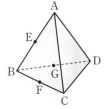

① 정삼각형　　② 직사각형　　③ 마름모
④ 직각삼각형　　⑤ 오각형

유형 13 회전체

(1) 회전체: 평면도형을 한 직선을 축으로 하여 1회전 시킬 때 생기는 입체도형
(2) 회전체는 원기둥, 원뿔, 원뿔대, 구 등이 있다.

0733 대표문제

다음 중 회전체가 <u>아닌</u> 것을 모두 고르면? (정답 2개)

① 정육면체　　② 반구　　③ 원뿔대
④ 사각뿔　　　⑤ 원기둥

0734 중하

다음 중 회전축을 갖는 입체도형이 <u>아닌</u> 것은?

① ② ③

④ ⑤

0735 중

다음 보기 중 회전체인 것의 개수를 구하시오.

보기

ㄱ. 정팔면체　　　ㄴ. 구　　　　　ㄷ. 삼각뿔
ㄹ. 원기둥　　　　ㅁ. 정십이면체　ㅂ. 원
ㅅ. 사각뿔대　　　ㅇ. 원뿔대　　　ㅈ. 원뿔

정답 및 풀이 54쪽

개념원리 중학 수학 1-2 153쪽

유형 14 평면도형을 회전시킬 때 생기는 회전체

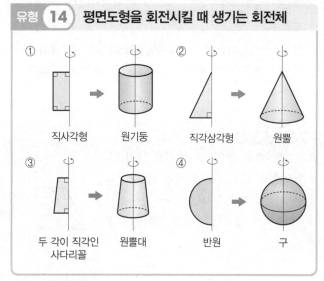

0736 대표문제

오른쪽 그림과 같은 도넛 모양의 입체도형은 다음 중 어느 도형을 1회전 시킨 것인가?

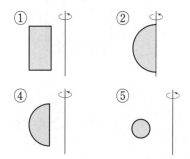

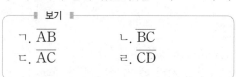
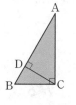

0737 ㈜

오른쪽 그림과 같은 직각삼각형 ABC를 1회전 시켜 원뿔을 만들려고 할 때, 다음 보기 중 회전축이 될 수 있는 것을 모두 고르시오.

┤ 보기 ├
ㄱ. $\overline{AB}$ ㄴ. $\overline{BC}$
ㄷ. $\overline{AC}$ ㄹ. $\overline{CD}$

0738 ㈜

다음 중 평면도형과 그 평면도형을 직선 l을 회전축으로 하여 1회전 시킬 때 생기는 입체도형으로 옳지 않은 것은?

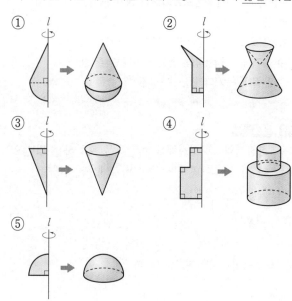

0739 ㈜

오른쪽 그림과 같은 입체도형은 다음 중 어느 도형을 1회전 시킨 것인가?

유형 15 회전체의 단면의 모양

(1) 회전축에 수직인 평면으로 자를 때 생기는 단면
　➡ 원
(2) 회전축을 포함하는 평면으로 자를 때 생기는 단면
　➡ 원기둥 − 직사각형, 원뿔 − 이등변삼각형,
　　원뿔대 − 사다리꼴, 구 − 원

0740 대표문제
다음 중 회전체와 그 회전체를 회전축을 포함하는 평면으로 자를 때 생기는 단면의 모양이 바르게 짝 지어진 것을 모두 고르면? (정답 2개)

① 반구 − 원　　　　② 구 − 원
③ 원기둥 − 직사각형　④ 원뿔 − 부채꼴
⑤ 원뿔대 − 평행사변형

0741 하
다음 중 어떤 평면으로 잘라도 그 단면의 모양이 항상 같은 회전체는?

① 원기둥　　② 원뿔　　③ 구
④ 반구　　　⑤ 원뿔대

0742 중
다음 중 평면도형과 그 평면도형을 직선 *l*을 회전축으로 하여 1회전 시킬 때 생기는 회전체를 회전축을 포함하는 평면으로 자를 때 생기는 단면의 모양으로 옳지 <u>않은</u> 것은?

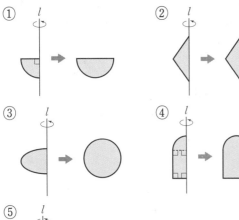

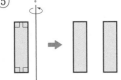

유형 16 회전체의 단면의 넓이

단면의 모양을 그리고, 가로의 길이, 세로의 길이, 반지름의 길이 등 단면의 둘레의 길이나 넓이를 구하는 데 필요한 길이를 구한다.

0743 대표문제
오른쪽 그림과 같은 사다리꼴을 직선 *l*을 회전축으로 하여 1회전 시킬 때 생기는 회전체를 회전축을 포함하는 평면으로 잘랐다. 이때 생기는 단면의 넓이를 구하시오.

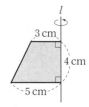

0744 중
오른쪽 그림과 같은 원기둥을 밑면에 수직인 평면으로 잘랐다. 이때 생기는 단면 중 넓이가 가장 큰 단면의 넓이를 구하시오.

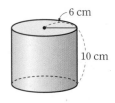

0745 중
오른쪽 그림과 같은 직각삼각형을 변 AB를 회전축으로 하여 1회전 시킬 때 생기는 회전체를 회전축을 포함하는 평면으로 잘랐다. 이때 생기는 단면의 넓이는?

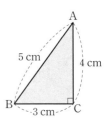

① 12 cm²　② 14 cm²
③ 16 cm²　④ 18 cm²
⑤ 20 cm²

0746 중 서술형
오른쪽 그림과 같은 평면도형을 직선 *l*을 회전축으로 하여 1회전 시킬 때 생기는 회전체를 회전축에 수직인 평면으로 자른 단면 중 넓이가 가장 작은 단면의 넓이를 구하시오.

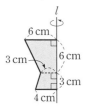

유형 17 회전체의 전개도

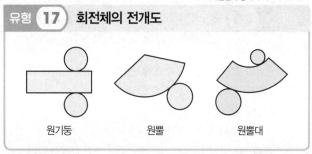

원기둥   원뿔   원뿔대

0747 대표문제
다음 그림과 같은 직사각형을 직선 l을 회전축으로 하여 1회전 시킬 때 생기는 회전체의 전개도에서 a, b, c의 값을 구하시오.

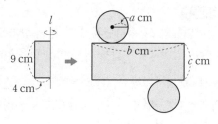

0748 ㉜ 서술형▶
다음 그림은 원뿔과 그 전개도의 일부분이다. 이때 $a-b$의 값을 구하시오.

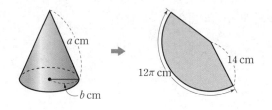

0749 상중
오른쪽 그림과 같은 원뿔대의 전개도에서 옆면의 둘레의 길이를 구하시오.

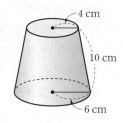

유형 18 회전체의 이해

(1) 구의 중심을 지나는 직선은 모두 회전축이 되므로 구의 회전축은 무수히 많다.

(2) 구의 중심을 지나는 평면으로 잘랐을 때 구의 단면이 가장 크다.

(3) 원뿔, 원뿔대를 회전축에 수직인 평면으로 자를 때 생기는 단면은 모두 원이지만 그 크기는 다르다.

0750 대표문제
다음 중 옳지 않은 것을 모두 고르면? (정답 2개)

① 회전체를 회전축에 수직인 평면으로 자를 때 생기는 단면은 항상 합동인 원이다.

② 원뿔대를 회전축을 포함하는 평면으로 자를 때 생기는 단면은 사다리꼴이다.

③ 회전체를 회전축을 포함하는 평면으로 자를 때 생기는 단면은 모두 합동이다.

④ 원기둥을 회전축에 수직인 평면으로 자를 때 생기는 단면은 모두 합동이다.

⑤ 원뿔을 회전축을 포함하는 평면으로 자를 때 생기는 단면은 정삼각형이다.

0751 ㉜
다음 중 구에 대한 설명으로 옳지 않은 것은?

① 회전축이 무수히 많다.

② 전개도를 그릴 수 없다.

③ 어떤 평면으로 잘라도 그 단면은 항상 원이다.

④ 단면이 가장 클 때는 구의 중심을 지나는 평면으로 자를 때이다.

⑤ 구를 어떤 평면으로 잘라도 그 단면은 모두 합동이다.

0752 ㉜
다음 중 옳은 것을 모두 고르면? (정답 2개)

① 모든 회전체는 전개도를 그릴 수 있다.

② 모든 회전체의 회전축은 1개뿐이다.

③ 원기둥의 회전축과 모선은 항상 서로 평행하다.

④ 원뿔을 회전축에 수직인 평면으로 자를 때 생기는 단면은 이등변삼각형이다.

⑤ 회전체를 회전축을 포함하는 평면으로 자를 때 생기는 단면은 항상 선대칭도형이다.

정답 및 풀이 55쪽

개념원리 중학 수학 1-2 142쪽

유형UP 19 다면체의 꼭짓점, 모서리, 면의 개수 사이의 관계

다면체의 꼭짓점(vertex)의 개수를 v, 모서리(edge)의 개수를 e, 면(face)의 개수를 f라 하면

$v-e+f=2$

가 성립한다. └→ 오일러의 공식

0753 대표문제

오른쪽 그림과 같은 입체도형의 꼭짓점의 개수를 v, 모서리의 개수를 e, 면의 개수를 f라 할 때, $v-e+f$의 값을 구하시오.

0754 종

오른쪽 그림과 같은 전개도로 만든 정다면체의 꼭짓점의 개수를 v, 모서리의 개수를 e, 면의 개수를 f라 할 때, $v-e+f$의 값을 구하시오.

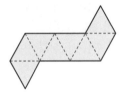

0755 종

꼭짓점의 개수가 16, 모서리의 개수가 24인 다면체의 면의 개수는?

① 5   ② 7   ③ 8
④ 10   ⑤ 11

0756 상중

바람을 넣어 부풀리면 구와 같은 모양이 되는 다면체가 있다. 이 다면체의 모서리가 꼭짓점보다 13개 더 많을 때, 이 다면체의 면의 개수를 구하시오.

개념원리 중학 수학 1-2 148쪽

유형UP 20 정다면체의 각 면의 한가운데 점을 연결하여 만든 입체도형

정다면체의 각 면의 한가운데 점을 연결하면 또 하나의 정다면체가 생긴다. 이때

(바깥쪽 정다면체의 면의 개수)
=(안쪽 정다면체의 꼭짓점의 개수)

이므로 각 정다면체를 이용하여 만든 입체도형은 다음과 같다.
① 정사면체 ➡ 정사면체   ② 정육면체 ➡ 정팔면체
③ 정팔면체 ➡ 정육면체   ④ 정십이면체 ➡ 정이십면체
⑤ 정이십면체 ➡ 정십이면체

0757 대표문제

다음 중 정다면체와 그 정다면체의 각 면의 한가운데 점을 연결하여 만든 입체도형이 잘못 짝 지어진 것은?

① 정사면체 ― 정사면체   ② 정육면체 ― 정팔면체
③ 정팔면체 ― 정육면체   ④ 정십이면체 ― 정이십면체
⑤ 정이십면체 ― 정이십면체

0758 종 서술형

정십이면체의 각 면의 한가운데 점을 연결하여 만든 입체도형의 모서리의 개수를 구하시오.

0759 상중

다음 중 정육면체의 각 면의 대각선의 교점을 꼭짓점으로 하여 만든 입체도형에 대한 설명으로 옳지 않은 것은?

① 면의 개수는 8이다.
② 육각뿔대와 면의 개수가 같다.
③ 정육면체와 모서리의 개수가 같다.
④ 한 꼭짓점에 모인 면의 개수는 3이다.
⑤ 모든 면이 합동인 정삼각형으로 이루어져 있다.

정답 및 풀이 56쪽

시험에 꼭 나오는 문제

0760

다음 **보기** 중 다면체인 것의 개수를 구하시오.

> **보기**
> ㄱ. 오각기둥   ㄴ. 삼각뿔대   ㄷ. 원기둥
> ㄹ. 정육면체   ㅁ. 반원   ㅂ. 사각뿔

0761

다음 중 팔면체인 것을 모두 고르면? (정답 2개)

① 육각기둥   ② 원기둥   ③ 칠각뿔
④ 구   ⑤ 팔각뿔대

0762 중요

십각뿔의 꼭짓점의 개수를 a, 모서리의 개수를 b라 할 때, $a+b$의 값은?

① 25   ② 27   ③ 29
④ 31   ⑤ 33

0763

다음 표에서 ①~⑤에 들어갈 것으로 옳지 <u>않은</u> 것은?

	오각기둥	육각뿔	십각뿔대
면의 개수	7	①	12
모서리의 개수	②	12	③
꼭짓점의 개수	10	④	⑤

① 7   ② 15   ③ 20
④ 7   ⑤ 20

0764

십일면체인 각뿔대의 모서리의 개수를 a, 꼭짓점의 개수를 b라 할 때, $a-b$의 값을 구하시오.

0765

다음 중 옆면의 모양이 사각형이 <u>아닌</u> 것은?

① 오각뿔   ② 삼각기둥   ③ 팔각기둥
④ 정육면체   ⑤ 육각뿔대

0766

다음 **보기** 중 n각기둥에 대한 설명으로 옳은 것을 모두 고른 것은?

> **보기**
> ㄱ. 두 밑면은 크기가 다르다.
> ㄴ. 한 꼭짓점에 모이는 면의 개수는 n이다.
> ㄷ. n각뿔대와 면의 개수가 같다.
> ㄹ. n각뿔보다 꼭짓점이 $(n-1)$개 더 많다.

① ㄱ, ㄴ   ② ㄱ, ㄹ   ③ ㄴ, ㄷ
④ ㄴ, ㄹ   ⑤ ㄷ, ㄹ

0767

두 밑면은 서로 평행하고 내각의 크기의 합이 $900°$인 다각형이고 옆면의 모양은 직사각형인 입체도형의 꼭짓점의 개수를 구하시오.

0768 중요

다음 중 정다면체에 대한 설명으로 옳지 <u>않은</u> 것은?

① 정팔면체의 모서리의 개수는 12이다.
② 정이십면체의 꼭짓점의 개수는 12이다.
③ 한 꼭짓점에 모인 면이 가장 많은 것은 정이십면체이다.
④ 정사면체, 정팔면체, 정이십면체의 면의 모양은 정삼각형이다.
⑤ 한 꼭짓점에 모인 각의 크기의 합이 180°보다 작아야 한다.

0769 중요

다음 조건을 만족시키는 정다면체를 구하시오.

> (가) 각 면은 모두 합동인 정삼각형으로 이루어져 있다.
> (나) 한 꼭짓점에 모인 면의 개수는 3이다.

0770

다음 중 오른쪽 그림과 같은 전개도로 만든 정다면체에 대한 설명으로 옳은 것을 모두 고르면? (정답 2개)

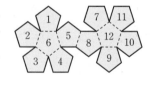

① 정이십면체이다.
② 꼭짓점의 개수는 20이다.
③ 모서리의 개수는 12이다.
④ 한 꼭짓점에 모인 면의 개수는 5이다.
⑤ 면 4와 평행한 면은 면 11이다.

0771

다음 중 회전체가 <u>아닌</u> 것은?

①   ②   ③

④   ⑤

0772

다음 중 평면도형과 그 평면도형을 직선 l을 회전축으로 하여 1회전 시킬 때 생기는 입체도형으로 옳지 <u>않은</u> 것은?

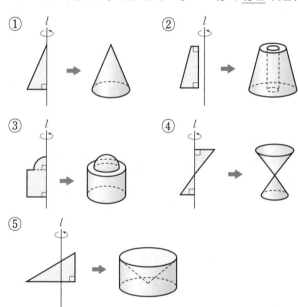

0773

오른쪽 그림과 같은 사다리꼴 ABCD를 1회전 시켜서 원뿔대를 만들려고 할 때, 회전축이 될 수 있는 것은?

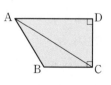

① $\overline{AB}$　　② $\overline{BC}$　　③ $\overline{CD}$
④ $\overline{AD}$　　⑤ $\overline{AC}$

정답 및 풀이 57쪽

0774

회전체를 회전축에 수직인 평면으로 자를 때 생기는 단면의 모양은?

① 원　　　　② 직사각형　　　③ 이등변삼각형
④ 반원　　　⑤ 직각삼각형

0775

오른쪽 그림과 같은 원기둥의 전개도에서 옆면이 되는 직사각형의 넓이를 구하시오.

10 cm

3 cm

0776

다음 중 전개도가 오른쪽 그림과 같은 회전체를 한 평면으로 자를 때 생기는 단면의 모양이 될 수 <u>없는</u> 것은?

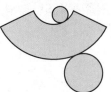

① 　　　②

③ 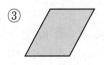　　　④ 　　　⑤

0777

오른쪽 그림과 같이 원뿔 위의 한 점 A에서 실로 이 원뿔을 한 바퀴 팽팽하게 감을 때 실이 지나간 경로를 전개도 위에 바르게 나타낸 것은?

① 　　② 　　③

④ 　　⑤

0778 중요

다음 중 옳지 <u>않은</u> 것은?

① 구를 평면으로 자른 단면의 넓이가 가장 큰 경우는 구의 중심을 지나도록 잘랐을 때이다.
② 사분원의 반지름을 회전축으로 하여 1회전 시키면 반구가 된다.
③ 평면도형을 한 직선을 축으로 하여 1회전 시킬 때 생기는 입체도형을 회전체라 한다.
④ 원뿔을 회전축에 수직인 평면으로 자르면 원뿔대가 생긴다.
⑤ 원뿔대를 회전축에 수직인 평면으로 자를 때 생기는 단면은 사다리꼴이다.

0779

꼭짓점의 개수가 $10n$, 모서리의 개수가 $15n$, 면의 개수가 $6n$인 각기둥이 있다. 이때 상수 n의 값을 구하시오.

0780

어떤 정다면체의 각 면의 한가운데 점을 연결하여 만든 정다면체가 처음 정다면체와 같은 종류일 때, 이 정다면체를 구하시오.

📝 **서술형 주관식**

0781

어떤 각뿔대의 모서리의 개수와 면의 개수의 차가 14일 때, 이 각뿔대의 꼭짓점의 개수를 구하시오.

0782 중요

다음 그림과 같은 전개도로 만든 정다면체의 면의 개수를 a, 꼭짓점의 개수를 b, 모서리의 개수를 c, 한 꼭짓점에 모인 면의 개수를 d라 할 때, $a+b+c+d$의 값을 구하시오.

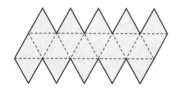

0783

오른쪽 그림과 같은 직각삼각형을 직선 l을 회전축으로 하여 1회전 시킬 때 생기는 회전체에 대하여 다음을 구하시오.

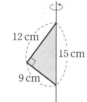

(1) 회전축을 포함하는 평면으로 자를 때 생기는 단면의 넓이
(2) 회전축에 수직인 평면으로 자를 때 생기는 단면인 원의 넓이가 가장 클 때의 반지름의 길이

0784

오른쪽 그림과 같은 전개도로 만든 원뿔의 밑면인 원의 반지름의 길이를 구하시오.

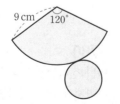

👍 **실력 UP**

0785

십면체인 각기둥, 각뿔, 각뿔대의 모서리의 개수의 합을 구하시오.

0786

오른쪽 그림과 같이 정육면체의 각 꼭짓점을 잘라 내었더니 정삼각형과 정팔각형으로 이루어진 다면체가 만들어졌다. 이 다면체의 면의 개수를 a, 꼭짓점의 개수를 b, 모서리의 개수를 c라 할 때, $a+b+c$의 값을 구하시오.

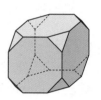

0787

오른쪽 그림과 같이 반지름의 길이가 2 cm인 원을 직선 l로부터 1 cm 떨어진 위치에서 직선 l을 회전축으로 하여 1회전 시킬 때 생기는 회전체를 원의 중심 O를 지나면서 회전축에 수직인 평면으로 자른 단면의 넓이를 구하시오.

0788

다면체에서 꼭짓점의 개수를 v, 모서리의 개수를 e, 면의 개수를 f라 할 때, $v-e+f=2$가 성립한다고 한다. 이때 $5v=2e$, $3f=2e$를 만족시키는 정다면체의 이름을 말하시오.

공감 한 스푼

" 그래도 나쁘지 않았어 "

그래도
나쁘지 않았어

오는 동안은
힘들기도 했는데
다 지나고
돌아보면

그치? 그거야

『찌그러져도 괜찮아』, 임임(찌오) 지음, 북로망스, 2003

07 입체도형의 겉넓이와 부피

07-1 기둥의 겉넓이

(1) **각기둥의 겉넓이**

각기둥의 겉넓이를 전개도를 이용하여 구하면
(각기둥의 겉넓이)
=(밑넓이)×2+(옆넓이)
=(밑넓이)×2+(밑면의 둘레의 길이)×(높이)

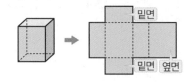

(2) **원기둥의 겉넓이**

밑면인 원의 반지름의 길이가 r, 높이가 h인 원기둥의
겉넓이를 전개도를 이용하여 구하면
(원기둥의 겉넓이)=(밑넓이)×2+(옆넓이)
$$=2\pi r^2+2\pi rh$$

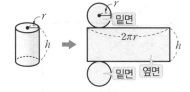

개념플러스 ∅

기둥에서 밑면은 2개이고, 서로 합동이다.

입체도형에서 한 밑면의 넓이를 밑넓이, 옆면 전체의 넓이를 옆넓이라 한다.

기둥의 옆면을 이루는 직사각형에서
① (직사각형의 가로의 길이)
  =(밑면의 둘레의 길이)
② (직사각형의 세로의 길이)
  =(높이)

07-2 기둥의 부피

(1) **각기둥의 부피**

밑넓이가 S, 높이가 h인 각기둥의 부피를 V라 하면
$$V=(밑넓이)\times(높이)=Sh$$

(2) **원기둥의 부피**

밑면인 원의 반지름의 길이가 r, 높이가 h인 원기둥의 부피를 V라 하면
$$V=(밑넓이)\times(높이)=\pi r^2h$$

주의 겉넓이나 부피를 구할 때, 단위를 잘못 써서 틀리지 않도록 주의한다.

모든 기둥의 부피는 각기둥, 원기둥에 관계없이
  (밑넓이)×(높이)
로 구한다.

07-3 뿔의 겉넓이

(1) **각뿔의 겉넓이**

각뿔의 겉넓이를 전개도를 이용하여 구하면
(각뿔의 겉넓이)=(밑넓이)+(옆넓이)

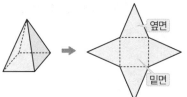

뿔에서 밑면은 1개이다.

(2) **원뿔의 겉넓이**

밑면인 원의 반지름의 길이가 r, 모선의 길이가 l인
원뿔의 겉넓이를 전개도를 이용하여 구하면
(원뿔의 겉넓이)=(밑넓이)+(옆넓이)
$$=\pi r^2+\frac{1}{2}\times l\times 2\pi r$$
$$=\pi r^2+\pi rl$$

참고 (뿔대의 겉넓이)=(두 밑넓이의 합)+(옆넓이)

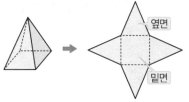

원뿔의 전개도에서
① (부채꼴의 호의 길이)
  =(밑면인 원의 둘레의 길이)
  $=2\pi r$
② (부채꼴의 반지름의 길이)
  =(원뿔의 모선의 길이)
  $=l$

▶ 정답 및 풀이 59쪽

교과서문제 정복하기

07-1 기둥의 겉넓이

[0789~0790] 다음 그림과 같은 각기둥의 겉넓이를 구하시오.

0789   **0790**

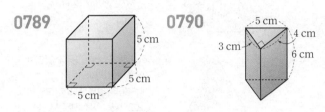

0791 아래 그림과 같은 원기둥과 그 전개도에 대하여 다음 물음에 답하시오.

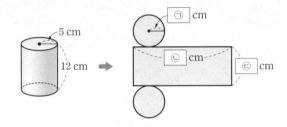

(1) ㉠, ㉡, ㉢에 알맞은 것을 구하시오.
(2) 원기둥의 밑넓이와 옆넓이를 구하시오.
(3) 원기둥의 겉넓이를 구하시오.

[0792~0793] 다음 그림과 같은 원기둥의 겉넓이를 구하시오.

0792   **0793**

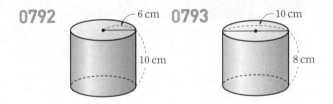

07-2 기둥의 부피

[0794~0795] 다음 그림과 같은 각기둥의 부피를 구하시오.

0794   **0795**

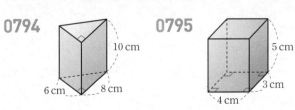

[0796~0797] 다음 그림과 같은 원기둥의 부피를 구하시오.

0796   **0797**

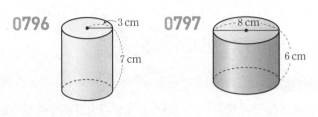

07-3 뿔의 겉넓이

[0798~0800] 오른쪽 그림과 같은 사각뿔에 대하여 다음을 구하시오.
(단, 옆면은 모두 합동이다.)

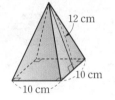

0798 밑넓이

0799 옆넓이

0800 겉넓이

0801 아래 그림과 같은 원뿔과 그 전개도에 대하여 다음 물음에 답하시오.

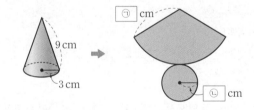

(1) ㉠, ㉡에 알맞은 것을 구하시오.
(2) 원뿔의 밑넓이와 옆넓이를 구하시오.
(3) 원뿔의 겉넓이를 구하시오.

[0802~0803] 다음 그림과 같은 뿔의 겉넓이를 구하시오.

0802   **0803**

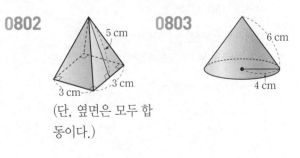

(단, 옆면은 모두 합동이다.)

07-4 뿔의 부피

(1) 각뿔의 부피

밑넓이가 S, 높이가 h인 각뿔의 부피를 V라 하면

$$V = \frac{1}{3} \times (\text{밑넓이}) \times (\text{높이}) = \frac{1}{3}Sh$$

(2) 원뿔의 부피

밑면인 원의 반지름의 길이가 r, 높이가 h인 원뿔의 부피를 V라 하면

$$V = \frac{1}{3} \times (\text{밑넓이}) \times (\text{높이}) = \frac{1}{3}\pi r^2 h$$

참고 (뿔대의 부피)=(큰 뿔의 부피)−(작은 뿔의 부피)

① 각뿔대 =

② 원뿔대 = −

개념플러스

모든 뿔의 부피는 각뿔, 원뿔에 관계없이

$$\frac{1}{3} \times (\text{밑넓이}) \times (\text{높이})$$

로 구한다.

사각기둥 모양의 그릇에 밑면이 사각기둥의 밑면과 합동이고 높이가 사각기둥과 같은 사각뿔 모양의 그릇으로 물을 가득 채워 부으면 3번만에 물이 가득 채워지게 된다.

$$\therefore (\text{뿔의 부피})$$
$$= \frac{1}{3} \times (\text{기둥의 부피})$$

07-5 구의 겉넓이와 부피

(1) 구의 겉넓이

반지름의 길이가 r인 구의 겉넓이를 S라 하면

$$S = 4\pi r^2$$

(2) 구의 부피

반지름의 길이가 r인 구의 부피를 V라 하면

$$V = \frac{4}{3}\pi r^3$$

참고 원기둥에 꼭 맞게 들어가는 구, 원뿔과 원기둥의 부피의 비

원기둥에 꼭 맞게 들어가는 구, 원뿔이 있을 때, 지름의 길이에 관계없이 원뿔의

부피는 원기둥의 부피의 $\frac{1}{3}$이고, 구의 부피는 원기둥의 부피의 $\frac{2}{3}$이다.

즉 오른쪽 그림과 같이 원기둥에 꼭 맞게 들어가는 구, 원뿔에 대하여

$$(\text{원뿔의 부피}) = \frac{1}{3} \times \pi r^2 \times 2r = \frac{2}{3}\pi r^3$$

$$(\text{구의 부피}) = \frac{4}{3}\pi r^3$$

$$(\text{원기둥의 부피}) = \pi r^2 \times 2r = 2\pi r^3$$

$$\therefore (\text{원뿔의 부피}) : (\text{구의 부피}) : (\text{원기둥의 부피}) = 1 : 2 : 3$$

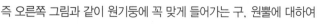
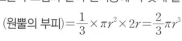

구가 꼭 맞게 들어가는 원기둥 모양의 그릇에 물을 가득 채우고 구를 물속에 완전히 잠기도록 넣었다가 꺼내면 남은 물의 높이는 원기둥의 높이의 $\frac{1}{3}$이 된다.

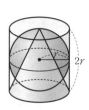 구를 빼내면

$$\therefore (\text{구의 부피})$$
$$= \frac{2}{3} \times (\text{원기둥의 부피})$$
$$= \frac{2}{3} \times \pi r^2 \times 2r = \frac{4}{3}\pi r^3$$

07-4 뿔의 부피

[0804~0805] 밑면이 다음 그림과 같고, 높이가 8 cm인 뿔의 부피를 구하시오.

0804

0805

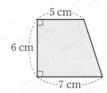

[0806~0807] 다음 그림과 같은 각뿔의 부피를 구하시오.

0806

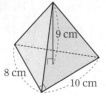

0807

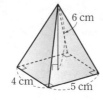

[0808~0809] 다음 그림과 같은 원뿔의 부피를 구하시오.

0808

0809

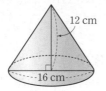

[0810~0812] 오른쪽 그림은 원뿔을 밑면에 평행한 평면으로 잘라 만든 원뿔대이다. 다음을 구하시오.

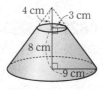

0810 처음 원뿔의 부피

0811 잘라 낸 작은 원뿔의 부피

0812 원뿔대의 부피

07-5 구의 겉넓이와 부피

[0813~0814] 다음 그림과 같은 구의 겉넓이를 구하시오.

0813

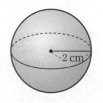

0814

0815 오른쪽 그림과 같은 반구의 겉넓이를 구하시오.

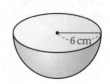

[0816~0817] 다음 그림과 같은 구의 부피를 구하시오.

0816

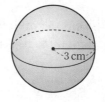

0817

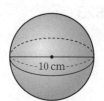

[0818~0821] 오른쪽 그림과 같이 높이가 6 cm인 원기둥에 구와 원뿔이 꼭 맞게 들어 있을 때, 다음을 구하시오. (단, 부피의 비는 가장 간단한 자연수의 비로 나타낸다.)

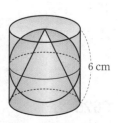

0818 원뿔의 부피

0819 구의 부피

0820 원기둥의 부피

0821 원뿔, 구, 원기둥의 부피의 비

유형 익히기

개념원리 중학 수학 1−2 170쪽

유형 01 각기둥의 겉넓이

(각기둥의 겉넓이)=(밑넓이)×2+(옆넓이)

→ (밑면의 둘레의 길이)
×(기둥의 높이)

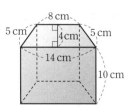

0822 대표문제

오른쪽 그림과 같은 사각기둥의
겉넓이는?

① 352 cm²   ② 368 cm²

③ 396 cm²   ④ 408 cm²

⑤ 512 cm²

0823 중하

밑면은 가로, 세로의 길이가 각각 3 cm, 5 cm인 직사각형
이고, 높이가 10 cm인 사각기둥의 겉넓이를 구하시오.

0824 중

겉넓이가 216 cm²인 정육면체의 한 모서리의 길이를 구하
시오.

0825 중

오른쪽 그림과 같은 삼각기둥의
겉넓이가 240 cm²일 때, h의 값
은?

① 4   ② 5   ③ 6

④ 7   ⑤ 8

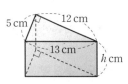

개념원리 중학 수학 1−2 170쪽

유형 02 원기둥의 겉넓이

원기둥의 전개도에서

(원기둥의 겉넓이)=(밑넓이)×2+(옆넓이)
$$=2\pi r^2+2\pi rh$$

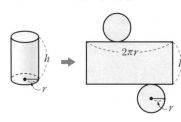

0826 대표문제

오른쪽 그림과 같은 원기둥의 겉넓이를
구하시오.

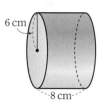

0827 하

오른쪽 그림과 같은 원기둥의 옆넓이
는?

① 20π cm²   ② 25π cm²

③ 30π cm²   ④ 35π cm²

⑤ 40π cm²

0828 중

오른쪽 그림과 같이 밑면인 원의 반지름의
길이가 5 cm인 원기둥의 겉넓이가
130π cm²일 때, 이 원기둥의 높이를 구하
시오.

0829 중 서술형

오른쪽 그림과 같이 원기둥 모양의 롤러
로 페인트를 칠하려고 한다. 롤러를 두
바퀴 연속하여 한 방향으로 굴렸을 때,
페인트가 칠해진 넓이를 구하시오.

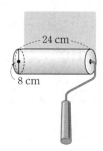

정답 및 풀이 60쪽

유형 03 각기둥의 부피

각기둥의 밑넓이를 S, 높이를 h라 하면
$$(각기둥의 부피)=(밑넓이)\times(높이)$$
$$=Sh$$

0830 대표문제

오른쪽 그림과 같은 사각기둥의 부피
는?

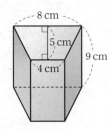

① 210 cm³ ② 230 cm³
③ 250 cm³ ④ 270 cm³
⑤ 290 cm³

0831 중

밑면이 오른쪽 그림과 같은 오각
형이고, 높이가 5 cm인 오각기둥
의 부피를 구하시오.

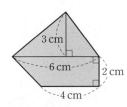

0832 중

오른쪽 그림과 같은 사각기둥의
부피가 384 cm³일 때, 이 사각
기둥의 높이를 구하시오.

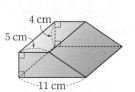

0833 상중

합동인 두 삼각형을 밑면으로 하는 두 삼각기둥 A, B의 높
이의 비가 3 : 4이다. 삼각기둥 B의 부피가 108 cm³일 때,
삼각기둥 A의 부피는?

① 75 cm³ ② 78 cm³ ③ 81 cm³
④ 84 cm³ ⑤ 87 cm³

유형 04 원기둥의 부피

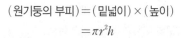

원기둥의 밑면인 원의 반지름의 길이를 r, 높이를
h라 하면
$$(원기둥의 부피)=(밑넓이)\times(높이)$$
$$=\pi r^2 h$$

0834 대표문제

오른쪽 그림과 같은 원기둥의 부피를
구하시오.

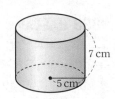

0835 중하

높이가 8 cm인 원기둥의 부피가 288π cm³일 때, 밑면인
원의 반지름의 길이를 구하시오.

0836 중

오른쪽 그림과 같은 입체도형의
부피는?

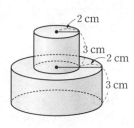

① 56π cm³ ② 60π cm³
③ 64π cm³ ④ 68π cm³
⑤ 72π cm³

0837 중 서술형

다음 그림과 같은 두 원기둥 모양의 그릇 A, B의 부피가
같을 때, h의 값을 구하시오.

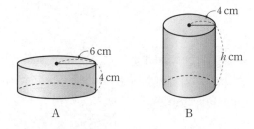

A   B

유형 05 전개도가 주어진 기둥의 겉넓이와 부피

기둥의 전개도는 서로 합동인 두 개의 밑면과 직사각형 모양의 옆면으로 이루어져 있고, 옆면을 이루는 직사각형에서

(직사각형의 가로의 길이)＝(밑면의 둘레의 길이),
(직사각형의 세로의 길이)＝(기둥의 높이)

이다.

0838 대표문제

오른쪽 그림과 같은 전개도로 만들어지는 원기둥의 겉넓이와 부피를 차례대로 구하면?

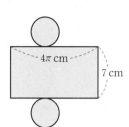

① 36π cm², 28π cm³
② 36π cm², 38π cm³
③ 41π cm², 28π cm³
④ 41π cm², 38π cm³
⑤ 45π cm², 48π cm³

0839 중하

오른쪽 그림과 같은 전개도로 만들어지는 삼각기둥의 부피를 구하시오.

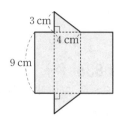

0840 중

오른쪽 그림은 밑면이 정사각형인 사각기둥의 전개도이다. 이 전개도로 만들어지는 사각기둥의 겉넓이를 구하시오.

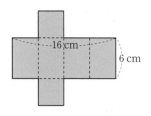

0841 중

오른쪽 그림과 같은 전개도로 만들어지는 사각기둥의 겉넓이와 부피를 구하시오.

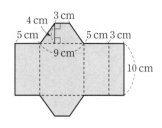

유형 06 밑면이 부채꼴인 기둥의 겉넓이와 부피

밑면이 부채꼴인 기둥에서

(밑넓이)＝(부채꼴의 넓이)
$$=\pi r^2 \times \frac{x}{360}$$

(밑면의 둘레의 길이)
＝(부채꼴의 둘레의 길이)
$$=2\pi r \times \frac{x}{360}+2r$$ → (호의 길이)＋(반지름의 길이)×2

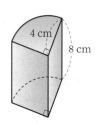

(1) (겉넓이)＝(밑넓이)×2＋(옆넓이)
＝(부채꼴의 넓이)×2
＋(부채꼴의 둘레의 길이)×(높이)

(2) (부피)＝(밑넓이)×(높이)＝(부채꼴의 넓이)×(높이)

0842 대표문제

오른쪽 그림과 같이 밑면이 부채꼴인 기둥의 부피를 구하시오.

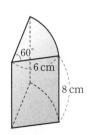

0843 중

오른쪽 그림과 같이 밑면이 부채꼴인 기둥의 겉넓이는?

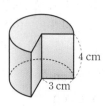

① $(12\pi+48)$ cm²
② $(12\pi+96)$ cm²
③ $(28\pi+48)$ cm²
④ $(28\pi+96)$ cm²
⑤ $(34\pi+96)$ cm²

0844 상중 서술형

오른쪽 그림과 같이 밑면이 부채꼴인 기둥의 부피가 24π cm³일 때, 이 기둥의 겉넓이를 구하시오.

▶ 정답 및 풀이 61쪽

유형 07 구멍이 뚫린 기둥의 겉넓이와 부피

(1) (구멍이 뚫린 기둥의 겉넓이)
= (밑넓이)×2+(옆넓이)
= {(큰 기둥의 밑넓이)－(작은 기둥의 밑넓이)}×2
+(큰 기둥의 옆넓이)+(작은 기둥의 옆넓이)
→ 바깥쪽의 옆넓이 → 안쪽의 옆넓이
(2) (구멍이 뚫린 기둥의 부피)
= (큰 기둥의 부피)－(작은 기둥의 부피)

0845 대표문제
오른쪽 그림과 같이 구멍이 뚫린 입체도형의 겉넓이는?

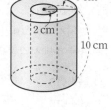

① 81π cm² ② 102π cm²
③ 161π cm² ④ 169π cm²
⑤ 182π cm²

0846 중
오른쪽 그림과 같이 구멍이 뚫린 입체도형의 부피를 구하시오.

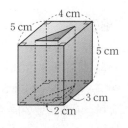

0847 중
오른쪽 그림은 한 모서리의 길이가 6 cm인 정육면체의 중앙에 원기둥 모양의 구멍을 뚫은 입체도형이다. 이 입체도형의 겉넓이는?

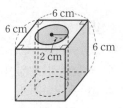

① $(12\pi+198)$ cm² ② $(16\pi+198)$ cm²
③ $(12\pi+216)$ cm² ④ $(16\pi+216)$ cm²
⑤ $(20\pi+216)$ cm²

0848 상중 서술형
오른쪽 그림과 같이 구멍이 뚫린 입체도형의 겉넓이를 a cm², 부피를 b cm³라 할 때, $a-b$의 값을 구하시오.

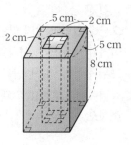

유형 08 일부분을 잘라 낸 입체도형의 겉넓이와 부피

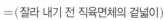

오른쪽 그림은 직육면체에서 작은 직육면체를 잘라 내고 남은 입체도형이다. 이 입체도형의
(1) (겉넓이)
= (잘라 내기 전 직육면체의 겉넓이)
(2) (부피)
= (잘라 내기 전 직육면체의 부피)－(잘라 낸 직육면체의 부피)

0849 대표문제
오른쪽 그림은 직육면체에서 작은 직육면체를 잘라 내고 남은 입체도형이다. 이 입체도형의 겉넓이는?

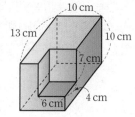

① 600 cm² ② 660 cm²
③ 720 cm² ④ 780 cm²
⑤ 840 cm²

0850 중
오른쪽 그림은 한 모서리의 길이가 10 cm인 정육면체에서 작은 직육면체를 잘라 내고 남은 입체도형이다. 이 입체도형의 부피를 구하시오.

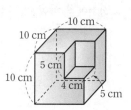

0851 상중
오른쪽 그림은 직육면체에서 작은 직육면체를 잘라 내고 남은 입체도형이다. 이 입체도형의 겉넓이를 구하시오.

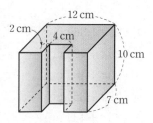

07

입체도형의 겉넓이와 부피

중요
유형 09 회전체의 겉넓이와 부피; 원기둥

가로, 세로의 길이가 각각 r, h인 직사각형을 직선 l을 회전축으로 하여 1회전 시키면 밑면인 원의 반지름의 길이가 r, 높이가 h인 원기둥이 생긴다.

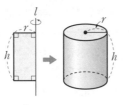

➡ (겉넓이)$=2\pi r^2+2\pi rh$, (부피)$=\pi r^2h$

0852 대표문제

오른쪽 그림과 같은 평면도형을 직선 l을 회전축으로 하여 1회전 시킬 때 생기는 회전체의 부피를 구하시오.

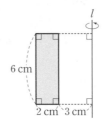

0853 중 서술형

오른쪽 그림과 같은 직사각형을 직선 l을 회전축으로 하여 1회전 시킬 때 생기는 회전체에 대하여 다음을 구하시오.

(1) 겉넓이
(2) 부피

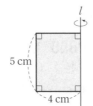

0854 상중

오른쪽 그림과 같은 직사각형을 직선 l을 회전축으로 하여 120°만큼 회전시킬 때 생기는 회전체의 겉넓이는?

① $(20\pi+36)$ cm²
② $(20\pi+42)$ cm²
③ $(20\pi+48)$ cm²
④ $(26\pi+36)$ cm²
⑤ $(26\pi+42)$ cm²

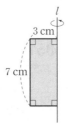

유형 10 각뿔의 겉넓이

(각뿔의 겉넓이)$=$(밑넓이)$+$(옆넓이)

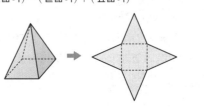

0855 대표문제

오른쪽 그림과 같이 밑면은 한 변의 길이가 6 cm인 정사각형이고, 옆면은 높이가 10 cm인 이등변삼각형으로 이루어진 사각뿔의 겉넓이는?

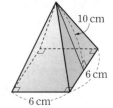

① 148 cm² ② 156 cm²
③ 164 cm² ④ 172 cm²
⑤ 180 cm²

0856 하

오른쪽 그림과 같이 밑면은 한 변의 길이가 4 cm인 정오각형이고, 옆면은 높이가 5 cm인 이등변삼각형으로 이루어진 오각뿔의 옆넓이를 구하시오.

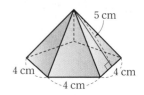

0857 중하

오른쪽 그림과 같은 전개도로 만들어지는 입체도형의 겉넓이를 구하시오.

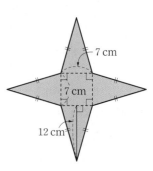

0858 중

오른쪽 그림과 같이 밑면은 한 변의 길이가 10 cm인 정사각형이고, 옆면은 모두 합동인 이등변삼각형인 사각뿔의 겉넓이가 320 cm²일 때, x의 값을 구하시오.

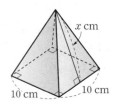

정답 및 풀이 62쪽

유형 11 원뿔의 겉넓이

원뿔의 전개도에서
 (밑면인 원의 둘레의 길이)＝(부채꼴의 호의 길이)＝$2\pi r$
 (원뿔의 모선의 길이)＝(부채꼴의 반지름의 길이)＝l
∴ (원뿔의 겉넓이)＝(밑넓이)＋(옆넓이)＝$\pi r^2+\pi rl$

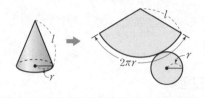

0859 대표문제
오른쪽 그림과 같은 원뿔의 겉넓이는?

① 14π cm² ② 16π cm²
③ 18π cm² ④ 20π cm²
⑤ 22π cm²

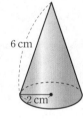

0860 중
오른쪽 그림과 같은 원뿔의 겉넓이가 84π cm²일 때, 이 원뿔의 모선의 길이를 구하시오.

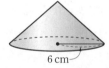

0861 중
오른쪽 그림과 같이 원뿔을 꼭짓점과 밑면의 중심을 지나는 평면으로 자른 입체도형의 겉넓이는?

① $(104\pi+104)$ cm²
② $(104\pi+108)$ cm²
③ $(108\pi+108)$ cm²
④ $(108\pi+112)$ cm²
⑤ $(112\pi+112)$ cm²

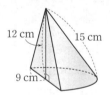

0862 중 서술형
오른쪽 그림과 같은 원뿔의 옆넓이가 21π cm²일 때, 이 원뿔의 겉넓이를 구하시오.

유형 12 뿔대의 겉넓이

(1) (각뿔대의 겉넓이)
 ＝(두 밑면의 넓이의 합)＋(옆면인 사다리꼴의 넓이의 합)
(2) (원뿔대의 겉넓이)
 ＝(두 밑면인 원의 넓이의 합)＋(옆넓이)
  (큰 부채꼴의 넓이)－(작은 부채꼴의 넓이)

0863 대표문제
오른쪽 그림과 같은 원뿔대의 겉넓이는?

① 336π cm² ② 344π cm²
③ 352π cm² ④ 360π cm²
⑤ 368π cm²

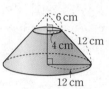

0864 중
오른쪽 그림과 같이 밑면이 정사각형인 사각뿔대의 겉넓이는?
(단, 옆면은 모두 합동이다.)

① 110 cm² ② 122 cm²
③ 134 cm² ④ 146 cm²
⑤ 158 cm²

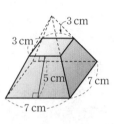

0865 중
오른쪽 그림과 같은 원뿔대의 옆넓이가 45π cm²일 때, x의 값을 구하시오.

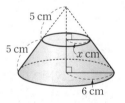

0866 상중
오른쪽 그림과 같이 원기둥 위에 원뿔대를 올려 놓은 모양의 입체도형의 겉넓이를 구하시오.

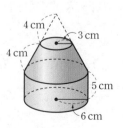

유형 13 각뿔의 부피

각뿔의 밑넓이를 S, 높이를 h라 하면

$$(각뿔의 부피) = \frac{1}{3} \times (밑넓이) \times (높이)$$
$$= \frac{1}{3}Sh$$

0867 대표문제

오른쪽 그림과 같이 밑면인 정사각형의 한 변의 길이가 8 cm인 사각뿔의 부피가 192 cm³일 때, 이 사각뿔의 높이는?

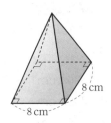

① 8 cm
② $\frac{17}{2}$ cm

③ 9 cm
④ $\frac{19}{2}$ cm

⑤ 10 cm

0868 중

오른쪽 그림과 같은 삼각뿔의 부피를 구하시오.

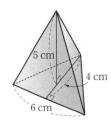

0869 상중

오른쪽 그림과 같이 한 모서리의 길이가 10 cm인 정육면체에서 면 EFGH의 네 모서리의 중점을 연결한 사각형을 밑면으로 하고, 면 ABCD의 두 대각선의 교점을 꼭짓점으로 하는 사각뿔의 부피는?

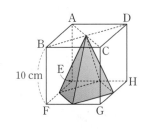

① 125 cm³
② $\frac{500}{3}$ cm³
③ 250 cm³

④ $\frac{1000}{3}$ cm³
⑤ 500 cm³

유형 14 원뿔의 부피

원뿔의 밑면인 원의 반지름의 길이를 r, 높이를 h라 하면

$$(원뿔의 부피) = \frac{1}{3} \times (밑넓이) \times (높이)$$
$$= \frac{1}{3} \times \pi r^2 \times h$$
$$= \frac{1}{3}\pi r^2 h$$

0870 대표문제

오른쪽 그림과 같은 원뿔의 부피를 구하시오.

0871 중 서술형

밑면인 원의 둘레의 길이가 12π cm인 원뿔의 부피가 132π cm³일 때, 이 원뿔의 높이를 구하시오.

0872 중

오른쪽 그림과 같은 입체도형의 부피는?

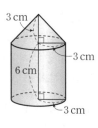

① 63π cm³
② 70π cm³

③ 77π cm³
④ 84π cm³

⑤ 91π cm³

0873 중

오른쪽 그림에서 위의 원뿔과 아래 원뿔의 부피의 비를 가장 간단한 자연수의 비로 나타내시오.

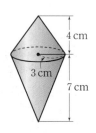

▶ 정답 및 풀이 63쪽

유형 15 뿔대의 부피

(1) (각뿔대의 부피)=(큰 각뿔의 부피)−(작은 각뿔의 부피)

(2) (원뿔대의 부피)=(큰 원뿔의 부피)−(작은 원뿔의 부피)

0874 대표문제

오른쪽 그림과 같은 원뿔대의 부피는?

① 144π cm^3 ② 152π cm^3

③ 160π cm^3 ④ 168π cm^3

⑤ 176π cm^3

0875 (중)

오른쪽 그림과 같이 밑면이 정사각형인 사각뿔대의 부피를 구하시오.

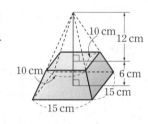

0876 (중)

오른쪽 그림에서 위쪽 사각뿔과 아래쪽 사각뿔대의 부피의 비는?

① 1:3   ② 1:4

③ 1:7   ④ 2:5

⑤ 2:7

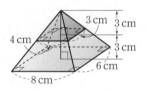

0877 (상중) 서술형

오른쪽 그림과 같은 입체도형의 부피를 구하시오.

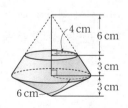

유형 16 잘라 낸 각뿔의 부피

오른쪽 그림과 같이 직육면체를 세 꼭짓점 A, F, C를 지나는 평면으로 자를 때,

(삼각뿔 B−AFC의 부피)

$= \frac{1}{3} \times (\triangle ABC의 넓이) \times \overline{BF}$

$= \frac{1}{3} \times (\triangle BFC의 넓이) \times \overline{AB}$

$= \frac{1}{3} \times (\triangle ABF의 넓이) \times \overline{BC}$

0878 대표문제

오른쪽 그림과 같이 직육면체를 세 꼭짓점 B, G, D를 지나는 평면으로 자를 때 생기는 삼각뿔 C−BGD의 부피를 구하시오.

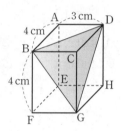

0879 (중)

오른쪽 그림은 직육면체에서 삼각뿔을 잘라 내고 남은 입체도형이다. 이 입체도형의 부피는?

① 1067 cm^3 ② 1148 cm^3

③ 1229 cm^3 ④ 1310 cm^3

⑤ 1391 cm^3

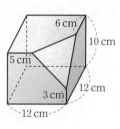

0880 (상중)

오른쪽 그림은 삼각기둥에서 사각뿔을 잘라 내고 남은 입체도형이다. 이 입체도형의 부피를 구하시오.

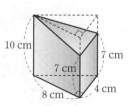

07

입체도형의 겉넓이와 부피

유형 17 직육면체 모양의 그릇에 담긴 물의 부피

물이 담긴 직육면체 모양의 그릇을 기울였을 때 남아 있는 물의 부피는 삼각기둥 또는 삼각뿔의 부피와 같다.

0881 대표문제

오른쪽 그림과 같이 직육면체 모양의 그릇에 물을 가득 채운 후 그릇을 기울여 물을 흘려 보냈다. 이때 남아 있는 물의 부피는? (단, 그릇의 두께는 생각하지 않는다.)

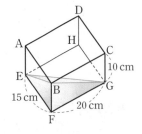

① 420 cm³   ② 440 cm³   ③ 460 cm³
④ 480 cm³   ⑤ 500 cm³

0882 중

직육면체 모양의 그릇에 물을 가득 채운 후 그릇을 기울여 물을 흘려 보냈더니 오른쪽 그림과 같았다. 이때 남아 있는 물의 부피를 구하시오. (단, 그릇의 두께는 생각하지 않는다.)

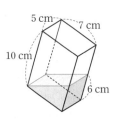

0883 상중 서술형

다음 그림과 같이 물을 가득 채운 직육면체 모양의 그릇을 기울여 물을 흘려 보낸 다음 그릇을 다시 바르게 세웠을 때, x의 값을 구하시오. (단, 그릇의 두께는 생각하지 않는다.)

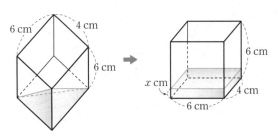

유형 18 원뿔 모양의 그릇에 담긴 물의 부피

원뿔 모양의 그릇에 물을 가득 채우는 데 걸리는 시간
➡ (원뿔 모양의 그릇의 부피)÷(물을 채우는 속력)

0884 대표문제

오른쪽 그림과 같이 밑면인 원의 반지름의 길이가 6 cm, 높이가 9 cm인 원뿔 모양의 빈 그릇에 1분에 4π cm³씩 물을 넣을 때, 빈 그릇에 물을 가득 채우는 데 몇 분이 걸리는지 구하시오.
(단, 그릇의 두께는 생각하지 않는다.)

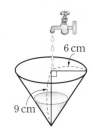

0885 중

오른쪽 그림과 같이 밑면인 원의 반지름의 길이가 12 cm, 높이가 h cm인 원뿔 모양의 그릇에 1분에 12π cm³씩 물을 넣으면 빈 그릇을 가득 채우는 데 80분이 걸린다. 이때 h의 값을 구하시오. (단, 그릇의 두께는 생각하지 않는다.)

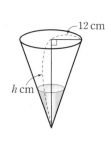

0886 상중

오른쪽 그림과 같이 밑면인 원의 반지름의 길이가 9 cm이고 높이가 12 cm인 원뿔 모양의 그릇이 있다. 이 그릇에 높이가 4 cm가 될 때까지 물을 채우는 데 4분이 걸렸을 때, 이 그릇에 같은 속도로 물을 가득 채우려면 앞으로 몇 분 동안 물을 더 넣어야 하는지 구하시오.
(단, 그릇의 두께는 생각하지 않는다.)

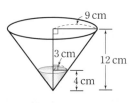

▶ 정답 및 풀이 64쪽

유형 **19** 전개도가 주어진 원뿔의 겉넓이와 부피

오른쪽 그림과 같은 전개도로 만든 원뿔에서

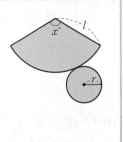

(1) (밑넓이)=(원의 넓이)=πr^2

(2) (옆넓이)=(부채꼴의 넓이)

$\quad = \pi r l$

$\quad = \pi l^2 \times \dfrac{x}{360}$

0887 대표문제

오른쪽 그림과 같은 전개도로 만들어지는 원뿔의 겉넓이는?

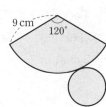

① $27\pi \ \mathrm{cm}^2$ ② $30\pi \ \mathrm{cm}^2$

③ $33\pi \ \mathrm{cm}^2$ ④ $36\pi \ \mathrm{cm}^2$

⑤ $39\pi \ \mathrm{cm}^2$

0888 중하

오른쪽 그림과 같은 원뿔의 전개도에서 옆면인 부채꼴의 넓이가 $48\pi \ \mathrm{cm}^2$일 때, 이 원뿔의 밑면인 원의 반지름의 길이를 구하시오.

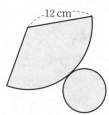

0889 중 서술형

오른쪽 그림과 같은 부채꼴을 옆면으로 하는 원뿔의 부피가 $324\pi \ \mathrm{cm}^3$일 때, 이 원뿔의 높이를 구하시오.

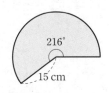

유형 **20** 회전체의 겉넓이와 부피; 원뿔

밑변의 길이가 r, 높이가 h인 직각삼각형을 직선 n을 회전축으로 하여 1회전 시키면 밑면인 원의 반지름의 길이가 r, 높이가 h인 원뿔이 생긴다.

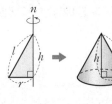

➡ (겉넓이)$=\pi r^2 + \pi r l$, (부피)$=\dfrac{1}{3}\pi r^2 h$

0890 대표문제

오른쪽 그림과 같은 직각삼각형을 직선 l을 회전축으로 하여 1회전 시킬 때 생기는 회전체의 겉넓이와 부피를 구하시오.

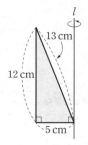

0891 중하

오른쪽 그림과 같은 직각삼각형을 직선 l을 회전축으로 하여 1회전 시킬 때 생기는 회전체의 부피는?

① $64\pi \ \mathrm{cm}^3$ ② $72\pi \ \mathrm{cm}^3$

③ $80\pi \ \mathrm{cm}^3$ ④ $88\pi \ \mathrm{cm}^3$

⑤ $96\pi \ \mathrm{cm}^3$

0892 중

오른쪽 그림과 같은 평면도형을 직선 l을 회전축으로 하여 1회전 시킬 때 생기는 회전체의 겉넓이를 구하시오.

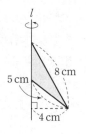

유형 21 구의 겉넓이

반지름의 길이가 r인 구의 겉넓이를 S라 하면
$$S = 4\pi r^2$$

0893 대표문제
구를 평면으로 잘랐을 때 생기는 단면의 최대 넓이가 25π cm²일 때, 이 구의 겉넓이를 구하시오.

0894 중하
오른쪽 그림과 같은 반구의 겉넓이는?

① 50π cm² ② 75π cm²
③ 100π cm² ④ 125π cm²
⑤ 150π cm²

0895 중
오른쪽 그림과 같은 입체도형의 겉넓이는?

① 30π cm² ② 33π cm²
③ 36π cm² ④ 39π cm²
⑤ 42π cm²

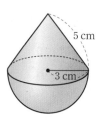

0896 중
지름의 길이가 6 cm인 구 모양의 야구공의 겉면은 다음 그림과 같이 합동인 두 조각으로 이루어져 있을 때, 한 조각의 넓이를 구하시오.

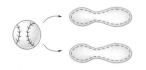

유형 22 구의 부피

반지름의 길이가 r인 구의 부피를 V라 하면
$$V = \frac{4}{3}\pi r^3$$

0897 대표문제
오른쪽 그림과 같은 입체도형의 부피는?

① 488π cm³ ② 492π cm³
③ 496π cm³ ④ 500π cm³
⑤ 504π cm³

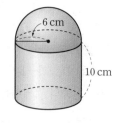

0898 중
어떤 반구의 겉넓이가 48π cm²일 때, 이 반구의 부피를 구하시오.

0899 상중 서술형
반지름의 길이가 2 cm인 쇠구슬을 여러 개 녹여서 반지름의 길이가 8 cm인 쇠구슬 한 개를 만들려고 할 때, 반지름의 길이가 2 cm인 쇠구슬은 적어도 몇 개 필요한지 구하시오.

0900 상중
다음 그림에서 구의 부피가 원뿔의 부피의 $\frac{4}{3}$배일 때, 원뿔의 높이를 구하시오.

▶ 정답 및 풀이 65쪽

유형 23 구의 일부분을 잘라 낸 입체도형의
겉넓이와 부피

개념원리 중학 수학 1-2 189쪽

구의 $\dfrac{1}{n}$ 을 잘라 낸 입체도형에 대하여

(1) (겉넓이)=(구의 겉넓이)$\times\dfrac{n-1}{n}$
+(잘라 낸 단면의 넓이의 합)

(2) (부피)=(구의 부피)$\times\dfrac{n-1}{n}$

0901 대표문제
오른쪽 그림은 반지름의 길이가 3 cm
인 구의 $\dfrac{1}{4}$ 을 잘라 내고 남은 입체도형
이다. 이 입체도형의 겉넓이를 구하시
오.

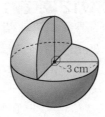

0902 중
오른쪽 그림은 반지름의 길이가 4 cm인
구를 사등분한 것이다. 이 입체도형의 겉
넓이와 부피를 구하시오.

0903 중 서술형
오른쪽 그림은 반지름의 길이가 6 cm
인 구의 $\dfrac{1}{8}$ 을 잘라 내고 남은 입체도형
이다. 이 입체도형의 겉넓이와 부피를
구하시오.

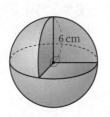

0904 상중
오른쪽 그림은 반지름의 길이가 9 cm
인 구의 일부분을 잘라 내고 남은 입체
도형이다. 이 입체도형의 부피를 구하
시오.

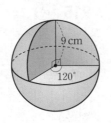

유형 24 회전체의 겉넓이와 부피; 구

개념원리 중학 수학 1-2 189쪽

반지름의 길이가 r 인 반원을 직선 l 을 회전축으로 하여 1회전
시키면 반지름의 길이가 r 인 구가 생긴다.

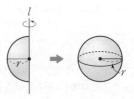

➡ (겉넓이)=$4\pi r^2$, (부피)=$\dfrac{4}{3}\pi r^3$

0905 대표문제
오른쪽 그림과 같은 평면도형을 직선 l
을 회전축으로 하여 1회전 시킬 때 생기
는 회전체의 부피는?

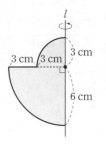

① 138π cm^3　② 150π cm^3
③ 162π cm^3　④ 174π cm^3
⑤ 186π cm^3

0906 중
오른쪽 그림과 같은 평면도형을 직선 l
을 회전축으로 하여 1회전 시킬 때 생
기는 회전체의 겉넓이와 부피를 구하
시오.

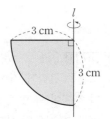

0907 중
오른쪽 그림과 같은 평면도형을 직선 l
을 회전축으로 하여 1회전 시킬 때 생
기는 회전체의 겉넓이를 구하시오.

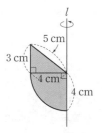

0908 상중
오른쪽 그림과 같은 평면도형을 직선 l
을 회전축으로 하여 1회전 시킬 때 생기
는 회전체의 겉넓이와 부피를 구하시오.

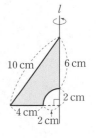

유형UP 25 원뿔, 구, 원기둥의 부피의 비

오른쪽 그림과 같이 원기둥 안에 원뿔과 구가 꼭 맞게 들어 있을 때

$$(\text{원뿔의 부피}) = \frac{1}{3} \times \pi r^2 \times 2r = \frac{2}{3}\pi r^3$$

$$(\text{구의 부피}) = \frac{4}{3}\pi r^3$$

$$(\text{원기둥의 부피}) = \pi r^2 \times 2r = 2\pi r^3$$

➡ (원뿔의 부피) : (구의 부피) : (원기둥의 부피) $= 1 : 2 : 3$

0909 대표문제

오른쪽 그림과 같이 원기둥 안에 원뿔과 구가 꼭 맞게 들어 있다. 구의 부피가 28π cm³일 때, 원뿔의 부피를 a cm³, 원기둥의 부피를 b cm³라 하자. 이때 $a+b$의 값은?

① 44π ② 48π
③ 52π ④ 56π
⑤ 60π

0910 상중

오른쪽 그림과 같이 원기둥 안에 반구와 원뿔이 꼭 맞게 들어 있을 때, 원뿔, 반구, 원기둥의 부피의 비를 가장 간단한 자연수의 비로 나타내시오.

0911 상중

오른쪽 그림과 같이 부피가 108π cm³인 원기둥 모양의 통에 크기가 같은 3개의 구가 꼭 맞게 들어 있다. 이때 빈 공간의 부피를 구하시오.
(단, 통의 두께는 생각하지 않는다.)

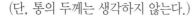
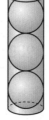

유형UP 26 입체도형에 꼭 맞게 들어가는 입체도형

구의 지름의 길이를 한 모서리의 길이로 하는 정육면체 안에 구가 꼭 맞게 들어 있을 때

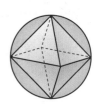

(1) (구의 겉넓이) $= 4\pi r^2$

　(정육면체의 겉넓이) $= (2r \times 2r) \times 6 = 24r^2$

(2) (구의 부피) $= \frac{4}{3}\pi r^3$

　(정육면체의 부피) $= 2r \times 2r \times 2r = 8r^3$

0912 대표문제

오른쪽 그림과 같이 반지름의 길이가 3 cm인 구에 정팔면체가 꼭 맞게 들어 있다. 이때 이 정팔면체의 부피를 구하시오.

0913 중

오른쪽 그림과 같이 반지름의 길이가 6 cm인 반구 안에 원뿔이 꼭 맞게 들어 있다. 반구와 원뿔의 부피를 각각 V_1, V_2라 할 때, $\dfrac{V_1}{V_2}$의 값을 구하시오.

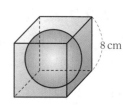

0914 중

오른쪽 그림과 같이 한 모서리의 길이가 8 cm인 정육면체 안에 구가 꼭 맞게 들어 있을 때, 구와 정육면체의 겉넓이의 비는?

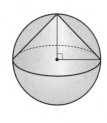

① $2 : 3$ ② $3 : 5$ ③ $\pi : 6$
④ $\pi : 8$ ⑤ $\pi : 9$

0915 상중

오른쪽 그림과 같이 구 안에 원뿔이 꼭 맞게 들어 있다. 원뿔의 부피가 9π cm³일 때, 구의 부피를 구하시오. (단, 원뿔의 밑면인 원의 중심과 구의 중심이 일치한다.)

정답 및 풀이 68쪽

시험에 꼭 나오는 문제

0916
오른쪽 그림과 같은 직육면체의 겉넓이가 48 cm²일 때, x의 값은?

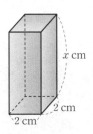

① 3   ② 4
③ 5   ④ 6
⑤ 7

0917
한 모서리의 길이가 6 cm인 정육면체를 오른쪽 그림과 같이 6등분 했을 때, 처음 정육면체의 겉넓이보다 늘어난 겉넓이를 구하시오.

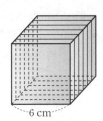

0918
오른쪽 그림과 같이 밑면이 반원인 기둥의 겉넓이는?

① $(21\pi + 42)$ cm²
② $(30\pi + 21)$ cm²
③ $(30\pi + 42)$ cm²
④ $(39\pi + 21)$ cm²
⑤ $(39\pi + 42)$ cm²

0919
밑넓이가 24 cm²인 오각기둥의 부피가 168 cm³일 때, 이 기둥의 높이를 구하시오.

0920
오른쪽 그림과 같은 전개도로 만들어지는 원기둥의 겉넓이는?

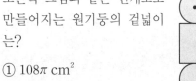

① 108π cm²
② 112π cm²
③ 116π cm²
④ 120π cm²
⑤ 124π cm²

0921 중요
오른쪽 그림과 같이 구멍이 뚫린 입체도형의 겉넓이와 부피를 구하시오.

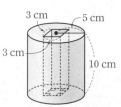

0922
오른쪽 그림은 직육면체의 네 귀퉁이에서 한 모서리의 길이가 2 cm인 정육면체를 각각 잘라 내고 남은 입체도형이다. 이 입체도형의 부피는?

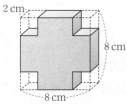

① 78 cm³   ② 84 cm³   ③ 90 cm³
④ 96 cm³   ⑤ 102 cm³

0923 중요

오른쪽 그림과 같은 평면도형을 직선 l을 회전축으로 하여 1회전 시킬 때 생기는 회전체의 부피를 구하시오.

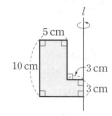

0924

오른쪽 그림과 같이 사각뿔과 사각기둥을 붙여서 만든 입체도형의 겉넓이가 185 cm^2일 때, x의 값은?

(단, 사각뿔의 옆면은 모두 합동이다.)

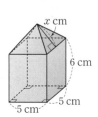

① $\dfrac{7}{2}$ ② 4

③ $\dfrac{9}{2}$ ④ 5

⑤ $\dfrac{11}{2}$

0925 중요

오른쪽 그림과 같이 밑면인 원의 반지름의 길이가 4 cm인 원뿔을 점 O를 중심으로 굴리면 2바퀴 회전하고 다시 원래의 자리로 되돌아온다. 이때 원뿔의 옆넓이를 구하시오.

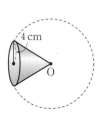

0926

오른쪽 그림에서 사각형 ABCD는 한 변의 길이가 12 cm인 정사각형이고 두 점 E, F는 각각 $\overline{\text{BC}}$, $\overline{\text{CD}}$의 중점이다. 이때 $\overline{\text{AE}}$, $\overline{\text{EF}}$, $\overline{\text{AF}}$를 접는 선으로 하여 접었을 때 생기는 입체도형의 부피를 구하시오.

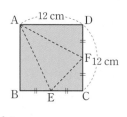

0927

오른쪽 그림과 같은 입체도형의 겉넓이와 부피를 구하시오.

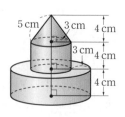

0928

오른쪽 그림은 한 모서리의 길이가 6 cm인 정육면체에서 삼각뿔을 잘라 내고 남은 입체도형이다. 잘라 낸 삼각뿔의 부피는?

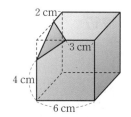

① 2 cm^3 ② 3 cm^3

③ 4 cm^3 ④ 5 cm^3

⑤ 6 cm^3

0929

다음 그림과 같은 원뿔 모양의 그릇에 물을 가득 담아 원기둥 모양의 빈 그릇에 20번 부었을 때, 원기둥 모양의 그릇에 담긴 물의 높이를 구하시오.

(단, 그릇의 두께는 생각하지 않는다.)

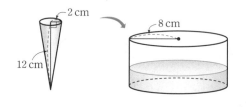

▶ 정답 및 풀이 68쪽

0930

오른쪽 그림과 같은 원뿔의 겉넓이가 96π cm²일 때, 이 원뿔의 전개도에서 옆면인 부채꼴의 중심각의 크기를 구하시오.

0931 중요

오른쪽 그림과 같은 평면도형을 직선 l을 회전축으로 하여 1회전 시킬 때 생기는 회전체의 겉넓이는?

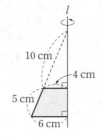

① 90π cm²　　② 94π cm²
③ 98π cm²　　④ 102π cm²
⑤ 106π cm²

0932

겉넓이가 144π cm²인 구의 부피를 구하시오.

0933 중요

오른쪽 그림은 반지름의 길이가 10 cm인 구의 일부분을 잘라 내고 남은 입체도형이다. 이 입체도형의 겉넓이는?

① 350π cm²　　② 375π cm²
③ 400π cm²　　④ 425π cm²
⑤ 450π cm²

0934 중요

오른쪽 그림과 같은 평면도형을 직선 l을 회전축으로 하여 1회전 시킬 때 생기는 회전체의 겉넓이와 부피를 구하시오.

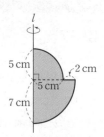

0935

부피가 216π cm³인 원기둥 모양의 통에 오른쪽 그림과 같이 크기가 같은 구 4개가 꼭 맞게 들어 있다. 이때 구 4개의 겉넓이의 합을 구하시오.

(단, 통의 두께는 생각하지 않는다.)

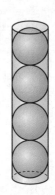

0936

한 모서리의 길이가 12 cm인 정육면체의 각 면의 대각선의 교점을 연결하여 오른쪽 그림과 같은 정팔면체를 만들었다. 이 정팔면체의 부피는?

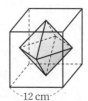

① 144 cm³　　② 216 cm³
③ 288 cm³　　④ 360 cm³
⑤ 432 cm³

→ 정답 및 풀이 69쪽

0937

가로, 세로의 길이와 높이가 각각 10 cm, 20 cm, 30 cm 인 직육면체 모양의 상자가 있다. 이 상자에 한 모서리의 길이가 5 cm인 정육면체 모양의 상자를 최대 몇 개까지 넣을 수 있는지 구하시오. (단, 상자의 두께는 생각하지 않는다.)

0938 중요

오른쪽 그림과 같은 입체도형의 겉넓이와 부피를 구하시오.

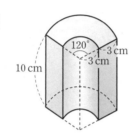

0939

오른쪽 그림과 같이 한 변의 길이가 12 cm인 정사각형 모양의 종이를 오려서 밑면은 한 변의 길이가 3 cm인 정사각형이고 옆면은 모두 합동인 이등변삼각형으로 이루어진 사각뿔의 전개도를 만들었다. 이 전개도로 만든 사각뿔의 겉넓이를 구하시오.

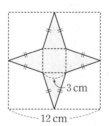

0940

직육면체 위에 삼각기둥이 올려져 있는 모양의 우유 팩에 [그림 1]과 같이 우유가 들어 있다. 이것을 [그림 2]와 같이 거꾸로 하여 수면이 [그림 1]의 밑면과 평행하도록 하였더니 우유가 들어 있지 않은 부분의 높이가 3 cm가 되었다. 이때 우유 팩 전체의 부피를 구하시오. (단, 우유 팩의 두께는 생각하지 않는다.)

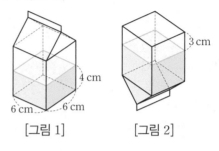

[그림 1]   [그림 2]

0941

오른쪽 그림과 같은 평면도형을 직선 l을 회전축으로 하여 1회전 시킬 때 생기는 회전체의 겉넓이와 부피를 구하시오.

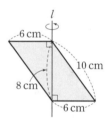

0942

오른쪽 그림과 같이 밑면인 원의 반지름의 길이가 6 cm인 원기둥에 반지름의 길이가 3 cm인 구와 물이 담겨 기울어져 있다. 이때 원기둥 안에 담긴 물의 부피를 구하시오.

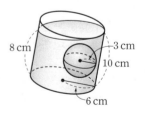

IV

통계

08 대푯값

08-1 대푯값

(1) **변량**: 자료를 수량으로 나타낸 것

(2) **대푯값**: 자료 전체의 중심 경향이나 특징을 대표적으로 나타내는 값

  ① **평균**: 변량의 총합을 변량의 개수로 나눈 값

$$\text{(평균)} = \frac{\text{(변량의 총합)}}{\text{(변량의 개수)}}$$

> **예**   3, 12, 5, 4, 11

$$\text{(평균)} = \frac{3+12+5+4+11}{5} = \frac{35}{5} = 7$$

평균이 대푯값으로 가장 많이 사용된다.

  ② **중앙값**: 자료의 변량을 작은 값부터 크기순으로 나열하였을 때, 한가운데에 있는 값

  ➡ 변량의 개수가 ⎡ 홀수이면 한가운데에 있는 값이 중앙값이다.
              ⎣ 짝수이면 한가운데에 있는 두 값의 평균이 중앙값이다.

> **예** ①   6, 9, 2, 8, 1

  ➡ 작은 값부터 크기순으로 나열하면 1, 2, **6**, 8, 9이므로
    (중앙값)=**6**

> ②   12, 3, 11, 15, 7, 4

  ➡ 작은 값부터 크기순으로 나열하면 3, 4, **7**, **11**, 12, 15이므로
$$\text{(중앙값)} = \frac{7+11}{2} = 9$$

자료의 변량 중에서 매우 크거나 작은 값, 즉 극단적인 값이 있는 경우에는 평균보다 중앙값이 그 자료의 중심 경향을 더 잘 나타낸다.

> **참고** n개의 변량을 작은 값부터 크기순으로 나열하였을 때, 중앙값은 다음과 같다.
>
> ① n이 홀수인 경우 ➡ $\frac{n+1}{2}$번째 변량
>
> ② n이 짝수인 경우 ➡ $\frac{n}{2}$번째와 $\left(\frac{n}{2}+1\right)$번째 변량의 평균

  ③ **최빈값**: 자료의 변량 중에서 가장 많이 나타나는 값

> **예** ①   8, **6**, 5, 4, **6**, 1, **6**, 3

  ➡ 6이 가장 많이 나타나므로 최빈값은 6이다.

> ②   **2**, 3, **2**, **9**, 13, 4, **9**, 7

  ➡ 2, 9가 가장 많이 나타나므로 최빈값은 2, 9이다.

최빈값은 선호도를 조사할 때 주로 사용된다.

> **참고** ① 최빈값은 자료에 따라 2개 이상일 수도 있다.
>
> ② 최빈값은 변량이 중복되어 나타나는 자료나 수치로 주어지지 않은 자료의 대푯값으로 많이 사용된다.

교과서문제 정복하기

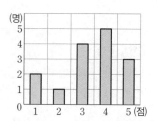

정답 및 풀이 71쪽

08-1 대푯값

[0943~0946] 다음 자료의 평균을 구하시오.

0943 9, 4, 5, 6, 6

0944 8, 5, 4, 10, 7, 2

0945 80, 85, 95, 93, 77, 86

0946 18, 20, 21, 22, 24, 26, 24, 21

[0947~0950] 다음 자료의 중앙값을 구하시오.

0947 130, 80, 90, 100, 80

0948 5, 4, 9, 7, 8, 3

0949 6, 4, 7, 5, 10, 1, 3, 9

0950 83, 97, 68, 95, 87, 69, 76

[0951~0954] 다음 자료의 최빈값을 구하시오.

0951 5, 3, 9, 3, 6, 1

0952 1, 2, 2, 3, 6, 1, 2

0953 7, 9, 9, 10, 8, 3, 9, 10, 10, 8

0954 빨강, 파랑, 빨강, 노랑, 파랑, 빨강

[0955~0959] 다음 설명이 옳으면 ○, 옳지 않으면 ×를 ( ) 안에 써넣으시오.

0955 자료를 수량으로 나타낸 것을 대푯값이라 한다.
( )

0956 중앙값은 대푯값 중 하나이다. ( )

0957 자료에 매우 크거나 매우 작은 값이 있는 경우에 평균이 그 자료 전체의 중심 경향을 가장 잘 나타낸다.
( )

0958 최빈값은 2개 이상일 수도 있다. ( )

0959 최빈값은 변량이 숫자가 아닌 자료의 대푯값으로 이용할 수 있다. ( )

[0960~0962] 아래는 6명의 학생이 집에서 키우고 있는 식물의 개수를 조사하여 나타낸 것이다. 다음 물음에 답하시오.

(단위: 개)

2, 9, 8, 7, 2, 14

0960 평균을 구하시오.

0961 중앙값을 구하시오.

0962 최빈값을 구하시오.

[0963~0965] 오른쪽은 어느 중학교 학생 15명을 대상으로 체험 학습에 대한 만족도를 조사하여 나타낸 막대그래프이다. 다음 물음에 답하시오.

0963 평균을 구하시오.

0964 중앙값을 구하시오.

0965 최빈값을 구하시오.

08

대푯값

유형 익히기

중요

개념원리 중학 수학 1-2 202쪽

유형 01 평균

평균: 변량의 총합을 변량의 개수로 나눈 값

➡ $(\text{평균})=\frac{(\text{변량의 총합})}{(\text{변량의 개수})}$

0966 대표문제

다음은 학생 10명의 자유투 성공 횟수를 조사하여 나타낸 표이다. 자유투 성공 횟수의 평균은?

횟수(회)	1	2	3	4	5	합계
학생 수(명)	2	4	x	1	1	10

① 1.5회 ② 2회 ③ 2.5회
④ 3회 ⑤ 3.5회

0967 중하

다음은 우리나라가 최근 6번의 동계올림픽에서 받은 금메달 수를 조사하여 나타낸 표이다. 금메달 수의 평균을 구하시오.

연도	2002	2006	2010	2014	2018	2022
금메달 수 (개)	2	6	6	3	5	2

0968 중

4개의 변량 a, b, c, d의 평균이 8일 때, 5개의 변량 a, b, c, d, 9의 평균은?

① 8.1 ② 8.2 ③ 8.3
④ 8.4 ⑤ 8.5

개념원리 중학 수학 1-2 202쪽

유형 02 중앙값

중앙값: 자료의 변량을 작은 값부터 크기순으로 나열하였을 때, 한가운데에 있는 값

➡ 변량을 작은 값부터 크기순으로 나열하였을 때,

변량의 개수가
- 홀수이면 한가운데에 있는 값이 중앙값
- 짝수이면 한가운데에 있는 두 값의 평균이 중앙값

0969 대표문제

다음은 어느 봉사 동아리의 A, B 두 조 학생들의 방학 동안 봉사 활동 시간을 조사하여 나타낸 것이다. A, B 두 조 학생들의 봉사 활동 시간의 중앙값을 각각 a시간, b시간이라 할 때, $a+b$의 값을 구하시오.

(단위: 시간)

[A 조] 23, 32, 25, 10, 47
[B 조] 11, 8, 9, 15, 20, 24

0970 중 서술형

다음은 어느 반 학생 12명의 턱걸이 횟수를 조사하여 나타낸 것이다. 턱걸이 횟수의 평균을 a회, 중앙값을 b회라 할 때, ab의 값을 구하시오.

(단위: 회)

8, 3, 5, 18, 4, 1, 7, 4, 10, 1, 6, 5

0971 상중

9개의 변량 7, 8, 2, 4, 9, 4, p, q, r의 중앙값이 될 수 있는 가장 큰 수를 구하시오. (단, p, q, r는 자연수이다.)

유형 03 최빈값

(1) 최빈값 : 자료의 변량 중에서 가장 많이 나타나는 값

(2) 최빈값은 자료에 따라 2개 이상일 수도 있다.

0972 대표문제

오른쪽 그림과 같이 공의 무게가 수로 표기된 10개의 볼링공이 있다. 볼링공의 무게의 평균을 a파운드, 중앙값을 b파운드, 최빈값을 c파운드라 할 때, $a+b+c$의 값은?

(단위: 파운드)

① 30.5 ② 31 ③ 31.5

④ 32 ⑤ 32.5

0973 중하

다음은 어느 중학교 바둑반 학생 9명의 바둑 급수를 조사하여 나타낸 것이다. 바둑 급수가 최빈값인 학생을 모두 찾으시오.

명수 — 9급	한영 — 4급	강희 — 9급
창훈 — 8급	진수 — 8급	상일 — 3급
지광 — 7급	태연 — 8급	연지 — 7급

0974 중 서술형

다음은 수박 8통의 무게를 조사하여 나타낸 것이다. 중앙값과 최빈값의 합을 구하시오.

(단위: kg)

10, 5, 13, 8, 7, 12, 5, 9

유형 04 적절한 대푯값 찾기

(1) 자료에 매우 크거나 매우 작은 값이 있는 경우에는 평균보다 중앙값이 대푯값으로 더 적절하다.

(2) 변량의 개수가 많거나 변량이 중복되어 나타나는 자료, 수량으로 나타나지 않는 자료에는 최빈값을 많이 사용한다.

0975 대표문제

다음은 이서네 모둠 학생 6명이 1년 동안 관람한 영화의 편수를 조사하여 나타낸 것이다. 평균과 중앙값 중에서 이 자료의 대푯값으로 더 적절한 것을 말하고, 그 값을 구하시오.

(단위: 편)

5, 7, 8, 4, 46, 2

0976 중

오른쪽은 어느 옷가게에서 일주일 동안 판매한 바지의 허리 치수를 조사하여 나타낸 막대그래프이다. 이 가게에서 가장 많이 준비해야 할 바지의 치수를 정하려고

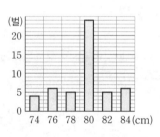

할 때, 평균, 중앙값, 최빈값 중에서 이 자료의 대푯값으로 가장 적절한 것을 말하고, 그 값을 구하시오.

0977 중

다음 자료 중에서 평균을 대푯값으로 하기에 가장 적절하지 않은 것은?

① 1, 2, 3, 4, 5 ② 2, 4, 6, 8, 10

③ 11, 11, 11, 11, 11 ④ 16, 17, 16, 17, 16

⑤ 3, 6, 9, 12, 900

중요

개념원리 중학 수학 1-2 204쪽

유형 05 대푯값이 주어졌을 때, 변량 구하기

(1) 평균이 주어진 경우

➡ $(\text{평균})=\dfrac{(\text{변량의 총합})}{(\text{변량의 개수})}$임을 이용하여 식을 세운다.

(2) 중앙값이 주어진 경우

➡ ① 변량을 작은 값부터 크기순으로 나열한다.

② 변량의 개수가 홀수일 때와 짝수일 때에 따라 문제의 조건에 맞게 식을 세운다.

(3) 최빈값이 주어진 경우

➡ 주어진 최빈값을 이용하여 미지수인 변량이 최빈값이 되는 경우를 확인한다.

0978 대표문제

4개의 변량 27, 9, 13, a의 중앙값이 14일 때, a의 값을 구하시오.

0979 중

다음은 어느 반 학생 6명의 윗몸일으키기 기록을 조사하여 나타낸 것이다. 이 자료의 평균이 24회일 때, 중앙값은?

(단위: 회)

24, 28, 40, 12, 8, x

① 24회 ② 25회 ③ 26회
④ 27회 ⑤ 28회

0980 중 서술형

다음은 12개의 변량을 작은 값부터 크기순으로 나열한 것이다. 이 자료의 최빈값이 28, 중앙값이 26일 때, $b-a$의 값을 구하시오.

12, 15, 20, 20, 21, a,
b, 28, 28, 32, 36, 40

개념원리 중학 수학 1-2 208쪽

유형UP 06 새로운 변량을 추가했을 때, 대푯값 구하기

자료에 새로운 변량이 추가되는 경우

➡ 추가된 변량을 문자로 놓고 주어진 대푯값을 이용하여 추가된 변량의 값의 범위를 구한 후 나머지 조건을 이용하여 식을 세운다.

0981 대표문제

아래 자료에 한 개의 변량을 추가하였을 때, 다음 **보기** 중 옳은 것을 모두 고르시오.

3, 6, 6, 6, 9

보기

ㄱ. 이 자료의 평균은 변하지 않는다.
ㄴ. 이 자료의 중앙값은 변하지 않는다.
ㄷ. 이 자료의 최빈값은 변하지 않는다.

0982 중

어느 과학 동아리의 학생 8명의 과학 점수를 작은 값부터 크기순으로 나열할 때, 4번째 값은 78점이고 중앙값은 80점이었다. 이 동아리에 과학 점수가 83점인 학생이 들어왔을 때, 이 동아리의 학생 9명의 과학 점수의 중앙값을 구하시오.

0983 상중

다음은 두 자료 A, B의 변량을 각각 작은 값부터 크기순으로 나열한 것이다. 자료 A의 중앙값은 9이고, 두 자료 A, B를 섞은 전체 자료의 중앙값이 12일 때, $a+b$의 값을 구하시오. (단, a, b는 서로 다른 자연수이다.)

[자료 A] 4, 7, a, b, 13
[자료 B] 8, $b-1$, 14, 15

▶ 정답 및 풀이 73쪽

시험에 꼭 나오는 문제

0984

다음 중 옳지 <u>않은</u> 것은?

① 대푯값은 자료 전체의 특징을 대표하는 값이다.
② 대푯값에는 평균, 중앙값, 최빈값 등이 있다.
③ 최빈값은 자료에 따라 2개 이상일 수도 있다.
④ 평균, 중앙값, 최빈값이 모두 같은 경우도 있다.
⑤ 평균은 자료의 일부만을 이용하여 계산한다.

0985

오른쪽은 1반과 2반 학생들의 하루 동안 이모티콘 사용 횟수의 평균을 조사하여 나타낸 표이다. 1반과 2반 전체 학생의 하루 동안 이모티콘 사용 횟수의 평균을 구하시오.

반	1	2
학생 수(명)	25	20
평균(회)	2	11

0986

오른쪽은 소연이네 반 학생 27명이 좋아하는 반려 동물을 조사하여 나타낸 표이다. 좋아하는 반려 동물의 최빈값은?

동물	학생 수(명)
강아지	a
고양이	7
새	6
물고기	3
도마뱀	1
합계	27

① 강아지　　② 고양이
③ 새　　④ 물고기
⑤ 도마뱀

0987 중요

다음은 진선이의 일주일 동안의 하루 수면 시간을 조사하여 나타낸 것이다. 하루 수면 시간의 평균을 a시간, 중앙값을 b시간, 최빈값을 c시간이라 할 때, $a+b+c$의 값은?

(단위: 시간)

6, 7, 7, 7, 6, 5, 4

① 18　　② 19　　③ 20
④ 21　　⑤ 22

0988

오른쪽은 어느 반 학생들이 일주일 동안 학교 홈페이지에 접속한 횟수를 조사하여 나타낸 꺾은선그래프이다. 홈페이지에 접속한 횟수의 평균을 a회, 중앙값을 b회라 할 때, $a-b$의 값을 구하시오.

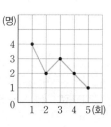

0989

다음 자료 중 중앙값과 최빈값이 서로 같은 것은?

① 2, 5, 3, 6, 4, 6
② 4, 6, 4, 6, 4, 7
③ 5, 3, 6, 1, 5, 0
④ 8, 3, 5, 5, 5, 2, 2
⑤ 8, 10, 3, 6, 5, 2, 8

0990

아래 표는 유민이와 시하가 5회에 걸쳐 실시한 음악 실기 평가에서 받은 점수를 나타낸 것이다. 다음 중 옳은 것은?

(단위: 점)

	1회	2회	3회	4회	5회
유민	8	10	8	8	6
시하	10	5	6	9	10

① 유민이의 점수의 평균은 중앙값보다 크다.

② 시하의 점수의 최빈값은 중앙값보다 작다.

③ 유민이의 점수의 평균은 시하의 점수의 평균보다 크다.

④ 유민이의 점수의 중앙값과 시하의 점수의 중앙값은 같다.

⑤ 유민이의 점수의 최빈값은 시하의 점수의 최빈값보다 작다.

0991

다음 보기 중 세 자료 A, B, C에 대한 설명으로 옳은 것을 모두 고른 것은?

[자료 A]	0, 3, 5, 5, 5, 6
[자료 B]	1, 3, 5, 7, 9, 11, 300
[자료 C]	$-8, -6, -4, -2, 0, 2, 4, 6, 8$

▸ 보기 ◂

ㄱ. 자료 A의 평균, 중앙값, 최빈값이 모두 같다.

ㄴ. 자료 B는 평균보다 중앙값이 대푯값으로 더 적절하다.

ㄷ. 자료 C는 최빈값보다 평균이나 중앙값이 자료의 중심 경향을 더 잘 나타낸다.

① ㄱ   ② ㄴ   ③ ㄷ
④ ㄱ, ㄴ   ⑤ ㄴ, ㄷ

0992 〔중요〕

다음 두 자료 A, B의 중앙값이 각각 40, 50일 때, $b-a$의 값을 구하시오. (단, $a<b$)

[자료 A]	10, 20, 90, a, b
[자료 B]	10, 20, 70, 90, a, b

0993 〔중요〕

다음은 어느 야구팀의 최근 7경기에서 한 경기당 안타 수를 조사하여 나타낸 것이다. 이 자료의 평균과 최빈값이 같을 때, x의 값을 구하시오.

(단위: 개)

9, 11, x, 5, 13, 9, 9

0994

다음 자료는 학생 8명의 과학 수행평가 점수이다. 이 자료의 중앙값이 8점, 최빈값이 10점일 때, $a+b+c$의 값을 구하시오.

(단위: 점)

4, 5, 10, 7, 5, a, b, c

0995

지난 3회에 걸친 사회 시험에서 준혁이의 점수가 92점, 88점, 90점이었다. 4회의 시험에서 몇 점을 받아야 4회까지의 평균이 92점이 되는가?

① 94점   ② 95점   ③ 96점
④ 97점   ⑤ 98점

정답 및 풀이 74쪽

서술형 주관식

0996

다음은 지우네 반 학생들이 두 종류의 샌드위치 A, B를 모두 시식한 후 맛에 대하여 평가한 점수를 조사하여 나타낸 표이다. 샌드위치 A의 점수의 최빈값을 a점, 샌드위치 B의 점수의 최빈값을 b점이라 할 때, $a+b$의 값을 구하시오.

(단위: 명)

	1점	2점	3점	4점	5점
A	2	3	5	7	x
B	1	4	3	2	12

0997

다음 자료의 평균과 중앙값을 구하고, 평균과 중앙값 중 이 자료의 대푯값으로 더 적절한 것과 그 이유를 말하시오.

15, 20, 21, 28, 15, 199, 18, 28

0998 중요

5개의 변량으로 이루어진 자료가 다음 조건을 만족시킨다. 변량을 작은 값부터 크기순으로 나열할 때, 네 번째에 오는 수를 구하시오.

(가) 가장 작은 수는 8이고 가장 큰 수는 15이다.
(나) 평균이 11이고 최빈값이 9이다.

실력 UP

0999

현진이네 반 학생 10명의 수학 점수의 평균을 구하는데 70점인 한 학생의 점수를 잘못 보아 실제보다 평균이 1점 더 높게 나왔다. 이 학생의 점수를 몇 점으로 잘못 보았는가?

① 80점　② 85점　③ 90점
④ 95점　⑤ 100점

1000

다음은 학생 8명의 턱걸이 횟수를 조사하여 나타낸 것이다. 이 자료의 평균과 최빈값이 같다고 할 때, 중앙값을 구하시오.

(단위: 회)

8, 4, 5, A, 9, 7, 12, 11

1001

어느 중학교 1학년 학생 A, B, C, D, E의 50 m 달리기 기록의 평균이 8.6초이고 중앙값은 9.2초이다. A 대신 기록이 7초인 F를 포함한 5명의 기록의 평균이 8.2초일 때, F, B, C, D, E의 기록의 중앙값을 구하시오.

09 도수분포표와 상대도수

09-1 줄기와 잎 그림

(1) **줄기와 잎 그림**: 줄기와 잎을 이용하여 자료를 나타낸 그림

① **줄기**: 세로선의 왼쪽에 있는 숫자

② **잎**: 세로선의 오른쪽에 있는 숫자

$16 \Rightarrow$

줄기	잎
1	6

└─세로선

(2) **줄기와 잎 그림을 그리는 방법**

❶ 자료의 각 변량을 줄기와 잎으로 나눈다.

❷ 세로선을 긋고 세로선의 왼쪽에 줄기를 작은 수부터 세로로 쓴다.

❸ 세로선의 오른쪽에 각 줄기에 해당되는 잎을 작은 수부터 가로로 쓴다. 이때 중복되는 잎이 있으면 중복된 횟수만큼 쓴다. → 잎의 개수는 조사한 자료의 개수와 같다.

❹ 그림의 오른쪽 위에 줄기 □, 잎 △에 대하여 □|△를 설명한다.

예

[자료]

(단위: m)

26	24	29	43
38	45	21	24
49	32	41	37

$\Rightarrow$

[줄기와 잎 그림]

(2|1은 21 m)

줄기	잎				
2	1	4	4	6	9
3	2	7	8		
4	1	3	5	9	

참고 줄기와 잎 그림은 원래 자료의 값을 알 수 있고, 잎의 길이를 통해 자료의 분포 상태를 편리하게 파악할 수 있다.

09-2 도수분포표

(1) **계급**: 변량을 일정한 간격으로 나눈 구간

① **계급의 크기**: 구간의 너비(폭), 즉 계급의 양 끝 값의 차

② **계급의 개수**: 변량을 나눈 구간의 수

참고 계급값: 계급을 대표하는 값으로 각 계급의 양 끝 값의 중앙의 값

$$\Rightarrow (계급값) = \frac{(계급의\ 양\ 끝\ 값의\ 합)}{2}$$

(2) **도수**: 각 계급에 속하는 자료의 개수 → 도수의 총합은 변량의 총개수와 같다.

(3) **도수분포표**: 주어진 자료를 몇 개의 계급으로 나누고, 각 계급의 도수를 조사하여 나타낸 표

(4) **도수분포표를 만드는 방법**

❶ 주어진 자료에서 가장 큰 변량과 가장 작은 변량을 찾는다.

❷ ❶의 두 변량이 포함되는 구간을 일정한 간격으로 나누어 계급을 정한다.

❸ 각 계급에 속하는 변량의 개수를 세어 계급의 도수를 구한다.

예

[자료]

(단위: 점)

72	89	79	85
75	67	83	72
80	68	75	74

$\Rightarrow$

[도수분포표]

점수(점)		도수(명)
60^{이상} ~ 70^{미만}	//	2
70 ~ 80	///// /	6
80 ~ 90	////	4
합계		12

개념플러스

줄기와 잎 그림에서 자료가 두 자리 자연수일 때
① 줄기: 십의 자리의 숫자
② 잎: 일의 자리의 숫자

줄기는 중복되는 수를 한 번만 써야 하고, 잎은 중복되는 수를 모두 써야 한다. 또 잎은 일반적으로 크기순으로 쓴다.

a 이상 b 미만인 계급에서 계급의 크기 $\Rightarrow b - a$

계급, 계급의 크기, 계급값, 도수는 항상 단위를 포함하여 쓴다.

도수분포표를 만들 때 계급의 개수는 보통 5~15개 정도로 하는 것이 적당하다.

각 계급에 속하는 변량의 개수를 셀 때, 기호 正이나 ///// 를 사용하면 편리하다.

교과서문제 정복하기

09-1 줄기와 잎 그림

[1002~1005] 아래는 준영이네 반 학생들이 수학여행에서 찍은 사진의 장수를 조사하여 나타낸 것이다. 다음 물음에 답하시오.

(단위: 장)

14	35	27	37	22	12	21	33
41	40	38	22	13	35	26	25

1002 다음 줄기와 잎 그림을 완성하시오.

(1 | 2는 12장)

줄기	잎
1	2
2	
3	
4	

1003 줄기가 3인 잎을 모두 구하시오.

1004 잎이 가장 많은 줄기를 구하시오.

1005 가장 많은 사진을 찍은 학생이 찍은 사진의 장수를 구하시오.

[1006~1008] 아래는 수빈이네 반 학생들의 1분 동안 윗몸일으키기 기록을 조사하여 나타낸 줄기와 잎 그림이다. 다음 물음에 답하시오.

(1 | 0은 10회)

줄기	잎
1	0 2 4 7
2	0 1 4 6 8 9
3	7 8 9
4	3 5 7 8
5	2 4

1006 기록이 20회 미만인 학생 수를 구하시오.

1007 기록이 5번째로 좋은 학생의 기록을 구하시오.

1008 전체 학생 수를 구하시오.

09-2 도수분포표

[1009~1011] 아래는 서현이네 반 학생 20명의 봉사 활동 시간을 조사하여 나타낸 것이다. 다음 물음에 답하시오.

(단위: 시간)

7	10	4	15	6	3	13	8	10	16
12	9	6	8	5	11	7	10	7	14

1009 가장 작은 변량과 가장 큰 변량을 각각 구하시오.

1010 다음 도수분포표를 완성하시오.

봉사 활동 시간(시간)	도수(명)	
$3^{이상}$ ~ $6^{미만}$	///	3
6 ~ 9		
~	/// /	5
~	///	3
15 ~ 18		
합계		

1011 봉사 활동 시간이 12시간 이상인 학생 수를 구하시오.

[1012~1016] 오른쪽은 승준이네 반 학생 30명의 몸무게를 조사하여 나타낸 도수분포표이다. 다음 물음에 답하시오.

몸무게(kg)	도수(명)
$40^{이상}$ ~ $45^{미만}$	3
45 ~ 50	8
50 ~ 55	9
55 ~ 60	A
60 ~ 65	3
합계	30

1012 몸무게가 49 kg인 학생이 속하는 계급을 구하시오.

1013 계급의 크기를 구하시오.

1014 계급의 개수를 구하시오.

1015 A의 값을 구하시오.

1016 도수가 가장 큰 계급을 구하시오.

09 도수분포표와 상대도수

09-3 히스토그램

(1) **히스토그램**: 가로축에 각 계급의 양 끝 값을, 세로축에 도수를 표시하고, 각 계급의 크기를 가로로, 그 계급의 도수를 세로로 하는 직사각형을 그려 놓은 그래프

(2) **히스토그램의 특징**

① 자료의 전체적인 분포 상태를 한눈에 알아볼 수 있다.

② 히스토그램의 각 직사각형에서 가로의 길이는 계급의 크기로 일정하므로 각 직사각형의 넓이는 세로의 길이인 각 계급의 도수에 정비례한다.

③ (직사각형의 넓이)＝(계급의 크기)×(그 계급의 도수)

　(직사각형의 넓이의 합)＝{(계급의 크기)×(그 계급의 도수)}의 합

　　　　　　　　　＝(계급의 크기)×(도수의 총합)

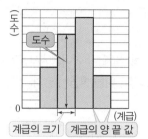

개념플러스 ⑦

히스토그램에서
① (직사각형의 가로의 길이)
＝(계급의 크기)
② (직사각형의 세로의 길이)
＝(도수)

09-4 도수분포다각형

(1) **도수분포다각형**: 히스토그램에서 각 계급의 직사각형의 윗변의 중점을 차례로 선분으로 연결하고 양 끝에 도수가 0인 계급을 하나씩 추가하여 그 중점을 선분으로 연결하여 그린 그래프

(2) **도수분포다각형의 특징**

① 자료의 분포 상태를 연속적으로 관찰할 수 있다.

② (도수분포다각형과 가로축으로 둘러싸인 부분의 넓이)

＝(히스토그램의 직사각형의 넓이의 합)＝(계급의 크기)×(도수의 총합)

③ 2개 이상의 자료의 분포 상태를 동시에 비교할 때에는 도수분포다각형이 히스토그램보다 편리하다.

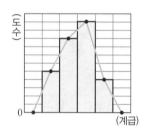

도수분포다각형에서 계급의 개수를 셀 때, 양 끝에 있는 도수가 0인 계급은 세지 않는다.

다음 히스토그램과 도수분포다각형에서 색칠한 부분의 넓이는 같다.

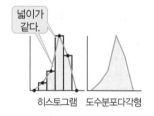

넓이가 같다.

히스토그램　　도수분포다각형

09-5 상대도수와 상대도수의 분포를 나타낸 그래프

(1) **상대도수**: 도수분포표에서 전체 도수에 대한 각 계급의 도수의 비율

➡ (계급의 상대도수)＝$\dfrac{(계급의 도수)}{(도수의 총합)}$ → 일반적으로 소수로 나타낸다.

(2) **상대도수의 특징**

① 각 계급의 상대도수는 0 이상 1 이하이고, 상대도수의 총합은 항상 1이다.

② 각 계급의 상대도수는 그 계급의 도수에 정비례한다.

③ 도수의 총합이 다른 두 집단의 자료의 분포 상태를 비교할 때, 상대도수를 이용하면 편리하다.

(3) **상대도수의 분포표**: 각 계급의 상대도수를 나타낸 표

(4) **상대도수의 분포를 나타낸 그래프**: 상대도수의 분포표를 히스토그램이나 도수분포다각형 모양으로 나타낸 그래프

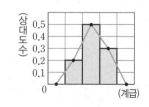

상대도수를 알 때, 도수와 도수의 총합 구하기
① (계급의 도수)
＝(도수의 총합)
×(계급의 상대도수)
② (도수의 총합)
＝$\dfrac{(계급의 도수)}{(계급의 상대도수)}$

상대도수의 총합은 항상 1이므로 상대도수의 분포를 나타낸 그래프와 가로축으로 둘러싸인 부분의 넓이는 계급의 크기와 같다.

▶ 정답 및 풀이 76쪽

교과서문제 정복하기

09-3 히스토그램

1017 다음 도수분포표를 히스토그램으로 나타내시오.

개수(개)	도수(명)
5^{이상} ~ 10^{미만}	5
10 ~ 15	7
15 ~ 20	4
20 ~ 25	3
25 ~ 30	1
합계	20

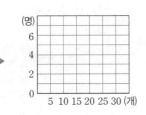

[1018~1022] 오른쪽은 은수네 반 학생들의 던지기 기록을 조사하여 나타낸 히스토그램이다. 다음 물음에 답하시오.

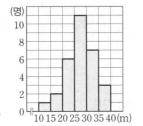

1018 계급의 크기를 구하시오.

1019 계급의 개수를 구하시오.

1020 전체 학생 수를 구하시오.

1021 도수가 가장 큰 계급을 구하시오.

1022 던지기 기록이 30 m 이상인 학생 수를 구하시오.

09-4 도수분포다각형

1023 다음 도수분포표를 히스토그램과 도수분포다각형으로 나타내시오.

무게(g)	도수(개)
50^{이상} ~ 55^{미만}	3
55 ~ 60	10
60 ~ 65	8
65 ~ 70	6
합계	27

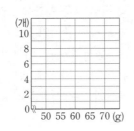

[1024~1028] 오른쪽은 어느 독서 모임 회원들이 상반기 동안 읽은 책의 수를 조사하여 나타낸 도수분포다각형이다. 다음 물음에 답하시오.

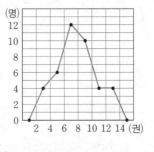

1024 계급의 크기를 구하시오.

1025 계급의 개수를 구하시오.

1026 전체 회원 수를 구하시오.

1027 도수가 6명인 계급을 구하시오.

1028 읽은 책의 수가 8권 이상 10권 미만인 회원 수를 구하시오.

09-5 상대도수와 상대도수의 분포를 나타낸 그래프

[1029~1031] 아래는 어느 공연의 관람객의 나이를 조사하여 나타낸 상대도수의 분포표이다. 다음 물음에 답하시오.

나이(세)	도수(명)	상대도수
15^{이상} ~ 20^{미만}	12	
20 ~ 25	32	
25 ~ 30	68	
30 ~ 35	52	
35 ~ 40	36	
합계	200	

1029 상대도수의 분포표를 완성하시오.

1030 상대도수가 가장 큰 계급을 구하시오.

1031 상대도수의 분포표를 도수분포다각형 모양의 그래프로 나타내시오.

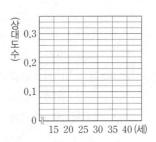

개념원리 중학 수학 1-2 216쪽

유형 01 줄기와 잎 그림의 이해

줄기와 잎 그림에서

(1) 중복되는 잎은 중복된 횟수만큼 쓴다.

(2) 자료의 변량의 개수는 잎의 개수와 같다.

예 오른쪽 줄기와 잎 그림에서 변량의 개수는

126 cm, 137 cm,

137 cm, 137 cm,

142 cm, 149 cm

의 6이고 잎의 개수와 같다.

(12|6은 126 cm)

줄기	잎
12	6
13	7 7 7
14	2 9

↓

잎의 개수: 6

1032 대표문제

오른쪽은 선우네 반 학생들의 던지기 기록을 조사하여 나타낸 줄기와 잎 그림이다. 다음 중 옳은 것은?

(1|4는 14 m)

줄기	잎
1	4 5 7
2	0 1 2 6 8
3	2 4 4 6 7 9
4	2 8 9

① 잎이 가장 많은 줄기는 2이다.

② 전체 학생 수는 16이다.

③ 기록이 6번째로 좋은 학생의 기록은 37 m이다.

④ 기록이 21 m 이하인 학생은 4명이다.

⑤ 기록이 가장 좋은 학생과 가장 나쁜 학생의 기록의 차는 35 m이다.

1033 하

다음은 어느 날 전국 16개 지역의 최고 기온을 조사하여 나타낸 것이다. 이 자료를 줄기와 잎 그림으로 나타낼 때, $A+B-C$의 값을 구하시오.

(8|2는 8.2 °C)

12.3	11.0	9.6	8.2
10.5	9.1	12.6	11.7
9.5	11.2	10.4	8.4
10.9	10.5	10.5	11.8

줄기	잎
8	2 4
9	1 A 6
10	4 5 5 B 9
11	0 2 C 8
12	3 6

1034 중

아래는 민재네 반 학생들의 한 달 동안의 독서 시간을 조사하여 나타낸 줄기와 잎 그림이다. 다음 물음에 답하시오.

(0|2는 2시간)

잎(남학생)	줄기	잎(여학생)
7 4	0	2 3 6
3 2	1	3 4 6 9
8 4 4 2 0	2	2 2 3 7
7 6 4 3	3	5 9

(1) 줄기가 2인 잎의 개수를 구하시오.

(2) 독서 시간이 가장 긴 학생의 독서 시간은 몇 시간인지 구하시오.

(3) 독서 시간이 15시간 이상 33시간 이하인 학생 수를 구하시오.

1035 중

다음은 은정이네 반 학생들의 줄넘기 기록을 조사하여 나타낸 줄기와 잎 그림이다. 은정이는 여학생 중 5번째로 줄넘기를 많이 하였다. 은정이보다 줄넘기를 많이 한 남학생 수를 구하시오.

(1|5는 15회)

잎(남학생)	줄기	잎(여학생)
5	1	6 7
3	2	2 6
7 1	3	2 5 8
7 4 3	4	3 5 6 9
4 3	5	8
7 3 3	6	5

1036 상중 서술형

오른쪽은 윤서네 반 학생들의 하루 운동 시간을 조사하여 나타낸 줄기와 잎 그림이다. 윤서의 운동 시간이 상위 40 % 이내에 속할 때, 윤서의 운동 시간은 최소 몇 분인지 구하시오.

(2|6은 26분)

줄기	잎
2	6 7 8 9
3	1 2 4 5 6 8
4	1 5 5 6 7

중요

유형 02 **도수분포표의 이해**

(1) 계급의 크기: 구간의 너비(폭), 즉 계급의 양 끝 값의 차
(2) 계급의 개수: 변량을 나눈 구간의 수
(3) 도수: 각 계급에 속하는 자료의 수

예

기록(분)	도수(명)
$5^{이상} \sim 10^{미만}$	2
10 ～15	← 이 계급의 도수는 $10-(2+3+1)=4$ (명)
15 ～20	3
20 ～25	1
합계	10 ← 도수의 총합: 10명

계급의 개수: 4개 → 계급의 크기: $25-20=5$ (분)

1037 **대표문제**

오른쪽은 하늘이네 반 학생들의 키를 조사하여 나타낸 도수분포표이다. 다음 중 옳지 **않은** 것은?

키(cm)	도수(명)
$145^{이상} \sim 150^{미만}$	2
150 ～155	A
155 ～160	6
160 ～165	5
165 ～170	3
170 ～175	1
합계	20

① 계급의 크기는 5 cm이다.
② 키가 157 cm인 학생이 속하는 계급은 155 cm 이상 160 cm 미만이다.
③ A의 값은 3이다.
④ 키가 160 cm 이상 170 cm 미만인 학생 수는 11이다.
⑤ 도수가 가장 큰 계급은 155 cm 이상 160 cm 미만이다.

1038 **중하**

오른쪽은 어느 해 11월 한 달 동안 전국 15개 지역의 강수량을 조사하여 나타낸 도수분포표이다. 강수량이 8번째로 적은 지역이 속하는 계급을 구하시오.

강수량(mm)	도수(개)
$0^{이상} \sim 30^{미만}$	3
30 ～60	5
60 ～90	
90 ～120	
120 ～150	2
합계	15

1039 **중**

오른쪽은 어느 공항에서 폭우로 인해 연착된 비행기의 연착 시간을 조사하여 나타낸 도수분포표이다. 다음 **보기** 중 옳은 것을 모두 고르시오.

연착 시간(분)	도수(대)
$5^{이상} \sim 10^{미만}$	25
10 ～15	18
15 ～20	6
20 ～25	1
합계	50

┤ 보기 ├

ㄱ. 연착 시간이 15분 이상인 비행기는 전체의 14 %이다.
ㄴ. 연착 시간이 20분 미만인 비행기는 49대이다.
ㄷ. 연착 시간이 가장 긴 비행기의 연착 시간은 24분이다.

1040 **중** **서술형**

오른쪽은 지영이네 반 학생들의 오래 매달리기 기록을 조사하여 나타낸 도수분포표이다. 오래 매달리기 기록이 20초 미만인 학생 수가 오래 매달리기 기록이 20초 이상인 학생 수의 $\frac{2}{3}$일 때, 전체 학생 수를 구하시오.

기록(초)	도수(명)
$0^{이상} \sim 10^{미만}$	2
10 ～20	$3x$
20 ～30	7
30 ～40	3
40 ～50	x
합계	

1041 **상중**

다음은 과자 30개를 골라 100 g당 들어 있는 나트륨 함량을 조사하여 계급의 크기가 다른 두 개의 도수분포표로 나타낸 것이다. 이때 $A+B-C$의 값을 구하시오.

나트륨 함량(mg)	도수(개)
$400^{이상} \sim 500^{미만}$	2
500 ～600	5
600 ～700	A
700 ～800	8
800 ～900	6
900 ～1000	1
합계	30

나트륨 함량(mg)	도수(개)
$400^{이상} \sim 550^{미만}$	4
550 ～700	B
700 ～850	10
850 ～1000	C
합계	30

09

도수분포표와 상대도수

유형 03 도수분포표에서 특정 계급의 백분율

(1) (계급의 백분율)$=\dfrac{(계급의 \; 도수)}{(도수의 \; 총합)}\times 100$ (%)

(2) (계급의 도수)$=(도수의 \; 총합)\times \dfrac{(계급의 \; 백분율)}{100}$

1042 대표문제

오른쪽은 정우네 반 학생 30명의 하루 동안의 인터넷 이용 시간을 조사하여 나타낸 도수분포표이다. 인터넷 이용 시간이 60분 이상 80분 미만인 학생이 전체의 30 %일 때, 인터넷 이용 시간이 80분 이상인 학생은 전체의 몇 %인지 구하시오.

이용 시간(분)	도수(명)
20^{이상} ~ 40^{미만}	4
40 ~ 60	5
60 ~ 80	A
80 ~ 100	8
100 ~ 120	B
합계	30

1043 중

오른쪽은 어느 도시의 지역별 소음도를 조사하여 나타낸 도수분포표이다. 소음도가 70 dB 이상인 지역이 전체의 20 %일 때, 소음도가 50 dB 이상 60 dB 미만인 지역 수를 구하시오.

소음도(dB)	도수(곳)
30^{이상} ~ 40^{미만}	4
40 ~ 50	6
50 ~ 60	
60 ~ 70	10
70 ~ 80	7
80 ~ 90	1
합계	

1044 상중 서술형

오른쪽은 어느 귤 농장에서 출하한 귤 상자의 무게를 조사하여 나타낸 도수분포표이다. 무게가 7 kg 미만인 귤 상자가 전체의 40 %일 때, 다음 물음에 답하시오.

무게(kg)	도수(개)
5^{이상} ~ 6^{미만}	33
6 ~ 7	A
7 ~ 8	64
8 ~ 9	B
9 ~ 10	21
합계	200

(1) A, B의 값을 구하시오.

(2) 무게가 8 kg 이상인 귤 상자는 전체의 몇 %인지 구하시오.

유형 04 히스토그램의 이해

히스토그램에서
① 직사각형의 가로의 길이 ➡ 계급의 크기
② 직사각형의 세로의 길이 ➡ 도수

1045 대표문제

오른쪽은 어느 10 km 마라톤 대회에 참가한 참가자들의 완주 기록을 조사하여 나타낸 히스토그램이다. 다음 물음에 답하시오.

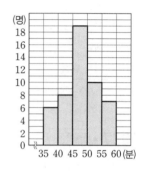

(1) 완주 기록이 좋은 쪽에서 10번째인 참가자가 속하는 계급을 구하시오.

(2) 완주 기록이 50분 이상인 참가자는 전체의 몇 %인지 구하시오.

1046 하

오른쪽은 어느 아파트 단지에 살고 있는 유아들의 개월 수를 조사하여 나타낸 히스토그램이다. 계급의 크기를 a개월, 계급의 개수를 b, 도수가 가장 큰 계급을 c개월 이상 d개월 미만이라 할 때, $a+b+c+d$의 값을 구하시오.

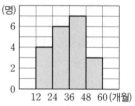

1047 중

오른쪽은 진수네 반 학생들의 수학 성적을 조사하여 나타낸 히스토그램이다. 다음 보기 중 옳은 것을 모두 고르시오.

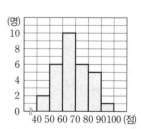

┃ 보기 ┃

ㄱ. 전체 학생 수는 30이다.

ㄴ. 성적이 60점 미만인 학생은 7명이다.

ㄷ. 성적이 좋은 쪽에서 12번째인 학생이 속하는 계급은 70점 이상 80점 미만이다.

ㄹ. 성적이 80점 이상인 학생은 전체의 25 %이다.

유형 05 히스토그램에서 직사각형의 넓이

히스토그램의 각 직사각형에서 가로의 길이는 계급의 크기로 일정하므로 각 직사각형의 넓이는 세로의 길이인 각 계급의 도수에 정비례한다.

(1) (직사각형의 넓이)＝(계급의 크기)×(그 계급의 도수)

(2) (직사각형의 넓이의 합)

= {(계급의 크기)×(그 계급의 도수)}의 합

= (계급의 크기)×(도수의 총합)

1048 대표문제

오른쪽은 혜리네 반 학생들의 영어 성적을 조사하여 나타낸 히스토그램이다. 이 히스토그램에서 직사각형의 넓이의 합은?

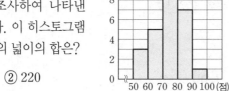

① 210   ② 220

③ 230   ④ 240

⑤ 250

1049 중

오른쪽은 승준이네 반 학생들의 팔굽혀펴기 횟수를 조사하여 나타낸 히스토그램이다. 다음 중 옳지 않은 것은?

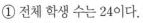

① 전체 학생 수는 24이다.

② 직사각형의 넓이의 합은 24이다.

③ 팔굽혀펴기 횟수가 5번째로 많은 학생이 속하는 계급의 직사각형의 넓이는 8이다.

④ 도수가 가장 작은 계급의 직사각형의 넓이가 가장 작다.

⑤ 도수가 가장 큰 계급의 직사각형의 넓이는 16이다.

1050 중

오른쪽은 은우네 반 학생들의 100 m 달리기 기록을 조사하여 나타낸 히스토그램이다. 도수가 가장 큰 계급의 직사각형의 넓이는 도수가 가장 작은 계급의 직사각형의 넓이의 몇 배인지 구하시오.

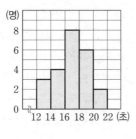

유형 06 중요 일부가 보이지 않는 히스토그램

(1) 도수의 총합이 주어진 경우에는 다음을 이용한다.

➡ (보이지 않는 계급의 도수)

= (도수의 총합)－(보이는 계급의 도수의 합)

(2) 도수의 총합이 주어지지 않은 경우

❶ 주어진 조건을 이용하여 도수의 총합을 구한다.

❷ 도수의 총합을 이용하여 보이지 않는 계급의 도수를 구한다.

1051 대표문제

오른쪽은 동찬이네 반 학생들의 던지기 기록을 조사하여 나타낸 히스토그램인데 일부가 찢어져 보이지 않는다. 던지기 기록이 37 m 이상인 학생이 전체의 10 %일 때, 기록이 29 m 이상 37 m 미만인 학생 수를 구하시오.

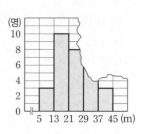

1052 중

오른쪽은 성빈이네 반 학생 28명이 지난 해 읽은 책의 수를 조사하여 나타낸 히스토그램인데 일부가 찢어져 보이지 않는다. 읽은 책의 수가 30권 이상 35권 미만인 학생이 25권 이상 30권 미만인 학생보다 2명 더 많을 때, 지난 해 읽은 책의 수가 30권 이상 35권 미만인 학생 수를 구하시오.

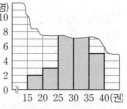

1053 중 서술형

오른쪽은 어느 중학교 학생 50명이 주말 동안에 공부한 시간을 조사하여 나타낸 히스토그램인데 일부가 찢어져 보이지 않는다. 공부한 시간이 7시간 이상인 학생이 전체의 32 %일 때, 공부한 시간이 6시간 이상 7시간 미만인 학생 수를 구하시오.

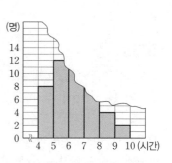

09

도수분포표와 상대도수

유형 07 도수분포다각형의 이해

도수분포다각형: 히스토그램에서 각 계급의 직사각형의 윗변의 중점을 차례로 선분으로 연결하고 양 끝에 도수가 0인 계급을 하나씩 추가하여 그 중점을 선분으로 연결하여 그린다.

➡ 계급의 개수를 셀 때, 양 끝에 도수가 0인 계급은 세지 않는다.

1054 대표문제

오른쪽은 지우네 반 학생들이 등교하는 데 걸리는 시간을 조사하여 나타낸 도수분포다각형이다. 다음 **보기** 중 옳은 것을 모두 고르시오.

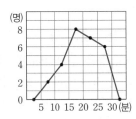

─ 보기 ─

ㄱ. 계급의 크기는 5분이다.

ㄴ. 등교 시간이 14분인 학생이 속하는 계급은 10분 이상 15분 미만이다.

ㄷ. 등교 시간이 10번째로 긴 학생이 속하는 계급의 도수는 7명이다.

1055 중 서술형▶

오른쪽은 학교 양궁 대표인 시형이가 10점 만점인 과녁에 화살을 70발씩 쏘아 얻은 점수의 합계를 50일 동안 조사하여 나타낸 도수분포다각형이다. 도수가 가장 큰 계급의 도수는 a일, 점수

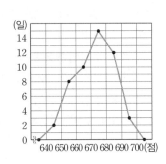

가 660점 미만인 날은 b일이라 할 때, $a+b$의 값을 구하시오.

1056 상중

오른쪽은 어느 컴퓨터 반 학생들의 1분당 한글 타자 수를 조사하여 나타낸 도수분포다각형이다. 상위 20 % 이내에 들려면 타자 수가 적어도 몇 타 이상이어야 하는지 구하시오.

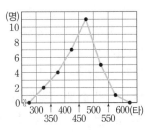

유형 08 도수분포다각형의 넓이

(도수분포다각형과 가로축으로 둘러싸인 부분의 넓이)
= (히스토그램의 직사각형의 넓이의 합)
= (계급의 크기) × (도수의 총합)

1057 대표문제

오른쪽은 민준이네 반 학생들이 1학기 동안 도서관을 이용한 횟수를 조사하여 나타낸 도수분포다각형이다. 도수분포다각형과 가로축으로 둘러싸인 부분의 넓이를 구하시오.

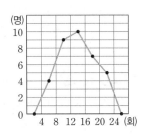

1058 중하

오른쪽은 윤수네 반 학생들의 키를 조사하여 나타낸 도수분포다각형이다. 색칠한 삼각형의 넓이를 각각 S_1, S_2라 할 때, $S_1 - S_2$의 값을 나타낸 것은?

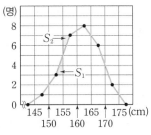

① $-2S_1$　　　② $-2S_2$　　　③ 0

④ $2S_1$　　　⑤ $2S_2$

1059 중

오른쪽은 정욱이네 반 학생들의 하루 평균 운동 시간을 조사하여 나타낸 히스토그램과 도수분포다각형이다. 다음 중 옳지 않은 것은?

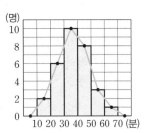

① 전체 학생 수는 30이다.

② 도수분포다각형과 가로축으로 둘러싸인 부분의 넓이는 300이다.

③ 운동 시간이 40분 이상인 학생은 전체의 60 %이다.

④ 운동 시간이 11번째로 긴 학생이 속하는 계급의 도수는 8명이다.

⑤ 히스토그램의 직사각형의 넓이의 합을 A, 도수분포다각형과 가로축으로 둘러싸인 부분의 넓이를 B라 할 때, A와 B는 서로 같다.

정답 및 풀이 **79쪽**

유형 09 일부가 보이지 않는 도수분포다각형

(1) 도수의 총합이 주어진 경우에는 다음을 이용한다.
→ (보이지 않는 계급의 도수)
= (도수의 총합) − (보이는 계급의 도수의 합)

(2) 도수의 총합이 주어지지 않은 경우
❶ 주어진 조건을 이용하여 도수의 총합을 구한다.
❷ 도수의 총합을 이용하여 보이지 않는 계급의 도수를 구한다.

1060 대표문제

오른쪽은 호영이네 반 학생 30명의 수학 성적을 조사하여 나타낸 도수분포다각형인데 일부가 찢어져 보이지 않는다. 수학 성적이 70점 미만인 학생이 전체의 40 % 일 때, 수학 성적이 70점 이상 80점 미만인 학생 수를 구하시오.

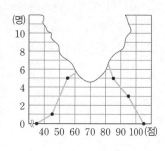

1061 중

오른쪽은 어느 체조대회에 출전한 선수들이 경기 후 받은 점수를 조사하여 나타낸 도수분포다각형인데 일부가 찢어져 보이지 않는다. 찢어지기 전 도수분포다각형과 가로축으로 둘러싸인 부분의 넓이가 25이었을 때, 받은 점수가 8.5점 이상 9점 미만인 선수는 전체의 몇 %인지 구하시오.

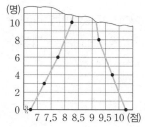

1062 중 서술형

오른쪽은 지율이네 중학교 학생 40명이 한 달 동안 동아리 활동을 한 시간을 조사하여 나타낸 도수분포다각형인데 일부가 얼룩져 보이지 않는다. 동아리 활동 시간이 3시간 30분 이상 4시간 미만인 학생 수와 4시간 이상 4시간 30분 미만인 학생 수의 비가 3 : 2일 때, 동아리 활동 시간이 4시간 이상인 학생 수를 구하시오.

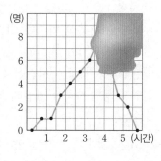

유형 10 두 도수분포다각형의 비교

도수분포다각형은 두 개 이상의 자료의 분포 상태를 동시에 나타내어 비교할 때 편리하다.
➡ 그래프가 오른쪽으로 치우쳐 있을수록 변량이 큰 자료가 많다.

1063 대표문제

오른쪽은 어느 중학교 1학년 남학생과 여학생의 제자리멀리뛰기 기록을 조사하여 나타낸 도수분포다각형이다. 다음 중 옳은 것을 모두 고르면? (정답 2개)

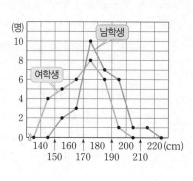

① 여학생 수가 남학생 수보다 적다.
② 기록이 190 cm 이상인 남학생 수와 여학생 수의 비는 8 : 1이다.
③ 여학생의 기록이 남학생의 기록보다 좋은 편이다.
④ 기록이 160 cm 이상 170 cm 미만인 학생은 여학생이 남학생보다 3명 더 많다.
⑤ 기록이 2 m 이상인 학생은 1명이다.

1064 상중

아래는 어느 해 7월과 8월 각각 한 달 동안 서울의 최고 기온을 조사하여 나타낸 도수분포다각형이다. 다음 조건을 만족시키는 a, b, c, d에 대하여 $a+b+c+d$의 값을 구하시오.

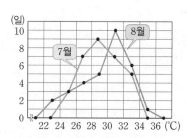

㈎ 기온이 가장 높은 날은 a월에 있다.
㈏ 기온이 가장 낮은 날은 b월에 있다.
㈐ 기온이 30 ℃ 이상 32 ℃ 미만인 날은 7월이 8월보다 c일 적다.
㈑ 7월 최고 기온이 4번째로 낮은 날보다 최고 기온이 낮은 날은 8월에 적어도 d일 존재한다.

유형 11 상대도수

상대도수: 전체 도수에 대한 각 계급의 도수의 비율

➡ (계급의 상대도수) $= \dfrac{(계급의\ 도수)}{(도수의\ 총합)}$

1065 대표문제

어느 도수분포표에서 도수가 13인 계급의 상대도수는 0.26이다. 이 도수분포표에서 도수가 5인 계급의 상대도수는 a이고, 도수가 b인 계급의 상대도수는 0.12일 때, $a+b$의 값은?

① 4.04   ② 4.22   ③ 6.1

④ 6.22   ⑤ 9.1

1066 (하)

어느 도수분포표에서 도수의 총합이 300일 때, 상대도수가 0.2인 계급의 도수를 구하시오.

1067 (중)

다음 중 상대도수에 대한 설명으로 옳지 <u>않은</u> 것은?

① 상대도수는 전체 도수에 대한 각 계급의 도수의 비율이다.
② 각 계급의 상대도수는 그 계급의 도수에 정비례한다.
③ 상대도수의 총합은 항상 1이다.
④ (도수의 총합)=(계급의 도수)×(계급의 상대도수)이다.
⑤ 도수의 총합이 다른 두 자료의 분포 상태를 비교할 때 상대도수를 이용하면 편리하다.

1068 (중)

어느 중학교 1학년 학생 중 100 m 달리기 기록이 17초 이상 19초 미만인 학생 수가 32이다. 이 학생 수가 전체의 20 %일 때, 1학년 전체 학생 수를 구하시오.

유형 12 상대도수 구하기

도수분포표, 히스토그램, 도수분포다각형이 주어진 경우 상대도수 구하기

➡ 도수의 총합과 계급의 도수를 이용하여 상대도수를 구한다.

1069 대표문제

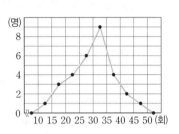

오른쪽은 형우네 반 학생들의 윗몸일으키기 횟수를 조사하여 나타낸 도수분포다각형이다. 도수가 가장 큰 계급의 상대도수를 구하시오.

1070 (중) 서술형

오른쪽은 가은이네 반 학생 25명의 몸무게를 조사하여 나타낸 도수분포표이다. 45 kg 이상 50 kg 미만인 계급의 상대도수를 구하시오.

몸무게(kg)	도수(명)
$40^{이상} \sim 45^{미만}$	3
45 ~ 50	
50 ~ 55	10
55 ~ 60	4
60 ~ 65	3
합계	25

1071 (중)

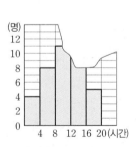

오른쪽은 하늘이네 중학교 학생 40명의 1학기 동안의 봉사 활동 시간을 조사하여 나타낸 히스토그램인데 일부가 찢어져 보이지 않는다. 봉사 활동 시간이 14시간인 학생이 속하는 계급의 상대도수는?

① 0.2   ② 0.25   ③ 0.3

④ 0.35   ⑤ 0.4

유형 13 상대도수의 분포표의 이해

(1) 상대도수의 총합은 항상 1이다.
(2) 각 계급의 상대도수는 그 계급의 도수에 정비례한다.
(3) **도수의 총합, 도수, 상대도수 사이의 관계**

① $(\text{계급의 상대도수}) = \dfrac{(\text{계급의 도수})}{(\text{도수의 총합})}$

② $(\text{계급의 도수}) = (\text{도수의 총합}) \times (\text{계급의 상대도수})$

③ $(\text{도수의 총합}) = \dfrac{(\text{계급의 도수})}{(\text{계급의 상대도수})}$

1072 대표문제

아래는 태호네 반 학생들의 하루 평균 수면 시간을 조사하여 나타낸 상대도수의 분포표이다. 다음 물음에 답하시오.

수면 시간(시간)	도수(명)	상대도수
$4^{이상} \sim 5^{미만}$	3	0.1
5 ~ 6	9	A
6 ~ 7	B	0.4
7 ~ 8		C
합계	D	E

(1) A, B, C, D, E의 값을 구하시오.
(2) 도수가 가장 큰 계급의 상대도수를 구하시오.
(3) 하루 평균 수면 시간이 6시간 미만인 학생은 전체의 몇 %인지 구하시오.

1073 (종)

오른쪽은 어느 중학교 1학년 학생들의 턱걸이 기록을 조사하여 나타낸 상대도수의 분포표이다. 상대도수가 가장 큰 계급의 도수가 15명일 때, 다음 중 옳지 않은 것은?

기록(회)	상대도수
$0^{이상} \sim 3^{미만}$	0.18
3 ~ 6	
6 ~ 9	0.3
9 ~ 12	0.16
12 ~ 15	0.12
합계	

① 턱걸이 기록이 10회인 학생이 속하는 계급의 상대도수는 0.16이다.
② 3회 이상 6회 미만인 계급의 상대도수는 0.24이다.
③ 도수의 총합은 50명이다.
④ 상대도수가 가장 작은 계급의 도수는 6명이다.
⑤ 턱걸이 기록이 6회 미만인 학생은 전체의 38 %이다.

유형 14 일부가 보이지 않는 상대도수의 분포표

$(\text{도수의 총합}) = \dfrac{(\text{계급의 도수})}{(\text{계급의 상대도수})}$ 임을 이용한다.

1074 대표문제

다음은 상대도수의 분포표인데 일부가 찢어져 보이지 않는다. 40 이상 50 미만인 계급의 도수를 구하시오.

계급	도수	상대도수
$30^{이상} \sim 40^{미만}$	3	0.04
40 ~ 50		0.2

1075 (종)

다음은 1학년 학생들의 자유투 성공 횟수를 조사하여 나타낸 상대도수의 분포표인데 일부가 찢어져 보이지 않는다. $A \times B$의 값은?

자유투 성공 횟수(회)	도수(명)	상대도수
$0^{이상} \sim 4^{미만}$	28	0.175
4 ~ 8	A	0.375
8 ~ 12	32	0.2
12 ~ 16	24	B
16 ~ 20		

① 5   ② 6   ③ 7
④ 8   ⑤ 9

1076 (상종) 서술형

다음은 승훈이네 반 학생들이 1년 동안 읽은 책의 수를 조사하여 나타낸 상대도수의 분포표인데 일부가 찢어져 보이지 않는다. 책을 10권 이상 읽은 학생이 전체의 65 %일 때, 책을 5권 이상 10권 미만 읽은 학생 수를 구하시오.

책의 수(권)	도수(명)	상대도수
$0^{이상} \sim 5^{미만}$	4	0.2
5 ~ 10		
10 ~ 15		

09 도수분포표와 상대도수

유형 15 도수의 총합이 다른 두 집단의 상대도수

도수의 총합이 다른 두 집단의 자료의 분포 상태를 비교할 때
➡ 상대도수를 이용한다.

1077 대표문제

오른쪽은 어느 중학교 1학년 학생들의 혈액형을 조사하여 나타낸 표이다. 1반보다 전체의 상대도수가 더 큰 혈액형을 구하시오.

혈액형	도수(명)	
	1반	전체
A	10	56
B	12	54
O	12	60
AB	6	30
합계	40	200

1078 중

다음은 어느 지방의회 선거에서 P 후보의 동별 득표수를 조사하여 나타낸 표이다. P 후보에 대한 지지도가 가장 높은 동은?

동	전체 투표 수(표)	P 후보의 득표 수(표)
A	4000	2200
B	3500	2100
C	3000	1500
D	2000	1200
E	1000	700

① A 동   ② B 동   ③ C 동
④ D 동   ⑤ E 동

1079 중 서술형

다음은 어느 공연의 관람객들의 나이를 조사하여 나타낸 상대도수의 분포표이다. 이 공연의 관람객들의 남녀의 수가 각각 60, 40일 때, 50세 이상 60세 미만인 계급의 남녀 전체 관람객에 대한 상대도수를 구하시오.

나이(세)	상대도수	
	남	여
$10^{이상} \sim 20^{미만}$	0.05	0.1
20 ~ 30	0.15	0.2
30 ~ 40	0.35	0.25
40 ~ 50	0.25	0.3
50 ~ 60	0.2	0.15
합계	1	1

유형 16 도수의 총합이 다른 두 집단의 상대도수의 비

두 집단 A, B의 도수의 총합의 비가 3 : 2이고 어떤 계급의 도수의 비가 4 : 3일 때, 이 계급의 상대도수의 비는
➡ $\dfrac{4b}{3a} : \dfrac{3b}{2a} = 8 : 9$

1080 대표문제

A, B 두 반의 도수의 총합의 비가 3 : 1이고 어떤 계급의 도수의 비가 2 : 3일 때, 이 계급의 상대도수의 비는?

① 1 : 2   ② 2 : 5   ③ 2 : 9
④ 3 : 1   ⑤ 4 : 1

1081 중

A, B 두 회사의 직원은 각각 80명, 70명이다. 두 회사 직원들의 나이를 조사하여 도수분포표를 만들었더니 20세 이상 30세 미만인 계급의 도수의 비가 3 : 4이었다. 이 계급의 상대도수의 비를 가장 간단한 자연수의 비로 나타내시오.

1082 중

A, B 두 학교의 전체 학생 수는 각각 400, 500이다. 두 학교의 남학생 수가 같을 때, 두 학교의 남학생의 상대도수의 비는?

① 1 : 1   ② 3 : 4   ③ 4 : 3
④ 4 : 5   ⑤ 5 : 4

정답 및 풀이 81쪽

유형 17 상대도수의 분포를 나타낸 그래프

상대도수의 분포를 나타낸 그래프는 히스토그램 또는 도수분포 다각형에서 세로축을 도수 대신 상대도수로 바꾼 것과 같다.

➡ 가로축: 계급의 양 끝 값, 세로축: 상대도수

1083 대표문제

오른쪽은 어느 중학교 1학년 학생 40명의 일주일 동안의 TV 시청 시간에 대한 상대도수의 분포를 나타낸 그래프이다. 다음 중 옳지 않은 것은?

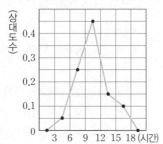

① 계급의 크기는 3시간이다.
② 도수가 가장 큰 계급의 상대도수는 0.45이다.
③ TV 시청 시간이 12시간 미만인 학생은 전체의 75 % 이다.
④ TV 시청 시간이 9시간 이상 12시간 미만인 학생 수는 18이다.
⑤ 도수가 10명인 계급은 12시간 이상 15시간 미만이다.

1084 중

오른쪽은 은주네 반 학생들이 하루 동안 받은 이메일 개수에 대한 상대도수의 분포를 나타낸 그래프이다. 도수가 전체의 10 % 이하인 계급의 개수를 구하시오.

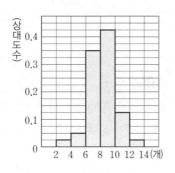

1085 상중

오른쪽은 어느 회사 직원 500명의 출근 시각에 대한 상대도수의 분포를 나타낸 그래프이다. 일찍 출근하는 직원들에게 아침으로 샌드

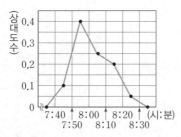

위치 250개를 제공한다고 할 때, 샌드위치를 받으려면 늦어도 몇 시까지 출근해야 하는가?

① 7시 50분 전   ② 8시 전   ③ 8시 10분 전
④ 8시 20분 전   ⑤ 8시 30분 전

유형 18 일부가 보이지 않는 상대도수의 분포를 나타낸 그래프

상대도수의 분포를 나타낸 그래프에서 상대도수가 보이지 않는 경우에는 상대도수의 총합은 항상 1임을 이용하여 보이지 않는 계급의 상대도수를 구한다.

1086 대표문제

오른쪽은 어느 수학 동아리 학생들의 수학 성적에 대한 상대도수의 분포를 나타낸 그래프인데 일부가 찢어져 보이지 않는다. 수학 성적이 40점 이상 50점 미만인 학생 수가 10일 때,

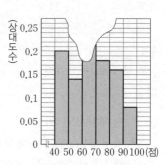

수학 성적이 60점 이상 70점 미만인 학생 수를 구하시오.

1087 중

오른쪽은 어느 중학교 학생 80명의 턱걸이 횟수에 대한 상대도수의 분포를 나타낸 그래프인데 일부가 찢어져 보이지 않는다. 턱걸이 횟수가 6회

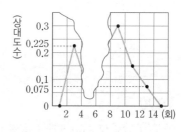

이상 8회 미만인 학생 수가 4회 이상 6회 미만인 학생 수의 4배일 때, 턱걸이 횟수가 6회 미만인 학생 수를 구하시오.

1088 중 서술형

오른쪽은 어느 아파트 300가구의 한 달 동안의 전력 사용량에 대한 상대도수의 분포를 나타낸 그래프인데 일부가 찢어져 보이지 않는다. 전

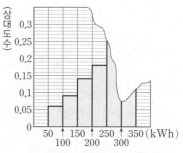

력 사용량이 250 kWh 이상 300 kWh 미만인 가구가 전체의 29 %일 때, 전력 사용량이 300 kWh 이상 350 kWh 미만인 가구 수를 구하시오.

09 도수분포표와 상대도수

▶ 정답 및 풀이 82쪽

개념원리 중학 수학 1-2 238쪽

유형UP 19 도수의 총합이 다른 두 집단의 비교

상대도수의 분포를 나타낸 그래프

➡ **도수의 총합이 다른 두 집단의 분포 상태를 동시에 비교할 때 편리하다.** └➤ 두 자료를 한 그래프에 나타내어 비교하면 한눈에 두 자료의 분포 상태를 비교할 수 있다.

1089 대표문제

오른쪽은 A 반과 B 반 학생들이 한 달 동안 읽은 책의 수에 대한 상대도수의 분포를 나타낸 그래프이다. 다음 중 옳지 <u>않은</u> 것은?

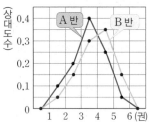

① A 반에서 4권 이상 읽은 학생은 A 반 전체 학생의 30 %이다.

② A 반보다 B 반 학생들이 읽은 책의 수가 더 많은 편이다.

③ 책을 2권 이상 3권 미만 읽은 학생 수는 A 반이 더 많다.

④ 책을 3권 이상 5권 미만 읽은 학생의 비율은 두 반이 서로 같다.

⑤ B 반의 학생 수가 20이면 책을 3권 미만 읽은 학생 수는 4이다.

1090 (중)

아래는 남학생 100명과 여학생 150명의 일주일 동안의 TV 시청 시간에 대한 상대도수의 분포를 나타낸 그래프이다. 다음 물음에 답하시오.

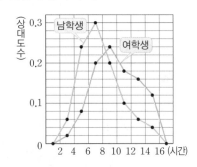

(1) TV 시청 시간이 6시간 이상 8시간 미만인 남학생 수와 여학생 수를 차례대로 구하시오.

(2) TV 시청 시간이 12시간 이상인 여학생은 여학생 전체의 몇 %인지 구하시오.

(3) 남학생의 비율보다 여학생의 비율이 더 높은 계급의 개수를 구하시오.

1091 (상중)

오른쪽은 A 중학교 학생 200명과 B 중학교 학생 100명의 한 달 동안의 도서관 방문 횟수에 대한 상대도수의 분포를 나타낸 그래프이다. 다음 **보기** 중 옳은 것을 모두 고른 것은?

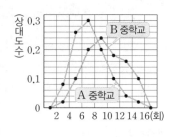

┤ 보기 ├

ㄱ. A 중학교에서 도수가 가장 큰 계급의 학생 수는 50 이다.

ㄴ. 도서관 방문 횟수가 8회 이상 10회 미만인 학생 수는 A 중학교가 더 많다.

ㄷ. B 중학교 학생인 연우의 도서관 방문 횟수가 13회 라면 연우는 B 중학교 학생 중 도서관 방문 횟수가 많은 쪽에서 26 % 이내에 든다.

ㄹ. 두 그래프와 가로축으로 둘러싸인 부분의 넓이는 A 중학교가 B 중학교보다 넓다.

① ㄱ, ㄴ   ② ㄱ, ㄹ   ③ ㄴ, ㄷ

④ ㄱ, ㄴ, ㄷ   ⑤ ㄴ, ㄷ, ㄹ

1092 (상중)

다음은 A 중학교와 B 중학교 학생들의 평균 점심 식사 시간에 대한 상대도수의 분포를 나타낸 그래프이다. A, B 두 중학교의 학생 수가 각각 200, 300일 때, A 중학교의 학생 수가 B 중학교의 학생 수보다 많은 계급의 개수를 구하시오.

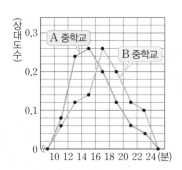

시험에 꼭 나오는 문제

1093

오른쪽은 어느 행사에 참가한 사람들의 나이를 조사하여 나타낸 줄기와 잎 그림이다. 다음 중 옳지 <u>않은</u> 것은?

(1|1은 11세)

줄기	잎
1	1 3
2	0 2 4
3	1 5 5 6 7 8
4	0 0 3 7 9

① 20대는 3명이다.

② 10대부터 40대 중 30대가 6명으로 가장 많다.

③ 나이가 가장 많은 사람은 49세이다.

④ 행사에 참가한 사람은 모두 16명이다.

⑤ 나이가 22세 이하인 사람은 전체의 20 %이다.

1094

오른쪽은 상반기에 방영한 예능 프로그램의 시청률을 조사하여 나타낸 도수분포표이다. 다음 **보기** 중 옳은 것을 모두 고르시오.

시청률(%)	도수(편)
3^{이상} ~ 6^{미만}	3
6 ~ 9	4
9 ~ 12	
12 ~ 15	7
15 ~ 18	2
18 ~ 21	1
합계	28

┤ 보기 ├

ㄱ. 9 % 이상 12 % 미만인 계급의 도수는 11편이다.

ㄴ. 도수가 가장 큰 계급은 12 % 이상 15 % 미만이다.

ㄷ. 시청률이 5번째로 좋은 프로그램이 속하는 계급은 12 % 이상 15 % 미만이다.

1095

오른쪽은 혜선이네 반 학생들의 턱걸이 기록을 조사하여 나타낸 도수분포표이다. 턱걸이 기록이 9회 미만인 학생이 전체의 60 %일 때, A의 값을 구하시오.

턱걸이 기록(회)	도수(명)
0^{이상} ~ 3^{미만}	4
3 ~ 6	
6 ~ 9	8
9 ~ 12	7
12 ~ 15	A
15 ~ 18	1
합계	30

1096 중요

오른쪽은 지민이네 중학교 학생들의 앉은키를 조사하여 나타낸 히스토그램이다. 다음 중 옳은 것은?

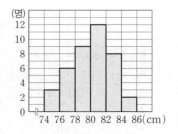

① 앉은키가 80 cm 미만인 학생은 9명이다.

② 전체 학생 수는 35이다.

③ 앉은키가 가장 큰 학생의 앉은키는 85 cm이다.

④ 도수가 가장 큰 계급은 78 cm 이상 80 cm 미만이다.

⑤ 앉은키가 76 cm 이상 80 cm 미만인 학생은 전체의 37.5 %이다.

1097

오른쪽은 민중이네 반 학생들이 1학기 동안 읽은 책의 수를 조사하여 나타낸 히스토그램인데 계급의 일부가 찢어져 보이지 않는다. 이 히스토그램의 직사각형의 넓이의 합이 96일 때, 도수가 가장 작은 계급을 구하시오.

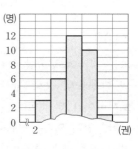

1098

오른쪽은 어느 중학교 1학년 학생 50명의 일주일 동안의 운동 시간을 조사하여 나타낸 히스토그램인데 일부가 찢어져 보이지 않는다. 운동 시간이 5시간 이상인 학생이 전체의 44 %일 때, 운동 시간이 4시간 이상 5시간 미만인 학생은 전체의 몇 %인지 구하시오.

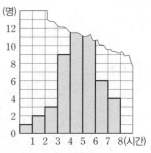

09

도수분포표와 상대도수

1099

아래는 어느 포도 농장의 상품 등급과 이 농장에서 재배한 포도의 당도를 조사하여 나타낸 도수분포다각형이다. 다음 중 옳지 <u>않은</u> 것을 모두 고르면? (정답 2개)

등급	당도(Brix)
최상	18 이상
상	14 이상 18 미만
중	10 이상 14 미만
하	10 미만

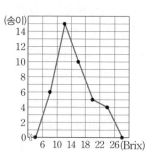

① 계급의 크기는 4 Brix이다.
② 등급이 최상인 포도는 전체의 22.5 %이다.
③ 등급이 상인 포도가 등급이 중인 포도보다 많다.
④ 도수분포다각형과 가로축으로 둘러싸인 부분의 넓이는 160이다.
⑤ 당도가 가장 낮은 포도의 당도는 9 Brix이다.

1100

오른쪽은 어느 중학교 1학년 학생들의 통학 시간을 조사하여 나타낸 도수분포다각형인데 일부가 찢어져 보이지 않는다. 통학 시간이 5분 이상 10분 미만인 학생이 전체의 5 %이고 20분 미만인 학생 수와 20분

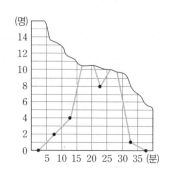

이상인 학생 수가 같을 때, 통학 시간이 15분 이상 20분 미만인 학생 수를 구하시오.

1101

정민이네 반 학생들의 신발 크기를 조사하였더니 상대도수가 0.6인 계급의 도수가 18이었다. 정민이네 반 전체 학생 수는?

① 25 ② 28 ③ 30
④ 32 ⑤ 35

1102

오른쪽은 수경이네 중학교 1학년 남학생과 여학생의 100 m 달리기 기록을 조사하여 나타낸 도수분포다각형이다. 다음 중 옳은 것은?

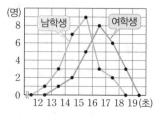

① 남학생 수가 여학생 수보다 많다.
② 여학생의 기록이 남학생의 기록보다 좋은 편이다.
③ 남학생 중 기록이 가장 좋은 학생은 15초 이상 16초 미만인 계급에 속한다.
④ 여학생 중 기록이 5번째로 좋은 학생이 속하는 계급은 15초 이상 16초 미만이다.
⑤ 두 그래프와 가로축으로 둘러싸인 부분의 넓이는 남학생이 여학생보다 넓다.

1103 중요

오른쪽은 세종이네 반 학생들의 사회 점수를 조사하여 나타낸 히스토그램이다. 사회 점수가 80점 이상 90점 미만인 계급의 상대도수를 구하시오.

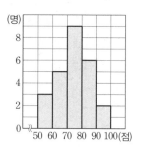

1104

아래는 어느 중학교 학생들의 하루 동안 스마트폰 사용 시간을 조사하여 나타낸 상대도수의 분포표이다. 다음 중 $A \sim E$의 값으로 옳지 <u>않은</u> 것은?

사용 시간(시간)	도수(명)	상대도수
0 이상 ~ 1 미만	A	0.12
1 ~ 2	10	B
2 ~ 3	C	D
3 ~ 4	7	0.14
4 ~ 5	9	0.18
합계	E	

① $A=6$ ② $B=0.2$ ③ $C=16$
④ $D=0.36$ ⑤ $E=50$

1105 중요

아래는 혜정이네 학교 학생들의 수학 성적을 조사하여 나타낸 상대도수의 분포표인데 일부가 찢어져 보이지 않는다. 다음 물음에 답하시오.

수학 성적(점)	도수(명)	상대도수
$50^{이상} \sim 60^{미만}$	A	0.05
60 ~70	8	0.2
~80	10	B
	16	

(1) A, B의 값을 구하시오.
(2) 도수가 4명인 계급의 상대도수를 구하시오.

1106

다음은 어느 제품을 사용하고 있는 남자 50명과 여자 40명의 나이를 조사하여 나타낸 상대도수의 분포표이다. 남자와 여자 전체에서 10세 이상 20세 미만인 남녀가 차지하는 비율은?

나이(세)	상대도수	
	남자	여자
$10^{이상} \sim 20^{미만}$		
20 ~30	0.14	0.2
30 ~40	0.32	0.25
40 ~50	0.28	0.3
50 ~60	0.1	0.15
합계	1	1

① $\dfrac{1}{15}$ ② $\dfrac{2}{15}$ ③ $\dfrac{1}{5}$

④ $\dfrac{4}{15}$ ⑤ $\dfrac{1}{3}$

1107

전체 주민 수의 비가 2 : 3인 A 마을과 B 마을의 40세 이상 50세 미만인 주민 수가 같을 때, A, B 두 마을의 40세 이상 50세 미만인 주민의 상대도수의 비는?

① 1 : 1 ② 2 : 3 ③ 3 : 2

④ 3 : 5 ⑤ 5 : 3

1108

오른쪽은 어느 지역에서 측정한 10월의 낮 기온에 대한 상대도수의 분포를 나타낸 그래프이다. 상대도수가 가장 작은 계급의 도수가 1일이고, 기온을 측정한 일수를 a, 상대도수가 가장 큰 계급의 도수를 b일이라 할 때, $a+b$의 값을 구하시오.

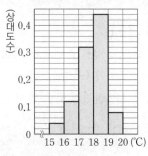

1109

다음은 어느 날 25개 지역의 미세먼지 농도($\mu g/m^3$)에 대한 상대도수의 분포를 나타낸 그래프인데 일부가 찢어져 보이지 않는다. 미세먼지 농도가 50 $\mu g/m^3$ 이상 55 $\mu g/m^3$ 미만인 지역과 55 $\mu g/m^3$ 이상 60 $\mu g/m^3$ 미만인 지역의 상대도수의 비가 2 : 1일 때, 미세먼지 농도가 50 $\mu g/m^3$ 이상 55 $\mu g/m^3$ 미만인 지역 수를 구하시오.

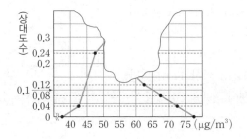

1110 중요

오른쪽은 어느 중학교 1학년 학생 50명과 2학년 학생 100명의 키에 대한 상대도수의 분포를 나타낸 그래프이다. 다음 **보기** 중 옳은 것을 모두 고르시오.

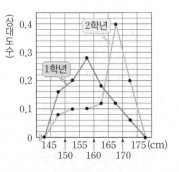

보기
ㄱ. 2학년이 1학년보다 키가 더 큰 편이다.
ㄴ. 키가 160 cm 이상 165 cm 미만인 학생은 1학년이 더 많다.
ㄷ. 두 그래프와 가로축으로 둘러싸인 부분의 넓이는 서로 같다.

▶ 정답 및 풀이 84쪽

1111

다음은 정희네 반 학생들의 줄넘기 기록을 조사하여 나타낸 줄기와 잎 그림이다. 정희네 반에서 기록이 67회 이상인 학생은 전체의 몇 %인지 구하시오.

(5|1은 51회)

줄기	잎
5	1 2 6 9 9
6	0 0 1 2 2 3 4 5 6 6 7 7 9
7	0 1 2 3 3 5 6

1112

오른쪽은 희정이네 반 학생들의 던지기 기록을 조사하여 나타낸 히스토그램인데 일부가 찢어져 보이지 않는다. 기록이 13 m 이상 17 m 미만인 학생이 전체의 60 %일 때, 전체 학생 수를 구하시오.

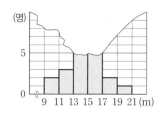

1113

다음은 세 학생이 반 전체 학생들의 하루 동안 가족 간 대화 시간에 대하여 나눈 대화이다. 대화 시간이 90분 이상인 학생 수를 구하시오.

규민: 대화 시간이 60분 미만인 학생은 8명이야.
지원: 60분 이상 90분 미만인 계급의 상대도수는 0.56이야.
서아: 대화 시간이 90분 이상인 학생의 전체 학생에 대한 비율은 0.12야.

1114

오른쪽은 어느 중학교 1학년 학생들이 하루 동안 보낸 문자 메시지의 건수를 조사하여 나타낸 도수분포표이다. 보낸 문자 메시지가 4건 이상 8건 미만인 학생 수가 0건 이상 4건 미만인 학생 수의 4배일 때, 보낸 문자 메시지가 4건 이상 8건 미만인 학생은 전체의 몇 %인지 구하시오.

건수(건)	도수(명)
0이상 ~ 4미만	
4 ~ 8	
8 ~ 12	75
12 ~ 16	40
16 ~ 20	60
합계	250

1115

오른쪽은 A, B 두 학원 학생들의 국어 성적을 조사하여 나타낸 도수분포다각형이다. A 학원에서 상위 5 % 이내에 드는 학생은 B 학원에서 상위 몇 % 이내에 드는지 구하시오.

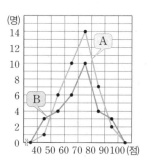

1116

다음은 어느 중학교 1학년 전체 학생 200명과 과학 동아리 학생 20명이 1학기 동안 읽은 과학 관련 도서의 수를 조사하여 나타낸 도수분포표이다. 과학 관련 도서를 9권 이상 읽은 학생의 비율은 1학년 전체와 과학 동아리 중 어디가 더 높은지 말하시오.

도서의 수(권)	도수(명)	
	1학년 전체	과학 동아리
0이상 ~ 3미만	12	1
3 ~ 6	91	3
6 ~ 9	47	9
9 ~ 12	28	
12 ~ 15		2
합계	200	20

대표문제 다시 풀기

대표문제 다시 풀기

01 기본 도형

01
↻ 0048

오른쪽 그림과 같은 오각뿔에서 교점의 개수를 a, 교선의 개수를 b라 할 때, $b-a$의 값을 구하시오.

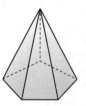

02
↻ 0051

오른쪽 그림과 같이 직선 l 위에 네 점 A, B, C, D가 있을 때, 다음 중 $\overrightarrow{CA}$와 같은 것은?

① $\overrightarrow{AC}$
② $\overrightarrow{CA}$
③ $\overleftarrow{CA}$
④ $\overrightarrow{CB}$
⑤ $\overrightarrow{DB}$

03
↻ 0054

오른쪽 그림과 같이 한 직선 위에 있지 않은 세 점 P, Q, R 중 두 점을 지나는 서로 다른 직선의 개수를 a, 반직선의 개수를 b, 선분의 개수를 c라 하자. 이때 $a+b-c$의 값을 구하시오.

•P

Q•

•R

04
↻ 0057

오른쪽 그림과 같이 네 점 A, B, C, P가 있다. 이 중 두 점을 골라 만들 수 있는 서로 다른 직선의 개수를 a, 반직선의 개수를 b라 할 때, $a+b$의 값은?

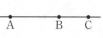

•P

① 13
② 14
③ 15
④ 16
⑤ 17

05
↻ 0060

오른쪽 그림에서 점 M은 $\overline{AB}$의 중점이고, 점 N은 $\overline{AM}$의 중점이다. 다음 보기 중 옳은 것을 모두 고른 것은?

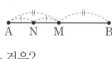

┃ 보기 ┃

ㄱ. $\overline{AB}=2\overline{AM}$
ㄴ. $\overline{NM}=\dfrac{1}{2}\overline{MB}$
ㄷ. $\overline{NB}=4\overline{AN}$
ㄹ. $\overline{NM}=\dfrac{1}{3}\overline{AB}$

① ㄱ, ㄴ
② ㄱ, ㄷ
③ ㄴ, ㄹ
④ ㄱ, ㄴ, ㄹ
⑤ ㄴ, ㄷ, ㄹ

06   ↻ 0063

다음 그림에서 두 점 M, N은 각각 $\overline{AB}$, $\overline{BC}$의 중점이다.
$\overline{MN}=15$ cm일 때, $\overline{AC}$의 길이를 구하시오.

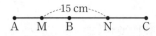

07   ↻ 0067

오른쪽 그림에서 x의 값은?

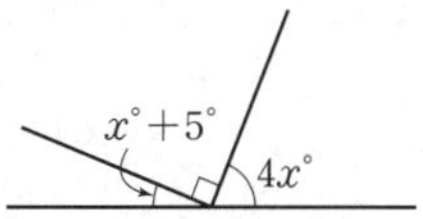

① 13   ② 14

③ 15   ④ 16

⑤ 17

08   ↻ 0071

오른쪽 그림에서 $\angle AOB=90°$,

$\angle BOC=\dfrac{1}{6}\angle AOC$,

$\angle COD=\dfrac{1}{2}\angle COE$일 때,

$\angle BOD$의 크기를 구하시오.

09   ↻ 0075

오른쪽 그림에서
$\angle x : \angle y : \angle z=4 : 6 : 5$
일 때, $\angle z$의 크기는?

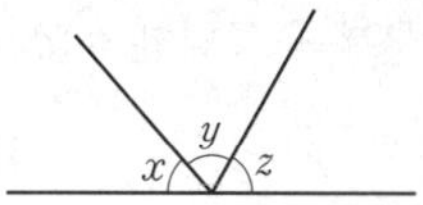

① 48°   ② 54°

④ 66°   ⑤ 72°

③ 60°

10   ↻ 0079

오른쪽 그림에서 x의 값은?

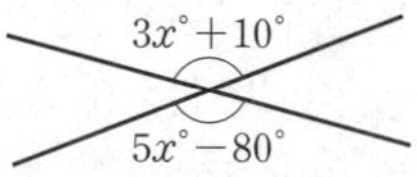

① 33   ② 36

③ 39   ④ 42

⑤ 45

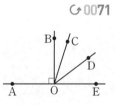

부록

대표문제 다시 풀기

11 ↻ 0083

오른쪽 그림에서 $x-y$의 값은?

① 35 ② 40

③ 45 ④ 50

⑤ 55

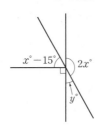

13 ↻ 0089

다음 중 오른쪽 그림에 대한 설명으로 옳지 <u>않은</u> 것은?

① $\overleftrightarrow{AB} \perp \overleftrightarrow{CD}$

② $\overleftrightarrow{AB}$는 $\overleftrightarrow{CD}$의 수선이다.

③ $\overleftrightarrow{AB}$와 $\overleftrightarrow{CD}$는 직교한다.

④ 점 A에서 직선 CD에 내린 수선의 발은 점 C이다.

⑤ 점 C와 직선 AB 사이의 거리는 $\overline{CH}$의 길이와 같다.

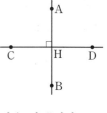

12 ↻ 0086

오른쪽 그림과 같이 세 직선이 있을 때 생기는 맞꼭지각은 모두 몇 쌍인지 구하시오.

14 ↻ 0092

오른쪽 그림과 같이 시계가 9시 20분을 가리킬 때, 시침과 분침이 이루는 각 중에서 작은 쪽의 각의 크기는?

① 150° ② 152°

③ 155° ④ 157°

⑤ 160°

정답 및 풀이 86쪽

대표문제 다시 풀기

02 위치 관계

01
↻ 0174

다음 중 오른쪽 그림에 대한 설명으로 옳지 <u>않은</u> 것은?

① 점 A는 직선 l 위에 있다.
② 점 B는 직선 l 위에 있지 않다.
③ 직선 l은 점 D를 지나지 않는다.
④ 두 점 A와 C를 지나는 직선은 l이다.
⑤ 세 점 A, B, C는 한 직선 위에 있다.

02
↻ 0177

오른쪽 그림과 같은 정육각형에서 각 변을 연장한 직선을 그었을 때, $\overleftrightarrow{BC}$와 한 점에서 만나는 직선의 개수를 a, 평행한 직선의 개수를 b라 하자. 이때 $a-b$의 값을 구하시오.

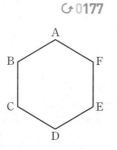

03
↻ 0180

다음 중 평면이 하나로 정해질 조건이 <u>아닌</u> 것은?

① 한 점에서 만나는 두 직선
② 평행한 두 직선
③ 꼬인 위치에 있는 두 직선
④ 한 직선과 그 직선 위에 있지 않은 한 점
⑤ 한 직선 위에 있지 않은 서로 다른 세 점

04
↻ 0183

다음 중 오른쪽 그림과 같은 사각뿔에서 모서리 AC와 꼬인 위치에 있는 모서리를 모두 고르면? (정답 2개)

① $\overline{AD}$　　② $\overline{BC}$
③ $\overline{BE}$　　④ $\overline{CD}$
⑤ $\overline{DE}$

05
↻ 0186

오른쪽 그림과 같은 삼각기둥에서 모서리 BE와 평행한 모서리의 개수를 a, 수직으로 만나는 모서리의 개수를 b, 꼬인 위치에 있는 모서리의 개수를 c라 할 때, $a+b-c$의 값을 구하시오.

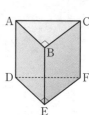

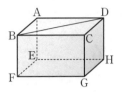

06 ↺0192

다음 중 오른쪽 그림과 같은 직육면체에 대한 설명으로 옳지 <u>않은</u> 것은?

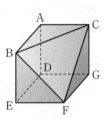

① $\overline{AD}$는 면 ABCD에 포함된다.
② $\overline{BD}$와 면 EFGH는 평행하다.
③ $\overline{BD}$와 면 CGHD는 한 점에서 만난다.
④ $\overline{EH}$와 평행한 면은 4개이다.
⑤ $\overline{DH}$와 수직인 면은 2개이다.

07 ↺0198

오른쪽 그림과 같은 삼각기둥에서 점 A와 면 DEF 사이의 거리를 x cm, 점 B와 면 ACFD 사이의 거리를 y cm라 할 때, $x+y$의 값을 구하시오.

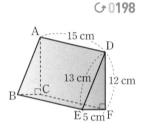

08 ↺0201

다음 중 오른쪽 그림과 같은 정육면체에서 면 AEGC와 수직인 면이 <u>아닌</u> 것을 모두 고르면? (정답 2개)

① 면 ABCD   ② 면 ABFE
③ 면 BFGC   ④ 면 BFHD
⑤ 면 EFGH

09 ↺0204

오른쪽 그림은 정육면체를 세 꼭짓점 B, C, F를 지나는 평면으로 잘라 내고 남은 입체도형이다. 모서리 CF와 꼬인 위치에 있는 모서리의 개수를 a, 면 CFG와 수직인 모서리의 개수를 b라 할 때, $a-b$의 값은?

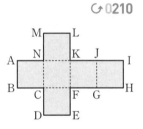

① 0   ② 1   ③ 2
④ 3   ⑤ 4

10 ↺0210

오른쪽 그림과 같은 전개도로 만든 정육면체에서 다음 중 모서리 AB와 꼬인 위치에 있는 모서리가 <u>아닌</u> 것은?

① $\overline{CF}$ ② $\overline{DE}$
③ $\overline{FG}$ ④ $\overline{LK}$
⑤ $\overline{NK}$

11 ↻ 0216

오른쪽 그림과 같이 세 직선이 만
날 때, 다음 중 옳은 것을 모두 고
르면? (정답 2개)

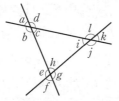

① ∠b의 동위각은 ∠f, ∠i이다.
② ∠g의 동위각은 ∠d, ∠k이다.
③ ∠d의 엇각은 ∠e, ∠i이다.
④ ∠i의 엇각은 ∠d, ∠g이다.
⑤ ∠l의 엇각은 ∠c, ∠g이다.

12 ↻ 0219

오른쪽 그림에서 $l /\!/ m$일 때, ∠x,
∠y의 크기를 구하시오.

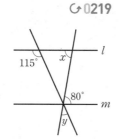

13 ↻ 0223

다음 중 두 직선 l, m이 평행하지 <u>않은</u> 것은?

① 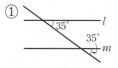   ②

③ 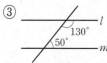   ④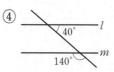

⑤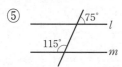

14 ↻ 0226

오른쪽 그림에서 $l /\!/ m$일 때, ∠x의
크기는?

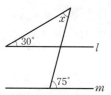

① 35°   ② 40°
③ 45°   ④ 50°
⑤ 55°

15 ↻ 0229

오른쪽 그림에서 $l /\!/ m$일 때, ∠x의
크기는?

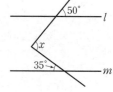

① 80°   ② 85°
③ 90°   ④ 95°
⑤ 100°

부록

대표문제 다시 풀기

대표문제 다시 풀기

16 ↻ 0233

오른쪽 그림에서 $l /\!/ m$일 때, $\angle x$의 크기를 구하시오.

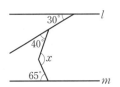

17 ↻ 0237

오른쪽 그림에서 $l /\!/ m$일 때, $\angle x$의 크기는?

① $120°$ ② $125°$

③ $130°$ ④ $135°$

⑤ $140°$

18 ↻ 0240

오른쪽 그림과 같이 직사각형 모양의 종이를 접었을 때, $\angle x$의 크기를 구하시오.

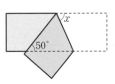

19 ↻ 0244

공간에서 서로 다른 세 직선 l, m, n과 서로 다른 세 평면 P, Q, R에 대하여 다음 중 옳은 것은?

① $l \perp m$, $l \perp n$이면 $m /\!/ n$이다.
② $l /\!/ P$, $l /\!/ Q$이면 $P /\!/ Q$이다.
③ $l /\!/ P$, $m /\!/ P$이면 $l /\!/ m$이다.
④ $l \perp P$, $m \perp P$이면 $l \perp m$이다.
⑤ $P /\!/ Q$, $Q /\!/ R$이면 $P /\!/ R$이다.

20 ↻ 0247

오른쪽 그림에서 $\overleftrightarrow{XX'} /\!/ \overleftrightarrow{YY'}$이고 $\angle CAB = 2\angle CAX'$, $\angle CBA = 2\angle CBY'$일 때, $\angle x$의 크기를 구하시오.

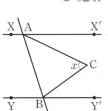

대표문제
다시 풀기

03 작도와 합동

01 ↻0307

다음 중 작도에 대한 설명으로 옳은 것을 모두 고르면?

(정답 2개)

① 눈금 있는 자와 컴퍼스만을 사용하여 도형을 그리는 것을 작도라 한다.

② 원을 그릴 때에는 컴퍼스를 사용한다.

③ 두 점을 연결하는 선분을 그릴 때에는 눈금 없는 자를 사용한다.

④ 선분의 길이를 옮길 때에는 눈금 없는 자를 사용한다.

⑤ 선분을 연장할 때에는 컴퍼스를 사용한다.

02 ↻0310

다음은 선분 PQ를 점 Q의 방향으로 연장한 반직선 위에 $\overline{PR}=2\overline{PQ}$가 되도록 선분 PR를 작도하는 과정이다. 작도 순서를 나열하시오.

○ 컴퍼스로 $\overline{PQ}$의 길이를 잰다.
○ $\overline{PQ}$를 점 Q의 방향으로 연장한다.
○ 점 Q를 중심으로 하고 반지름의 길이가 $\overline{PQ}$인 원을 그려 $\overline{PQ}$의 연장선과의 교점을 R라 한다.

03 ↻0313

아래 그림은 ∠XOY와 크기가 같은 각을 $\overrightarrow{AB}$를 한 변으로 하여 작도하는 과정이다. 다음 중 작도 순서를 바르게 나열한 것은?

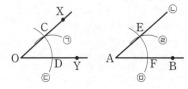

① ㉠ → ㉢ → ㉣ → ㉤ → ㉡
② ㉠ → ㉣ → ㉢ → ㉤ → ㉡
③ ㉡ → ㉢ → ㉤ → ㉠ → ㉣
④ ㉢ → ㉠ → ㉤ → ㉣ → ㉡
⑤ ㉢ → ㉤ → ㉠ → ㉣ → ㉡

04 ↻0315

오른쪽 그림은 직선 l 밖의 한 점 P를 지나고 직선 l과 평행한 직선 m을 작도한 것이다. 다음 중 옳지 <u>않은</u> 것은?

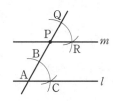

① $\overline{AC}=\overline{PQ}$ ② $\overline{BC}=\overline{QR}$
③ $\overline{PR}=\overline{QR}$ ④ $\overleftrightarrow{AC} /\!/ \overrightarrow{PR}$
⑤ ∠BAC=∠QPR

부록

대표문제 다시 풀기

05
↺0318

다음 중 삼각형의 세 변의 길이가 될 수 <u>없는</u> 것은?

① 2 cm, 4 cm, 5 cm   ② 4 cm, 4 cm, 6 cm

③ 5 cm, 8 cm, 10 cm   ④ 7 cm, 7 cm, 7 cm

⑤ 8 cm, 10 cm, 20 cm

06
↺0322

오른쪽 그림과 같이 변 AC의 길이와 ∠A, ∠C의 크기가 주어졌을 때, 다음 중 △ABC를 작도하는 순서로 옳지 <u>않은</u> 것은?

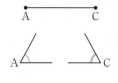

① ∠A → ∠C → $\overline{AC}$ ② ∠A → $\overline{AC}$ → ∠C

③ ∠C → $\overline{AC}$ → ∠A   ④ $\overline{AC}$ → ∠A → ∠C

⑤ $\overline{AC}$ → ∠C → ∠A

07
↺0325

다음 중 △ABC가 하나로 정해지는 것을 모두 고르면?

(정답 2개)

① $\overline{AB}$=8 cm, $\overline{BC}$=6 cm, $\overline{CA}$=14 cm

② $\overline{AB}$=7 cm, $\overline{AC}$=5 cm, ∠A=50°

③ $\overline{AC}$=5 cm, $\overline{BC}$=9 cm, ∠B=75°

④ $\overline{BC}$=10 cm, ∠A=35°, ∠C=80°

⑤ ∠A=80°, ∠B=45°, ∠C=55°

08
↺0329

아래 그림에서 두 사각형 ABCD와 EFGH가 합동일 때, 다음 중 옳지 <u>않은</u> 것은?

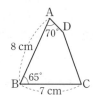

① $\overline{CD}$=6 cm   ② $\overline{FG}$=7 cm

③ ∠C=70°   ④ ∠E=70°

⑤ ∠H=145°

09
↺0332

다음 **보기** 중 서로 합동인 삼각형끼리 짝 지은 것으로 옳은 것은?

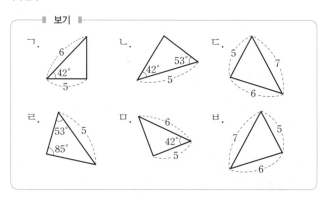

① ㄱ과 ㄴ   ② ㄱ과 ㄹ   ③ ㄴ과 ㅁ

④ ㄷ과 ㄹ   ⑤ ㄷ과 ㅂ

➲ 정답 및 풀이 88쪽

10 ↻ 0337

오른쪽 그림에서 $\overline{AB}=\overline{DE}$, $\overline{AC}=\overline{DF}$일 때, 다음 중 △ABC≡△DEF이기 위해 필요한 나머지 한 조건을 모두 고르면? (정답 2개)

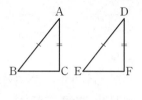

① $\overline{AC}=\overline{DE}$ ② $\overline{BC}=\overline{EF}$ ③ ∠A=∠D
④ ∠B=∠E ⑤ ∠C=∠F

11 ↻ 0340

다음은 오른쪽 그림과 같은 사각형 ABCD에서 △ABD≡△CBD임을 보이는 과정이다. ㈎, ㈏, ㈐에 알맞은 것을 구하시오.

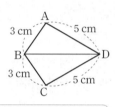

△ABD와 △CBD에서
$\overline{AB}=\overline{CB}$, $\overline{AD}=$ [㈎], [㈏]는 공통
∴ △ABD≡△CBD ([㈐] 합동)

12 ↻ 0343

다음은 오른쪽 그림에서 $\overline{OA}=\overline{OD}$, $\overline{OB}=\overline{OC}$일 때, △OAB≡△ODC임을 보이는 과정이다. ㈎, ㈏에 알맞은 것을 구하시오.

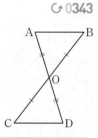

△OAB와 △ODC에서
$\overline{OA}=\overline{OD}$, $\overline{OB}=\overline{OC}$, [㈎] =∠DOC
∴ △OAB≡△ODC ([㈏] 합동)

13 ↻ 0346

다음은 오른쪽 그림에서 ∠XOY의 이등분선 위의 한 점 P에서 $\overrightarrow{OX}$, $\overrightarrow{OY}$에 내린 수선의 발을 각각 A, B라 할 때, $\overline{AP}=\overline{BP}$임을 보이는 과정이다. ㈎~㈑에 알맞은 것을 구하시오.

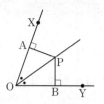

△AOP와 △BOP에서
[㈎] =∠BOP, [㈏] 는 공통,
∠APO=90°−∠AOP=90°− [㈐] = [㈑]
∴ △AOP≡△BOP ([㈒] 합동)
∴ $\overline{AP}=\overline{BP}$

14 ↻ 0349

오른쪽 그림에서 △ABC와 △ECD는 정삼각형이다. $\overline{AD}$와 $\overline{BE}$의 교점을 P라 할 때, ∠x의 크기를 구하시오.

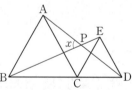

04 다각형

01
↻ 0421

다음 중 다각형인 것을 모두 고르면? (정답 2개)

① 원
② 평행사변형
③ 직육면체
④ 삼각뿔
⑤ 정팔각형

02
↻ 0424

오른쪽 그림과 같은 사각형
ABCD에서 ∠x+ ∠y의 크기는?

① 165°
② 170°
③ 175°
④ 180°
⑤ 185°

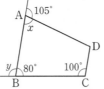

03
↻ 0428

다음 중 옳지 않은 것을 모두 고르면? (정답 2개)

① 세 변의 길이가 같은 삼각형은 정삼각형이다.
② 네 내각의 크기가 같은 사각형은 정사각형이다.
③ 정사각형은 한 내각의 크기와 한 외각의 크기가 서로 같다.
④ 정다각형은 모든 내각의 크기가 같다.
⑤ 변의 길이가 모두 같은 다각형은 정다각형이다.

04
↻ 0431

변의 개수가 15인 다각형의 한 꼭짓점에서 그을 수 있는 대각선의 개수를 구하시오.

05
↻ 0435

한 꼭짓점에서 그을 수 있는 대각선의 개수가 10인 다각형의 대각선의 개수를 구하시오.

06
↻ 0439

대각선의 개수가 27인 다각형의 한 꼭짓점에서 대각선을 모두 그었을 때 생기는 삼각형의 개수는?

① 6
② 7
③ 8
④ 9
⑤ 10

07
⟳0443

오른쪽 그림에서 $\overline{AD}$와 $\overline{BC}$의 교점을 O라 할 때, ∠x의 크기는?

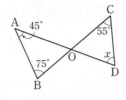

① 55° ② 60°
③ 65° ④ 70°
⑤ 75°

08
⟳0447

오른쪽 그림에서 x의 값을 구하시오.

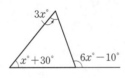

09
⟳0451

오른쪽 그림과 같은 △ABC에서 $\overline{AD}$는 ∠A의 이등분선일 때, ∠x의 크기를 구하시오.

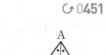
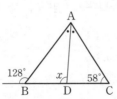

10
⟳0454

오른쪽 그림과 같은 △ABC에서 점 I는 ∠B와 ∠C의 이등분선의 교점이다. ∠A=72°일 때, ∠x의 크기는?

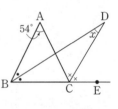

① 118° ② 120°
③ 122° ④ 124°
⑤ 126°

11
⟳0457

오른쪽 그림과 같은 △ABC에서 점 D는 ∠B의 이등분선과 ∠C의 외각의 이등분선의 교점이다. ∠A=54°일 때, ∠x의 크기를 구하시오.

12
⟳0460

오른쪽 그림과 같은 △DBC에서 $\overline{AB}=\overline{AC}=\overline{CD}$이고 ∠B=36°일 때, ∠$x$의 크기를 구하시오.

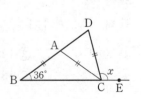

13 ↺ 0464

오른쪽 그림에서 ∠x의 크기는?

① 135° ② 140°
③ 145° ④ 150°
⑤ 155°

14 ↺ 0467

오른쪽 그림에서 ∠x의 크기를 구하시오.

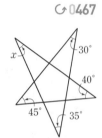

15 ↺ 0470

한 꼭짓점에서 그을 수 있는 대각선의 개수가 8인 다각형의 내각의 크기의 합은?

① 1080° ② 1260° ③ 1440°
④ 1620° ⑤ 1800°

16 ↺ 0474

오른쪽 그림에서 ∠x의 크기는?

① 105° ② 110°
③ 115° ④ 120°
⑤ 125°

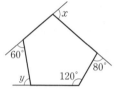

17 ↺ 0478

오른쪽 그림에서 ∠x+∠y의 크기를 구하시오.

18 ↺ 0482

오른쪽 그림에서 ∠x+∠y의 크기는?

① 61° ② 63°
③ 65° ④ 67°
⑤ 69°

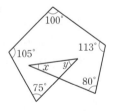

19 ↻ 0486

다음 중 대각선의 개수가 35인 정다각형에 대한 설명으로 옳지 <u>않은</u> 것은?

① 한 꼭짓점에서 그을 수 있는 대각선의 개수는 7이다.
② 한 꼭짓점에서 대각선을 모두 그었을 때 생기는 삼각형의 개수는 8이다.
③ 내각의 크기의 합은 1440°이다.
④ 한 내각의 크기는 144°이다.
⑤ 한 외각의 크기는 30°이다.

20 ↻ 0490

오른쪽 그림과 같은 정오각형에서 $\angle x$의 크기를 구하시오.

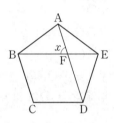

21 ↻ 0493

오른쪽 그림과 같이 한 변의 길이가 같은 정오각형과 정육각형이 변 ED를 공유할 때, $\angle x$의 크기를 구하시오.

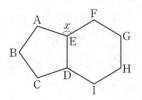

22 ↻ 0496

오른쪽 그림과 같이 원탁에 8명의 사람이 앉아 있다. 양옆에 앉은 사람을 제외한 모든 사람과 서로 한 번씩 악수를 할 때, 악수는 모두 몇 번 하게 되는가?

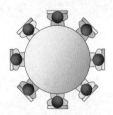

① 8번   ② 12번   ③ 16번
④ 20번   ⑤ 24번

23 ↻ 0499

오른쪽 그림과 같은 △ABC에서 점 P는 ∠A의 외각의 이등분선과 ∠C의 외각의 이등분선의 교점이다. ∠B=48°일 때, $\angle x$의 크기를 구하시오.

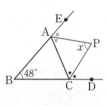

24 ↻ 0502

오른쪽 그림에서
$$\angle a + \angle b + \angle c + \angle d + \angle e$$
의 크기를 구하시오.

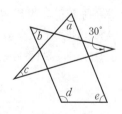

대표문제 다시 풀기

05 원과 부채꼴

01
↻ 0569

다음 중 오른쪽 그림과 같은 원 O에 대한 설명으로 옳지 <u>않은</u> 것은?
(단, 세 점 A, O, D는 한 직선 위에 있다.)

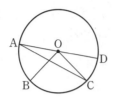

① ∠AOB에 대한 호는 $\overset{\frown}{AB}$이다.
② ∠COD는 $\overset{\frown}{CD}$에 대한 중심각이다.
③ 길이가 가장 긴 현은 $\overline{AC}$이다.
④ $\overline{OB}$, $\overline{OC}$, $\overset{\frown}{BC}$로 이루어진 도형은 부채꼴이다.
⑤ $\overline{AC}$와 $\overset{\frown}{AC}$로 이루어진 도형은 활꼴이다.

02
↻ 0572

오른쪽 그림과 같은 원 O에서 x, y의 값을 구하시오.

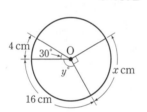

03
↻ 0576

오른쪽 그림과 같은 원 O에서 $\overset{\frown}{AB} : \overset{\frown}{BC} : \overset{\frown}{CA} = 4 : 2 : 3$일 때, ∠BOC의 크기를 구하시오.

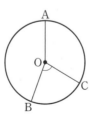

04
↻ 0580

오른쪽 그림과 같이 지름이 $\overline{AB}$인 반원 O에서 $\overline{AD} /\!/ \overline{OC}$이고 ∠COB=40°, $\overset{\frown}{BC}$=8 cm일 때, $\overset{\frown}{AD}$의 길이는?

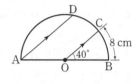

① 16 cm
② 18 cm
③ 20 cm
④ 22 cm
⑤ 24 cm

05
↻ 0584

오른쪽 그림과 같은 원 O에서 ∠AOB=45°, ∠COD=120°이다. 부채꼴 AOB의 넓이가 24 cm²일 때, 부채꼴 COD의 넓이를 구하시오.

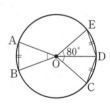

06
↻ 0588

오른쪽 그림과 같은 원 O에서 $\overline{AB}=\overline{CD}=\overline{DE}$이고 ∠COE=80°일 때, ∠AOB의 크기를 구하시오.

정답 및 풀이 90쪽

07 ↻ 0592

오른쪽 그림과 같은 원 O에서
$\angle AOB = \frac{1}{4} \angle COD$일 때, 다음 중
옳은 것을 모두 고르면? (정답 2개)

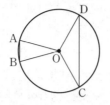

① $\overline{CD} = 4\overline{AB}$

② $\widehat{AB} = \frac{1}{4}\widehat{CD}$

③ $\overline{AB} /\!/ \overline{CD}$

④ $\triangle OAB = \frac{1}{4} \triangle OCD$

⑤ (부채꼴 COD의 넓이)=4×(부채꼴 AOB의 넓이)

08 ↻ 0595

오른쪽 그림에서 점 P는 원 O
의 지름 AB의 연장선과 현
CD의 연장선의 교점이다.
$\overline{CP} = \overline{CO}$, $\angle P = 35°$,
$\widehat{BD} = 21$ cm일 때, $\widehat{AC}$의 길
이를 구하시오.

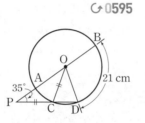

09 ↻ 0598

오른쪽 그림과 같은 원에서 색칠한 부
분의 둘레의 길이와 넓이를 차례대로
구하시오.

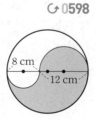

10 ↻ 0602

오른쪽 그림과 같이 반지름의 길이
가 5 cm이고 중심각의 크기가 144°
인 부채꼴의 호의 길이와 넓이를 차
례대로 구하시오.

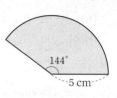

11 ↻ 0606

오른쪽 그림과 같은 부채꼴에서 다음
을 구하시오.

(1) 색칠한 부분의 둘레의 길이
(2) 색칠한 부분의 넓이

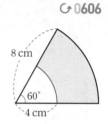

12 ↻ 0610

오른쪽 그림에서 색칠한 부분의 둘
레의 길이는?

① $(5\pi + 20)$ cm
② $(5\pi + 40)$ cm
③ $(10\pi + 20)$ cm
④ $(10\pi + 40)$ cm
⑤ $(15\pi + 40)$ cm

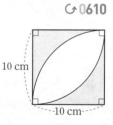

부록

대표문제 다시 풀기

13

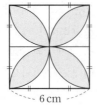

↻0614

오른쪽 그림과 같이 한 변의 길이가 6 cm인 정사각형에서 색칠한 부분의 넓이는?

① $(9\pi-12)$ cm²
② $(9\pi-18)$ cm²
③ $(18\pi-24)$ cm²
④ $(18\pi-30)$ cm²
⑤ $(18\pi-36)$ cm²

16

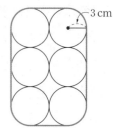

↻0625

오른쪽 그림과 같이 밑면인 원의 반지름의 길이가 3 cm인 원기둥 6개를 끈으로 묶으려고 할 때, 필요한 끈의 최소 길이는? (단, 끈의 매듭의 길이는 생각하지 않는다.)

① $(6\pi+24)$ cm
② $(6\pi+30)$ cm
③ $(6\pi+36)$ cm
④ $(12\pi+30)$ cm
⑤ $(12\pi+36)$ cm

14

↻0618

오른쪽 그림에서 색칠한 부분의 넓이를 구하시오.

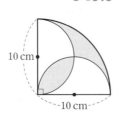

17

↻0628

오른쪽 그림과 같이 반지름의 길이가 4 cm인 원이 한 변의 길이가 12 cm인 정삼각형의 변을 따라 한 바퀴 돌았을 때, 원이 지나간 자리의 넓이를 구하시오.

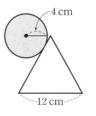

15

↻0622

오른쪽 그림은 지름의 길이가 8 cm인 반원을 점 A를 중심으로 45°만큼 회전한 것이다. 이때 색칠한 부분의 넓이를 구하시오.

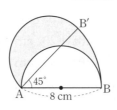

18

↻0631

오른쪽 그림과 같이 $\overline{AB}=10$ cm, $\angle A=30°$, $\angle C=90°$인 직각삼각형 ABC를 점 B를 중심으로 회전시켰다. 이때 점 A가 움직인 거리는?

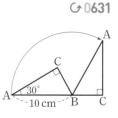

① 6π cm
② $\dfrac{20}{3}\pi$ cm
③ 7π cm
④ $\dfrac{22}{3}\pi$ cm
⑤ 8π cm

정답 및 풀이 92쪽

대표문제 다시 풀기

06 다면체와 회전체

01
0687

다음 중 다면체가 아닌 것을 모두 고르면? (정답 2개)

① 정사각형 ② 칠각기둥
③ 구각뿔 ④ 구
⑤ 정팔면체

02
0690

다음 중 면의 개수가 가장 많은 다면체는?

① 오각기둥 ② 구각뿔대
③ 십이각뿔 ④ 팔각뿔대
⑤ 팔각뿔

03
0694

십일각뿔의 모서리의 개수를 a, 칠각뿔대의 꼭짓점의 개수를 b라 할 때, $a+b$의 값을 구하시오.

04
0698

모서리의 개수가 36인 각기둥의 면의 개수를 x, 꼭짓점의 개수를 y라 할 때, $y-x$의 값은?

① 6 ② 7 ③ 8
④ 9 ⑤ 10

05
0702

다음 중 다면체와 그 옆면의 모양이 바르게 짝 지어진 것은?

① 삼각뿔대 — 삼각형
② 오각뿔 — 오각형
③ 육각기둥 — 사다리꼴
④ 칠각뿔 — 삼각형
⑤ 팔각뿔대 — 직사각형

06 ↻ 0706

다음 중 각뿔에 대한 설명으로 옳은 것을 모두 고르면?

(정답 2개)

① 밑면의 모양은 다각형이고 옆면의 모양은 사다리꼴이다.
② 각뿔의 종류는 옆면의 모양으로 결정된다.
③ 면의 개수와 꼭짓점의 개수가 같다.
④ 오각뿔을 밑면에 평행하게 잘랐을 때 생기는 단면은 오각형이다.
⑤ 옆면과 밑면은 수직이다.

07 ↻ 0709

다음 조건을 만족시키는 입체도형을 구하시오.

> ㈎ 두 밑면은 서로 평행하고 합동이다.
> ㈏ 옆면의 모양은 직사각형이다.
> ㈐ 꼭짓점의 개수는 18이다.

08 ↻ 0713

다음 중 정다면체에 대한 설명으로 옳은 것은?

① 정육면체와 정십이면체의 면의 모양은 같다.
② 면의 모양은 정삼각형, 정오각형, 정육각형 중 하나이다.
③ 정육각형으로 이루어진 정다면체는 1가지이다.
④ 각 면이 모두 합동인 정다각형인 다면체를 정다면체라 한다.
⑤ 한 꼭짓점에 모인 각의 크기의 합이 360°보다 작다.

09 ↻ 0717

면의 개수가 가장 많은 정다면체의 꼭짓점의 개수를 a, 꼭짓점의 개수가 가장 적은 정다면체의 모서리의 개수를 b라 할 때, $a+b$의 값은?

① 16 　　② 18 　　③ 20
④ 22 　　⑤ 24

10 ↻ 0720

다음 조건을 만족시키는 다면체를 구하시오.

> ㈎ 각 면이 모두 합동인 정다각형이다.
> ㈏ 각 꼭짓점에 모인 면의 개수는 5이다.

11

↻ 0723

다음 중 오른쪽 그림과 같은 전개도로 만든 정다면체에 대한 설명으로 옳지 않은 것은?

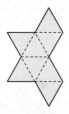

① 면의 개수는 8이다.
② 면의 모양은 모두 합동이다.
③ 꼭짓점의 개수는 6이다.
④ 모서리의 개수는 8이다.
⑤ 한 꼭짓점에 모인 면의 개수는 4이다.

12

↻ 0729

오른쪽 그림과 같은 정육면체에서 네 점 P, Q, R, S는 각각 $\overline{AB}$, $\overline{AD}$, $\overline{GH}$, $\overline{FG}$의 중점이다. 네 점 P, Q, R, S를 지나는 평면으로 자를 때 생기는 단면의 모양을 구하시오.

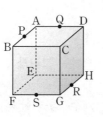

13

↻ 0733

다음 중 회전체인 것을 모두 고르면? (정답 2개)

① 원뿔   ② 삼각뿔대   ③ 구
④ 정육면체   ⑤ 칠각기둥

14

↻ 0736

오른쪽 그림과 같은 입체도형은 다음 중 어느 도형을 1회전 시킨 것인가?

①   ②

③   ④   ⑤

15

↻ 0740

다음 중 회전체와 그 회전체를 회전축을 포함하는 평면으로 자를 때 생기는 단면의 모양이 잘못 짝 지어진 것은?

① 반구 ― 반원
② 원기둥 ― 직사각형
③ 원뿔대 ― 직각삼각형
④ 원뿔 ― 이등변삼각형
⑤ 구 ― 원

부록

대표문제 다시 풀기

16 ↻0743

오른쪽 그림과 같은 평면도형을 직선 l을 회전축으로 하여 1회전 시킬 때 생기는 회전체를 회전축을 포함하는 평면으로 잘랐다. 이때 생기는 단면의 넓이를 구하시오.

3 cm
5 cm
4 cm

17 ↻0747

다음 그림과 같은 사다리꼴을 직선 l을 회전축으로 하여 1회전 시킬 때 생기는 회전체의 전개도에서 $\overset{\frown}{AB}=a\pi$ cm, $\overline{BD}=b$ cm, $\overset{\frown}{CD}=c\pi$ cm라 할 때, $a+b+c$의 값을 구하시오.

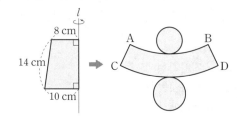

18 ↻0750

다음 중 옳지 않은 것을 모두 고르면? (정답 2개)

① 반원의 지름을 회전축으로 하여 1회전 시키면 구가 된다.

② 이등변삼각형의 한 변을 회전축으로 하여 1회전 시키면 원뿔이 된다.

③ 원뿔을 밑면에 평행한 평면으로 자르면 2개의 원뿔이 생긴다.

④ 회전체의 옆면을 만드는 선분을 모선이라 한다.

⑤ 평면도형을 회전시킬 때 축으로 사용한 직선을 회전축이라 한다.

19 ↻0753

오른쪽 그림과 같은 입체도형의 꼭짓점의 개수를 v, 모서리의 개수를 e, 면의 개수를 f라 할 때, $v-e+f$의 값을 구하시오.

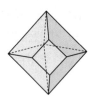

20 ↻0757

정육면체의 각 면의 한가운데 점을 연결하여 만든 정다면체는?

① 정사면체 ② 정육면체 ③ 정팔면체
④ 정십이면체 ⑤ 정이십면체

대표문제 다시 풀기

07 입체도형의 겉넓이와 부피

01
↻ 0822

오른쪽 그림과 같은 사각기둥의 겉넓이는?

① 170 cm² ② 172 cm²

③ 174 cm² ④ 176 cm²

⑤ 178 cm²

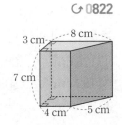

02
↻ 0826

오른쪽 그림과 같은 원기둥의 겉넓이를 구하시오.

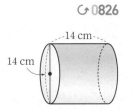

03
↻ 0830

오른쪽 그림과 같은 삼각기둥의 부피는?

① 130 cm³ ② 135 cm³

③ 140 cm³ ④ 145 cm³

⑤ 150 cm³

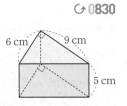

04
↻ 0834

오른쪽 그림과 같은 원기둥의 부피는?

① 128π cm³ ② 132π cm³

③ 136π cm³ ④ 140π cm³

⑤ 144π cm³

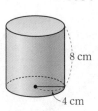

05
↻ 0838

오른쪽 그림과 같은 전개도로 만들어지는 원기둥의 겉넓이와 부피를 구하시오.

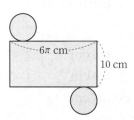

06
↻ 0842

오른쪽 그림과 같이 밑면이 부채꼴인 기둥의 부피를 구하시오.

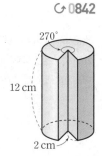

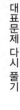

07
↻ 0845

오른쪽 그림과 같이 구멍이 뚫린 입체도형의 겉넓이를 구하시오.

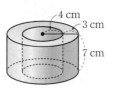

08
↻ 0849

오른쪽 그림은 직육면체에서 작은 직육면체를 잘라 내고 남은 입체도형이다. 이 입체도형의 겉넓이는?

① 416 cm²　　② 418 cm²
③ 420 cm²　　④ 422 cm²
⑤ 424 cm²

09
↻ 0852

오른쪽 그림과 같은 평면도형을 직선 l을 회전축으로 하여 1회전 시킬 때 생기는 회전체의 부피를 구하시오.

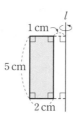

10
↻ 0855

오른쪽 그림과 같이 밑면은 한 변의 길이가 8 cm인 정사각형이고, 옆면은 높이가 9 cm인 이등변삼각형으로 이루어진 사각뿔의 겉넓이는?

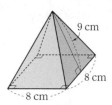

① 176 cm²　　② 184 cm²
③ 192 cm²　　④ 200 cm²
⑤ 208 cm²

11
↻ 0859

오른쪽 그림과 같은 원뿔의 겉넓이를 구하시오.

12
↻ 0863

오른쪽 그림과 같은 원뿔대의 겉넓이는?

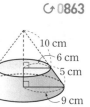

① 188π cm²　　② 192π cm²
③ 196π cm²　　④ 200π cm²
⑤ 204π cm²

13 ↺0867

오른쪽 그림과 같이 밑면인 정사각형의 한 변의 길이가 7 cm인 사각뿔의 부피가 147 cm³일 때, 이 사각뿔의 높이는?

① 6 cm   ② 7 cm
③ 8 cm   ④ 9 cm
⑤ 10 cm

14 ↺0870

오른쪽 그림과 같은 원뿔의 부피를 구하시오.

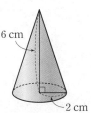

15 ↺0874

오른쪽 그림과 같은 원뿔대의 부피를 구하시오.

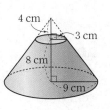

16 ↺0878

오른쪽 그림은 한 모서리의 길이가 6 cm인 정육면체를 세 꼭짓점 A, C, F를 지나는 평면으로 잘라 내고 남은 부분이다. 이 입체도형의 부피를 구하시오.

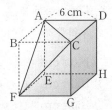

17 ↺0881

오른쪽 그림과 같이 직육면체 모양의 그릇에 물을 가득 채운 후 그릇을 기울였을 때 남아 있는 물의 부피가 30 cm³이었다. 이때 x의 값은? (단, 그릇의 두께는 생각하지 않는다.)

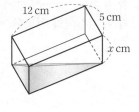

① 1   ② 2   ③ 3
④ 4   ⑤ 5

18 ↺0884

오른쪽 그림과 같이 밑면인 원의 반지름의 길이가 10 cm, 높이가 15 cm인 원뿔 모양의 빈 그릇에 1분에 10π cm³씩 물을 넣을 때, 빈 그릇에 물을 가득 채우는 데 몇 분이 걸리는지 구하시오. (단, 그릇의 두께는 생각하지 않는다.)

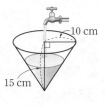

19
↻ 0887

오른쪽 그림과 같은 전개도로 만들어 지는 원뿔의 겉넓이는?

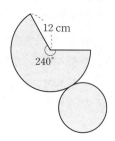

① $140\pi \text{ cm}^2$ ② $145\pi \text{ cm}^2$
③ $150\pi \text{ cm}^2$ ④ $155\pi \text{ cm}^2$
⑤ $160\pi \text{ cm}^2$

20
↻ 0890

오른쪽 그림과 같은 평면도형을 직선 l을 회전축으로 하여 1회전 시킬 때 생기는 회전체의 겉넓이와 부피를 구하시오.

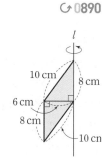

21
↻ 0893

구를 평면으로 잘랐을 때 생기는 단면의 최대 넓이가 $49\pi \text{ cm}^2$일 때, 이 구의 겉넓이를 구하시오.

22
↻ 0897

오른쪽 그림과 같은 입체도형의 부피를 구하시오.

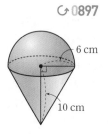

23
↻ 0901

오른쪽 그림은 반지름의 길이가 5 cm 인 구의 $\frac{1}{4}$을 잘라 내고 남은 입체도형이다. 이 입체도형의 겉넓이를 구하시오.

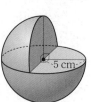

24
↻ 0905

오른쪽 그림과 같은 평면도형을 직선 l을 회전축으로 하여 1회전 시킬 때 생기는 회전체의 부피를 구하시오.

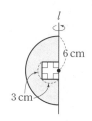

25
↻ 0909

오른쪽 그림과 같이 원기둥 안에 원뿔과 구가 꼭 맞게 들어 있다. 원뿔의 부피가 $144\pi \text{ cm}^3$일 때, 구와 원기둥의 부피를 차례대로 구하시오.

26
↻ 0912

오른쪽 그림과 같이 반지름의 길이가 9 cm인 구에 정팔면체가 꼭 맞게 들어 있다. 이때 이 정팔면체의 부피를 구하시오.

대표문제 다시 풀기

08 대푯값

01 ¤0966

다음은 8명의 학생이 어떤 연극을 관람한 후 남긴 평점을 조사하여 나타낸 표이다. 평점의 평균은?

점수(점)	1	2	3	4	5	합계
학생 수(명)	1	0	3	x	2	8

① 2.5점   ② 3점   ③ 3.5점
④ 4점   ⑤ 4.5점

02 ¤0969

다음은 A, B 두 모둠 학생들의 턱걸이 횟수를 조사하여 나타낸 것이다. A, B 두 모둠 학생들의 턱걸이 횟수의 중앙값을 각각 a회, b회라 할 때, $a+b$의 값을 구하시오.

(단위: 회)

[A 모둠]	3,	7,	9,	5,	4,	10
[B 모둠]	13,	5,	3,	8,	11,	15, 6

03 ¤0972

다음은 은지네 반 학생 20명의 가족 수를 조사하여 나타낸 것이다. 가족 수의 최빈값은?

(단위: 명)

5	4	4	3	2
3	3	6	7	5
5	4	3	4	2
5	4	4	4	3

① 2명   ② 3명   ③ 4명
④ 5명   ⑤ 6명

04 ¤0975

다음은 어느 동호회 회원 6명의 1년 동안의 여행 횟수를 조사하여 나타낸 것이다. 평균과 중앙값 중에서 이 자료의 대푯값으로 더 적절한 것을 말하고, 그 값을 구하시오.

(단위: 회)

4,	2,	6,	8,	50,	8

05 ¤0978

6개의 변량 13, 5, a, 12, 6, 16의 중앙값이 10일 때, 평균을 구하시오.

06 ¤0981

아래 자료에 한 개의 변량을 추가하였을 때, 다음 **보기** 중 옳은 것을 모두 고른 것은?

10,	5,	8,	8,	8,	3

┤ 보기 ├

ㄱ. 이 자료의 평균은 변하지 않는다.
ㄴ. 이 자료의 중앙값은 변하지 않는다.
ㄷ. 이 자료의 최빈값은 변하지 않는다.

① ㄱ   ② ㄴ   ③ ㄷ
④ ㄱ, ㄴ   ⑤ ㄴ, ㄷ

대표문제 다시 풀기

09 도수분포표와 상대도수

01

↻1032

오른쪽은 시후네 반 학생들이 학급 게시판에 올린 게시글 수를 조사하여 나타낸 줄기와 잎 그림이다. 다음 중 옳지 않은 것은?

(1|0은 10개)

줄기	잎
1	0 1 3 7
2	2 2 5 8 9
3	1 4 6 7 7 9
4	3 4 7
5	6 9

① 전체 학생 수는 20이다.
② 잎이 가장 많은 줄기는 3이다.
③ 게시글을 20개 이상 40개 미만 올린 학생 수는 11이다.
④ 게시글을 5번째로 많이 올린 학생이 올린 게시글 수는 39이다.
⑤ 게시글을 55개 이상 올린 학생은 전체의 10 %이다.

02

↻1037

오른쪽은 도시별 1인당 1일 급수량을 조사하여 나타낸 도수분포표이다. 다음 중 옳은 것은?

급수량(L)	도수(곳)
240이상 ~ 270미만	1
270 ~ 300	A
300 ~ 330	7
330 ~ 360	5
360 ~ 390	2
합계	19

① 계급의 크기는 20 L이다.
② 계급의 개수는 4이다.
③ A의 값은 5이다.
④ 급수량이 6번째로 많은 도시가 속하는 계급은 300 L 이상 330 L 미만이다.
⑤ 급수량이 300 L 이상인 도시는 14곳이다.

03

↻1042

오른쪽은 어느 중학교 선생님들의 나이를 조사하여 나타낸 도수분포표이다. 나이가 35세 이상 40세 미만인 선생님이 전체의 10 %일 때, 나이가 45세 이상 50세 미만인 선생님 수를 구하시오.

나이(세)	도수(명)
30이상 ~ 35미만	5
35 ~ 40	A
40 ~ 45	9
45 ~ 50	B
50 ~ 55	8
합계	40

04

↻1045

오른쪽은 천호네 반 학생들의 왕복 통학 시간을 조사하여 나타낸 히스토그램이다. 다음 물음에 답하시오.

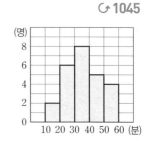

(1) 통학 시간이 긴 쪽에서 6번째인 학생이 속하는 계급을 구하시오.
(2) 통학 시간이 20분 이상 40분 미만인 학생은 전체의 몇 %인지 구하시오.

05
↺ 1048

오른쪽은 민주네 반 학생들의 음악 수행 평가 점수를 조사하여 나타낸 히스토그램이다. 이 히스토그램에서 직사각형의 넓이의 합을 구하시오.

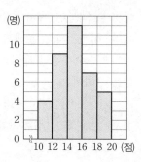

06
↺ 1051

오른쪽은 승민이네 반 학생들이 퀴즈 맞히기 게임에서 맞힌 퀴즈의 개수를 조사하여 나타낸 히스토그램인데 일부가 찢어져 보이지 않는다. 맞힌 퀴즈가 20개 이상인 학생이 전체의 25 %일 때, 맞힌 퀴즈가 15개 이상 20개 미만인 학생 수를 구하시오.

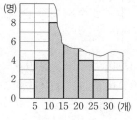

07
↺ 1054

오른쪽은 해나네 반 학생들이 가지고 있는 필기구의 개수를 조사하여 나타낸 도수분포다각형이다. 다음 **보기** 중 옳은 것을 모두 고른 것은?

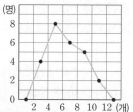

| 보기 |

ㄱ. 계급의 개수는 7이다.

ㄴ. 가지고 있는 필기구가 9개인 학생이 속하는 계급은 8개 이상 10개 미만이다.

ㄷ. 가지고 있는 필기구의 개수가 5번째로 적은 학생이 속하는 계급의 도수는 8명이다.

① ㄱ   ② ㄴ   ③ ㄱ, ㄷ
④ ㄴ, ㄷ   ⑤ ㄱ, ㄴ, ㄷ

08
↺ 1057

오른쪽은 지민이네 학교 학생들의 하루 동안 가족 간의 대화 시간을 조사하여 나타낸 도수분포다각형이다. 도수분포다각형과 가로축으로 둘러싸인 부분의 넓이를 구하시오.

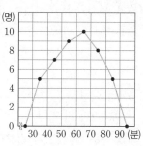

09 ↺ 1060

오른쪽은 어느 공원에서 산책하는 40명의 사람들의 산책 시간을 조사하여 나타낸 도수분포다각형인데 일부가 찢어져 보이지 않는다. 산책 시간이 60분 이상인 사람이

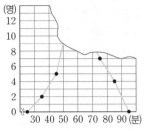

전체의 50 %일 때, 산책 시간이 50분 이상 60분 미만인 사람 수를 구하시오.

10 ↺ 1063

오른쪽은 어느 회사의 두 부서 A, B 부서원들의 근무 만족도를 조사하여 나타낸 도수분포다각형이다. 다음 중 옳지 <u>않은</u> 것은?

① A 부서와 B 부서의 전체 부서원 수는 같다.

② B 부서의 만족도가 A 부서의 만족도보다 높은 편이다.

③ 만족도가 7점 이상인 A 부서와 B 부서의 부서원 수의 비는 4 : 5이다.

④ 4점 이상 5점 미만인 계급의 도수는 A 부서가 B 부서보다 2명 더 많다.

⑤ 도수분포다각형과 가로축으로 둘러싸인 부분의 넓이는 B 부서가 더 넓다.

11 ↺ 1065

어느 도수분포표에서 도수가 30인 계급의 상대도수는 0.15이다. 이 도수분포표에서 도수가 40인 계급의 상대도수는 a이고 도수가 b인 계급의 상대도수는 0.35일 때, $a+b$의 값을 구하시오.

12 ↺ 1069

오른쪽은 소정이네 반 학생들의 하루 동안 TV 시청 시간을 조사하여 나타낸 도수분포다각형이다. 도수가 가장 큰 계급의 상대도수는?

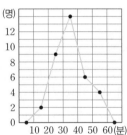

① 0.25 ② 0.3

③ 0.35 ④ 0.4

⑤ 0.45

13

↻ 1072

아래는 현정이네 학교 학생들의 하루 동안 휴대폰 사용 시간을 조사하여 나타낸 상대도수의 분포표이다. 다음 물음에 답하시오.

사용 시간(시간)	도수(명)	상대도수
$0^{이상} \sim 1^{미만}$	10	0.25
1 ～2	A	0.4
2 ～3	8	B
3 ～4	C	
합계	D	E

(1) A, B, C, D, E의 값을 구하시오.
(2) 도수가 가장 작은 계급의 상대도수를 구하시오.
(3) 휴대폰 사용 시간이 2시간 이상인 학생은 전체의 몇 % 인지 구하시오.

14

↻ 1074

다음은 상대도수의 분포표인데 일부가 찢어져 보이지 않는다. 20 이상 30 미만인 계급의 도수를 구하시오.

계급	도수	상대도수
$10^{이상} \sim 20^{미만}$	7	0.28
20 ～30		0.36

15

↻ 1077

다음은 A, B 두 지역의 성인 250명과 200명의 나이를 각각 조사하여 나타낸 도수분포표이다. A 지역보다 B 지역의 상대도수가 더 큰 계급을 구하시오.

나이(세)	도수(명)	
	A 지역	B 지역
$20^{이상} \sim 30^{미만}$	45	32
30 ～40	25	52
40 ～50	55	44
50 ～60	50	32
60 ～70	75	40
합계	250	200

16

↻ 1080

A, B 두 팀의 도수의 총합의 비가 5 : 2이고 어떤 계급의 도수의 비가 3 : 4일 때, 이 계급의 상대도수의 비는?

① 2 : 7 ② 2 : 11 ③ 3 : 8
④ 3 : 10 ⑤ 4 : 15

17 ↻1083

오른쪽은 어느 중학교 학생 50명의 하루 동안 물을 마시는 횟수에 대한 상대도수의 분포를 나타낸 그래프이다. 다음 중 옳은 것은?

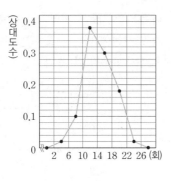

① 계급의 크기는 5회이다.

② 물을 마시는 횟수가 14회 이상 18회 미만인 학생 수는 18이다.

③ 도수가 가장 큰 계급의 상대도수는 0.4이다.

④ 도수가 5명인 계급은 6회 이상 10회 미만이다.

⑤ 물을 마시는 횟수가 18회 이상인 학생은 전체의 15 %이다.

18 ↻1086

다음은 어느 박물관에 입장한 관람객의 나이에 대한 상대도수의 분포를 나타낸 그래프인데 일부가 찢어져 보이지 않는다. 나이가 16세 이상 20세 미만인 관람객 수가 10일 때, 나이가 20세 이상 24세 미만인 관람객 수를 구하시오.

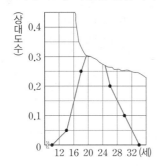

19 ↻1089

아래는 어느 진로 체험에 참가한 중학교 1학년과 3학년 학생들의 만족도에 대한 상대도수의 분포를 나타낸 그래프이다. 다음 중 옳지 <u>않은</u> 것은?

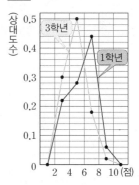

① 1학년에서 만족도가 6점 미만인 학생은 1학년 전체 학생의 50 %이다.

② 3학년보다 1학년이 만족도가 더 높은 편이다.

③ 1학년과 3학년에서 만족도가 8점 이상 10점 미만인 학생 수의 대소는 비교할 수 없다.

④ 만족도가 2점 이상 4점 미만인 학생의 비율은 3학년이 더 높다.

⑤ 1학년 학생 수가 300이고 3학년 학생 수가 250일 때 1학년 학생 수가 3학년 학생 수보다 더 많은 계급은 3개이다.

개념원리 검토위원

"현장 친화적인 교재를 만들기 위해 전국의 열정 가득한 선생님들의 의견을 적극 반영하였습니다."

강원
김서인 세모가꿈꾸는수학당학원
노명희 탑클래스
박면순 순수학교습소
박준규 홍인학원
원혜경 최상위수학마루슬기로운
　　　　영어생활학원
이상록 입시전문유승학원

경기
김기영 이화수학플러스학원
김도완 프라매쓰 수학학원
김도훈 양서고등학교
김민정 은여울교실
김상윤 막강한 수학학원
김서림 엠베스트SE갈매학원
김영아 브레인캐슬 사고력학원
김영준 청솔교육
김용삼 백영고등학교
김은지 탑브레인 수학과학학원
김종대 김앤문연세학원
김지현 GMT수학과학학원
김태익 설봉중학교
김태환 제이스터디 수학교습소
김혜정 수학을 말하다
두보경 성문고등학교
류지애 류지애수학학원
류진성 마테마티카 수학학원
문태현 한올학원
박미영 루멘수학교습소
박민선 성남최상위 수학학원
박상욱 양명고등학교
박선민 수원고등학교
박세환 부천 류수학학원
박수현 씨앗학원
박수현 리더가되는수학교습소
박용성 진접최강학원
박재연 아이셀프 수학교습소
박재현 렛츠학원
박중혁 미라클융합수학학원
박진규 M&S Academy
성진석 마스터수학학원
손귀순 남다른수학학원
손윤미 생각하는 아이들 학원
신현아 양명고등학교
심현아 수리인수학학원
엄보용 경안고등학교
유환　도당비젼스터디
윤재원 양명고등학교
이나래 토리103수학학원
이수연 매향여자정보고등학교
이영현 찐사고력학원
이윤정 브레인수학학원
이진수 안양고등학교
이태현 류지애수학학원
임태은 김상희 수학학원
임호직 열정 수학학원
전원중 큐이디학원
정수연 the오름수학
정윤상 제이에스학원
조기민 일산동고등학교
조정기 김포페이스메이커학원
주효은 성남최상위수학학원

천기분 이지(EZ)수학
최영성 에이블수학영어학원
한수민 SM수학학원
한지희 이음수학
홍흥선 잠원중학교
황정민 하이수학학원

경상
강성민 진주대아고등학교
강혜연 BK영수전문학원
김보배 참수학교습소
김양준 이룸학원
김영석 진주동명고등학교
김형도 진주제일여자고등학교
남영준 아르베수학전문학원
백은애 매쓰플랜수학학원
　　　　양산물금지점
송민수 창원남고등학교
신승용 유신수학전문학원
우하람 하람수학교습소
이준현 진샘제이에스학원
장초향 이룸수학교습소
정은미 수학의봄학원
정진희 위드멘토 수학학원
최병헌 프라임수학전문학원

광주
김대균 김대균수학학원
박서정 더강한수학전문학원
오성진 오성진선생의
　　　　수학스케치학원
오재은 바이블수학교습소
정은정 이화수학교습소
최희철 Speedmath학원

대구
김동현 달콤 수학학원
김미경 민쌤 수학교습소
김봉수 범어신사고학원
박주영 에픽수학
배세혁 수클래스학원
이동우 더프라임수학학원
이수현 하이매쓰수학교습소
최진혁 시원수학교습소

대전
강옥선 한밭고등학교
김영상 루틴아카데미학원
정서인 안녕, 수학
홍진국 저스트 수학

부산
김민규 다비드수학학원
김성완 드림에듀학원
모상철 수학에반하다수학학원
박경옥 좋은문화학원
박정호 월수학
서지원 코어영어수학전문학원
윤종성 경혜여자고등학교
이재관 황소 수학전문학원
임종화 필 수학전문학원
정지원 감각수학
조태환 HU수학학원
주유미 M2수학

차용화 리바이브 수학전문학원
채송화 채송화 수학
허윤정 올림수학전문학원

서울
강성철 목동일타수학학원
고수현 강북세일학원
권대중 PGA NEO H
김경희 TYP 수학학원
김미란 퍼펙트 수학
김수환 CSM 17
김여옥 매쓰홀릭학원
김재남 문영여자고등학교
김진규 서울바움수학(역삼럭키)
남정민 강동중학교
박경보 최고수챌린지에듀학원
박다슬 매쓰필드 수학교습소
박병민 CSM 17
박태원 솔루션수학
배재형 배재형수학
백승정 CSM 17
변만섭 빼어날수학학원
소병호 세일교육
손아름 에스온수리영재아카데미
송우성 에듀서강고등부
연홍자 강북세일학원
윤기원 용문고등학교
윤상문 청어람수학원
윤세현 두드림에듀
이건우 송파이지엠수학학원
이무성 백인백색수학학원
이상일 수학불패학원
이세미 이쌤수학교습소
이승현 신도림케이투학원
이재서 최상위수학학원
이혜림 다오른수학
정수정 대치수학클리닉
정연화 풀우리수학교습소
최윤정 최쌤수학

세종
김수경 김수경 수학교실
김우진 정진수학학원
이후랑 새으뜸수학교습소
전알찬 알매쓰 수학학원
최시안 데카르트 수학학원

울산
김대순 더셀럽학원
김봉조 퍼스트클래스
　　　　수학영어전문학원
김정수 필로매쓰학원
박동민 동지수학과학전문학원
박성욱 알수록수학교습소
이아영 아이비수학학원
이재광 이재광수학전문학원
이재문 포스텍수학전문학원
정나경 하이레벨정쌤수학학원
정인규 옥동명인학원

인천
권기우 하늘스터디수학학원
권혁동 매쓰뷰학원
김기주 이명학원

김남희 올심수학학원
김민성 민성학원
김유미 꼼꼼수학교습소
김정원 이명학원
김현순 이명학원
박미현 강한수학
박소이 다빈치창의수학교습소
박수국 이명학원
박주원 이명학원
서명철 남동솔로몬2관학원
서해나 이명학원
오성민 코다연세수학
왕재훈 청라현수학학원
윤경원 서울대치수학
윤여태 호크마수학전문학원
이명신 이명학원
이성희 과수원학원
이정홍 이명학원
이창성 틀세움수학
이현희 애프터스쿨학원
정청용 고대수학원
조성환 수플러스수학교습소
차승민 황제수학학원
최낙현 이명학원
허갑재 허갑재 수학학원
황면식 늘품과학수학학원

전라
강대웅 오송길벗학원
강민정 유일여자고등학교
강선희 태강수학영어학원
강원택 탑시드영수학원
김진실 전주고등학교
나일강 전주고등학교
박경문 전주해성중학교
박상준 전주근영여자고등학교
백행선 멘토스쿨학원
심은정 전주고등학교
안정은 최상위영재학원
양예슬 전라고등학교
진의섭 제이투엠학원
진인섭 호남제일고등학교

충청
김경희 점프업수학
김미경 시티자이수학
김서한 운호고등학교
김성완 상당고등학교
김현태 운호고등학교
김희범 세광고등학교
안승현 중앙학원(충북혁신)
옥정화 당진수학나무
우명제 필즈수학학원
윤석봉 세광고등학교
이선영 운호고등학교
이아람 퍼펙트브레인학원
이은빈 주성고등학교
이혜진 주성고등학교
임은아 청주일신여자고등학교
홍순동 홍수학영어학원

- 함께 만들어 나가는 개념원리

중학 수학 **1-2**

정답 및 풀이

개념원리 수학연구소

개념원리 RPM 중학 수학 1-2

정답 및 풀이

 정확하고 이해하기 쉬운 친절한 풀이 제시

 수학적 사고력을 키우는 다양한 해결 방법 제시

 문제 해결 TIP과 중요개념 & 보충설명 제공

 문제 해결의 실마리 제시

교재 만족도 조사

이 교재는 학생 2,540명과 선생님 360명의
의견을 반영하여 만든 교재입니다.

개념원리는 개념원리, RPM을 공부하는
여러분의 목소리에 항상 귀 기울이겠습니다.

여러분의 소중한 의견을 전해 주세요.
단 5분이면 충분해요!
매월 초 10명을 추첨하여 문화상품권
1만 원권을 선물로 드립니다.

유형의 완성 RPM

중학 수학 **1-2**

정답 및 풀이

01 기본 도형

 교과서문제 **정복하기** ▶본문 9, 11쪽

0001 답 ○

0002 점이 움직인 자리는 직선 또는 곡선이 된다. 답 ×

0003 교선은 면과 면이 만날 때 생긴다. 답 ×

0004 삼각뿔의 면의 개수는 4이다. 답 4

0005 삼각뿔의 교점의 개수는 꼭짓점의 개수와 같으므로 4 이다. 답 4

0006 삼각뿔의 교선의 개수는 모서리의 개수와 같으므로 6 이다. 답 6

0007 삼각기둥의 면의 개수는 5이다. 답 5

0008 삼각기둥의 교점의 개수는 꼭짓점의 개수와 같으므로 6이다. 답 6

0009 삼각기둥의 교선의 개수는 모서리의 개수와 같으므로 9이다. 답 9

0010 선분 MN을 기호로 나타내면 $\overline{\text{MN}}$이다. 답 $\overline{\text{MN}}$

0011 반직선 MN을 기호로 나타내면 $\overrightarrow{\text{MN}}$이다. 답 $\overrightarrow{\text{MN}}$

0012 반직선 NM을 기호로 나타내면 $\overrightarrow{\text{NM}}$이다. 답 $\overrightarrow{\text{NM}}$

0013 직선 MN을 기호로 나타내면 $\overleftrightarrow{\text{MN}}$이다. 답 $\overleftrightarrow{\text{MN}}$

0014 답 =

0015 $\overrightarrow{\text{BA}}$와 $\overrightarrow{\text{BC}}$는 시작점은 같으나 뻗어 나가는 방향이 다르므로 $\overrightarrow{\text{BA}} \neq \overrightarrow{\text{BC}}$ 답 ≠

0016 $\overrightarrow{\text{CA}}$와 $\overrightarrow{\text{CB}}$는 시작점과 뻗어 나가는 방향이 모두 같으므로 $\overrightarrow{\text{CA}} = \overrightarrow{\text{CB}}$ 답 =

0017 답 =

0018 두 점 A, B 사이의 거리는 $\overline{\text{AB}}$의 길이와 같으므로 7 cm이다. 답 7 cm

0019 두 점 B, D 사이의 거리는 $\overline{\text{BD}}$의 길이와 같으므로 5 cm이다. 답 5 cm

0020 $\overline{\text{AM}} = \overline{\text{MB}} = \frac{1}{2}\overline{\text{AB}}$이므로 $\overline{\text{AB}} = 2\overline{\text{AM}}$ 답 2

0021 $\overline{\text{AN}} = \overline{\text{NM}} = \frac{1}{2}\overline{\text{AM}}$이므로 $\overline{\text{AM}} = 2\overline{\text{NM}}$ 답 2

0022 $\overline{\text{AB}} = 2\overline{\text{AM}} = 2 \times 2\overline{\text{NM}} = 4\overline{\text{NM}}$ 답 4

0023 $\overline{\text{AM}} = \frac{1}{3}\overline{\text{AB}} = \frac{1}{3} \times 9 = 3 \,(\text{cm})$ 답 3

0024 $\overline{\text{AN}} = \frac{2}{3}\overline{\text{AB}} = \frac{2}{3} \times 9 = 6 \,(\text{cm})$ 답 6

0025 $\overline{\text{MB}} = \frac{2}{3}\overline{\text{AB}} = \frac{2}{3} \times 9 = 6 \,(\text{cm})$ 답 6

0026 $0° <$ (예각) $< 90°$이므로 ㄱ, ㅁ이다. 답 ㄱ, ㅁ

0027 (직각) $= 90°$이므로 ㄹ이다. 답 ㄹ

0028 $90° <$ (둔각) $< 180°$이므로 ㄴ, ㅂ이다. 답 ㄴ, ㅂ

0029 (평각) $= 180°$이므로 ㄷ이다. 답 ㄷ

0030 ∠AOB $= 180°$이므로 ∠AOB는 평각이다. 답 평각

0031 $0° <$ ∠DOB $< 90°$이므로 ∠DOB는 예각이다. 답 예각

0032 $90° <$ ∠AOD $< 180°$이므로 ∠AOD는 둔각이다. 답 둔각

0033 ∠COB $= 90°$이므로 ∠COB는 직각이다. 답 직각

0034 $\angle x + 50° = 180°$ ∴ $\angle x = 130°$ 답 130°

0035 $23° + \angle x = 90°$ $\therefore \angle x = 67°$ 답 67°

0036 답 $\angle DOE$ (또는 $\angle EOD$)

0037 답 $\angle EOF$ (또는 $\angle FOE$)

0038 답 $\angle DOF$ (또는 $\angle FOD$)

0039 맞꼭지각의 크기는 서로 같으므로 $\angle x = 60°$
평각의 크기는 180°이므로
$60° + \angle y = 180°$ $\therefore \angle y = 120°$
답 $\angle x = 60°$, $\angle y = 120°$

0040 맞꼭지각의 크기는 서로 같으므로 $\angle x = 35°$
평각의 크기는 180°이므로
$60° + \angle x + \angle y = 180°$, $60° + 35° + \angle y = 180°$
$\therefore \angle y = 85°$ 답 $\angle x = 35°$, $\angle y = 85°$

0041 맞꼭지각의 크기는 서로 같으므로 $\angle x = 90°$
평각의 크기는 180°이므로
$30° + \angle y + 90° = 180°$ $\therefore \angle y = 60°$
답 $\angle x = 90°$, $\angle y = 60°$

0042 직선 AB와 직선 CD는 서로 수직이므로
$\overleftrightarrow{AB} \perp \overleftrightarrow{CD}$ 답 $\overleftrightarrow{AB} \perp \overleftrightarrow{CD}$

0043 점 C에서 직선 AB에 내린 수선의 발은 점 O이다.
답 점 O

0044 점 A와 직선 CD 사이의 거리를 나타내는 선분은
$\overline{AO}$이다. 답 $\overline{AO}$

0045 점 D에서 $\overleftrightarrow{AB}$에 내린 수선의 발은 점 A이다.
답 점 A

0046 $\overline{AD}$와 직교하는 변은 $\overline{AB}$이다. 답 $\overline{AB}$

0047 점 A와 $\overline{BC}$ 사이의 거리는 $\overline{AB}$의 길이와 같으므로
3 cm이다. 답 3 cm

 유형 익히기 ▶ 본문 12~18쪽

0048 교점의 개수는 꼭짓점의 개수와 같으므로 $a=5$
교선의 개수는 모서리의 개수와 같으므로 $b=8$
$\therefore b-a=8-5=3$ 답 ③

0049 교점의 개수는 꼭짓점의 개수와 같으므로 8이고,
교선의 개수는 모서리의 개수와 같으므로 12이다. 답 ④

0050 면의 개수는 8이므로 $a=8$ ⋯ 1단계
교점의 개수는 꼭짓점의 개수와 같으므로 $b=12$ ⋯ 2단계
교선의 개수는 모서리의 개수와 같으므로 $c=18$ ⋯ 3단계
$\therefore a+b-c=8+12-18=2$ ⋯ 4단계
답 2

단계	채점 요소	비율
1	a의 값 구하기	30 %
2	b의 값 구하기	30 %
3	c의 값 구하기	30 %
4	$a+b-c$의 값 구하기	10 %

0051 ② $\overrightarrow{BD}$와 $\overrightarrow{BC}$는 시작점과 뻗어 나가는 방향이 모두
같으므로 $\overrightarrow{BD} = \overrightarrow{BC}$
따라서 $\overrightarrow{BD}$와 같은 것은 ②이다. 답 ②

0052 (1) $\overrightarrow{AC}$와 같은 것은 $\overrightarrow{AB}$, $\overrightarrow{BC}$이다.
(2) $\overrightarrow{AB}$와 같은 것은 $\overrightarrow{AC}$이다.
(3) $\overline{BC}$와 같은 것은 $\overline{CB}$이다.
답 (1) ㄱ, ㅁ (2) ㄴ (3) ㅂ

0053 ④ $\overrightarrow{PQ}$와 $\overrightarrow{QR}$는 뻗어 나가는 방향은 같으나 시작점이
다르므로 $\overrightarrow{PQ} \neq \overrightarrow{QR}$
따라서 옳지 않은 것은 ④이다. 답 ④

0054 직선은 $\overleftrightarrow{AB}$, $\overleftrightarrow{AC}$, $\overleftrightarrow{BC}$의 3개이므로 $a=3$
$\overrightarrow{AB}$와 $\overrightarrow{BA}$는 서로 다른 반직선이므로 반직선의 개수는 직선의
개수의 2배이다.
$\therefore b=3 \times 2 = 6$
$\therefore a+b=3+6=9$ 답 ③
다른 풀이 직선의 개수는
$\dfrac{3 \times (3-1)}{2} = 3$ $\therefore a=3$
반직선의 개수는
$3 \times (3-1) = 6$ $\therefore b=6$
$\therefore a+b=3+6=9$

RPM 비법 노트

어느 세 점도 한 직선 위에 있지 않은 n개의 점 중에서 두 점을 지나
는 서로 다른 직선, 반직선, 선분의 개수는 다음과 같다.
① 직선의 개수 ➡ $\dfrac{n(n-1)}{2}$
② 반직선의 개수 ➡ $n(n-1)$
③ 선분의 개수 ➡ $\dfrac{n(n-1)}{2}$

0055 (1) 직선은 $\overleftrightarrow{AB}$, $\overleftrightarrow{AC}$, $\overleftrightarrow{AD}$, $\overleftrightarrow{BC}$, $\overleftrightarrow{BD}$, $\overleftrightarrow{CD}$의 6개이다.
(2) 반직선의 개수는 직선의 개수의 2배이므로 $6 \times 2 = 12$
(3) 선분의 개수는 직선의 개수와 같으므로 6이다.

답 (1) 6 (2) 12 (3) 6

다른 풀이 (1) 직선의 개수는 $\dfrac{4 \times (4-1)}{2} = 6$

(2) 반직선의 개수는 $4 \times (4-1) = 12$

(3) 선분의 개수는 $\dfrac{4 \times (4-1)}{2} = 6$

0056 반직선은
$\overrightarrow{AB}$, $\overrightarrow{AC}$, $\overrightarrow{AD}$, $\overrightarrow{AE}$, $\overrightarrow{BA}$, $\overrightarrow{BC}$, $\overrightarrow{BD}$, $\overrightarrow{BE}$, $\overrightarrow{CA}$, $\overrightarrow{CB}$,
$\overrightarrow{CD}$, $\overrightarrow{CE}$, $\overrightarrow{DA}$, $\overrightarrow{DB}$, $\overrightarrow{DC}$, $\overrightarrow{DE}$, $\overrightarrow{EA}$, $\overrightarrow{EB}$, $\overrightarrow{EC}$, $\overrightarrow{ED}$
의 20개이다. 답 20

다른 풀이 반직선의 개수는 $5 \times (5-1) = 20$

0057 직선은
$\overleftrightarrow{AB}$, $\overleftrightarrow{AD}$, $\overleftrightarrow{BD}$, $\overleftrightarrow{CD}$
의 4개이므로 $a = 4$
반직선은
$\overrightarrow{AB}$, $\overrightarrow{AD}$, $\overrightarrow{BA}$, $\overrightarrow{BC}$, $\overrightarrow{BD}$, $\overrightarrow{CB}$, $\overrightarrow{CD}$, $\overrightarrow{DA}$, $\overrightarrow{DB}$, $\overrightarrow{DC}$
의 10개이므로 $b = 10$
$\therefore b - a = 10 - 4 = 6$ 답 6

0058 (1) 직선은 $\overleftrightarrow{AB}$의 1개이다.
(2) 반직선은 $\overrightarrow{AB}$, $\overrightarrow{BA}$, $\overrightarrow{BC}$, $\overrightarrow{CB}$, $\overrightarrow{CD}$, $\overrightarrow{DC}$의 6개이다.
(3) 선분은 $\overline{AB}$, $\overline{AC}$, $\overline{AD}$, $\overline{BC}$, $\overline{BD}$, $\overline{CD}$의 6개이다.

답 (1) 1 (2) 6 (3) 6

0059 직선은
$\overleftrightarrow{AB}$, $\overleftrightarrow{EA}$, $\overleftrightarrow{EB}$, $\overleftrightarrow{EC}$, $\overleftrightarrow{ED}$
의 5개이므로 $a = 5$ ··· 1단계
반직선은
$\overrightarrow{AB}$, $\overrightarrow{AE}$, $\overrightarrow{BA}$, $\overrightarrow{BC}$, $\overrightarrow{BE}$, $\overrightarrow{CB}$, $\overrightarrow{CD}$, $\overrightarrow{CE}$,
$\overrightarrow{DC}$, $\overrightarrow{DE}$, $\overrightarrow{EA}$, $\overrightarrow{EB}$, $\overrightarrow{EC}$, $\overrightarrow{ED}$
의 14개이므로 $b = 14$ ··· 2단계
$\therefore a + b = 5 + 14 = 19$ ··· 3단계

답 19

단계	채점 요소	비율
1	a의 값 구하기	40 %
2	b의 값 구하기	50 %
3	$a+b$의 값 구하기	10 %

0060 ㄱ. 점 M은 $\overline{AB}$의 중점이므로 $\overline{AB} = 2\overline{MB}$
ㄴ. 점 N은 $\overline{MB}$의 중점이므로 $\overline{MB} = 2\overline{NB}$
ㄷ. $\overline{AN} = \overline{AM} + \overline{MN} = \overline{MB} + \overline{NB} = 2\overline{NB} + \overline{NB} = 3\overline{NB}$
ㄹ. $\overline{MN} = \dfrac{1}{2}\overline{MB} = \dfrac{1}{2} \times \dfrac{1}{2}\overline{AB} = \dfrac{1}{4}\overline{AB}$
이상에서 옳은 것은 ㄱ, ㄴ, ㄷ이다. 답 ④

0061 ① $\overline{AP} = \overline{PQ} = \overline{QB}$이므로 $\overline{AQ} = \overline{PB}$

② $\overline{AP} = \overline{PQ} = \overline{QB}$이므로 $\overline{QB} = \dfrac{1}{3}\overline{AB}$

③ 점 M은 $\overline{QB}$의 중점이므로 $\overline{MB} = \dfrac{1}{2}\overline{QB} = \dfrac{1}{2}\overline{AP}$

④ $\overline{AM} = \overline{AP} + \overline{PQ} + \overline{QM} = \overline{QB} + \overline{QB} + \overline{QM}$
  $= 2\overline{QM} + 2\overline{QM} + \overline{QM} = 5\overline{QM}$

⑤ $\overline{PQ} = \dfrac{1}{2}\overline{PB}$, $\overline{QM} = \dfrac{1}{2}\overline{QB} = \dfrac{1}{2}\overline{PQ} = \dfrac{1}{2} \times \dfrac{1}{2}\overline{PB} = \dfrac{1}{4}\overline{PB}$
  이므로
$$\overline{PM} = \overline{PQ} + \overline{QM} = \dfrac{1}{2}\overline{PB} + \dfrac{1}{4}\overline{PB} = \dfrac{3}{4}\overline{PB}$$
$$\therefore \overline{PB} = \dfrac{4}{3}\overline{PM}$$
따라서 옳지 않은 것은 ⑤이다. 답 ⑤

0062 ② 두 점 M, N이 각각 $\overline{AB}$, $\overline{BC}$의 중점이므로
$$\overline{MB} = \dfrac{1}{2}\overline{AB},\quad \overline{BN} = \dfrac{1}{2}\overline{BC}$$
$$\therefore \overline{MN} = \overline{MB} + \overline{BN} = \dfrac{1}{2}\overline{AB} + \dfrac{1}{2}\overline{BC}$$
$$= \dfrac{1}{2}(\overline{AB} + \overline{BC}) = \dfrac{1}{2}\overline{AC}$$
③, ⑤ 주어진 조건만으로는 알 수 없다.
따라서 옳은 것은 ①, ④이다. 답 ①, ④

0063 두 점 M, N이 각각 $\overline{AB}$, $\overline{BC}$의 중점이므로
$\overline{AB} = 2\overline{MB}$, $\overline{BC} = 2\overline{BN}$
$\therefore \overline{AC} = \overline{AB} + \overline{BC} = 2\overline{MB} + 2\overline{BN}$
  $= 2(\overline{MB} + \overline{BN}) = 2\overline{MN}$
  $= 2 \times 12 = 24 \,(\text{cm})$ 답 24 cm

0064 점 N이 $\overline{AM}$의 중점이므로
$\overline{AM} = 2\overline{NM} = 2 \times 7 = 14 \,(\text{cm})$
점 M이 $\overline{AB}$의 중점이므로
$\overline{AB} = 2\overline{AM} = 2 \times 14 = 28 \,(\text{cm})$ 답 28 cm

0065 두 점 M, N이 각각 $\overline{AB}$, $\overline{BC}$의 중점이므로
$$\overline{MB} = \dfrac{1}{2}\overline{AB},\quad \overline{BN} = \dfrac{1}{2}\overline{BC}$$
$$\therefore \overline{MN} = \overline{MB} + \overline{BN} = \dfrac{1}{2}\overline{AB} + \dfrac{1}{2}\overline{BC}$$
$$= \dfrac{1}{2}(\overline{AB} + \overline{BC}) = \dfrac{1}{2}\overline{AC}$$
$$= \dfrac{1}{2} \times 20 = 10 \,(\text{cm})$$
답 10 cm

0066 점 M이 $\overline{AB}$의 중점이므로
$\overline{AB} = 2\overline{AM} = 2 \times 6 = 12 \,(\text{cm})$ ··· 1단계
$\overline{AB} = 3\overline{BC}$이므로
$\overline{BC} = \dfrac{1}{3}\overline{AB} = \dfrac{1}{3} \times 12 = 4 \,(\text{cm})$ ··· 2단계

$$\therefore \overline{MN} = \overline{MB} + \overline{BN} = \frac{1}{2}\overline{AB} + \frac{1}{2}\overline{BC}$$

$$= \frac{1}{2} \times 12 + \frac{1}{2} \times 4 = 8 \text{ (cm)} \quad \cdots \boxed{\text{3단계}}$$

답 8 cm

단계	채점 요소	비율
1	$\overline{AB}$의 길이 구하기	30 %
2	$\overline{BC}$의 길이 구하기	30 %
3	$\overline{MN}$의 길이 구하기	40 %

0067 $40 + x + (5x + 20) = 180$이므로

$6x = 120$ $\therefore x = 20$ 답 ③

0068 $\angle y + 50° = 90°$이므로 $\angle y = 40°$

$\angle x + \angle y = 90°$이므로

$\angle x + 40° = 90°$ $\therefore \angle x = 50°$

답 $\angle x = 50°$, $\angle y = 40°$

0069 $x + 3x + 3y + y = 180$이므로

$4x + 4y = 180$ $\therefore x + y = 45$

$\therefore \angle BOD = 3x° + 3y° = 3(x° + y°) = 3 \times 45° = 135°$

답 $135°$

0070 $(3x - 40) + 2x = 90$이므로

$5x = 130$ $\therefore x = 26$ $\cdots \boxed{\text{1단계}}$

$\therefore \angle BOC = 2x° = 2 \times 26° = 52°$ $\cdots \boxed{\text{2단계}}$

답 $52°$

단계	채점 요소	비율
1	x의 값 구하기	70 %
2	$\angle BOC$의 크기 구하기	30 %

0071 $\angle BOC = \angle a$라 하면 $\angle AOC = 4\angle BOC = 4\angle a$이므로

$\angle AOB = \angle AOC - \angle BOC = 4\angle a - \angle a = 3\angle a$

즉 $3\angle a = 90°$이므로 $\angle a = 30°$

$\therefore \angle BOC = 30°$

이때 $\angle COE = 90° - 30° = 60°$이므로

$\angle COD = \frac{1}{5}\angle COE = \frac{1}{5} \times 60° = 12°$

$\therefore \angle BOD = \angle BOC + \angle COD = 30° + 12° = 42°$

답 $42°$

0072 $\angle AOD = 180° - 68° = 112°$

$\angle AOB = \angle BOD$이므로

$\angle BOD = \frac{1}{2}\angle AOD = \frac{1}{2} \times 112° = 56°$

$\therefore \angle COD = \frac{1}{2}\angle BOD = \frac{1}{2} \times 56° = 28°$

답 $28°$

0073 $\angle AOB = 2\angle BOC$이므로

$\angle AOC = 3\angle BOC$

$\therefore \angle BOC = \frac{1}{3}\angle AOC$

$\angle DOE = 2\angle COD$이므로

$\angle COE = 3\angle COD$

$\therefore \angle COD = \frac{1}{3}\angle COE$

$\therefore \angle BOD = \angle BOC + \angle COD$

$$= \frac{1}{3}\angle AOC + \frac{1}{3}\angle COE$$

$$= \frac{1}{3}(\angle AOC + \angle COE)$$

$$= \frac{1}{3} \times 180° = 60°$$

답 $60°$

0074 $5\angle AOB = 3\angle AOC$이므로

$\angle AOB = \frac{3}{5}\angle AOC$

$5\angle DOE = 3\angle COE$이므로

$\angle DOE = \frac{3}{5}\angle COE$

이때 $\angle AOB + \angle DOE = \frac{3}{5}\angle AOC + \frac{3}{5}\angle COE$

$$= \frac{3}{5}(\angle AOC + \angle COE)$$

$$= \frac{3}{5} \times 180° = 108°$$

이므로

$\angle BOD = 180° - (\angle AOB + \angle DOE)$

$$= 180° - 108° = 72°$$

답 $72°$

0075 $\angle x + \angle y + \angle z = 180°$이고 $\angle x : \angle y : \angle z = 2 : 1 : 3$

이므로

$\angle y = 180° \times \frac{1}{2+1+3} = 180° \times \frac{1}{6} = 30°$ 답 ②

0076 $\angle x + \angle y = 90°$이고 $\angle x : \angle y = 7 : 3$이므로

$\angle x = 90° \times \frac{7}{7+3} = 90° \times \frac{7}{10} = 63°$ 답 $63°$

0077 $\angle x + \angle y + \angle z = 180°$이고 $\angle x : \angle y : \angle z = 1 : 3 : 5$

이므로

$\angle z = 180° \times \frac{5}{1+3+5} = 180° \times \frac{5}{9} = 100°$ 답 $100°$

0078 $\angle AOC = 100°$이고 $\angle AOB : \angle BOC = 3 : 2$이므로

$\angle AOB = 100° \times \frac{3}{3+2} = 100° \times \frac{3}{5} = 60°$ $\cdots \boxed{\text{1단계}}$

$\therefore \angle BOD = 180° - 60° = 120°$ $\cdots \boxed{\text{2단계}}$

답 $120°$

단계	채점 요소	비율
1	∠AOB의 크기 구하기	70 %
2	∠BOD의 크기 구하기	30 %

0079 맞꼭지각의 크기는 서로 같으므로

$2x+40=4x-10, \qquad 2x=50$

$\therefore x=25$ 답 25

0080 맞꼭지각의 크기는 서로 같으므로

$125=3x+5, \qquad 3x=120$

$\therefore x=40$ 답 40

0081 $5x+10=7x-30$이므로

$2x=40 \qquad \therefore x=20$

$(5x+10)+y=180$이므로

$110+y=180 \qquad \therefore y=70$

$\therefore y-x=70-20=50$ 답 ③

0082 오른쪽 그림에서

$(x+10)+(3x-10)+(x+30)$

$=180$

$5x=150 \qquad \therefore x=30$

$\therefore y=x+10=30+10=40$

$\therefore 2x+y=2\times30+40=100$ 답 100

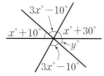

0083 $(x-10)+50+90=180$이므로 $x=50$

$y+30=50+90$이므로 $y=110$

$\therefore y-x=110-50=60$ 답 ④

0084 $\angle a=180°\times\dfrac{3}{3+2}=180°\times\dfrac{3}{5}=108°$

$\angle x+90°=108°$이므로

$\angle x=18°$ 답 ⑤

0085 $(y+45)+(2y-30)+90=180$이므로

$3y=75 \qquad \therefore y=25$ ··· 1단계

$\therefore x=(2y-30)+90=50-30+90=110$ ··· 2단계

$\therefore x-y=110-25=85$ ··· 3단계

답 85

단계	채점 요소	비율
1	y의 값 구하기	40 %
2	x의 값 구하기	50 %
3	$x-y$의 값 구하기	10 %

0086 $\overleftrightarrow{AB}$와 $\overleftrightarrow{CD}$, $\overleftrightarrow{AB}$와 $\overleftrightarrow{EF}$, $\overleftrightarrow{CD}$와 $\overleftrightarrow{EF}$로 만들어지는 맞꼭지각이 각각 2쌍이므로

$2\times3=6$ (쌍) 답 6쌍

다른 풀이 $3\times(3-1)=6$ (쌍)

RPM 비법 노트

서로 다른 n개의 직선이 한 점에서 만날 때 생기는 맞꼭지각은 모두 $n(n-1)$쌍이다.

0087 네 직선을 각각 l, m, n, p라 하자.

두 직선 l과 m, l과 n, l과 p, m과 n, m과 p, n과 p로 만들어지는 맞꼭지각이 각각 2쌍이므로

$2\times6=12$ (쌍) 답 ④

다른 풀이 $4\times(4-1)=12$ (쌍)

0088 5개의 직선을 각각 a, b, c, d, e라 하자.

두 직선 a와 b, a와 c, a와 d, a와 e, b와 c, b와 d, b와 e, c와 d, c와 e, d와 e로 만들어지는 맞꼭지각이 각각 2쌍이므로

$2\times10=20$ (쌍) 답 20쌍

다른 풀이 $5\times(5-1)=20$ (쌍)

0089 ⑤ 점 B와 직선 CD 사이의 거리는 $\overline{BH}$의 길이와 같다.

따라서 옳지 않은 것은 ⑤이다. 답 ⑤

0090 점 P에서 직선 l에 내린 수선의 발은 점 B이므로 점 P와 직선 l 사이의 거리를 나타내는 선분은 $\overline{PB}$이다. 답 ②

0091 ④ 점 D와 $\overline{BC}$ 사이의 거리는 $\overline{DC}$의 길이와 같으므로 3 cm이다.

따라서 옳지 않은 것은 ④이다. 답 ④

0092 시침이 12를 가리킬 때부터 3시간 30분 동안 움직인 각도는

$30°\times3+0.5°\times30=105°$

분침이 12를 가리킬 때부터 30분 동안 움직인 각도는

$6°\times30=180°$

따라서 시침과 분침이 이루는 각의 크기는

$180°-105°=75°$ 답 ④

0093 시침이 12를 가리킬 때부터 5시간 10분 동안 움직인 각도는

$30°\times5+0.5°\times10=155°$

분침이 12를 가리킬 때부터 10분 동안 움직인 각도는

$6°\times10=60°$

따라서 시침과 분침이 이루는 각의 크기는

$155°-60°=95°$ 답 95°

0094 1시 x분에 시침과 분침이 서로 반대 방향을 가리키며 평각을 이룬다고 하자.

시침이 12를 가리킬 때부터 1시간 x분 동안 움직인 각도는
$$30° × 1 + 0.5° × x = 30° + 0.5° × x$$
분침이 12를 가리킬 때부터 x분 동안 움직인 각도는　　$6° × x$
시침과 분침이 평각을 이루므로
$$6 × x - (30 + 0.5 × x) = 180$$
$$5.5x = 210 \qquad ∴ x = \frac{420}{11}$$

따라서 시침과 분침이 서로 반대 방향을 가리키며 평각을 이루는 시각은 1시 $\frac{420}{11}$ 분이다.　　　　　답 ⑤

시험에 꼭 나오는 문제　　▷ 본문 19~21쪽

0095　전략 평면으로만 이루어진·입체도형에서 교점의 개수는 꼭짓점의 개수와 같고, 교선의 개수는 모서리의 개수와 같다.
교점의 개수는 꼭짓점의 개수와 같으므로　　$a = 10$
교선의 개수는 모서리의 개수와 같으므로　　$b = 15$
$$∴ 2a + b = 2 × 10 + 15 = 35$$　　　　　답 35

0096　전략 시작점과 뻗어 나가는 방향이 모두 같아야 같은 반직선이다.
$\overrightarrow{AC}$와 같은 것은 $\overrightarrow{AB}$, $\overrightarrow{AD}$의 2개이다.　　답 ②

0097　전략 직선, 반직선, 선분의 성질에 대하여 생각해 본다.
① 한 점을 지나는 직선은 무수히 많다.
② 서로 다른 두 점을 지나는 직선은 오직 하나뿐이다.
③ 시작점과 뻗어 나가는 방향이 모두 같아야 같은 반직선이다.
④ 직선과 반직선은 길이를 생각할 수 없다.
따라서 옳은 것은 ⑤이다.　　　　　답 ⑤

0098　전략 $\overleftrightarrow{AB}$와 $\overleftrightarrow{BA}$는 같은 직선임에 주의한다.
직선은
$$\overleftrightarrow{AB},\ \overleftrightarrow{AC},\ \overleftrightarrow{AD},\ \overleftrightarrow{AE},\ \overleftrightarrow{BC},\ \overleftrightarrow{BD},\ \overleftrightarrow{BE},\ \overleftrightarrow{CD},\ \overleftrightarrow{CE},\ \overleftrightarrow{DE}$$
의 10개이다.　　　　　답 ②

0099　전략 두 점 B, M이 $\overline{AC}$의 삼등분점임을 이용한다.
점 M은 $\overline{BC}$의 중점이므로　　$\overline{BM} = \overline{MC} = \frac{1}{2}\overline{BC}$
$\overline{AB} = \frac{1}{2}\overline{BC}$이므로　　$\overline{AB} = \overline{BM} = \overline{MC}$
ㄹ. $\overline{BC} = \frac{2}{3}\overline{AC}$
이상에서 옳은 것은 ㄱ, ㄴ, ㄷ이다.　　　　　답 ④

0100　전략 두 점 M, N이 각각 $\overline{AB}$, $\overline{BC}$의 중점임을 이용하여 $\overline{AC}$와 $\overline{MN}$의 길이 사이의 관계를 알아본다.

$\overline{MN} = \overline{AN} - \overline{AM} = 10 - 4 = 6$ (cm)
$$∴ \overline{AC} = \overline{AB} + \overline{BC} = 2\overline{MB} + 2\overline{BN}$$
$$= 2(\overline{MB} + \overline{BN}) = 2\overline{MN}$$
$$= 2 × 6 = 12 \text{ (cm)}$$　　답 12 cm

다른 풀이 $\overline{MB} = \overline{AM} = 4$ (cm)이므로
$$\overline{BN} = 10 - 4 - 4 = 2 \text{ (cm)}$$
$\overline{NC} = \overline{BN} = 2$ (cm)이므로
$$\overline{AC} = \overline{AN} + \overline{NC} = 10 + 2 = 12 \text{ (cm)}$$

0101　전략 직각의 크기는 90°임을 이용한다.
$∠AOB + ∠BOC = 90°$이므로
$$∠BOC = 90° - ∠AOB$$
$∠BOC + ∠COD = 90°$이므로
$$∠BOC = 90° - ∠COD$$
즉 $90° - ∠AOB = 90° - ∠COD$이므로
$$∠AOB = ∠COD$$
그런데 $∠AOB + ∠COD = 50°$이므로
$$∠AOB = ∠COD = 25°$$
$$∴ ∠BOC = 90° - 25° = 65°$$　　답 65°

0102　전략 평각의 크기는 180°임을 이용한다.
$$∠BOD = ∠BOC + ∠COD$$
$$= \frac{1}{5}∠AOC + \frac{1}{5}∠COE$$
$$= \frac{1}{5}(∠AOC + ∠COE)$$
$$= \frac{1}{5} × 180° = 36°$$　　답 ⑤

0103　전략 주어진 각의 크기의 비를 이용하여 $∠a$, $∠b$, $∠c$의 크기를 각각 구한다.
② $∠a = 180° × \frac{2}{2+5+3} = 180° × \frac{1}{5} = 36°$
③ $∠b = 180° × \frac{5}{2+5+3} = 180° × \frac{1}{2} = 90°$
④ $∠c = 180° × \frac{3}{2+5+3} = 180° × \frac{3}{10} = 54°$
따라서 옳지 않은 것은 ④이다.　　　　　답 ④

0104　전략 맞꼭지각의 크기는 서로 같음을 이용한다.
맞꼭지각의 크기는 서로 같으므로
$$∠x + 90° = 150° \qquad ∴ ∠x = 60°$$　　답 ②

0105　전략 맞꼭지각과 평각의 성질을 이용한다.
$∠BOC$와 $∠AOE$는 맞꼭지각이므로
$$78 = x + (2x - 12), \qquad 3x = 90 \qquad ∴ x = 30$$
이때 $3x - 20 = 3 × 30 - 20 = 70$이므로
$$∠DOE = 70°$$
$$∴ ∠COD = 180° - (78° + 70°) = 32°$$　　답 32°

0106 전략 직교, 수선의 발, 수직이등분선의 의미를 생각해 본다.

③, ⑤ 알 수 없다.

따라서 옳지 않은 것은 ③, ⑤이다.　　　　답 ③, ⑤

0107 전략 주어진 조건을 이용하여 $\overline{AC}$, $\overline{BC}$의 길이를 차례대로 구한다.

$\overline{AC}=2\overline{CD}$이므로　$\overline{AC}:\overline{CD}=2:1$

$\therefore \overline{AC}=\dfrac{2}{3}\overline{AD}=\dfrac{2}{3}\times 18=12\,(\text{cm})$　… 1단계

$\overline{AB}=2\overline{BC}$이므로　$\overline{AB}:\overline{BC}=2:1$

$\therefore \overline{BC}=\dfrac{1}{3}\overline{AC}=\dfrac{1}{3}\times 12=4\,(\text{cm})$　… 2단계

답 4 cm

단계	채점 요소	비율
1	$\overline{AC}$의 길이 구하기	50 %
2	$\overline{BC}$의 길이 구하기	50 %

0108 전략 먼저 맞꼭지각의 성질을 이용하여 $\angle AOC$의 크기를 구한다.

맞꼭지각의 크기는 서로 같으므로

$\angle AOC=\angle BOD=18°$　… 1단계

$\angle COE=2\angle AOC$이므로

$\angle AOE=3\angle AOC=3\times 18°=54°$　… 2단계

따라서 $\angle EOB=180°-54°=126°$이고, $\angle EOF=2\angle FOB$이므로

$\angle EOB=3\angle FOB$

$\therefore \angle FOB=\dfrac{1}{3}\angle EOB=\dfrac{1}{3}\times 126°=42°$　… 3단계

답 42°

단계	채점 요소	비율
1	$\angle AOC$의 크기 구하기	20 %
2	$\angle AOE$의 크기 구하기	30 %
3	$\angle FOB$의 크기 구하기	50 %

0109 전략 점과 직선 사이의 거리와 길이가 같은 선분을 찾는다.

점 A와 $\overline{BC}$ 사이의 거리는 $\overline{DE}$의 길이와 같으므로

$x=8$　… 1단계

점 A와 $\overline{CD}$ 사이의 거리는 $\overline{AF}$의 길이와 같으므로

$y=12$　… 2단계

$\therefore x+y=8+12=20$　… 3단계

답 20

단계	채점 요소	비율
1	x의 값 구하기	40 %
2	y의 값 구하기	40 %
3	$x+y$의 값 구하기	20 %

0110 전략 시작점과 뻗어 나가는 방향이 모두 같아야 같은 반직선이다.

직선은

$\overleftrightarrow{AB}$, $\overleftrightarrow{AC}$, $\overleftrightarrow{AD}$, $\overleftrightarrow{AE}$, $\overleftrightarrow{BC}$, $\overleftrightarrow{BD}$, $\overleftrightarrow{BE}$, $\overleftrightarrow{CD}$

의 8개이므로　$a=8$

반직선은

$\overrightarrow{AB}$, $\overrightarrow{AC}$, $\overrightarrow{AD}$, $\overrightarrow{AE}$, $\overrightarrow{BA}$, $\overrightarrow{BC}$, $\overrightarrow{BD}$, $\overrightarrow{BE}$, $\overrightarrow{CA}$, $\overrightarrow{CB}$, $\overrightarrow{CD}$,
$\overrightarrow{DA}$, $\overrightarrow{DB}$, $\overrightarrow{DC}$, $\overrightarrow{DE}$, $\overrightarrow{EA}$, $\overrightarrow{EB}$, $\overrightarrow{ED}$

의 18개이므로　$b=18$

선분은

$\overline{AB}$, $\overline{AC}$, $\overline{AD}$, $\overline{AE}$, $\overline{BC}$, $\overline{BD}$, $\overline{BE}$, $\overline{CD}$, $\overline{CE}$, $\overline{DE}$

의 10개이므로　$c=10$

$\therefore a+b-c=8+18-10=16$　　　답 16

0111 전략 $\overline{BM}=a$ cm, $\overline{CN}=b$ cm로 놓고 주어진 조건을 이용하여 $\overline{MN}$과 $\overline{AD}$의 길이를 a, b에 대한 식으로 나타낸다.

두 점 M, N은 각각 $\overline{BC}$, $\overline{CD}$의 중점이므로 다음 그림과 같이 $\overline{BM}=\overline{MC}=a$ cm, $\overline{CN}=\overline{ND}=b$ cm라 하자.

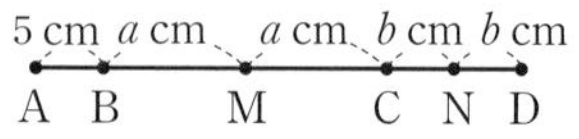

$$\overset{5\text{ cm}\ \ a\text{ cm}\ \ \ a\text{ cm}\ \ b\text{ cm}\ \ b\text{ cm}}{\underset{\text{A}\quad\text{B}\qquad\text{M}\qquad\text{C}\quad\text{N}\qquad\text{D}}{\bullet\!-\!\!-\!\bullet\!-\!\!-\!\bullet\!-\!\!-\!\bullet\!-\!\!-\!\bullet\!-\!\!-\!\bullet}}$$

이때 $\overline{MN}=(a+b)$ cm, $\overline{AD}=(5+2a+2b)$ cm이고 $\overline{MN}=\dfrac{3}{7}\overline{AD}$이므로

$a+b=\dfrac{3}{7}(5+2a+2b)$

$7a+7b=15+6a+6b$

$\therefore a+b=15$

$\therefore \overline{MN}=15\,(\text{cm})$　　　답 15 cm

0112 전략 a분 동안 시침과 분침이 움직인 각도는 각각 $0.5°\times a$, $6°\times a$임을 이용하여 식을 세운다.

7시 x분에 시침과 분침이 서로 반대 방향을 가리키며 평각을 이룬다고 하자.

시침이 12를 가리킬 때부터 7시간 x분 동안 움직인 각도는

$30°\times 7+0.5°\times x=210°+0.5°\times x$

분침이 12를 가리킬 때부터 x분 동안 움직인 각도는

$6°\times x$

시침과 분침이 평각을 이루므로

$(210+0.5\times x)-6\times x=180$

$5.5x=30$　$\therefore x=\dfrac{60}{11}$

따라서 시침과 분침이 서로 반대 방향을 가리키며 평각을 이루는 시각은 7시 $\dfrac{60}{11}$분이다.　답 7시 $\dfrac{60}{11}$분

02 위치 관계

 교과서문제 **정복하기** › 본문 23, 25, 27쪽

0113 답 점 A, 점 B

0114 답 점 B, 점 C

0115 답 점 C, 점 D

0116 답 점 B

0117 답 점 C, 점 D, 점 E

0118 답 점 A, 점 B

0119 답 면 ABC, 면 ABD, 면 BCD

0120 답 면 ABD, 면 BCD

0121 답 점 D

0122 답 직선 BC

0123 답 직선 AB, 직선 DC

0124 $\overleftrightarrow{AB}$와 $\overleftrightarrow{CD}$는 한 점에서 만난다. 답 ×

0125 답 ○

0126 답 ○

0127 답 ○

0128 답 한 점에서 만난다.

0129 답 꼬인 위치에 있다.

0130 답 평행하다.

0131 답 꼬인 위치에 있다.

0132 답 $\overline{DC}$, $\overline{EF}$, $\overline{HG}$

0133 답 $\overline{AD}$, $\overline{BC}$, $\overline{AE}$, $\overline{BF}$

0134 답 $\overline{CG}$, $\overline{DH}$, $\overline{EH}$, $\overline{FG}$

0135 답 $\overline{AD}$, $\overline{BC}$, $\overline{EH}$, $\overline{FG}$

0136 답 면 ABCD, 면 ABFE

0137 답 면 AEHD, 면 BFGC

0138 답 면 CGHD, 면 EFGH

0139 답 $\overline{AB}$, $\overline{BC}$, $\overline{DE}$, $\overline{EF}$

0140 답 $\overline{BC}$, $\overline{BE}$, $\overline{CF}$, $\overline{EF}$

0141 답 $\overline{AD}$, $\overline{BE}$, $\overline{CF}$

0142 답 $\overline{AB}$, $\overline{BC}$, $\overline{CA}$

0143 답 면 EFGH

0144 점 B와 면 EFGH 사이의 거리는 $\overline{BF}$의 길이와 같으므로 7 cm이다. 답 7 cm

0145 점 A와 면 CGHD 사이의 거리는 $\overline{AD}$의 길이와 같으므로 4 cm이다. 답 4 cm

0146 점 C와 면 AEHD 사이의 거리는 $\overline{CD}$의 길이와 같으므로 3 cm이다. 답 3 cm

0147 답 면 ABFE, 면 BFGC, 면 CGHD, 면 AEHD

0148 답 면 EFGH

0149 답 면 ABCD, 면 BFGC, 면 EFGH, 면 AEHD

0150 답 $\overline{CD}$

0151 답 면 ABC, 면 DEF, 면 ADFC, 면 BEFC

0152 답 면 DEF

0153 답 면 ADEB, 면 ABC, 면 DEF

0154 답 면 ADEB, 면 BEFC

0155 면 ABCDE와 면 BGHC의 교선은 $\overline{BC}$이다. 답 ×

0156 면 ABCDE와 평행한 면은 면 FGHIJ의 1개이다.
답 ○

0157 면 BGHC와 한 모서리에서 만나는 면은 면 ABCDE, 면 BGFA, 면 CHID, 면 FGHIJ의 4개이다. 답 ○

0158 면 CHID와 수직인 면은 면 ABCDE, 면 FGHIJ의 2개이다. 답 ×

0159 답 $\angle e$

0160 답 $\angle g$

0161 답 $\angle d$

0162 답 $\angle h$

0163 답 $\angle c$

0164 $\angle a$의 동위각은 $\angle d$이므로
$\angle d = 180° - 120° = 60°$ 답 $60°$

0165 $\angle f$의 엇각은 $\angle b$이므로
$\angle b = 95°$ (맞꼭지각) 답 $95°$

0166 $\angle x = 180° - 40° = 140°$
$l /\!/ m$이므로 $\angle y = \angle x = 140°$ (동위각)
답 $\angle x = 140°$, $\angle y = 140°$

0167 $l /\!/ m$이므로 $\angle x = 55°$ (엇각)
$\therefore \angle y = 180° - 55° = 125°$
답 $\angle x = 55°$, $\angle y = 125°$

0168 $l /\!/ m$이므로
$\angle x = 70°$ (동위각), $\angle y = 50°$ (엇각)
$\angle y + \angle z + 70° = 180°$이므로
$50° + \angle z + 70° = 180°$ $\therefore \angle z = 60°$
답 $\angle x = 70°$, $\angle y = 50°$, $\angle z = 60°$

0169 답 $34°$, $34°$, $58°$

0170 엇각의 크기가 다르므로 두 직선 l, m이 평행하지 않다. 답 ×

0171 동위각의 크기가 같으므로 두 직선 l, m이 평행하다.
답 ○

0172 오른쪽 그림에서 동위각의 크기가 다르므로 두 직선 l, m이 평행하지 않다.

답 ×

0173 오른쪽 그림에서 엇각의 크기가 같으므로 두 직선 l, m이 평행하다.

답 ○

RPM 비법 노트

(1) 오른쪽 그림에서 $l /\!/ m$이면
$\angle a + \angle b = 180°$

(2) 오른쪽 그림에서 $\angle a + \angle b = 180°$이면
$l /\!/ m$

유형 익히기 ≫본문 28~39쪽

0174 ⑤ 두 점 A와 D는 같은 직선 위에 있다.
따라서 옳지 않은 것은 ⑤이다. 답 ⑤

0175 ① 점 A는 직선 l 위에 있지 않다.
② 점 C는 직선 l 위에 있다.
③ 직선 m은 점 B를 지나지 않는다.
④ 직선 m은 점 D를 지난다.
따라서 옳은 것은 ⑤이다. 답 ⑤

0176 ㄴ. 평면 P 위에 있는 점은 점 A, 점 B, 점 D의 3개이다.
이상에서 옳은 것은 ㄱ, ㄷ이다. 답 ㄱ, ㄷ

0177 $\overleftrightarrow{AB}$와 한 점에서 만나는 직선은
$\overleftrightarrow{BC}$, $\overleftrightarrow{CD}$, $\overleftrightarrow{DE}$, $\overleftrightarrow{FG}$, $\overleftrightarrow{GH}$, $\overleftrightarrow{AH}$
의 6개이므로 $a = 6$
$\overleftrightarrow{AB}$와 평행한 직선은 $\overleftrightarrow{EF}$의 1개이므로 $b = 1$
$\therefore a - b = 6 - 1 = 5$ 답 5

0178 ①, ⑤ $\overleftrightarrow{AB}$와 $\overleftrightarrow{CD}$는 한 점에서 만나므로 평행하지 않다.
③ $\overleftrightarrow{AD} /\!/ \overleftrightarrow{BC}$이므로 만나지 않는다.
따라서 옳은 것은 ②, ④이다. 답 ②, ④

본책 25~31쪽

0179 오른쪽 그림과 같이 $l \perp m$, $l \perp n$이면 $m \ /\!/ \ n$이다.

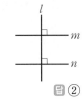

답 ②

0180 ⑤ 꼬인 위치에 있는 두 직선은 한 평면을 정할 수 없다.
따라서 평면이 하나로 정해질 조건이 아닌 것은 ⑤이다. 답 ⑤

0181 한 직선과 그 직선 밖의 한 점은 하나의 평면을 정한다. 따라서 정해지는 서로 다른 평면은 1개이다. 답 1

0182 한 직선 위에 있지 않은 서로 다른 세 점은 하나의 평면을 정한다.
따라서 정해지는 서로 다른 평면은 평면 ABC, 평면 ABD, 평면 ACD, 평면 BCD의 4개이다. 답 4

0183 ⑤ $\overleftrightarrow{AB}$와 $\overleftrightarrow{EF}$는 한 점에서 만난다.
따라서 $\overleftrightarrow{AB}$와 꼬인 위치에 있는 직선이 아닌 것은 ⑤이다.
답 ⑤

0184 ② $\overline{AC}$와 $\overline{AD}$는 점 A에서 만난다.
④ $\overline{AD}$와 $\overline{CD}$는 점 D에서 만난다.
⑤ $\overline{BC}$와 $\overline{CD}$는 점 C에서 만난다.
따라서 꼬인 위치에 있는 모서리끼리 짝 지은 것은 ①, ③이다.
답 ①, ③

0185 $\overline{AF}$와 꼬인 위치에 있는 모서리는
$\overline{BC}$, $\overline{CD}$, $\overline{CG}$, $\overline{DH}$, $\overline{EH}$, $\overline{GH}$ ··· 1단계
$\overline{CD}$와 꼬인 위치에 있는 모서리는
$\overline{AE}$, $\overline{BF}$, $\overline{EH}$, $\overline{FG}$ ··· 2단계
따라서 $\overline{AF}$, $\overline{CD}$와 동시에 꼬인 위치에 있는 모서리는 $\overline{EH}$이다.
··· 3단계
답 $\overline{EH}$

단계	채점 요소	비율
1	$\overline{AF}$와 꼬인 위치에 있는 모서리 구하기	40 %
2	$\overline{CD}$와 꼬인 위치에 있는 모서리 구하기	40 %
3	$\overline{AF}$, $\overline{CD}$와 동시에 꼬인 위치에 있는 모서리 구하기	20 %

0186 모서리 AB와 평행한 모서리는 $\overline{DE}$의 1개이므로
$a=1$
모서리 AB와 수직으로 만나는 모서리는 $\overline{AC}$, $\overline{AD}$, $\overline{BE}$의 3개이므로
$b=3$
모서리 AB와 꼬인 위치에 있는 모서리는 $\overline{CF}$, $\overline{DF}$, $\overline{EF}$의 3개이므로
$c=3$
$\therefore a+b+c=1+3+3=7$ 답 7

0187 (1) 모서리 AB와 모서리 AD는 한 점 A에서 만난다.
(2) 모서리 AD와 모서리 EH는 평행하다.
(3) 모서리 EF와 모서리 CG는 꼬인 위치에 있다.
답 (1) 한 점에서 만난다.
(2) 평행하다.
(3) 꼬인 위치에 있다.

0188 ⑤ 모서리 AE와 평행한 모서리는 $\overline{FJ}$의 1개이다.
따라서 옳지 않은 것은 ⑤이다. 답 ⑤

0189 ①, ③, ④, ⑤ 꼬인 위치에 있다.
② 한 점에서 만난다.
따라서 $\overline{AC}$와의 위치 관계가 다른 하나는 ②이다.
답 ②

0190 모서리 AF와 평행한 모서리는 $\overline{CD}$, $\overline{GL}$, $\overline{IJ}$의 3개이므로 $a=3$
모서리 AF와 수직으로 만나는 모서리는 $\overline{AG}$, $\overline{FL}$의 2개이므로
$b=2$
$\therefore a+b=3+2=5$ 답 ③

0191 모서리 AB와 한 점에서 만나는 모서리는
$\overline{AC}$, $\overline{AD}$, $\overline{AE}$, $\overline{BC}$, $\overline{BE}$, $\overline{BF}$
의 6개이므로 $a=6$ ··· 1단계
모서리 CF와 꼬인 위치에 있는 모서리는
$\overline{AB}$, $\overline{AD}$, $\overline{BE}$, $\overline{DE}$
의 4개이므로 $b=4$ ··· 2단계
$\therefore a-b=6-4=2$ ··· 3단계
답 2

단계	채점 요소	비율
1	a의 값 구하기	40 %
2	b의 값 구하기	50 %
3	$a-b$의 값 구하기	10 %

0192 ② $\overline{AC}$와 면 CGHD는 수직이 아니다.
④ $\overline{FG}$와 평행한 면은 면 ABCD, 면 AEHD의 2개이다.
⑤ $\overline{BF}$와 수직인 면은 면 ABCD, 면 EFGH의 2개이다.
따라서 옳은 것은 ①, ③이다. 답 ①, ③

0193 ③ 꼬인 위치는 공간에서 두 직선의 위치 관계에서만 존재한다.
따라서 공간에서 직선과 평면의 위치 관계가 될 수 없는 것은 ③이다. 답 ③

0194 면 ABCD와 평행한 모서리는 $\overline{EF}$, $\overline{FG}$, $\overline{GH}$, $\overline{EH}$의 4개이다. 답 ③

0195 면 ABC와 평행한 모서리는 $\overline{DE}$, $\overline{DF}$, $\overline{EF}$의 3개이므로 $a=3$ ··· 1단계

면 ADEB와 수직인 모서리는 $\overline{BC}$, $\overline{EF}$의 2개이므로 $b=2$ ··· 2단계

∴ $ab=3\times2=6$ ··· 3단계

目 6

단계	채점 요소	비율
1	a의 값 구하기	40 %
2	b의 값 구하기	40 %
3	ab의 값 구하기	20 %

0196 ④ 모서리 CG와 수직인 면은 면 ABCD, 면 EFGH의 2개이다.

⑤ 면 BFGC와 평행한 모서리는 $\overline{AD}$, $\overline{AE}$, $\overline{DH}$, $\overline{EH}$의 4개이다.

따라서 옳지 않은 것은 ⑤이다. 目 ⑤

0197 모서리 AF와 꼬인 위치에 있는 모서리는 $\overline{BC}$, $\overline{CD}$, $\overline{DE}$, $\overline{GH}$, $\overline{HI}$, $\overline{IJ}$의 6개이므로 $a=6$

면 CHID와 평행한 모서리는 $\overline{AF}$, $\overline{BG}$, $\overline{EJ}$의 3개이므로 $b=3$

면 FGHIJ와 수직인 모서리는 $\overline{AF}$, $\overline{BG}$, $\overline{CH}$, $\overline{DI}$, $\overline{EJ}$의 5개이므로 $c=5$

∴ $a-b+c=6-3+5=8$ 目 ④

0198 점 A와 면 DEF 사이의 거리는 $\overline{AD}$의 길이와 같으므로 $x=6$

점 F와 면 ABED 사이의 거리는 $\overline{EF}$의 길이와 같으므로 $y=4$

∴ $x+y=6+4=10$ 目 ④

0199 (1) 점 A와 면 EFGH 사이의 거리는 $\overline{AE}$의 길이와 같으므로 4 cm이다.

(2) 점 E와 면 CGHD 사이의 거리는 $\overline{EH}$의 길이와 같으므로 9 cm이다.

目 (1) 4 cm (2) 9 cm

0200 ③ 두 직선 m, n은 한 점에서 만나지만 수직인지는 알 수 없다.

따라서 옳지 않은 것은 ③이다. 目 ③

0201 ②, ③, ⑤ 면 AEHD, 면 BFGC, 면 CGHD는 면 BFHD와 수직인 직선을 포함하지 않는다.

따라서 면 BFHD와 수직인 면은 ①, ④이다. 目 ①, ④

0202 면 DEF와 평행한 면은 면 ABC의 1개이므로 $a=1$ ··· 1단계

면 DEF와 수직인 면은 면 ABED, 면 ACFD, 면 BCFE의 3개이므로 $b=3$ ··· 2단계

∴ $b-a=3-1=2$ ··· 3단계

目 2

단계	채점 요소	비율
1	a의 값 구하기	40 %
2	b의 값 구하기	50 %
3	$b-a$의 값 구하기	10 %

0203 서로 평행한 두 면은 면 ABCDEF와 면 GHIJKL, 면 AGLF와 면 CIJD, 면 ABHG와 면 EDJK, 면 BHIC와 면 FLKE의 4쌍이다. 目 4쌍

0204 모서리 AD와 꼬인 위치에 있는 모서리는 $\overline{BC}$, $\overline{BE}$, $\overline{EF}$, $\overline{GF}$의 4개이므로 $a=4$

면 DEFG와 수직인 모서리는 $\overline{AD}$, $\overline{BF}$, $\overline{CG}$의 3개이므로 $b=3$

∴ $ab=4\times3=12$ 目 ⑤

0205 모서리 BC와 꼬인 위치에 있는 모서리는 $\overline{AE}$, $\overline{DH}$, $\overline{EF}$, $\overline{HG}$이다.

② $\overline{BC}$와 $\overline{CG}$는 한 점에서 만난다.

⑤ $\overline{BC}$와 $\overline{GF}$는 평행하다.

따라서 모서리 BC와 꼬인 위치에 있는 모서리가 아닌 것은 ②, ⑤이다. 目 ②, ⑤

0206 (1) 모서리 AE와 평행한 면은 면 BFGC이다.

(2) 모서리 BF와 수직인 면은 면 ABC, 면 DEFG이다.

目 (1) 면 BFGC (2) 면 ABC, 면 DEFG

0207 ㄱ. $\overline{BE}$와 꼬인 위치에 있는 모서리는 $\overline{AD}$, $\overline{CD}$, $\overline{DF}$의 3개이다.

ㄴ. 면 ABCD와 수직인 면은 면 ADF, 면 BCE, 면 DCEF의 3개이다.

ㄷ. 면 ABEF와 평행한 모서리는 $\overline{CD}$의 1개이다.

이상에서 옳은 것은 ㄱ, ㄷ이다. 目 ③

0208 면 ABCD와 평행한 면은 면 EFGH의 1개이므로 $a=1$ ··· 1단계

면 AEFB와 수직인 면은 면 ABCD, 면 AEHD, 면 EFGH의 3개이므로 $b=3$ ··· 2단계

$$\therefore a+b=1+3=4$$ ··· 3단계

답 4

단계	채점 요소	비율
1	a의 값 구하기	40 %
2	b의 값 구하기	50 %
3	$a+b$의 값 구하기	10 %

0209 모서리 DG와 꼬인 위치에 있는 모서리는

$\overline{AB}$, $\overline{AF}$, $\overline{BC}$, $\overline{EF}$, $\overline{HI}$, $\overline{IJ}$, $\overline{KL}$, $\overline{LM}$, $\overline{MN}$, $\overline{KN}$

의 10개이다. 답 ④

0210 주어진 전개도로 만들어지는 정육면체는 오른쪽 그림과 같다.

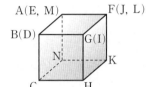

① $\overline{ML}$과 $\overline{AN}$은 한 점에서 만난다.

따라서 모서리 ML과 꼬인 위치에 있는 모서리가 아닌 것은 ①이다. 답 ①

0211 주어진 전개도로 만들어지는 삼각뿔은 오른쪽 그림과 같다.

따라서 모서리 AB와 꼬인 위치에 있는 모서리는 $\overline{CF}$이다.

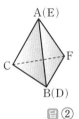

답 ②

0212 주어진 전개도로 만들어지는 삼각기둥은 오른쪽 그림과 같다.

따라서 면 ABCJ와 평행한 모서리는 $\overline{HE}$이다.

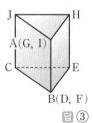

답 ③

0213 주어진 전개도로 만들어지는 정육면체는 오른쪽 그림과 같다.

따라서 면 D와 평행한 면은 면 A이다.

답 ①

0214 주어진 전개도로 만들어지는 정육면체는 오른쪽 그림과 같다.

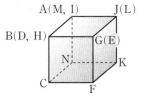

⑤ 면 ABCN과 면 KFGJ는 평행하다.

따라서 면 ABCN과 수직인 면이 아닌 것은 ⑤이다. 답 ⑤

0215 주어진 전개도로 만들어지는 삼각기둥은 오른쪽 그림과 같다.

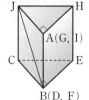

(1) $\overline{AB}$와 평행한 모서리는 $\overline{JC}$, $\overline{HE}$이다.
··· 1단계

(2) $\overline{GF}$와 수직으로 만나는 모서리는 $\overline{IJ}$, $\overline{IH}$, $\overline{CD}$, $\overline{DE}$이다. ··· 2단계

(3) $\overline{JB}$와 꼬인 위치에 있는 모서리는 $\overline{HE}$, $\overline{IH}$, $\overline{CE}$이다. ··· 3단계

답 (1) $\overline{JC}$, $\overline{HE}$ (2) $\overline{IJ}$, $\overline{IH}$, $\overline{CD}$, $\overline{DE}$ (3) $\overline{HE}$, $\overline{IH}$, $\overline{CE}$

단계	채점 요소	비율
1	$\overline{AB}$와 평행한 모서리 구하기	30 %
2	$\overline{GF}$와 수직으로 만나는 모서리 구하기	30 %
3	$\overline{JB}$와 꼬인 위치에 있는 모서리 구하기	40 %

0216 ④ $\angle d$의 엇각은 $\angle i$이다.

따라서 옳지 않은 것은 ④이다. 답 ④

0217 ② $\angle b$의 엇각은 $\angle g$이다.

③ $\angle c$의 동위각은 $\angle g$이고 $\angle g$의 크기는 알 수 없다.

④ $\angle f$의 동위각의 크기는 95°이다.

⑤ $\angle g$의 엇각은 $\angle b$이므로 $\angle b=180°-95°=85°$

따라서 옳은 것은 ①, ⑤이다. 답 ①, ⑤

0218 오른쪽 그림에서 $\angle x$의 동위각의 크기는 각각

$100°$, $\angle a=180°-60°=120°$

따라서 구하는 크기의 합은

$100°+120°=220°$ 답 220°

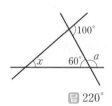

0219 오른쪽 그림에서 $l \parallel m$이므로

$\angle x=110°-45°=65°$

$\angle y=180°-110°=70°$

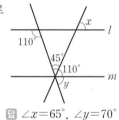

답 $\angle x=65°$, $\angle y=70°$

0220 $\angle a=\angle c$ (맞꼭지각), $\angle c=\angle e$ (엇각), $\angle e=\angle g$ (맞꼭지각)

따라서 각의 크기가 나머지 넷과 다른 하나는 ④이다. 답 ④

0221 오른쪽 그림에서 $l \parallel m$이므로

$\angle x=180°-50°=130°$

$\angle y=30°+50°=80°$

$\therefore \angle x-\angle y=130°-80°=50°$

답 50°

0222 오른쪽 그림에서 $l /\!/ m$이
므로

$$(5x-9)+2x=180$$
$$7x=189$$
$$\therefore x=27 \qquad \cdots \text{1단계}$$

$p /\!/ q$이므로
$$y=2x=2\times 27=54 \qquad \cdots \text{2단계}$$
$$\therefore x+y=27+54=81 \qquad \cdots \text{3단계}$$

답 81

단계	채점 요소	비율
1	x의 값 구하기	50 %
2	y의 값 구하기	40 %
3	$x+y$의 값 구하기	10 %

0223 ④ 오른쪽 그림에서 엇각의 크기
가 다르므로 두 직선 l, m은 평행하지 않
다.
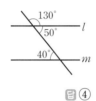
따라서 두 직선 l, m이 평행하지 않은 것은
④이다.

답 ④

0224 ㄴ. 엇각의 크기가 같으므로
$$l /\!/ n$$
ㄹ. 동위각의 크기가 같으므로
$$p /\!/ q$$
이상에서 평행한 두 직선인 것은 ㄴ, ㄹ이다.
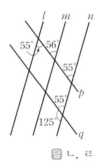

답 ㄴ, ㄹ

0225 ⑤ $\angle g$의 크기는 두 직선 l, m이 평행하지 않아도
70°이다.
따라서 두 직선 l, m이 평행할 조건이 아닌 것은 ⑤이다.

답 ⑤

0226 오른쪽 그림에서 삼각형의 세
각의 크기의 합은 180°이므로
$$50°+70°+\angle x=180°$$
$$\therefore \angle x=60°$$
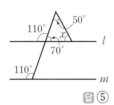

답 ⑤

0227 오른쪽 그림에서 삼각형의
세 각의 크기의 합은 180°이므로
$$\angle x+50°+105°=180°$$
$$\therefore \angle x=25°$$
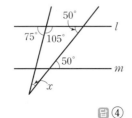

답 ④

0228 오른쪽 그림에서 삼각형의
세 각의 크기의 합은 180°이므로
$$55+(2x+30)+(x+20)=180$$
$$3x=75 \qquad \therefore x=25$$
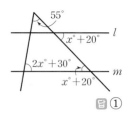

답 ①

0229 오른쪽 그림과 같이 두 직선
l, m에 평행한 직선 p를 그으면
$$\angle x=45°+50°=95°$$
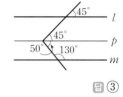

답 ③

0230 오른쪽 그림과 같이 두 직선
l, m에 평행한 직선 p를 그으면
$$32°+\angle x=90° \qquad \therefore \angle x=58°$$
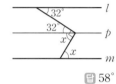

답 58°

0231 오른쪽 그림과 같이 두 직선
l, m에 평행한 직선 p를 그으면
$$2x+(x+10)=85$$
$$3x=75 \qquad \therefore x=25$$
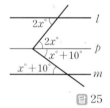

답 25

0232 오른쪽 그림과 같이 두 직선
l, m에 평행한 직선 p를 그으면
$$60°+70°+\angle x=180°$$
$$\therefore \angle x=50°$$
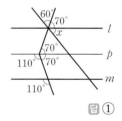

답 ①

0233 오른쪽 그림과 같이 두 직선
l, m에 평행한 직선 p, q를 그으면
$$\angle x=20°+35°=55°$$
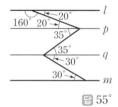

답 55°

0234 오른쪽 그림과 같이 두 직선
l, m에 평행한 직선 p, q를 그으면
$$\angle x-40°=80°$$
$$\therefore \angle x=120°$$
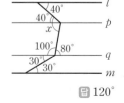

답 120°

0235 오른쪽 그림과 같이 두 직선 l, m에 평행한 직선 p, q를 긋자.

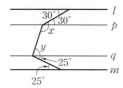

··· **1단계**

$180°-(\angle x-30°)=\angle y-25°$이므로

$\angle x+\angle y=235°$ ··· **2단계**

目 235°

단계	채점 요소	비율
1	두 직선 l, m에 평행한 보조선 긋기	30 %
2	$\angle x+\angle y$의 크기 구하기	70 %

0236 오른쪽 그림과 같이 두 직선 l, m에 평행한 직선 p, q, r를 그으면

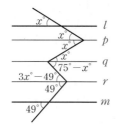

$75-x=3x-49$

$4x=124$

$\therefore x=31$

目 31

0237 오른쪽 그림과 같이 두 직선 l, m에 평행한 직선 p, q를 그으면

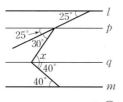

$25°+30°=\angle x-40°$

$\therefore \angle x=95°$

目 ②

0238 오른쪽 그림과 같이 두 직선 l, m에 평행한 직선 p, q를 그으면

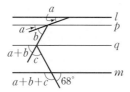

$\angle a+\angle b+\angle c+68°=180°$

$\therefore \angle a+\angle b+\angle c=112°$

目 112°

0239 오른쪽 그림과 같이 두 직선 l, m에 평행한 직선 p, q, r를 그으면

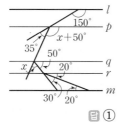

$35°+\angle x+50°=150°$

$\therefore \angle x=65°$

目 ①

0240 오른쪽 그림에서

$\angle BAC=\angle DAC=\angle x$ (접은 각),

$\angle BCA=\angle DAC=\angle x$ (엇각)

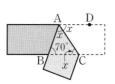

따라서 삼각형 ABC에서

$\angle x+70°+\angle x=180°$

$2\angle x=110°$

$\therefore \angle x=55°$

目 55°

0241 오른쪽 그림에서

$\angle CBD=\angle ACB=\angle x$ (엇각),

$\angle ABC=\angle CBD=\angle x$ (접은 각)

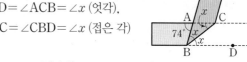

이므로

$\angle x+\angle x=74°$ (엇각), $2\angle x=74°$

$\therefore \angle x=37°$

目 37°

0242 오른쪽 그림에서

$\angle ADE=\angle DEC=48°$ (엇각)

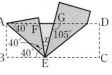

$\therefore \angle ADB=\angle BDE$

$\qquad =\dfrac{1}{2}\angle ADE$

$\qquad =\dfrac{1}{2}\times48°=24°$ (접은 각)

따라서 삼각형 ABD에서

$\angle x=180°-(90°+24°)=66°$

目 66°

0243 오른쪽 그림에서

$\angle AEB=\angle EAF=40°$ (엇각)

$\therefore \angle AEF=\angle AEB$

$\qquad =40°$ (접은 각)

이때 $40°+40°+\angle x=105°$ (엇각)이므로

$\angle x=25°$

目 25°

0244 ① $l /\!/ m$, $l\perp n$이면 다음 그림과 같이 두 직선 m, n은 한 점에서 만나거나 꼬인 위치에 있다.

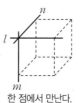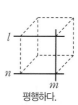

한 점에서 만난다.   꼬인 위치에 있다.

② $l\perp m$, $m\perp n$이면 다음 그림과 같이 두 직선 l, n은 한 점에서 만나거나 평행하거나 꼬인 위치에 있다.

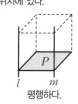

한 점에서 만난다.   평행하다.   꼬인 위치에 있다.

③ $l\perp P$, $m\perp P$이면 오른쪽 그림과 같이 $l /\!/ m$이다.

평행하다.

④ $P\perp Q$, $Q\perp R$이면 다음 그림과 같이 두 평면 P, R는 한 직선에서 만나거나 평행하다.

한 직선에서 만난다.   평행하다.

⑤ $P /\!/ Q$, $Q \perp R$이면 오른쪽 그림과 같이 $P \perp R$이다.

수직으로 만난다.

따라서 옳은 것은 ③이다. 답 ③

0245 ㄱ. $l /\!/ P$, $m \perp P$이면 다음 그림과 같이 두 직선 l, m은 수직으로 만나거나 꼬인 위치에 있다.

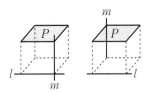

수직으로 만난다. 꼬인 위치에 있다.

ㄴ. $l /\!/ m$, $l \perp P$이면 오른쪽 그림과 같이 $m \perp P$이다.

수직으로 만난다.

ㄷ. $l /\!/ P$, $l /\!/ Q$이면 다음 그림과 같이 두 평면 P, Q는 한 직선에서 만나거나 평행하다.

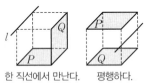

한 직선에서 만난다. 평행하다.

이상에서 옳은 것은 ㄴ뿐이다. 답 ②

0246 ① 한 직선에 수직인 서로 다른 두 직선은 다음 그림과 같이 한 점에서 만나거나 평행하거나 꼬인 위치에 있다.

한 점에서 만난다. 평행하다. 꼬인 위치에 있다.

② 한 평면에 수직인 서로 다른 두 직선은 오른쪽 그림과 같이 평행하다.

평행하다.

③ 한 평면에 평행한 서로 다른 두 직선은 다음 그림과 같이 한 점에서 만나거나 평행하거나 꼬인 위치에 있다.

한 점에서 만난다. 평행하다. 꼬인 위치에 있다.

④ 한 직선에 평행한 서로 다른 두 평면은 다음 그림과 같이 한 직선에서 만나거나 평행하다.

한 직선에서 만난다. 평행하다.

⑤ 한 평면에 평행한 서로 다른 두 평면은 오른쪽 그림과 같이 평행하다.

따라서 옳은 것은 ②, ⑤이다. 답 ②, ⑤

0247 오른쪽 그림과 같이 두 직선 l, m에 평행한 직선 p를 긋고 $\angle DAC = a^\circ$, $\angle EBC = b^\circ$라 하자.

$4\angle DAC = \angle DAB$이므로
$$\angle CAB = 3a^\circ$$
$4\angle EBC = \angle EBA$이므로
$$\angle CBA = 3b^\circ$$
$\angle ACB = a^\circ + b^\circ$이므로 삼각형 ACB에서
$$4a^\circ + 4b^\circ = 180^\circ$$
$$\therefore a^\circ + b^\circ = 45^\circ$$
$$\therefore \angle ACB = a^\circ + b^\circ = 45^\circ$$
답 ②

0248 오른쪽 그림과 같이 두 직선 l, m에 평행한 직선 p를 긋고
$$\angle BAC = \angle CAD = a^\circ,$$
$$\angle ABD = \angle DBC = b^\circ$$
라 하자.
$\angle AEB = a^\circ + b^\circ$이므로 삼각형 ABE에서
$$2a^\circ + 2b^\circ = 180^\circ$$
$$\therefore a^\circ + b^\circ = 90^\circ$$
$$\therefore \angle x = a^\circ + b^\circ = 90^\circ$$
답 90°

0249 오른쪽 그림과 같이 두 직선 l, m에 평행한 직선 p를 그으면
$$\angle PQR = 10^\circ + 50^\circ = 60^\circ \quad \cdots \text{1단계}$$
이때 $\angle PQS = 2\angle SQR$이므로
$$\angle PQR = \angle PQS + \angle SQR$$
$$= 2\angle SQR + \angle SQR$$
$$= 3\angle SQR$$
$$= 3\angle x$$
따라서 $3\angle x = 60^\circ$이므로
$$\angle x = 20^\circ \quad \cdots \text{2단계}$$
답 20°

단계	채점 요소	비율
1	$\angle PQR$의 크기 구하기	40 %
2	$\angle x$의 크기 구하기	60 %

시험에 꼭 나오는 문제　▶본문 40~43쪽

0250 [전략] 주어진 점과 직선의 위치 관계를 알아본다.
⑤ 두 직선 l과 n의 교점은 점 B이다.
따라서 옳지 않은 것은 ⑤이다.　답 ⑤

0251 [전략] 정육각형의 변을 직선으로 연장하여 생각한다.
$\overleftrightarrow{CD}$와 한 점에서 만나는 직선은 $\overleftrightarrow{AB}$, $\overleftrightarrow{BC}$, $\overleftrightarrow{DE}$, $\overleftrightarrow{EF}$의 4개이다.　답 ④

0252 [전략] 평면이 하나로 정해질 조건을 생각해 본다.
네 점 A, B, C, D 중 세 점으로 정해지는 서로 다른 평면은 P의 1개뿐이고, 점 E와 네 점 A, B, C, D 중 두 점으로 정해지는 서로 다른 평면은
평면 ABE, 평면 ACE, 평면 ADE, 평면 BCE,
평면 BDE, 평면 CDE
의 6개이다.
따라서 구하는 평면의 개수는
$1+6=7$　답 7

0253 [전략] 모서리 AD와 만나지도 않고 평행하지도 않은 모서리를 찾는다.
모서리 AD와 꼬인 위치에 있는 모서리는 $\overline{BC}$, $\overline{EF}$이다.　답 $\overline{BC}$, $\overline{EF}$

0254 [전략] 공간에서 두 직선의 위치 관계를 알아본다.
모서리 BC와 꼬인 위치에 있는 모서리는
$\overline{AD}$, $\overline{AE}$, $\overline{DF}$, $\overline{EF}$
의 4개이므로　$a=4$
모서리 BC와 평행한 모서리는 $\overline{DE}$의 1개이므로
$b=1$
$\therefore a+b=4+1=5$　답 ②

0255 [전략] 공간에서 직선과 평면의 위치 관계를 알아본다.
ㄱ. 모서리 DI와 한 점에서 만나는 모서리는 $\overline{CD}$, $\overline{DE}$, $\overline{HI}$, $\overline{IJ}$의 4개이다.
ㄷ. 면 ABGF와 수직인 모서리는 없다.
이상에서 옳은 것은 ㄴ뿐이다.　답 ②

0256 [전략] 공간에서 두 평면의 위치 관계를 알아본다.
①, ②, ③, ⑤ 한 직선에서 만난다.
④ 평행하다.
따라서 면 AGLF와의 위치 관계가 나머지 넷과 다른 하나는 ④이다.　답 ④

0257 [전략] 공간에서 두 직선, 직선과 평면, 두 평면의 위치 관계를 알아본다.
① 모서리 CG와 꼬인 위치에 있는 모서리는 $\overline{AB}$, $\overline{AD}$, $\overline{EF}$, $\overline{EH}$의 4개이다.
② 모서리 AE와 수직으로 만나는 모서리는 $\overline{AB}$, $\overline{AD}$, $\overline{EF}$, $\overline{EH}$의 4개이다.
③ 면 ABCD와 평행한 모서리는 $\overline{EF}$, $\overline{EH}$, $\overline{FG}$, $\overline{GH}$의 4개이다.
④ 면 ABFE와 수직인 면은 면 ABCD, 면 AEHD, 면 BFGC, 면 EFGH의 4개이다.
⑤ 점 E와 면 BFGC 사이의 거리는 $\overline{EF}$의 길이와 같으므로 3 cm이다.
따라서 옳지 않은 것은 ②, ⑤이다.　답 ②, ⑤

0258 [전략] 주어진 입체도형의 모서리와 면을 각각 공간에서의 직선과 평면으로 생각하여 위치 관계를 알아본다.
$\overline{EH}$와 평행한 면은
면 ABCD, 면 BFGC
의 2개이므로　$a=2$
면 EFGH와 수직인 면은
면 ABFE, 면 AEHD, 면 CGHD
의 3개이므로　$b=3$
$\therefore b-a=3-2=1$　답 1

0259 [전략] 전개도로 만들어지는 입체도형을 그려 본다.
주어진 전개도로 만들어지는 입체도형은 오른쪽 그림과 같다.
따라서 모서리 BE와 꼬인 위치에 있는 모서리는 $\overline{DF}$이다.

답 $\overline{DF}$

0260 [전략] $\angle b$와 위치가 같은 각을 찾는다.
④ $\angle b$의 동위각은 $\angle f$, $\angle p$이다.　답 ④

0261 [전략] 평행선과 동위각, 엇각 사이의 관계를 생각해 본다.
① $\angle a = \angle e$ (동위각)
② $\angle c = \angle e$ (엇각)
③ $\angle b + \angle e = \angle b + \angle c = 180°$
④ $\angle b = \angle h$ (엇각)
따라서 옳지 않은 것은 ⑤이다.　답 ⑤

0262 [전략] 평행한 두 직선이 다른 한 직선과 만날 때, 동위각 또는 엇각의 크기는 각각 같음을 이용한다.
오른쪽 그림에서
$\angle x = \angle y = 180° - 50° = 130°$
$\therefore \angle x + \angle y = 130° + 130° = 260°$

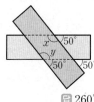
답 260°

02
위치 관계

0263 전략 서로 다른 두 직선이 다른 한 직선과 만날 때, 동위 각 또는 엇각의 크기가 같으면 두 직선은 평행함을 이용한다.

② 오른쪽 그림에서 두 직선 l과 p는 동위 각의 크기가 70°로 같으므로 평행하다.

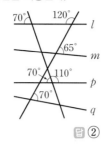

답 ②

0264 전략 삼각형의 세 각의 크기의 합은 180°임을 이용한다.

오른쪽 그림에서 삼각형의 세 각의 크기의 합은 180°이므로
$$\angle x + 72° + 28° = 180°$$
$$\therefore \angle x = 80°$$

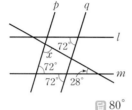

답 80°

0265 전략 꺾인 점을 지나면서 두 직선 l, m에 평행한 직선을 긋는다.

오른쪽 그림과 같이 두 직선 l, m에 평행한 직선 p를 그으면
$$(3x-20) + (x+40) = 120$$
$$4x = 100 \quad \therefore x = 25$$

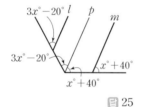

답 25

0266 전략 꺾인 점을 지나면서 두 직선 l, m에 평행한 두 직선을 긋는다.

오른쪽 그림과 같이 두 직선 l, m에 평행한 직선 p, q를 그으면
$$60° - \angle x = 45° - \angle y$$
$$\therefore \angle x - \angle y = 15°$$

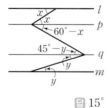

답 15°

0267 전략 꺾인 점을 지나면서 두 직선 l, m에 평행한 세 직선을 긋는다.

오른쪽 그림과 같이 두 직선 l, m에 평행한 직선 p, q, r를 그으면
$$\angle a + \angle b + \angle c + \angle d + 30°$$
$$= 180°$$
$$\therefore \angle a + \angle b + \angle c + \angle d = 150°$$

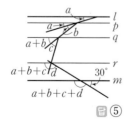

답 ⑤

0268 전략 엇각과 접은 각의 크기가 각각 같음을 이용한다.

오른쪽 그림에서
$$2\angle x + 40° = 180°$$
$$2\angle x = 140°$$
$$\therefore \angle x = 70°$$

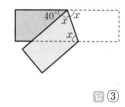

답 ③

0269 전략 직육면체를 그려서 각 조건에 따른 위치 관계를 알아본다.

① $l \perp m$, $m \perp n$이면 다음 그림과 같이 두 직선 l, n은 한 점에서 만나거나 평행하거나 꼬인 위치에 있다.

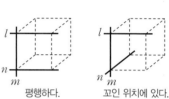

한 점에서 만난다.　　평행하다.　　꼬인 위치에 있다.

② $l /\!/ P$, $l /\!/ Q$이면 다음 그림과 같이 두 평면 P, Q는 한 직선에서 만나거나 평행하다.

한 직선에서 만난다.　　평행하다.

④ $P \perp Q$, $P \perp R$이면 다음 그림과 같이 두 평면 Q, R는 한 직선에서 만나거나 평행하다.

한 직선에서 만난다.　　평행하다.

⑤ $l /\!/ P$, $m /\!/ P$이면 다음 그림과 같이 두 직선 l, m은 한 점에서 만나거나 평행하거나 꼬인 위치에 있다.

한 점에서 만난다.　　평행하다.　　꼬인 위치에 있다.

따라서 옳은 것은 ③이다.

답 ③

0270 전략 공간에서 두 직선, 직선과 평면, 두 평면의 위치 관계를 알아본다.

$\overline{AG}$와 꼬인 위치에 있는 모서리는
$$\overline{BC},\ \overline{CD},\ \overline{BF},\ \overline{DH},\ \overline{EF},\ \overline{EH}$$
의 6개이므로　$a = 6$　　　　… 1단계

면 ABFE와 수직인 모서리는
$$\overline{AD},\ \overline{BC},\ \overline{EH},\ \overline{FG}$$
의 4개이므로　$b = 4$　　　　… 2단계

면 BFGC와 평행한 면은 면 AEHD의 1개이므로

$c=1$ ··· 3단계

$\therefore a+b-c=6+4-1=9$ ··· 4단계

답 9

단계	채점 요소	비율
1	a의 값 구하기	40 %
2	b의 값 구하기	30 %
3	c의 값 구하기	20 %
4	$a+b-c$의 값 구하기	10 %

0271 전략 꺾인 점을 지나면서 두 직선 l, m에 평행한 직선을 긋고 정삼각형의 세 각의 크기는 모두 60°임을 이용한다.

오른쪽 그림과 같이 두 직선 l, m에 평행한 직선 p를 긋자. ··· 1단계

삼각형 ABC가 정삼각형이므로

$\angle x+15°=60°$

$\therefore \angle x=45°$ ··· 2단계

답 45°

단계	채점 요소	비율
1	두 직선 l, m에 평행한 보조선 긋기	40 %
2	$\angle x$의 크기 구하기	60 %

0272 전략 꺾인 점을 지나면서 두 직선 l, m에 평행한 두 직선을 긋는다.

오른쪽 그림과 같이 두 직선 l, m에 평행한 직선 p, q를 긋자. ··· 1단계

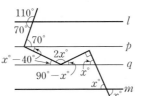

평각의 크기는 180°이므로

$(x-40)+2x+(90-x)$

$=180$

$2x=130$

$\therefore x=65$ ··· 2단계

답 65

단계	채점 요소	비율
1	두 직선 l, m에 평행한 보조선 긋기	40 %
2	x의 값 구하기	60 %

0273 전략 전개도로 만들어지는 입체도형을 그려 본다.

주어진 전개도로 만들어지는 정육면체는 오른쪽 그림과 같다.
따라서 $\overline{\text{CH}}$와 $\overline{\text{KN}}$은 꼬인 위치에 있다.

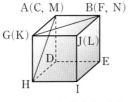

답 꼬인 위치에 있다.

0274 전략 세 평면을 주어진 조건에 따라 공간에 나타내어 본다.

주어진 조건에 따라 세 평면 P, Q, R를 나타내면 오른쪽 그림과 같다.
따라서 공간은 8개의 부분으로 나누어진다.

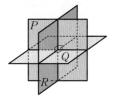

답 8개

0275 전략 점 C를 지나면서 두 직선 l, m에 평행한 직선을 긋는다.

오른쪽 그림과 같이 두 직선 l, m에 평행한 직선 p를 긋고

$\angle \text{DAC}=a°$, $\angle \text{EBC}=b°$

라 하자.

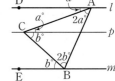

$\angle \text{BAC}=\dfrac{2}{3}\angle \text{BAD}$이므로

$\angle \text{BAC}=2a°$

$\angle \text{ABC}=\dfrac{2}{3}\angle \text{ABE}$이므로

$\angle \text{ABC}=2b°$

$\angle \text{ACB}=a°+b°$이므로 삼각형 ACB에서

$3a°+3b°=180°$

$\therefore a°+b°=60°$

$\therefore \angle \text{ACB}=a°+b°=60°$

답 60°

02 위치 관계

03 작도와 합동

교과서문제 정복하기

> 본문 45, 47쪽

0276 답 ㄴ, ㄹ

0277 답 ○

0278 작도에서 사용하는 자는 눈금 없는 자이다. 답 ✕

0279 답 ○

0280 두 선분의 길이를 비교할 때에는 컴퍼스를 사용한다.
답 ✕

0281 답 컴퍼스, P, $\overline{AB}$, Q

0282 답 ㅁ, ㄱ, ㄹ

0283 답 $\overline{PC}$

0284 답 $\overline{CD}$

0285 답 ㄴ, ㅂ, ㄷ

0286 답 동위각

0287 답 ㄹ, ㅁ, ㄴ

0288 답 엇각

0289 답 $\overline{AC}$

0290 답 ∠C

0291 8>3+4이므로 삼각형을 만들 수 없다. 답 ✕

0292 9<7+8이므로 삼각형을 만들 수 있다. 답 ○

0293 답 $\overline{AC}$

0294 답 $\overline{BC}$, $\overline{AC}$

0295 5=2+3이므로 삼각형을 만들 수 없다. 답 ✕

0296 두 변의 길이와 그 끼인각의 크기가 주어졌으므로 삼각형이 하나로 정해진다. 답 ○

0297 한 변의 길이와 그 양 끝 각의 크기가 주어졌으므로 삼각형이 하나로 정해진다. 답 ○

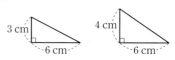

삼각형이 하나로 정해지지 않는 경우
① 가장 긴 변의 길이가 나머지 두 변의 길이의 합보다 크거나 같은 경우
② 두 변의 길이와 그 끼인각이 아닌 다른 한 각의 크기가 주어진 경우
③ 한 변의 길이와 두 각의 크기가 주어진 경우
④ 한 변의 길이와 그 양 끝 각의 크기가 주어져도 양 끝 각의 크기의 합이 180° 이상인 경우
⑤ 세 각의 크기가 주어진 경우

0298 다음 그림과 같은 두 삼각형은 한 변의 길이가 같지만 합동이 아니다.

$3\,\text{cm}$ $6\,\text{cm}$ $4\,\text{cm}$ $6\,\text{cm}$

답 ✕

0299 답 ○

0300 답 ○

0301 △ABC≡△DEF이므로
$\overline{AC}=\overline{DF}=4\,(\text{cm})$ ∴ $x=4$
∠E=∠B=40°이므로
∠F=180°−(85°+40°)=55° ∴ $y=55$
답 $x=4$, $y=55$

0302 대응하는 세 변의 길이가 각각 같으므로
△ABC≡△DEF (SSS 합동) 답 ○

0303 주어진 두 변의 끼인각이 아닌 다른 각의 크기가 같으므로 합동인지 아닌지 알 수 없다. 답 ✕

0304 ∠A=∠D, ∠B=∠E이므로
∠C=∠F
즉 대응하는 한 변의 길이가 같고, 그 양 끝 각의 크기가 각각 같으므로
△ABC≡△DEF (ASA 합동) 답 ○

0305 △ABC와 △EFD에서

$\overline{AB}=\overline{EF}$, $\overline{BC}=\overline{FD}$, $\overline{AC}=\overline{ED}$

따라서 대응하는 세 변의 길이가 각각 같으므로

△ABC≡△EFD (SSS 합동)

답 △ABC≡△EFD, SSS 합동

0306 △ABC와 △DFE에서

$\overline{AB}=\overline{DF}$, $\overline{BC}=\overline{FE}$, ∠B=∠F

따라서 대응하는 두 변의 길이가 각각 같고, 그 끼인각의 크기가 같으므로

△ABC≡△DFE (SAS 합동)

답 △ABC≡△DFE, SAS 합동

 유형 익히기   ▶ 본문 48~55쪽

0307 ③ 선분의 길이를 다른 직선 위에 옮길 때에는 컴퍼스를 사용한다.

④ 두 점을 지나는 직선을 그릴 때에는 눈금 없는 자를 사용한다.

따라서 옳지 않은 것은 ③, ④이다.   답 ③, ④

0308 답 (가) 눈금 없는 자 (나) 컴퍼스

0309 ②, ④ 컴퍼스의 용도이다.

따라서 눈금 없는 자의 용도로 옳은 것은 ③, ⑤이다.

답 ③, ⑤

0310 ㉠ $\overline{AB}$를 점 B의 방향으로 연장한다.

㉢ 컴퍼스로 $\overline{AB}$의 길이를 잰다.

㉡ 점 B를 중심으로 하고 반지름의 길이가 $\overline{AB}$인 원을 그려 $\overline{AB}$의 연장선과의 교점을 C라 한다.

따라서 작도 순서는 ㉠ → ㉢ → ㉡이다.   답 ㉠ → ㉢ → ㉡

0311 $\overline{AB}$의 길이를 재어서 옮길 때 컴퍼스가 사용된다.

답 ①

0312 ❶ 컴퍼스 로 $\overline{AB}$의 길이를 잰다.

❷ 두 점 A, B를 중심으로 하고 반지름의 길이가 $\overline{AB}$ 인 원을 각각 그려 두 원의 교점을 C라 한다.

❸ $\overline{AC}$, $\overline{BC}$를 그으면 △ABC는 정삼각형 이다.

답 컴퍼스, $\overline{AB}$, 정삼각형

0313 ㉠ 점 O를 중심으로 하는 원을 그려 $\overrightarrow{OX}$, $\overrightarrow{OY}$와의 교점을 각각 A, B라 한다.

㉢ 점 P를 중심으로 하고 반지름의 길이가 $\overline{OA}$인 원을 그려 $\overrightarrow{PQ}$와의 교점을 D라 한다.

㉡ 컴퍼스로 $\overline{AB}$의 길이를 잰다.

㉣ 점 D를 중심으로 하고 반지름의 길이가 $\overline{AB}$인 원을 그려 ㉢에서 그린 원과의 교점을 C라 한다.

㉤ $\overrightarrow{PC}$를 긋는다.

따라서 작도 순서는 ㉠ → ㉢ → ㉡ → ㉣ → ㉤이다.   답 ②

0314 ㄱ. 두 점 A, B는 점 O를 중심으로 하는 한 원 위에 있으므로

$\overline{OA}=\overline{OB}$

ㄴ. 점 C는 점 D를 중심으로 하고 반지름의 길이가 $\overline{AB}$인 원 위에 있으므로

$\overline{AB}=\overline{CD}$

이상에서 옳은 것은 ㄱ, ㄴ, ㄹ이다.   답 ④

0315 ①, ② 두 점 A, B는 점 O를 중심으로 하는 한 원 위에 있고, 두 점 C, D는 점 P를 중심으로 하고 반지름의 길이가 $\overline{OA}$인 원 위에 있으므로

$\overline{OA}=\overline{OB}=\overline{PC}=\overline{PD}$

③ 점 D는 점 C를 중심으로 하고 반지름의 길이가 $\overline{AB}$인 원 위에 있으므로

$\overline{AB}=\overline{CD}$

④, ⑤ ∠CPD=∠AOB이므로 동위각의 크기가 같다.

즉 $\overrightarrow{OB}$∥$\overrightarrow{PD}$이다.

따라서 옳지 않은 것은 ③이다.   답 ③

0316

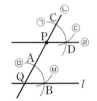

㉡ 점 P를 지나는 직선을 그어 직선 l과의 교점을 Q라 한다.

㉤ 점 Q를 중심으로 하는 원을 그려 직선 PQ, 직선 l과의 교점을 각각 A, B라 한다.

㉠ 점 P를 중심으로 하고 반지름의 길이가 $\overline{QA}$인 원을 그려 직선 PQ와의 교점을 C라 한다.

㉥ 컴퍼스로 $\overline{AB}$의 길이를 잰다.

㉢ 점 C를 중심으로 하고 반지름의 길이가 $\overline{AB}$인 원을 그려 ㉠에서 그린 원과의 교점을 D라 한다.

㉣ 직선 PD를 긋는다.

따라서 작도 순서는 ㉡ → ㉤ → ㉠ → ㉥ → ㉢ → ㉣이다.

답 ㉡ → ㉤ → ㉠ → ㉥ → ㉢ → ㉣

0317 ④ 엇각인 두 각 ∠CQD, ∠APB의 크기가 같으므로 두 직선 l과 m은 평행하다.   답 ④

0318 ① $7<3+5$ (○)

② $10<4+8$ (○)

③ $5<5+5$ (○)

④ $13>6+6$ (×)

⑤ $14<7+9$ (○)

따라서 삼각형의 세 변의 길이가 될 수 없는 것은 ④이다.

답 ④

0319 ㄱ. 10＝5＋5 (×)

ㄴ. 10＜5＋8 (○)

ㄷ. 10＜5＋10 (○)

ㄹ. 16＞5＋10 (×)

따라서 나머지 한 변의 길이가 될 수 있는 것은 ㄴ, ㄷ이다.

冒 ㄴ, ㄷ

0320 (i) 가장 긴 변의 길이가 x cm일 때,

$x<4+7$ ∴ $x<11$

$x>7$이므로 자연수 x는   8, 9, 10

(ii) 가장 긴 변의 길이가 7 cm일 때,

$7<4+x$

$x≤7$이므로 자연수 x는   4, 5, 6, 7

(i), (ii)에서 자연수 x는 4, 5, 6, 7, 8, 9, 10의 7개이다. **冒** ④

0321 $9<5+8$, $13=5+8$, $13<5+9$, $13<8+9$ … **1단계**

이므로 삼각형을 만들 수 있는 세 막대기의 길이의 쌍은

(5 cm, 8 cm, 9 cm), (5 cm, 9 cm, 13 cm),

(8 cm, 9 cm, 13 cm) … **2단계**

따라서 만들 수 있는 삼각형은 3개이다. … **3단계**

冒 3개

단계	채점 요소	비율
1	삼각형이 될 수 있는 조건 확인하기	40 %
2	삼각형을 만들 수 있는 세 막대기의 길이의 쌍 구하기	50 %
3	삼각형의 개수 구하기	10 %

0322   한 변의 길이와 그 양 끝 각의 크기가 주어졌으므로 선분을 작도한 후 두 각을 작도하거나 한 각을 작도한 후 선분을 작도한 다음 나머지 한 각을 작도하면 된다.

따라서 작도하는 순서로 옳지 않은 것은 ③이다. **冒** ③

0323 ㉠ ∠B와 크기가 같은 ∠XBY를 작도한다.

㉡ 점 B를 중심으로 하고 반지름의 길이가 c인 원을 그려 반직선 BX와의 교점을 $\boxed{A}$라 한다.

㉢ 점 B를 중심으로 하고 반지름의 길이가 a인 원을 그려 반직선 BY와의 교점을 $\boxed{C}$라 한다.

㉣ $\boxed{\overline{AC}}$를 그으면 △ABC가 작도된다. **冒** A, C, $\overline{AC}$

0324 ㉢ 직선 l 위에 길이가 c인 선분 AB를 작도한다.

㉠ 두 점 A, B를 중심으로 하고 반지름의 길이가 b, a인 원을 각각 그려 두 원의 교점을 C라 한다.

㉡ $\overline{AC}$, $\overline{BC}$를 그으면 △ABC가 작도된다.

따라서 작도 순서는 ㉢ → ㉠ → ㉡이다. **冒** ㉢ → ㉠ → ㉡

0325 ① $10<5+7$이므로 삼각형이 하나로 정해진다.

② $10=3+7$이므로 삼각형을 만들 수 없다.

③ ∠C는 $\overline{AB}$, $\overline{BC}$의 끼인각이 아니므로 삼각형이 하나로 정해지지 않는다.

④ 한 변의 길이와 그 양 끝 각의 크기가 주어졌으므로 삼각형이 하나로 정해진다.

⑤ 모양은 같고 크기가 다른 삼각형이 무수히 많이 그려진다.

따라서 △ABC가 하나로 정해지는 것은 ①, ④이다.

冒 ①, ④

0326 ① $11>4+5$이므로 삼각형을 만들 수 없다.

② 두 변의 길이와 그 끼인각의 크기가 주어졌으므로 삼각형이 하나로 정해진다.

③ $∠A=180°-(35°+75°)=70°$

즉 한 변의 길이와 그 양 끝 각의 크기가 주어졌으므로 삼각형이 하나로 정해진다.

④ 한 변의 길이와 그 양 끝 각의 크기가 주어졌으므로 삼각형이 하나로 정해진다.

⑤ 모양은 같고 크기가 다른 삼각형이 무수히 많이 그려진다.

따라서 △ABC가 하나로 정해지지 않는 것은 ①, ⑤이다.

冒 ①, ⑤

0327 ㄱ. ∠B가 $\overline{AB}$, $\overline{AC}$의 끼인각이 아니므로 삼각형이 하나로 정해지지 않는다.

ㄴ. ∠A가 $\overline{AC}$, $\overline{BC}$의 끼인각이 아니므로 삼각형이 하나로 정해지지 않는다.

ㄷ. 두 변의 길이와 그 끼인각의 크기가 주어진 경우이다.

ㄹ. ∠B, ∠C의 크기를 알면 ∠A의 크기도 알 수 있으므로 한 변의 길이와 그 양 끝 각의 크기가 주어진 경우이다.

이상에서 더 필요한 조건인 것은 ㄷ, ㄹ이다. **冒** ㄷ, ㄹ

0328 ① 한 변의 길이와 그 양 끝 각의 크기가 주어진 경우이다.

②, ⑤ 두 변의 길이와 그 끼인각의 크기가 주어진 경우이다.

③ ∠A가 $\overline{AB}$, $\overline{BC}$의 끼인각이 아니므로 삼각형이 하나로 정해지지 않는다.

④ $∠B=180°-(35°+45°)=100°$이므로 한 변의 길이와 그 양 끝 각의 크기가 주어진 경우이다.

따라서 더 필요한 조건이 아닌 것은 ③이다. **冒** ③

0329 ① $\overline{AB}=\overline{EF}=4$ (cm)

② ∠C=∠G=78°

③ $\overline{EH}=\overline{AD}=5$ (cm)

④ $\overline{FG}=\overline{BC}=7$ (cm)

⑤ 알 수 없다.

따라서 옳지 않은 것은 ⑤이다. **冒** ⑤

0330 ③ 점 B의 대응점은 점 E이다.

따라서 옳지 않은 것은 ③이다. **冒** ③

0331 $\overline{AC}=\overline{DF}=3 \, (cm)$이므로

$x=3$ ··· **1단계**

$\angle F=\angle C=90°$이므로

$\angle E=180°-(60°+90°)=30°$ ··· **2단계**

$\therefore y=30$

$\therefore y-x=30-3=27$ ··· **3단계**

🔲 27

단계	채점 요소	비율
1	x의 값 구하기	40 %
2	y의 값 구하기	50 %
3	$y-x$의 값 구하기	10 %

0332 ㄱ과 ㅁ: 대응하는 세 변의 길이가 각각 같으므로 SSS 합동이다.

ㄴ과 ㄹ: 대응하는 한 변의 길이가 같고, 그 양 끝 각의 크기가 각각 같으므로 ASA 합동이다.

ㄷ과 ㅂ: 대응하는 두 변의 길이가 각각 같고, 그 끼인각의 크기가 같으므로 SAS 합동이다.

이상에서 합동인 삼각형끼리 짝 지은 것으로 옳은 것은 ②이다.

🔲 ②

0333 ③ 삼각형의 나머지 한 각의 크기는

$180°-(38°+45°)=97°$

따라서 대응하는 한 변의 길이가 같고, 그 양 끝 각의 크기가 각각 같으므로 주어진 삼각형과 ASA 합동이다. 🔲 ③

0334 ① 대응하는 한 변의 길이가 같고, 그 양 끝 각의 크기가 각각 같으므로 ASA 합동이다.

② $\angle A=\angle D$, $\angle B=\angle E$이므로 $\angle C=\angle F$

즉 대응하는 한 변의 길이가 같고, 그 양 끝 각의 크기가 각각 같으므로 ASA 합동이다.

③ 대응하는 세 변의 길이가 각각 같으므로 SSS 합동이다.

⑤ 대응하는 두 변의 길이가 각각 같고, 그 끼인각의 크기가 같으므로 SAS 합동이다.

따라서 $\triangle ABC\equiv\triangle DEF$라 할 수 없는 것은 ④이다. 🔲 ④

0335 ㄴ. 대응하는 한 변의 길이가 같고, 그 양 끝 각의 크기가 각각 같으므로 ASA 합동이다.

ㄷ. 대응하는 두 변의 길이가 각각 같고, 그 끼인각의 크기가 같으므로 SAS 합동이다.

🔲 ㄴ: ASA 합동, ㄷ: SAS 합동

0336 ①, ② ASA 합동

①, ④ ASA 합동

①, ⑤ SAS 합동

따라서 나머지 넷과 합동이 아닌 것은 ③이다. 🔲 ③

0337 ① $\overline{AC}=\overline{DF}$이면 대응하는 세 변의 길이가 각각 같으므로 SSS 합동이다.

③ $\angle B=\angle E$이면 대응하는 두 변의 길이가 각각 같고, 그 끼인 각의 크기가 같으므로 SAS 합동이다.

따라서 필요한 나머지 한 조건은 ①, ③이다. 🔲 ①, ③

0338 ③ $\angle A=\angle D$, $\angle C=\angle F$이므로 $\angle B=\angle E$

즉 대응하는 한 변의 길이가 같고, 그 양 끝 각의 크기가 각각 같으므로 ASA 합동이다.

따라서 필요한 나머지 한 조건은 ③이다. 🔲 ③

0339 ① 대응하는 세 변의 길이가 각각 같으므로 SSS 합동이다.

② 대응하는 두 변의 길이가 각각 같고, 그 끼인각의 크기가 같으므로 SAS 합동이다.

④ 대응하는 한 변의 길이가 같고, 그 양 끝 각의 크기가 각각 같으므로 ASA 합동이다.

⑤ $\angle B=\angle E$, $\angle C=\angle F$이므로 $\angle A=\angle D$

즉 대응하는 한 변의 길이가 같고, 그 양 끝 각의 크기가 각각 같으므로 ASA 합동이다.

따라서 더 필요한 조건이 아닌 것은 ③이다. 🔲 ③

0340 $\triangle ABC$와 $\triangle ADC$에서

$\overline{AB}=\overline{AD}$, $\overline{BC}=\overline{DC}$, $\boxed{\overline{AC}}$는 공통

$\therefore \triangle ABC\equiv\triangle ADC \, (\boxed{SSS} \, 합동)$

🔲 ㈎ $\overline{AC}$ ㈏ SSS

0341 $\triangle AOB$와 $\triangle A'O'B'$에서

$\overline{OA}=\overline{O'A'}$, $\overline{OB}=\boxed{\overline{O'B'}}$, $\overline{AB}=\boxed{\overline{A'B'}}$

$\therefore \triangle AOB\equiv\triangle A'O'B' \, (\boxed{SSS} \, 합동)$

🔲 ㈎ $\overline{O'B'}$ ㈏ $\overline{A'B'}$ ㈐ SSS

0342 $\triangle ABC$와 $\triangle CDA$에서

$\overline{AB}=\overline{CD}$, $\overline{BC}=\overline{DA}$, $\overline{AC}$는 공통 ··· **1단계**

$\therefore \triangle ABC\equiv\triangle CDA \, (SSS \, 합동)$ ··· **2단계**

🔲 $\triangle ABC\equiv\triangle CDA$, SSS 합동

단계	채점 요소	비율
1	합동인 조건 찾기	70 %
2	합동인 두 삼각형을 기호를 사용하여 나타내고, 합동 조건 말하기	30 %

0343 $\triangle OAB$와 $\triangle OCD$에서

$\overline{OA}=\overline{OC}$, $\overline{OB}=\overline{OD}$, $\angle AOB=\boxed{\angle COD}$

$\therefore \triangle OAB\equiv\triangle OCD \, (\boxed{SAS} \, 합동)$

🔲 ㈎ $\angle COD$ ㈏ SAS

0344 △PAM과 △PBM에서

$\overline{AM}=\boxed{\overline{BM}}$, $\overline{PM}$은 공통, ∠PMA=$\boxed{\angle PMB}$=90°

∴ △PAM≡△PBM ($\boxed{SAS}$ 합동)

답 (개) $\overline{BM}$ (내) ∠PMB (대) SAS

0345 △AOD와 △COB에서

$\overline{OA}=\overline{OC}$, $\overline{OD}=\overline{OB}$, ∠O는 공통

∴ △AOD≡△COB (SAS 합동)

∴ $\overline{AD}=\overline{CB}$, ∠OAD=∠OCB, ∠OBC=∠ODA

따라서 옳지 않은 것은 ③이다. 답 ③

0346 △AOP와 △BOP에서

∠AOP=$\boxed{\angle BOP}$, $\boxed{\overline{OP}}$는 공통,

∠APO=90°−∠AOP=90°−$\boxed{\angle BOP}$=$\boxed{\angle BPO}$

∴ △AOP≡△BOP ($\boxed{ASA}$ 합동)

∴ $\overline{AP}=\overline{BP}$

답 (개) ∠BOP (내) $\overline{OP}$ (대) ∠BPO (래) ASA

0347 △ADE와 △EFC에서

$\overline{AE}=\boxed{\overline{EC}}$

$\overline{AB}\,/\!/\,\overline{EF}$이므로 ∠EAD=∠CEF

$\overline{DE}\,/\!/\,\overline{BC}$이므로 ∠AED=$\boxed{\angle ECF}$

∴ △ADE≡△EFC ($\boxed{ASA}$ 합동)

답 (개) $\overline{EC}$ (내) ∠ECF (대) ASA

0348 △AMC와 △DMB에서

$\overline{CM}=\overline{BM}$, ∠AMC=∠DMB (맞꼭지각)

$\overline{AC}\,/\!/\,\overline{BD}$이므로

∠ACM=∠DBM (엇각) ··· 1단계

∴ △AMC≡△DMB (ASA 합동) ··· 2단계

답 △AMC≡△DMB, ASA 합동

단계	채점 요소	비율
1	합동인 조건 찾기	70 %
2	△AMC와 합동인 삼각형을 찾아 기호를 사용하여 나타내고, 합동 조건 말하기	30 %

0349 △ACD와 △BCE에서

$\overline{AC}=\overline{BC}$, $\overline{CD}=\overline{CE}$,

∠ACD=∠ACE+60°=∠BCE

∴ △ACD≡△BCE (SAS 합동)

∠ACD=180°−60°=120°이므로

∠CAD+∠ADC=180°−120°=60°

따라서 △PBD에서

∠x=180°−(∠CBE+∠ADC)

=180°−(∠CAD+∠ADC)

=180°−60°=120° 답 120°

0350 △BCE와 △DCF에서

$\overline{BC}=\overline{DC}$, $\overline{CE}=\overline{CF}$, ∠BCE=∠DCF=90°

∴ △BCE≡△DCF (SAS 합동)

∴ $\overline{DF}=\overline{BE}$=5 (cm) 답 5 cm

0351 △ADF와 △BED와 △CFE에서

$\overline{AD}=\overline{BE}=\overline{CF}$, $\overline{AF}=\overline{BD}=\overline{CE}$,

∠A=∠B=∠C=60°

∴ △ADF≡△BED≡△CFE (SAS 합동)

∴ $\overline{DF}=\overline{DE}=\overline{EF}$, ∠FDA=∠DEB=∠EFC

이때 $\overline{DF}=\overline{DE}=\overline{EF}$이므로 △DEF는 정삼각형이다.

∴ ∠DEF=60°

따라서 옳지 않은 것은 ⑤이다. 답 ⑤

0352 △ABE와 △BCF에서

$\overline{AB}=\overline{BC}$, $\overline{BE}=\overline{CF}$, ∠ABE=∠BCF=90°

∴ △ABE≡△BCF (SAS 합동)

∴ ∠BAE=∠CBF

한편 ∠BAE+∠AEB=90°이므로

∠CBF+∠AEB=90°

따라서 △PBE에서

∠BPE=180°−(∠PBE+∠PEB)

=180°−90°=90°

∴ ∠x=∠BPE=90° (맞꼭지각) 답 ③

0353 △ADC와 △ABE에서

$\overline{AD}=\overline{AB}$, $\overline{AC}=\overline{AE}$,

∠DAC=60°+∠BAC=∠BAE

∴ △ADC≡△ABE (SAS 합동)

∴ $\overline{DC}=\overline{BE}$, ∠ACD=∠AEB

따라서 옳지 않은 것은 ④이다. 답 ④

0354 △ADE와 △CDE에서

$\overline{AD}=\overline{CD}$, $\overline{DE}$는 공통, ∠ADE=∠CDE=45°

∴ △ADE≡△CDE (SAS 합동) ··· 1단계

한편 $\overline{AD}\,/\!/\,\overline{BF}$이므로

∠DAF=∠F=30°

△ADE≡△CDE이므로

∠DCE=∠DAE=30° ··· 2단계

∴ ∠x=90°−∠DCE

=90°−30°=60° ··· 3단계

답 60°

단계	채점 요소	비율
1	△ADE≡△CDE임을 알기	50 %
2	∠DCE의 크기 구하기	30 %
3	∠x의 크기 구하기	20 %

시험에 꼭 나오는 문제 　　> 본문 56~59쪽

0355 [전략] 작도할 때 눈금 없는 자와 컴퍼스의 용도를 생각해 본다.

① 두 선분의 길이를 비교할 때에는 컴퍼스를 사용한다.
② 작도할 때에는 눈금 없는 자와 컴퍼스만을 사용한다.
③ 주어진 각과 크기가 같은 각을 작도할 때에는 눈금 없는 자와 컴퍼스를 사용한다.
⑤ 선분을 연장할 때에는 눈금 없는 자를 사용한다.
따라서 옳은 것은 ④이다.　　　　　　　　　　[답] ④

0356 [전략] 길이가 같은 선분의 작도를 생각해 본다.

ⓒ 자로 직선을 긋고, 이 직선 위에 점 P를 잡는다.
ⓛ 컴퍼스로 $\overline{AB}$의 길이를 잰다.
ⓖ 점 P를 중심으로 하고 반지름의 길이가 $\overline{AB}$인 원을 그려 직선과의 교점을 Q라 한다.
따라서 작도 순서는 ⓒ → ⓛ → ⓖ이다.
　　　　　　　　　　　　　　　[답] ⓒ → ⓛ → ⓖ

0357 [전략] 크기가 같은 각의 작도를 생각해 본다.

① 두 점 A, B는 점 O를 중심으로 하는 한 원 위에 있으므로
　$\overline{OA}=\overline{OB}$
③ 점 C는 점 D를 중심으로 하고 반지름의 길이가 $\overline{AB}$인 원 위에 있으므로　$\overline{AB}=\overline{CD}$
④ 점 C는 점 P를 중심으로 하고 반지름의 길이가 $\overline{OA}$인 원 위에 있으므로
　$\overline{OA}=\overline{OB}=\overline{PC}$
따라서 옳지 않은 것은 ②이다.　　　　　　　　[답] ②

0358 [전략] 평행선의 작도를 생각해 본다.

ㄱ. 두 점 A, B는 점 Q를 중심으로 하는 한 원 위에 있고, 두 점 C, D는 점 P를 중심으로 하고 반지름의 길이가 $\overline{AQ}$인 원 위에 있으므로　$\overline{AQ}=\overline{BQ}=\overline{CP}=\overline{DP}$
ㄴ. 점 D는 점 C를 중심으로 하고 반지름의 길이가 $\overline{AB}$인 원 위에 있으므로　$\overline{AB}=\overline{CD}$
ㄹ. 엇각의 크기가 같으면 두 직선은 평행하다는 성질이 이용되었다.
이상에서 옳은 것은 ㄱ, ㄷ이다.　　　　　　　　[답] ②

0359 [전략] 삼각형의 가장 긴 변의 길이는 나머지 두 변의 길이의 합보다 작아야 함을 이용한다.

① $x=7$일 때, 세 변의 길이는 7, 5, 12이므로
　　$12=7+5$ (×)
② $x=8$일 때, 세 변의 길이는 8, 6, 13이므로
　　$13<8+6$ (○)

③ $x=9$일 때, 세 변의 길이는 9, 7, 14이므로
　　$14<9+7$ (○)
④ $x=10$일 때, 세 변의 길이는 10, 8, 15이므로
　　$15<10+8$ (○)
⑤ $x=11$일 때, 세 변의 길이는 11, 9, 16이므로
　　$16<11+9$ (○)
따라서 x의 값이 될 수 없는 것은 ①이다.　　　[답] ①

0360 [전략] 두 변의 길이와 그 끼인각의 크기가 주어졌을 때 삼각형의 작도 순서를 생각해 본다.

△ABC의 작도 순서는 다음의 4가지 경우가 있다.
(ⅰ) $\overline{AB} → ∠A → \overline{AC} → \overline{BC}$
(ⅱ) $\overline{AC} → ∠A → \overline{AB} → \overline{BC}$
(ⅲ) $∠A → \overline{AB} → \overline{AC} → \overline{BC}$
(ⅳ) $∠A → \overline{AC} → \overline{AB} → \overline{BC}$
이상에서 맨 마지막에 작도하는 과정은 ③이다.　[답] ③

0361 [전략] 삼각형이 하나로 정해질 조건을 생각해 본다.

① $17>9+6$이므로 삼각형을 만들 수 없다.
② $24<15+10$이므로 삼각형이 하나로 정해진다.
③ $∠B=180°-(30°+70°)=80°$
　즉 한 변의 길이와 그 양 끝 각의 크기가 주어졌으므로 삼각형이 하나로 정해진다.
④ $∠C$는 $\overline{AB}$, $\overline{BC}$의 끼인각이 아니므로 삼각형이 하나로 정해지지 않는다.
⑤ 모양은 같고 크기가 다른 삼각형이 무수히 많이 그려진다.
따라서 △ABC가 하나로 정해지는 것은 ②, ③이다.
　　　　　　　　　　　　　　　　　　　[답] ②, ③

0362 [전략] 주어진 조건을 추가하였을 때 삼각형이 하나로 정해질 조건을 만족시키는지 확인해 본다.

④ $∠B$는 $\overline{AB}$, $\overline{AC}$의 끼인각이 아니므로 삼각형이 하나로 정해지지 않는다.
따라서 더 필요한 조건이 아닌 것은 ④이다.　　　[답] ④

0363 [전략] 모양과 크기가 모두 같아서 완전히 포개어지는 두 도형이 서로 합동임을 이용한다.

② 오른쪽 그림과 같은 두 이등변삼각형은 두 변의 길이가 같지만 합동이 아니다.

④ 오른쪽 그림과 같은 두 직사각형은 둘레의 길이가 같지만 합동이 아니다.

⑤ 오른쪽 그림과 같은 두 부채꼴은 반지름의 길이가 같지만 합동이 아니다.

따라서 두 도형이 합동인 것은 ①, ③이다.　　[답] ①, ③

0364 전략 합동인 두 도형의 대응변의 길이와 대응각의 크기는 각각 같음을 이용한다.

두 사각형 ABCD, EFGH가 합동이므로
$$\overline{BC}=\overline{FG}=4\,(cm)$$
$$\therefore x=4$$
∠B=∠F=140°, ∠C=∠G=80°이므로
$$\angle A=360°-(140°+80°+75°)=65°$$
$$\therefore y=65$$
$$\therefore x+y=4+65=69$$
답 69

0365 전략 삼각형의 합동 조건을 만족시키는지 알아본다.

①, ② ASA 합동
①, ④ ASA 합동
①, ⑤ SAS 합동
따라서 나머지 넷과 합동이 아닌 것은 ③이다.
답 ③

0366 전략 주어진 조건을 추가하였을 때 삼각형의 합동 조건을 만족시키는지 확인해 본다.

ㄴ. ∠A=∠D이면 대응하는 한 변의 길이가 같고, 그 양 끝 각의 크기가 각각 같으므로 ASA 합동이다.
ㄷ. $\overline{BC}=\overline{EF}$이면 대응하는 두 변의 길이가 각각 같고, 그 끼인각의 크기가 같으므로 SAS 합동이다.
ㄹ. ∠C=∠F이면 ∠A=∠D이므로 대응하는 한 변의 길이가 같고, 그 양 끝 각의 크기가 각각 같다. 즉 ASA 합동이다.
이상에서 더 필요한 조건인 것은 ㄴ, ㄷ, ㄹ이다.
답 ⑤

0367 전략 대응하는 세 변의 길이가 각각 같은 두 삼각형은 SSS 합동이다.

△ABC와 △ADC에서
$$\overline{AB}=\overline{AD},\ \overline{BC}=\overline{DC},\ \overline{AC}는\ 공통$$
$$\therefore \triangle ABC \equiv \triangle ADC\ (SSS\ 합동)$$
답 SSS 합동

0368 전략 대응하는 두 변의 길이가 각각 같고, 그 끼인각의 크기가 같은 두 삼각형은 SAS 합동이다.

△ABE와 △ACD에서
$$\overline{AB}=\overline{AC},\ \overline{AE}=\overline{AD},\ \angle A는\ 공통$$
$$\therefore \triangle ABE \equiv \triangle ACD\ (SAS\ 합동)$$
따라서 ∠ACD=∠ABE=20°이므로 △ADC에서
$$\angle x=180°-(35°+20°)=125°$$
답 ④

0369 전략 대응하는 한 변의 길이가 같고, 그 양 끝 각의 크기가 각각 같은 두 삼각형은 ASA 합동이다.

△ABE와 △FCE에서
$$\overline{BE}=\overline{CE},\ \angle AEB=\angle FEC\ (맞꼭지각)$$

$\overline{AB} /\!/ \overline{DF}$이므로 ∠ABE=∠FCE (엇각)
$$\therefore \triangle ABE \equiv \triangle FCE\ (ASA\ 합동)$$
답 △ABE≡△FCE, ASA 합동

0370 전략 주어진 조건을 이용하여 △ABO≡△CDO임을 보인다.

△ABO와 △CDO에서
$$\overline{OB}=\overline{OD},\ \angle ABO=\angle CDO=55°,$$
$$\angle AOB=\angle COD\ (맞꼭지각)$$
$$\therefore \triangle ABO \equiv \triangle CDO\ (ASA\ 합동)$$
$$\therefore \overline{AB}=\overline{CD}=400\,(m)$$
따라서 두 지점 A, B 사이의 거리는 400 m이다.
답 400 m

0371 전략 정삼각형의 성질을 이용하여 합동인 두 삼각형을 찾는다.

△ABD와 △ACE에서
$$\overline{AB}=\overline{AC},\ \overline{AD}=\overline{AE},$$
$$\angle BAD=60°+\angle CAD=\angle CAE$$
$$\therefore \triangle ABD \equiv \triangle ACE\ (SAS\ 합동)$$
$$\therefore \overline{CE}=\overline{BD}=\overline{BC}+\overline{CD}=5+6=11\,(cm),$$
$$\angle ADB=\angle AEC$$
따라서 옳지 않은 것은 ⑤이다.
답 ⑤

0372 전략 정사각형의 성질을 이용하여 합동인 두 삼각형을 찾는다.

△EBC와 △EDC에서
$$\overline{BC}=\overline{DC},\ \angle ECB=\angle ECD=45°,\ \overline{EC}는\ 공통$$
$$\therefore \triangle EBC \equiv \triangle EDC\ (SAS\ 합동)$$
$$\therefore \angle CEB=\angle CED=65°$$
△EBC에서 ∠EBC=180°-(65°+45°)=70°
$$\therefore \angle x=90°-70°=20°$$
답 ②

0373 전략 각각의 경우에 만들 수 있는 삼각형은 몇 개인지 따져 본다.

세 변의 길이가 주어지고 7<2+6이므로 만들 수 있는 삼각형은 1개이다.
$$\therefore x=1$$ ··· 1단계
나머지 한 각의 크기는 180°-(30°+100°)=50°
따라서 한 변의 길이가 9 cm이고 그 양 끝 각의 크기가 각각 30°와 100°, 30°와 50°, 50°와 100°인 삼각형을 만들 수 있다.
즉 만들 수 있는 삼각형은 3개이므로 y=3 ··· 2단계
$$\therefore y-x=3-1=2$$ ··· 3단계
답 2

단계	채점 요소	비율
1	x의 값 구하기	40 %
2	y의 값 구하기	50 %
3	$y-x$의 값 구하기	10 %

0374 전략 삼각형의 세 각의 크기의 합은 180°이고, 평각의 크기는 180°임을 이용하여 합동인 두 삼각형을 찾는다.

△ABD와 △CAE에서

$\overline{AB}=\overline{CA}$, ∠DAB=90°−∠CAE=∠ECA,

∠ABD=90°−∠DAB=∠CAE

∴ △ABD≡△CAE (ASA 합동) ··· 1단계

따라서 $\overline{AD}=\overline{CE}=6$ (cm)이므로 ··· 2단계

$\overline{BD}=\overline{AE}=\overline{DE}-\overline{AD}=18-6=12$ (cm) ··· 3단계

답 12 cm

단계	채점 요소	비율
1	△ABD≡△CAE임을 알기	60 %
2	$\overline{AD}$의 길이 구하기	20 %
3	$\overline{BD}$의 길이 구하기	20 %

0375 전략 정삼각형의 성질을 이용하여 합동인 두 삼각형을 찾는다.

△ABD와 △ACE에서

$\overline{AB}=\overline{AC}$, $\overline{AD}=\overline{AE}$,

∠BAD=60°−∠DAC=∠CAE

∴ △ABD≡△ACE (SAS 합동) ··· 1단계

∴ $\overline{CE}=\overline{BD}=\overline{BC}-\overline{DC}=10-3=7$ (cm) ··· 2단계

답 7 cm

단계	채점 요소	비율
1	△ABD≡△ACE임을 알기	70 %
2	$\overline{CE}$의 길이 구하기	30 %

0376 전략 삼각형의 두 변의 길이의 합은 나머지 한 변의 길이보다 커야 함을 이용한다.

구하는 이등변삼각형의 둘레의 길이가 19 cm이므로

$2a+b=19$ ······ ㉠

삼각형의 두 변의 길이의 합은 나머지 한 변의 길이보다 크므로

$2a>b$ ······ ㉡

㉠, ㉡을 만족시키는 자연수 a, b의 순서쌍 (a, b)는

(5, 9), (6, 7), (7, 5), (8, 3), (9, 1)

이므로 구하는 이등변삼각형의 개수는 5이다. 답 5

0377 전략 정사각형의 성질을 이용하여 합동인 두 삼각형을 찾는다.

△ADC와 △ABG에서

$\overline{AD}=\overline{AB}$, $\overline{AC}=\overline{AG}$,

∠DAC=90°+∠BAC=∠BAG

∴ △ADC≡△ABG (SAS 합동)

따라서 ∠QDA=∠QBP이고 ∠AQD=∠PQB (맞꼭지각)이므로 △QBP에서

∠BPQ=180°−(∠PQB+∠QBP)

＝180°−(∠AQD+∠QDA)

＝∠DAQ=90°

∴ ∠x=180°−∠BPQ

＝180°−90°=90° 답 90°

0378 전략 정사각형의 성질을 이용하여 합동인 두 삼각형을 찾는다.

△OBH와 △OCI에서

$\overline{OB}=\overline{OC}$, ∠OBH=∠OCI=45°,

∠BOH=90°−∠HOC=∠COI

∴ △OBH≡△OCI (ASA 합동)

∴ (사각형 OHCI의 넓이)=△OHC+△OCI

＝△OHC+△OBH

＝△OBC

＝$\frac{1}{4}$×(사각형 ABCD의 넓이)

＝$\frac{1}{4}$×12×12

＝36 (cm²)

답 36 cm²

RPM 비법 노트

정사각형 ABCD의 두 대각선은 길이가 같고 서로를 수직이등분한다. 즉

$\overline{OA}=\overline{OB}=\overline{OC}=\overline{OD}$,

∠AOB=∠BOC=∠COD

＝∠DOA=90°

04 다각형

Ⅱ. 평면도형

교과서문제 정복하기 ➤본문 63, 65쪽

0379 ㄷ. 선분과 곡선으로 둘러싸여 있으므로 다각형이 아니다.
ㅁ. 선분으로 둘러싸여 있지 않으므로 다각형이 아니다.
ㅂ. 곡선으로 둘러싸여 있으므로 다각형이 아니다.
이상에서 다각형인 것은 ㄱ, ㄴ, ㄹ이다. 🖼 ㄱ, ㄴ, ㄹ

0380 다각형은 3개 이상의 선분으로 둘러싸인 평면도형이다.
🖼 ×

0381 🖼 ○

0382 다각형의 한 꼭짓점에서 내각의 크기와 외각의 크기의 합은 $180°$이다. 🖼 ×

0383 $180° - 50° = 130°$ 🖼 $130°$

0384 $180° - 125° = 55°$ 🖼 $55°$

0385 🖼 정다각형

0386 🖼 정구각형

0387 🖼 ○

0388 네 변의 길이가 같은 사각형은 마름모이다. 🖼 ×

0389 네 내각의 크기가 같은 사각형은 직사각형이다.
🖼 ×

0390 🖼 ○

0391 🖼 0

0392 $4 - 3 = 1$ 🖼 1

0393 $5 - 3 = 2$ 🖼 2

0394 $6 - 3 = 3$ 🖼 3

0395 $\dfrac{6 \times (6-3)}{2} = 9$ 🖼 9

0396 $\dfrac{9 \times (9-3)}{2} = 27$ 🖼 27

0397 $\dfrac{11 \times (11-3)}{2} = 44$ 🖼 44

0398 $\dfrac{20 \times (20-3)}{2} = 170$ 🖼 170

0399 구하는 다각형을 n각형이라 하면
$\dfrac{n(n-3)}{2} = 14$, $n(n-3) = 28 = 7 \times 4$
$\therefore n = 7$
따라서 칠각형이다. 🖼 칠각형

0400 구하는 다각형을 n각형이라 하면
$\dfrac{n(n-3)}{2} = 54$, $n(n-3) = 108 = 12 \times 9$
$\therefore n = 12$
따라서 십이각형이다. 🖼 십이각형

0401 $\angle x = 180° - (30° + 85°) = 65°$ 🖼 $65°$

0402 $\angle x = 180° - (90° + 55°) = 35°$ 🖼 $35°$

0403 $\angle x = 65° + 35° = 100°$ 🖼 $100°$

0404 $\angle x + 20° = 60°$ $\therefore \angle x = 40°$ 🖼 $40°$

0405 $180° \times (7-2) = 900°$ 🖼 $900°$

0406 $180° \times (12-2) = 1800°$ 🖼 $1800°$

0407 구하는 다각형을 n각형이라 하면
$180° \times (n-2) = 1080°$, $n - 2 = 6$
$\therefore n = 8$
따라서 팔각형이다. 🖼 팔각형

0408 구하는 다각형을 n각형이라 하면
$180° \times (n-2) = 2160°$, $n - 2 = 12$
$\therefore n = 14$
따라서 십사각형이다. 🖼 십사각형

0409 오각형의 내각의 크기의 합은
$180° \times (5-2) = 540°$
이므로 $\angle x + 90° + 110° + 100° + 105° = 540°$
$\therefore \angle x = 135°$ 🖼 $135°$

0410 육각형의 내각의 크기의 합은

$$180° \times (6-2) = 720°$$

이므로 $\angle x + 140° + 120° + 130° + 110° + 120° = 720°$

$$\therefore \angle x = 100° \qquad \qquad 답 \ 100°$$

0411 답 360°

0412 답 360°

0413 $\angle x + 70° + 80° + 100° = 360°$

$$\therefore \angle x = 110° \qquad \qquad 답 \ 110°$$

0414 $\angle x + 60° + 50° + 75° + 60° + 62° = 360°$

$$\therefore \angle x = 53° \qquad \qquad 답 \ 53°$$

0415 (한 내각의 크기) $= \dfrac{180° \times (8-2)}{8} = 135°$

(한 외각의 크기) $= \dfrac{360°}{8} = 45°$ 답 135°, 45°

0416 (한 내각의 크기) $= \dfrac{180° \times (10-2)}{10} = 144°$

(한 외각의 크기) $= \dfrac{360°}{10} = 36°$ 답 144°, 36°

0417 구하는 정다각형을 정 n 각형이라 하면

$$\frac{180° \times (n-2)}{n} = 140°$$

$$180° \times n - 360° = 140° \times n$$

$$40° \times n = 360°$$

$$\therefore n = 9$$

따라서 정구각형이다.   답 정구각형

0418 구하는 정다각형을 정 n 각형이라 하면

$$\frac{180° \times (n-2)}{n} = 162°$$

$$180° \times n - 360° = 162° \times n$$

$$18° \times n = 360°$$

$$\therefore n = 20$$

따라서 정이십각형이다.   답 정이십각형

0419 구하는 정다각형을 정 n 각형이라 하면

$$\frac{360°}{n} = 24° \qquad \therefore n = 15$$

따라서 정십오각형이다.   답 정십오각형

0420 구하는 정다각형을 정 n 각형이라 하면

$$\frac{360°}{n} = 30° \qquad \therefore n = 12$$

따라서 정십이각형이다.   답 정십이각형

 유형 익히기   본문 66~77쪽

0421 ② 선분과 곡선으로 둘러싸여 있으므로 다각형이 아니다.

③, ⑤ 입체도형이므로 다각형이 아니다.

따라서 다각형인 것은 ①, ④이다.   답 ①, ④

0422 ㄴ. 선분으로 둘러싸여 있지 않으므로 다각형이 아니다.

ㄷ. 곡선으로 둘러싸여 있으므로 다각형이 아니다.

이상에서 다각형인 것은 ㄱ, ㄹ이다.   답 ②

0423 ⑤ 한 다각형에서 꼭짓점의 개수와 변의 개수는 항상 같다.

따라서 옳지 않은 것은 ⑤이다.   답 ⑤

0424 $\angle x = 180° - 110° = 70°$, $\angle y = 180° - 80° = 100°$

$$\therefore \angle x + \angle y = 70° + 100° = 170° \qquad 답 \ ③$$

0425 다각형의 한 꼭짓점에서

(내각의 크기) + (외각의 크기) $= 180°$

이므로 내각의 크기가 55°일 때

(외각의 크기) $= 180° - 55° = 125°$ 답 125°

0426 ($\angle$B의 외각의 크기) $= 180° - 70° = 110°$

답 110°

0427 $(2x + 30) + x = 180$이므로

$$3x = 150 \qquad \therefore x = 50 \qquad 답 \ ③$$

0428 ① 네 변의 길이가 같은 사각형은 마름모이다.

④ 내각의 크기와 변의 길이가 모두 같아야 정다각형이다.

⑤ 정삼각형은 한 내각의 크기가 60°, 한 외각의 크기가 120°로 다르다.

따라서 옳은 것은 ②, ③이다.   답 ②, ③

참고 한 내각의 크기와 한 외각의 크기가 같은 정다각형은 정사각형뿐이다.

0429 ④ 오른쪽 그림의 정육각형에서 두 대각선의 길이는 다르다.

따라서 옳지 않은 것은 ④이다.

답 ④

0430 조건 ㈎에서 8개의 선분으로 둘러싸여 있으므로 팔각형이다.

조건 ㈏, ㈐에서 모든 변의 길이가 같고 모든 내각의 크기가 같으므로 정다각형이다.

따라서 구하는 다각형은 정팔각형이다.   답 정팔각형

0431 꼭짓점의 개수가 16인 다각형은 십육각형이므로 한 꼭짓점에서 그을 수 있는 대각선의 개수는

$$16-3=13$$

답 13

0432 구하는 다각형을 n각형이라 하면

$$n-3=4 \qquad \therefore n=7$$

따라서 칠각형이다.

답 칠각형

0433 십이각형의 한 꼭짓점에서 그을 수 있는 대각선의 개수는

$$12-3=9 \qquad \therefore a=9$$ … 1단계

이때 생기는 삼각형의 개수는

$$12-2=10 \qquad \therefore b=10$$ … 2단계

$$\therefore b-a=10-9=1$$ … 3단계

답 1

단계	채점 요소	비율
1	a의 값 구하기	50 %
2	b의 값 구하기	40 %
3	$b-a$의 값 구하기	10 %

0434 주어진 다각형은 구각형이므로 구각형의 한 꼭짓점에서 그을 수 있는 대각선의 개수는

$$9-3=6$$

답 ②

0435 주어진 다각형을 n각형이라 하면

$$n-3=8 \qquad \therefore n=11$$

따라서 십일각형의 대각선의 개수는

$$\frac{11\times(11-3)}{2}=44$$

답 44

0436 십사각형의 대각선의 개수는

$$\frac{14\times(14-3)}{2}=77 \qquad \therefore a=77$$

십육각형의 대각선의 개수는

$$\frac{16\times(16-3)}{2}=104 \qquad \therefore b=104$$

$$\therefore b-a=104-77=27$$

답 ①

0437 육각형의 대각선의 개수는 $\dfrac{6\times(6-3)}{2}=9$

따라서 구하는 다각형을 n각형이라 하면

$$n-3=9 \qquad \therefore n=12$$

즉 십이각형이다.

답 ⑤

0438 주어진 다각형을 n각형이라 하면

$$n-2=5 \qquad \therefore n=7$$

따라서 칠각형의 대각선의 개수는

$$\frac{7\times(7-3)}{2}=14$$

답 14

0439 주어진 다각형을 n각형이라 하면

$$\frac{n(n-3)}{2}=65, \qquad n(n-3)=130=13\times10$$

$$\therefore n=13$$

따라서 십삼각형의 한 꼭짓점에서 대각선을 모두 그었을 때 생기는 삼각형의 개수는

$$13-2=11$$

답 ④

0440 구하는 다각형을 n각형이라 하면

$$\frac{n(n-3)}{2}=27, \qquad n(n-3)=54=9\times6$$

$$\therefore n=9$$

따라서 구각형이다.

답 ④

0441 주어진 다각형을 n각형이라 하면

$$\frac{n(n-3)}{2}=90, \qquad n(n-3)=180=15\times12$$

$$\therefore n=15$$

즉 십오각형이다. … 1단계

따라서 십오각형의 한 꼭짓점에서 그을 수 있는 대각선의 개수는

$$15-3=12$$ … 2단계

답 12

단계	채점 요소	비율
1	어떤 다각형인지 구하기	60 %
2	한 꼭짓점에서 그을 수 있는 대각선의 개수 구하기	40 %

0442 조건 ㈎, ㈏에서 변의 길이가 모두 같고 내각의 크기가 모두 같으므로 정다각형이다.

조건 ㈐에서 구하는 정다각형을 정n각형이라 하면 대각선의 개수가 35이므로

$$\frac{n(n-3)}{2}=35, \qquad n(n-3)=70=10\times7$$

$$\therefore n=10$$

따라서 정십각형이다.

답 정십각형

0443 △COD에서

$$\angle COD=180°-(50°+60°)=70°$$

이때 맞꼭지각의 크기는 같으므로

$$\angle AOB=\angle COD=70°$$

따라서 △ABO에서

$$\angle x=180°-(80°+70°)=30°$$

답 ②

0444 삼각형의 세 내각의 크기의 합은 180°이므로

$$(4x+15)+3x+(2x+30)=180$$

$$9x=135 \qquad \therefore x=15$$

답 15

0445 ∠C의 크기는 ∠B의 크기의 3배이므로

∠C=3∠B

∠A의 크기는 ∠B의 크기보다 30°만큼 크므로

∠A=∠B+30°

∠A+∠B+∠C=180°이므로

(∠B+30°)+∠B+3∠B=180°

5∠B=150°   ∴ ∠B=30°

답 30°

0446 삼각형의 세 내각의 크기의 비가 2 : 5 : 8이므로 가장 작은 내각의 크기는

$180° \times \frac{2}{2+5+8} = 180° \times \frac{2}{15} = 24°$

답 24°

0447 3x+(x+20)=2x+50이므로

2x=30   ∴ x=15

답 15

0448 ∠ACB=180°−120°=60°

∴ ∠x=70°+60°=130°

답 ④

0449 △ECD에서

∠ACB=34°+40°=74°   … 1단계

따라서 △ABC에서

∠x=180°−(62°+74°)=44°   … 2단계

답 44°

단계	채점 요소	비율
1	∠ACB의 크기 구하기	50 %
2	∠x의 크기 구하기	50 %

0450 △BCD에서

∠ADC=60°+25°=85°

따라서 △ADE에서

∠x=38°+85°=123°

답 123°

0451 △ABC에서

46°+∠BAC=120°   ∴ ∠BAC=74°

∴ $∠BAD=\frac{1}{2}∠BAC=\frac{1}{2}\times74°=37°$

따라서 △ABD에서

∠x=46°+37°=83°

답 ③

0452 △ABD에서

∠ABD=100°−65°=35°

∴ ∠ABC=2∠ABD=2×35°=70°

따라서 △ABC에서

∠x=70°+65°=135°

답 135°

0453 ∠BAC=180°−100°=80°이므로

$∠BAD=\frac{1}{2}∠BAC=\frac{1}{2}\times80°=40°$

△ABD에서   ∠x=30°+40°=70°

△ABC에서   ∠y=30°+80°=110°

∴ ∠x+∠y=70°+110°=180°

답 ⑤

0454 △ABC에서

∠ABC+∠ACB=180°−70°=110°

∴ $∠IBC+∠ICB=\frac{1}{2}(∠ABC+∠ACB)$

$=\frac{1}{2}\times110°=55°$

따라서 △IBC에서

∠x=180°−(∠IBC+∠ICB)

=180°−55°=125°

답 ③

다른 풀이 $∠x=90°+\frac{1}{2}\times70°=125°$

RPM 비법 노트

오른쪽 그림과 같은 △ABC에서 ∠B와 ∠C의 이등분선의 교점을 I라 하면 다음이 성립한다.

→ $∠x=90°+\frac{1}{2}∠A$

0455 △IBC에서

∠IBC+∠ICB=180°−120°=60°   … 1단계

∴ ∠ABC+∠ACB=2(∠IBC+∠ICB)

=2×60°=120°   … 2단계

따라서 △ABC에서

∠x=180°−(∠ABC+∠ACB)

=180°−120°=60°   … 3단계

답 60°

단계	채점 요소	비율
1	∠IBC+∠ICB의 크기 구하기	40 %
2	∠ABC+∠ACB의 크기 구하기	20 %
3	∠x의 크기 구하기	40 %

다른 풀이 $120°=90°+\frac{1}{2}∠x,$ $\frac{1}{2}∠x=30°$

∴ ∠x=60°

0456 △ABC에서 ∠ABC+∠ACB=100°이므로

$∠IBC+∠ICB=\frac{1}{2}(∠ABC+∠ACB)$

$=\frac{1}{2}\times100°=50°$

따라서 △IBC에서

∠x=180°−(∠IBC+∠ICB)

=180°−50°=130°

답 130°

다른 풀이 ∠BAC=180°−100°=80°이므로

$$\angle x=90°+\frac{1}{2}\times80°=130°$$

0457 △ABC에서 ∠ACE=80°+2∠DBC이므로

$$\angle DCE=\frac{1}{2}\angle ACE=40°+\angle DBC \quad\cdots\cdots ㉠$$

△DBC에서

$$\angle DCE=\angle x+\angle DBC \quad\cdots\cdots ㉡$$

㉠, ㉡에서

$$\angle x=40°$$

답 40°

다른 풀이 $\angle x=\frac{1}{2}\times80°=40°$

RPM 비법 노트

오른쪽 그림과 같은 △ABC에서 ∠B의 이등분선과 ∠C의 외각의 이등분선의 교점을 D라 하면 다음이 성립한다.

➡ $\angle x=\frac{1}{2}\angle A$

0458 △ABC에서

$$\angle ABC=180°−(70°+46°)=64°$$
$$\therefore \angle DBC=\frac{1}{2}\angle ABC=\frac{1}{2}\times64°=32°$$

∠ACE=180°−46°=134°이므로

$$\angle DCE=\frac{1}{2}\angle ACE=\frac{1}{2}\times134°=67°$$

따라서 △DBC에서

$$32°+\angle x=67°$$
$$\therefore \angle x=35°$$

답 35°

다른 풀이 $\angle x=\frac{1}{2}\times70°=35°$

0459 △ABC에서 ∠ACE=∠x+2∠DBC이므로

$$\angle DCE=\frac{1}{2}\angle ACE$$
$$=\frac{1}{2}\angle x+\angle DBC \quad\cdots\cdots ㉠ \quad\cdots \boxed{1단계}$$

△DBC에서

$$\angle DCE=20°+\angle DBC \quad\cdots\cdots ㉡ \quad\cdots \boxed{2단계}$$

㉠, ㉡에서

$$\frac{1}{2}\angle x=20° \quad \therefore \angle x=40° \quad\cdots \boxed{3단계}$$

답 40°

단계	채점 요소	비율
1	△ABC에서 ∠DCE의 크기를 ∠DBC의 크기에 대한 식으로 나타내기	40 %
2	△DBC에서 ∠DCE의 크기를 ∠DBC의 크기에 대한 식으로 나타내기	40 %
3	∠x의 크기 구하기	20 %

0460 △ABC에서 $\overline{AB}=\overline{AC}$이므로

$$\angle ACB=\angle B=40°$$
$$\therefore \angle CAD=40°+40°=80°$$

△ACD에서 $\overline{AC}=\overline{CD}$이므로

$$\angle D=\angle CAD=80°$$

따라서 △DBC에서

$$\angle x=40°+80°=120°$$

답 120°

0461 ∠ABC=180°−130°=50°

△ABC에서 $\overline{AB}=\overline{AC}$이므로

$$\angle C=\angle ABC=50°$$
$$\therefore \angle x=50°+50°=100°$$

답 100°

0462 ∠ADC=180°−145°=35°

△ACD에서 $\overline{AC}=\overline{CD}$이므로

$$\angle DAC=\angle ADC=35°$$
$$\therefore \angle ACB=35°+35°=70°$$

△ABC에서 $\overline{AB}=\overline{AC}$이므로

$$\angle B=\angle ACB=70°$$
$$\therefore \angle x=180°−(70°+70°)=40°$$

답 40°

0463 △ABC에서 $\overline{AB}=\overline{AC}$이므로

$$\angle ACB=\angle B=23°$$
$$\therefore \angle CAD=23°+23°=46°$$

△ACD에서 $\overline{AC}=\overline{CD}$이므로

$$\angle CDA=\angle CAD=46°$$

△DBC에서

$$\angle DCE=23°+46°=69°$$

△DCE에서 $\overline{DC}=\overline{DE}$이므로

$$\angle DEC=\angle DCE=69°$$

따라서 △DBE에서

$$\angle x=23°+69°=92°$$

답 92°

0464 오른쪽 그림과 같이 $\overline{BC}$를 그으면 △ABC에서

$$\angle DBC+\angle DCB$$
$$=180°−(70°+20°+10°)=80°$$

따라서 △DBC에서

$$\angle x=180°−(\angle DBC+\angle DCB)$$
$$=180°−80°=100°$$

답 ③

다른 풀이 $\angle x=70°+20°+10°=100°$

RPM 비법 노트

⋀ 모양의 도형에서 각의 크기는 보조선을 긋고 삼각형의 세 내각의 크기의 합이 180°임을 이용한다. 즉 오른쪽 그림에서 다음이 성립한다.

➡ $\angle x=\angle a+\angle b+\angle c$

0465 오른쪽 그림과 같이 $\overline{BC}$를 그으면 $\triangle DBC$에서

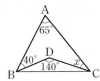

$$\angle DBC + \angle DCB = 180° - 140°$$
$$= 40°$$

따라서 $\triangle ABC$에서

$$\angle x = 180° - (65° + 40° + 40°) = 35°$$ 답 ④

다른 풀이 $140° = 65° + 40° + \angle x$ $\quad \therefore \angle x = 35°$

0466 오른쪽 그림과 같이 $\overline{BC}$를 그으면 $\triangle DBC$에서

$$\angle DBC + \angle DCB = 180° - 115° = 65°$$

따라서 $\triangle ABC$에서

$$\angle x = 180° - (25° + 40° + 65°) = 50°$$

답 $50°$

다른 풀이 $115° = \angle x + 25° + 40°$ $\quad \therefore \angle x = 50°$

0467 $\triangle BGE$에서

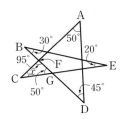

$$\angle CGF = 30° + 20° = 50°$$

$\triangle AFD$에서

$$\angle CFG = 50° + 45° = 95°$$

따라서 $\triangle CGF$에서

$$\angle x = 180° - (50° + 95°) = 35°$$

답 ④

다른 풀이 $\angle x + 45° + 20° + 50° + 30° = 180°$
$$\therefore \angle x = 35°$$

RPM 비법 노트

별 모양의 도형에서 모든 끝 각의 크기의 합은 항상 $180°$이다. 즉 오른쪽 그림에서 다음이 성립한다.

➡ $\angle a + \angle b + \angle c + \angle d + \angle e$
$= 180°$

0468 $\triangle BDG$에서

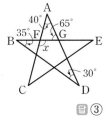

$$\angle AGF = 35° + 30° = 65°$$

따라서 $\triangle AFG$에서

$$\angle x = 40° + 65° = 105°$$

답 ③

0469 $\triangle GBD$에서

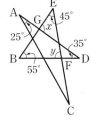

$$\angle x = 55° + 35° = 90°$$ $\cdots$ 1단계

$\triangle EBF$에서

$$\angle y = 180° - (45° + 55°) = 80°$$ $\cdots$ 2단계

$$\therefore \angle x + \angle y = 90° + 80° = 170°$$

$\cdots$ 3단계

답 $170°$

단계	채점 요소	비율
1	$\angle x$의 크기 구하기	50 %
2	$\angle y$의 크기 구하기	40 %
3	$\angle x + \angle y$의 크기 구하기	10 %

0470 주어진 다각형을 n각형이라 하면

$$n - 3 = 10 \quad \therefore n = 13$$

따라서 십삼각형의 내각의 크기의 합은

$$180° \times (13 - 2) = 1980°$$ 답 ⑤

0471 주어진 다각형을 n각형이라 하면

$$180° \times (n - 2) = 1800°, \quad n - 2 = 10 \quad \therefore n = 12$$

따라서 십이각형의 한 꼭짓점에서 대각선을 모두 그었을 때 생기는 삼각형의 개수는

$$12 - 2 = 10$$ 답 ②

0472 주어진 다각형을 n각형이라 하면

$$180° \times (n - 2) = 1260°, \quad n - 2 = 7 \quad \therefore n = 9$$

즉 구각형이다. $\cdots$ 1단계

따라서 구각형의 변의 개수는 9이므로

$$a = 9$$ $\cdots$ 2단계

대각선의 개수는 $\dfrac{9 \times (9 - 3)}{2} = 27$이므로

$$b = 27$$ $\cdots$ 3단계

$$\therefore a + b = 9 + 27 = 36$$ $\cdots$ 4단계

답 36

단계	채점 요소	비율
1	어떤 다각형인지 구하기	40 %
2	a의 값 구하기	20 %
3	b의 값 구하기	30 %
4	$a + b$의 값 구하기	10 %

0473 팔각형의 내부의 한 점에서 각 꼭짓점에 선분을 그으면 8개의 삼각형이 생긴다.

이때 내부의 한 점에 모인 각의 크기의 합은 $360°$이므로 팔각형의 내각의 크기의 합은

$$180° \times 8 - 360° = 1080°$$ 답 $1080°$

0474 육각형의 내각의 크기의 합은

$$180° \times (6 - 2) = 720°$$

이므로 $\angle x + 135° + 125° + \angle x + 97° + 143° = 720°$

$$2\angle x = 220° \quad \therefore \angle x = 110°$$ 답 ②

0475 $\angle BAD = 180° - 110° = 70°$

사각형의 내각의 크기의 합은 $360°$이므로

$$\angle x = 360° - (70° + 35° + 150°) = 105°$$ 답 $105°$

0476 오각형의 내각의 크기의 합은
$$180° \times (5-2) = 540°$$
이므로 $(3x-10) + 125 + (x+20) + 140 + x = 540$
$$5x = 265 \qquad \therefore x = 53$$
답 ①

0477 사각형의 내각의 크기의 합은 360°이므로
$$\angle ABC + \angle DCB = 360° - (120° + 110°) = 130°$$
$$\therefore \angle OBC + \angle OCB = \frac{1}{2}(\angle ABC + \angle DCB)$$
$$= \frac{1}{2} \times 130° = 65°$$
따라서 △OBC에서
$$\angle x = 180° - 65° = 115°$$
답 115°

0478 다각형의 외각의 크기의 합은 360°이므로
$$(180° - 82°) + \angle x + (180° - 120°) + 67° + \angle y = 360°$$
$$\therefore \angle x + \angle y = 135°$$
답 ①

0479 다각형의 외각의 크기의 합은 360°이므로
$$40° + 95° + (180° - \angle x) + 114° = 360°$$
$$\therefore \angle x = 69°$$
답 69°

0480 다각형의 외각의 크기의 합은 360°이므로
$$3x + 90 + 90 + 2x + (180 - 105) = 360$$
$$5x = 105 \qquad \therefore x = 21$$
답 21

0481 다각형의 외각의 크기의 합은 360°이므로
$$90° + (180° - 125°) + 45° + (180° - \angle x) + 50° + 43°$$
$$= 360°$$
$$\therefore \angle x = 103°$$
답 ②

0482 오른쪽 그림과 같이 보조선을 그으면
$$\angle a + \angle b = \angle x + \angle y$$
오각형의 내각의 크기의 합은
$$180° \times (5-2) = 540°$$
이므로
$$(\angle a + 87°) + 99° + 92° + 122° + (70° + \angle b)$$
$$= 540°$$
$$\therefore \angle a + \angle b = 540° - 470° = 70°$$
$$\therefore \angle x + \angle y = \angle a + \angle b = 70°$$
답 ⑤

0483 오른쪽 그림과 같이 보조선을 그으면
$$\angle a + \angle b = 25° + 20° = 45°$$
삼각형의 내각의 크기의 합은 180°이므로
$$65° + \angle x + \angle a + \angle b + 40° = 180°$$
$$65° + \angle x + 45° + 40° = 180°$$
$$\therefore \angle x = 30°$$
답 30°

0484 오른쪽 그림과 같이 보조선을 그으면

$$\angle a + \angle b = 28° + 37° = 65° \quad \cdots \boxed{\text{1단계}}$$
오각형의 내각의 크기의 합은
$$180° \times (5-2) = 540°$$
이므로
$$105° + 100° + 75° + \angle a + \angle b + \angle x + 110° = 540°$$
$$105° + 100° + 75° + 65° + \angle x + 110° = 540°$$
$$\therefore \angle x = 85° \quad \cdots \boxed{\text{2단계}}$$
답 85°

단계	채점 요소	비율
1	보조선을 긋고 $\angle a + \angle b$의 크기 구하기	30 %
2	$\angle x$의 크기 구하기	70 %

0485 오른쪽 그림과 같이 보조선을 그으면
$$\angle e + \angle f = \angle k + \angle l$$
$$\angle g + \angle h = \angle i + \angle j$$
사각형의 내각의 크기의 합은 360°이므로
$$\angle a + \angle b + \angle c + \angle d + \angle e + \angle f$$
$$+ \angle g + \angle h$$
$$= \angle a + \angle b + \angle c + \angle d + \angle k + \angle l + \angle i + \angle j$$
$$= 360°$$
답 360°

0486 주어진 정다각형을 정n각형이라 하면
$$\frac{n(n-3)}{2} = 20, \qquad n(n-3) = 40 = 8 \times 5$$
$$\therefore n = 8$$
즉 정팔각형이다.
① 한 꼭짓점에서 그을 수 있는 대각선의 개수는
$$8 - 3 = 5$$
② 한 꼭짓점에서 대각선을 모두 그었을 때 생기는 삼각형의 개수는
$$8 - 2 = 6$$
③ 내각의 크기의 합은 $180° \times (8-2) = 1080°$
④ 한 내각의 크기는 $\dfrac{180° \times (8-2)}{8} = 135°$
⑤ 한 외각의 크기는 $\dfrac{360°}{8} = 45°$
따라서 옳지 않은 것은 ④이다.
답 ④

0487 구하는 정다각형을 정n각형이라 하면
$$\frac{180° \times (n-2)}{n} = 156°$$
$$180° \times n - 360° = 156° \times n$$
$$24° \times n = 360°$$
$$\therefore n = 15$$
따라서 정십오각형이다.
답 ④

0488 다각형의 외각의 크기의 합은 $360°$이므로 주어진 정다각형의 내각의 크기의 합은

$$2160° - 360° = 1800°$$

주어진 정다각형을 정n각형이라 하면

$$180° \times (n-2) = 1800°$$

$$n - 2 = 10 \qquad \therefore n = 12$$

따라서 정십이각형의 한 외각의 크기는

$$\frac{360°}{12} = 30° \qquad \qquad \text{답 } 30°$$

0489 한 내각의 크기와 한 외각의 크기의 비가 $7:2$이므로 한 외각의 크기는

$$180° \times \frac{2}{7+2} = 40°$$

주어진 정다각형을 정n각형이라 하면

$$\frac{360°}{n} = 40° \qquad \therefore n = 9$$

즉 정구각형이다.

따라서 정구각형의 한 꼭짓점에서 그을 수 있는 대각선의 개수는

$$9 - 3 = 6 \qquad \qquad \text{답 } 6$$

0490 정오각형의 한 내각의 크기는

$$\frac{180° \times (5-2)}{5} = 108°$$

$\triangle ABC$는 $\overline{BA} = \overline{BC}$인 이등변삼각형이므로

$$\angle BAC = \frac{1}{2} \times (180° - 108°) = 36°$$

$\triangle ABE$는 $\overline{AB} = \overline{AE}$인 이등변삼각형이므로

$$\angle ABE = \frac{1}{2} \times (180° - 108°) = 36°$$

따라서 $\triangle ABF$에서

$$\angle x = 36° + 36° = 72° \qquad \qquad \text{답 } ②$$

0491 정오각형의 한 내각의 크기는

$$\frac{180° \times (5-2)}{5} = 108° \qquad \cdots \text{1단계}$$

$\triangle ABC$는 $\overline{BA} = \overline{BC}$인 이등변삼각형이므로

$$\angle BAC = \frac{1}{2} \times (180° - 108°) = 36° \qquad \cdots \text{2단계}$$

$\triangle ADE$는 $\overline{EA} = \overline{ED}$인 이등변삼각형이므로

$$\angle EAD = \frac{1}{2} \times (180° - 108°) = 36° \qquad \cdots \text{3단계}$$

$$\therefore \angle x = 108° - (36° + 36°) = 36° \qquad \cdots \text{4단계}$$

$$\text{답 } 36°$$

단계	채점 요소	비율
1	정오각형의 한 내각의 크기 구하기	20 %
2	∠BAC의 크기 구하기	30 %
3	∠EAD의 크기 구하기	30 %
4	∠x의 크기 구하기	20 %

0492 정육각형의 한 내각의 크기는

$$\frac{180° \times (6-2)}{6} = 120°$$

$\triangle ABC$는 $\overline{BA} = \overline{BC}$인 이등변삼각형이므로

$$\angle BCA = \frac{1}{2} \times (180° - 120°) = 30°$$

$\triangle BCD$는 $\overline{CB} = \overline{CD}$인 이등변삼각형이므로

$$\angle CBD = \frac{1}{2} \times (180° - 120°) = 30°$$

따라서 $\triangle BCG$에서

$$\angle x = 30° + 30° = 60° \qquad \qquad \text{답 } ③$$

0493 오른쪽 그림에서 $\angle x$는 정오각형의 한 외각의 크기와 정육각형의 한 외각의 크기의 합이므로

$$\angle x = \frac{360°}{5} + \frac{360°}{6}$$

$$= 72° + 60° = 132° \qquad \text{답 } ⑤$$

0494 $\angle EDF$는 정오각형의 한 외각이므로

$$\angle x = \frac{360°}{5} = 72° \qquad \cdots \text{1단계}$$

$\angle DEF$도 정오각형의 한 외각이므로 $\angle DEF = 72°$

$$\therefore \angle y = 180° - (72° + 72°) = 36° \qquad \cdots \text{2단계}$$

$$\therefore \angle x - \angle y = 72° - 36° = 36° \qquad \cdots \text{3단계}$$

$$\text{답 } 36°$$

단계	채점 요소	비율
1	∠x의 크기 구하기	40 %
2	∠y의 크기 구하기	50 %
3	∠x−∠y의 크기 구하기	10 %

0495 오른쪽 그림에서

$$\angle a = \frac{360°}{5} = 72°$$

$\angle b$

$=$(정오각형의 한 외각의 크기)

$\quad +$(정팔각형의 한 외각의 크기)

$$= \frac{360°}{5} + \frac{360°}{8}$$

$$= 72° + 45° = 117°$$

$$\angle c = \frac{360°}{8} = 45°$$

사각형의 내각의 크기의 합은 $360°$이므로

$$\angle x = 360° - (\angle a + \angle b + \angle c)$$

$$= 360° - (72° + 117° + 45°) = 126° \qquad \text{답 } 126°$$

0496 양옆에 앉은 사람을 제외한 모든 사람과 서로 한 번씩 악수를 하므로 악수를 한 횟수는 육각형의 대각선의 개수와 같다.

$$\therefore \frac{6 \times (6-3)}{2} = 9 \text{ (번)} \qquad \text{답 } ③$$

0497 구하는 도로의 개수는 오각형의 변의 개수와 대각선의 개수의 합과 같다.

$$\therefore 5+\frac{5\times(5-3)}{2}=5+5=10$$

답 10

0498 구하는 선분의 개수는 칠각형의 변의 개수와 대각선의 개수의 합과 같다.

$$\therefore 7+\frac{7\times(7-3)}{2}=7+14=21$$

답 21

0499 $\angle BAC+\angle BCA=180°-40°=140°$이므로

$$\angle EAC+\angle DCA=(180°-\angle BAC)+(180°-\angle BCA)$$
$$=360°-(\angle BAC+\angle BCA)$$
$$=360°-140°=220°$$

$$\therefore \angle PAC+\angle PCA=\frac{1}{2}(\angle EAC+\angle DCA)$$
$$=\frac{1}{2}\times220°=110°$$

따라서 △ACP에서

$$\angle x=180°-(\angle PAC+\angle PCA)$$
$$=180°-110°=70°$$

답 70°

다른 풀이 $\angle x=90°-\dfrac{1}{2}\times40°=70°$

RPM 비법 노트

오른쪽 그림과 같은 △ABC에서 ∠A의 외각의 이등분선과 ∠C의 외각의 이등분선의 교점을 P라 하면 다음이 성립한다.

➡ $\angle x=90°-\dfrac{1}{2}\angle B$

0500 $\angle PBC+\angle PCB=180°-58°=122°$이므로

$$\angle EBC+\angle DCB=2(\angle PBC+\angle PCB)$$
$$=2\times122°=244°$$

$$\therefore \angle ABC+\angle ACB$$
$$=(180°-\angle EBC)+(180°-\angle DCB)$$
$$=360°-(\angle EBC+\angle DCB)$$
$$=360°-244°=116°$$

따라서 △ABC에서

$$\angle x=180°-(\angle ABC+\angle ACB)$$
$$=180°-116°=64°$$

답 ③

다른 풀이 $90°-\dfrac{1}{2}\angle x=58°, \quad \dfrac{1}{2}\angle x=32°$

$$\therefore \angle x=64°$$

0501 $\angle PAC+\angle PCA=180°-68°=112°$이므로

$$\angle EAC+\angle DCA=2(\angle PAC+\angle PCA)$$
$$=2\times112°=224°$$

$$\therefore \angle BAC+\angle BCA$$
$$=(180°-\angle EAC)+(180°-\angle DCA)$$
$$=360°-(\angle EAC+\angle DCA)$$
$$=360°-224°=136°$$

따라서 △ABC에서

$$\angle x=180°-(\angle BAC+\angle BCA)$$
$$=180°-136°=44°$$

답 44°

다른 풀이 $90°-\dfrac{1}{2}\angle x=68°, \quad \dfrac{1}{2}\angle x=22°$

$$\therefore \angle x=44°$$

0502 △AGE에서

$$\angle CGH=50°+30°=80°$$

△BHF에서

$$\angle DHG=25°+40°=65°$$

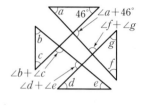

사각형의 내각의 크기의 합은 360°이므로

$$\angle x+\angle y+65°+80°=360°$$
$$\therefore \angle x+\angle y=215°$$

답 ②

0503 오른쪽 그림에서

$$(\angle a+46°)+(\angle b+\angle c)$$
$$+(\angle d+\angle e)+(\angle f+\angle g)$$
$$=(사각형의\ 외각의\ 크기의\ 합)$$
$$=360°$$

$$\therefore \angle a+\angle b+\angle c+\angle d+\angle e+\angle f+\angle g=314°$$

답 314°

0504 △ABH에서

$$\angle GHE=\angle a+\angle b \quad \cdots \boxed{1단계}$$

△CDG에서

$$\angle HGF=\angle c+\angle d \quad \cdots \boxed{2단계}$$

사각형의 내각의 크기의 합은 360°이므로

$$(\angle a+\angle b)+(\angle c+\angle d)+\angle e+40°=360°$$

$$\therefore \angle a+\angle b+\angle c+\angle d+\angle e=320° \quad \cdots \boxed{3단계}$$

답 320°

단계	채점 요소	비율
1	$\angle GHE=\angle a+\angle b$임을 알기	30 %
2	$\angle HGF=\angle c+\angle d$임을 알기	30 %
3	$\angle a+\angle b+\angle c+\angle d+\angle e$의 크기 구하기	40 %

0505 오른쪽 그림에서

$$\angle v=\angle a+\angle b,$$
$$\angle w=\angle c+\angle d,$$
$$\angle x=\angle e+\angle f,$$
$$\angle y=\angle g+\angle h,$$
$$\angle z=\angle i+\angle j$$

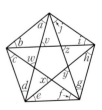

오각형의 외각의 크기의 합은 360°이므로

$$\angle v+\angle w+\angle x+\angle y+\angle z=360°$$

$$\therefore \angle a+\angle b+\angle c+\angle d+\angle e+\angle f+\angle g+\angle h+\angle i+\angle j$$
$$=\angle v+\angle w+\angle x+\angle y+\angle z$$
$$=360°$$

답 360°

0506 전략 다각형의 성질에 대하여 생각해 본다.

④ 마름모는 변의 길이가 모두 같지만 내각의 크기가 모두 같은 것은 아니다.

⑤ 모든 변의 길이와 모든 내각의 크기가 같아야 정다각형이다.

따라서 옳지 않은 것은 ④, ⑤이다. 답 ④, ⑤

0507 전략 n각형의 한 꼭짓점에서 그을 수 있는 대각선의 개수는 $n-3$, n각형의 대각선의 개수는 $\dfrac{n(n-3)}{2}$이다.

주어진 다각형을 n각형이라 하면

$$\frac{n(n-3)}{2}=44, \qquad n(n-3)=88=11\times 8$$

$$\therefore n=11$$

따라서 십일각형의 한 꼭짓점에서 그을 수 있는 대각선의 개수는

$$11-3=8 \qquad \therefore a=8$$

이때 생기는 삼각형의 개수는

$$11-2=9 \qquad \therefore b=9$$

$$\therefore a+b=8+9=17 \qquad\qquad 답 ③$$

0508 전략 삼각형의 세 내각의 크기의 합은 $180°$임을 이용한다.

△ABC에서

$$\angle \text{ACB}=180°-(48°+90°)=42°$$

△DBC에서

$$\angle \text{DBC}=180°-(72°+90°)=18°$$

따라서 △BCE에서

$$\angle x=180°-(42°+18°)=120° \qquad 답 120°$$

0509 전략 삼각형의 한 외각의 크기는 그와 이웃하지 않는 두 내각의 크기의 합과 같음을 이용한다.

$(x+10)+30=3x-10$이므로

$$2x=50 \qquad \therefore x=25 \qquad\qquad 답 ④$$

0510 전략 먼저 $\angle$ACB의 크기를 구한다.

△ABC에서

$$66°+\angle \text{ACB}=126° \qquad \therefore \angle \text{ACB}=60°$$

$$\therefore \angle \text{ACD}=\frac{1}{2}\angle \text{ACB}=\frac{1}{2}\times 60°=30°$$

따라서 △ADC에서

$$\angle x=66°+30°=96° \qquad\qquad 답 ④$$

0511 전략 먼저 $\angle$ABC+$\angle$ACB의 크기를 구한다.

△ABC에서

$$\angle \text{ABC}+\angle \text{ACB}=180°-84°=96°$$

$$\therefore \angle \text{IBC}+\angle \text{ICB}=\frac{1}{2}(\angle \text{ABC}+\angle \text{ACB})$$

$$=\frac{1}{2}\times 96°=48°$$

따라서 △IBC에서

$$\angle x=180°-(\angle \text{IBC}+\angle \text{ICB})$$

$$=180°-48°=132° \qquad\qquad 답 ⑤$$

0512 전략 △ABC와 △DBC 각각에서 삼각형의 내각과 외각 사이의 관계를 이용한다.

△ABC에서 $\angle \text{ACE}=62°+2\angle \text{DBC}$이므로

$$\angle \text{DCE}=\frac{1}{2}\angle \text{ACE}=31°+\angle \text{DBC} \qquad \cdots\cdots \text{㉠}$$

△DBC에서

$$\angle \text{DCE}=\angle x+\angle \text{DBC} \qquad \cdots\cdots \text{㉡}$$

㉠, ㉡에서 $\angle x=31°$ 답 $31°$

0513 전략 이등변삼각형의 성질과 삼각형의 내각과 외각 사이의 관계를 이용한다.

△ABC에서 $\overline{\text{AB}}=\overline{\text{AC}}$이므로

$$\angle \text{ACB}=\angle \text{B}=\angle x$$

$$\therefore \angle \text{CAD}=\angle x+\angle x=2\angle x$$

△ACD에서 $\overline{\text{AC}}=\overline{\text{CD}}$이므로

$$\angle \text{CDA}=\angle \text{CAD}=2\angle x$$

△DBC에서

$$\angle \text{DCE}=\angle x+2\angle x=3\angle x$$

△DCE에서 $\overline{\text{DC}}=\overline{\text{DE}}$이므로

$$\angle \text{DCE}=\angle \text{DEC}=78°$$

따라서 $3\angle x=78°$이므로 $\angle x=26°$ 답 ④

0514 전략 보조선을 긋고 삼각형의 세 내각의 크기의 합이 $180°$임을 이용한다.

오른쪽 그림과 같이 $\overline{\text{BD}}$를 그으면

△ABD에서

$$\angle \text{CBD}+\angle \text{CDB}$$

$$=180°-(85°+15°+20°)$$

$$=60°$$

따라서 △CBD에서

$$\angle x=180°-(\angle \text{CBD}+\angle \text{CDB})$$

$$=180°-60°=120° \qquad\qquad 답 ③$$

다른 풀이 $\angle x=85°+15°+20°=120°$

0515 전략 주어진 각을 내각 또는 외각으로 갖는 삼각형을 찾는다.

△FBD에서

$$\angle \text{EFG}=35°+42°=77°$$

△ACG에서

$$\angle \text{EGF}=45°+22°=67°$$

따라서 △EFG에서

$$\angle x=180°-(77°+67°)=36°$$

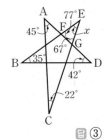

답 ③

0516 [전략] 모든 변의 길이가 같고 모든 내각의 크기가 같은 다각형은 정다각형이다.

조건 ㈎, ㈏에서 모든 변의 길이가 같고 모든 외각의 크기가 같으므로 정다각형이다.

구하는 정다각형을 정n각형이라 하면 조건 ㈐에서 내각의 크기의 합이 900°이므로

$$180° \times (n-2) = 900°, \qquad n-2 = 5 \qquad \therefore n = 7$$

따라서 정칠각형이다.   閏 정칠각형

0517 [전략] 사각형의 내각의 크기의 합은 360°임을 이용한다.

사각형의 내각의 크기의 합은 360°이므로

$$\angle ECD + \angle EDC$$
$$= 360° - (100° + 72° + 35° + 48°) = 105°$$

따라서 △DEC에서

$$\angle x = 180° - (\angle ECD + \angle EDC)$$
$$= 180° - 105° = 75°$$ 閏 ②

0518 [전략] 다각형의 외각의 크기의 합은 항상 360°이다.

다각형의 외각의 크기의 합은 360°이므로

$$107° + 68° + \angle x + 60° + (180° - 140°) = 360°$$
$$\therefore \angle x = 85°$$ 閏 ⑤

0519 [전략] 다각형의 한 꼭짓점에서 내각의 크기와 외각의 크기의 합은 180°이다.

세 외각의 크기의 비가 2 : 3 : 4이므로 가장 큰 외각의 크기는

$$360° \times \frac{4}{2+3+4} = 360° \times \frac{4}{9} = 160°$$

따라서 가장 작은 내각의 크기는

$$180° - 160° = 20°$$ 閏 20°

0520 [전략] 정n각형의 내각의 크기의 합은 $180° \times (n-2)$, 한 외각의 크기는 $\dfrac{360°}{n}$이다.

① 한 외각의 크기는 $\dfrac{360°}{15} = 24°$

③ 내각의 크기의 합은 $180° \times (15-2) = 2340°$

⑤ 정십오각형의 내부의 한 점에서 각 꼭짓점에 선분을 그었을 때 생기는 삼각형의 개수는 15이다.

따라서 옳은 것은 ②, ④이다.   閏 ②, ④

0521 [전략] 먼저 정오각형의 한 내각의 크기를 구한 후 평행선의 성질을 이용한다.

정오각형의 한 내각의 크기는

$$\frac{180° \times (5-2)}{5} = 108°$$

오른쪽 그림과 같이 점 B를 지나고 두 직선 l, m에 평행한 직선 n을 그으면

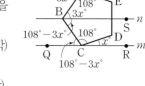

$$\angle ABS = \angle PAB = 3x° \text{ (엇각)}$$
$$\therefore \angle SBC = \angle BCQ$$
$$= 108° - 3x° \text{ (엇각)}$$

이때 평각은 180°이므로 $(108-3x) + 108 + x = 180$
$$2x = 36 \qquad \therefore x = 18$$ 閏 ④

0522 [전략] 각 공장을 팔각형의 꼭짓점으로 생각할 때, 도로는 변 또는 대각선임을 이용한다.

구하는 도로의 개수는 팔각형의 변의 개수와 대각선의 개수의 합과 같다.

$$\therefore 8 + \frac{8 \times (8-3)}{2} = 8 + 20 = 28$$ 閏 28

0523 [전략] 먼저 $\angle BAC + \angle BCA$의 크기를 구한다.

$\angle BAC + \angle BCA = 180° - 70° = 110°$이므로

$$\angle EAC + \angle FCA = (180° - \angle BAC) + (180° - \angle BCA)$$
$$= 360° - (\angle BAC + \angle BCA)$$
$$= 360° - 110° = 250°$$

$$\therefore \angle DAC + \angle DCA = \frac{1}{2}(\angle EAC + \angle FCA)$$
$$= \frac{1}{2} \times 250° = 125°$$

따라서 △ACD에서

$$\angle x = 180° - (\angle DAC + \angle DCA)$$
$$= 180° - 125° = 55°$$ 閏 ③

[다른 풀이] $\angle x = 90° - \dfrac{1}{2} \times 70° = 55°$

0524 [전략] 오각형의 내각의 크기의 합을 이용하여 $\angle BCD + \angle EDC$의 크기를 구한다.

오각형의 내각의 크기의 합은

$$180° \times (5-2) = 540°$$

이므로

$$(180° - 76°) + 100° + \angle BCD + \angle EDC + 118° = 540°$$
$$\therefore \angle BCD + \angle EDC = 218° \qquad \cdots \text{1단계}$$

$$\therefore \angle FCD + \angle FDC = \frac{1}{2}(\angle BCD + \angle EDC)$$
$$= \frac{1}{2} \times 218° = 109° \qquad \cdots \text{2단계}$$

따라서 △FCD에서

$$\angle x = 180° - (\angle FCD + \angle FDC)$$
$$= 180° - 109° = 71° \qquad \cdots \text{3단계}$$
閏 71°

단계	채점 요소	비율
1	∠BCD+∠EDC의 크기 구하기	50 %
2	∠FCD+∠FDC의 크기 구하기	20 %
3	∠x의 크기 구하기	30 %

0525 **전략** 다각형의 한 꼭짓점에서 내각의 크기와 외각의 크기의 합은 180°임을 이용하여 정다각형의 한 외각의 크기를 구한다.

한 외각의 크기는

$$180° \times \frac{1}{4+1} = 180° \times \frac{1}{5} = 36°$$ ··· **1단계**

주어진 정다각형을 정n각형이라 하면

$$\frac{360°}{n} = 36° \qquad \therefore n = 10$$

즉 정십각형이다. ··· **2단계**

따라서 정십각형의 대각선의 개수는

$$\frac{10 \times (10-3)}{2} = 35$$ ··· **3단계**

답 35

단계	채점 요소	비율
1	한 외각의 크기 구하기	30 %
2	어떤 다각형인지 구하기	40 %
3	대각선의 개수 구하기	30 %

0526 **전략** 먼저 정육각형의 한 내각의 크기를 구한 후 이등변삼각형의 성질을 이용한다.

정육각형의 한 내각의 크기는

$$\frac{180° \times (6-2)}{6} = 120°$$ ··· **1단계**

$\triangle BCA$는 $\overline{BC} = \overline{BA}$인 이등변삼각형이므로

$$\angle BAC = \frac{1}{2} \times (180° - 120°) = 30°$$ ··· **2단계**

$\triangle ABF$는 $\overline{AB} = \overline{AF}$인 이등변삼각형이므로

$$\angle ABF = \frac{1}{2} \times (180° - 120°) = 30°$$ ··· **3단계**

따라서 $\triangle ABG$에서

$$\angle AGB = 180° - (30° + 30°) = 120°$$

$$\therefore \angle x = \angle AGB = 120° \text{ (맞꼭지각)}$$ ··· **4단계**

답 120°

단계	채점 요소	비율
1	정육각형의 한 내각의 크기 구하기	20 %
2	$\angle BAC$의 크기 구하기	30 %
3	$\angle ABF$의 크기 구하기	30 %
4	$\angle x$의 크기 구하기	20 %

0527 **전략** 삼각형의 한 외각의 크기는 그와 이웃하지 않는 두 내각의 크기의 합과 같음을 이용한다.

$\angle ABD = \angle DBE = \angle EBC = \angle a$,
$\angle ACD = \angle DCE = \angle ECP = \angle b$라 하자.

$\triangle ABC$에서

$$3\angle a + \angle x = 3\angle b$$ ······ ㉠

$\triangle DBC$에서

$$2\angle a + 54° = 2\angle b$$ ······ ㉡

$\triangle EBC$에서

$$\angle a + \angle y = \angle b$$ ······ ㉢

㉡에서

$$2(\angle b - \angle a) = 54° \qquad \therefore \angle b - \angle a = 27°$$

㉠에서

$$\angle x = 3(\angle b - \angle a) = 3 \times 27° = 81°$$

㉢에서

$$\angle y = \angle b - \angle a = 27°$$

$$\therefore \angle x - 2\angle y = 81° - 2 \times 27° = 27°$$ **답** 27°

0528 **전략** 보조선을 긋고 삼각형과 육각형의 내각의 크기의 합을 이용한다.

오른쪽 그림과 같이 $\overline{CG}$, $\overline{FD}$를 그으면

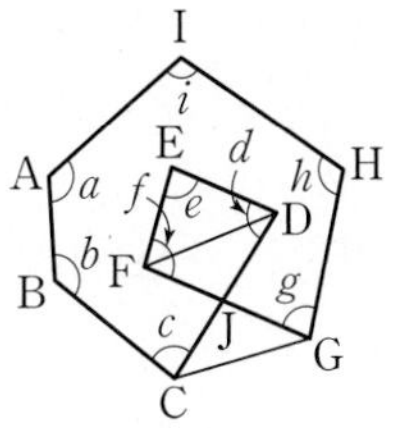

$$\angle JFD + \angle JDF = \angle JCG + \angle JGC$$

이므로

$$\angle a + \angle b + \angle c + \angle d + \angle e$$
$$+ \angle f + \angle g + \angle h + \angle i$$
$$= (\text{삼각형의 내각의 크기의 합})$$
$$\quad + (\text{육각형의 내각의 크기의 합})$$
$$= 180° + 180° \times (6-2)$$
$$= 900°$$ **답** 900°

0529 **전략** 다각형의 외각의 크기의 합은 항상 360°이다.

$$\angle a + \angle b + \angle c + \angle d + \angle e + \angle f + \angle g$$
$$= (\text{7개의 삼각형의 내각의 크기의 합})$$
$$\quad - (\text{칠각형의 외각의 크기의 합}) \times 2$$
$$= 180° \times 7 - 360° \times 2$$
$$= 1260° - 720°$$
$$= 540°$$ **답** 540°

04
다각형

05 원과 부채꼴

II. 평면도형

교과서문제 정복하기 ▶본문 83, 85쪽

0530

🖪 풀이 참조

0531 $\widehat{AB}$에 대한 중심각은 $\angle AOB$이다. 🖪 $\angle AOB$

0532 $\angle BOC$에 대한 호는 $\widehat{BC}$이다. 🖪 $\widehat{BC}$

0533 $\angle COD$에 대한 현은 $\overline{CD}$이다. 🖪 $\overline{CD}$

0534 🖪 현

0535 🖪 부채꼴

0536 🖪 활꼴

0537 🖪 ○

0538 반원은 중심각의 크기가 180°인 부채꼴이다. 🖪 ×

0539 🖪 ○

0540 크기가 같은 중심각에 대한 호의 길이는 같으므로
$x=6$ 🖪 6

0541 길이가 같은 호에 대한 중심각의 크기는 같으므로
$x=60$ 🖪 60

0542 호의 길이는 중심각의 크기에 정비례하므로
$30:60=4:x,\qquad 1:2=4:x$
$\therefore x=8$ 🖪 8

0543 $40:x=5:15,\qquad 40:x=1:3$
$\therefore x=120$ 🖪 120

0544 크기가 같은 중심각에 대한 부채꼴의 넓이는 같으므로
$x=10$ 🖪 10

0545 넓이가 같은 부채꼴에 대한 중심각의 크기는 같으므로
$x=70$ 🖪 70

0546 부채꼴의 넓이는 중심각의 크기에 정비례하므로
$40:160=x:24,\qquad 1:4=x:24$
$4x=24\qquad \therefore x=6$ 🖪 6

0547 $50:x=6:12,\qquad 50:x=1:2$
$\therefore x=100$ 🖪 100

0548 크기가 같은 중심각에 대한 현의 길이는 같으므로
$x=5$ 🖪 5

0549 길이가 같은 현에 대한 중심각의 크기는 같으므로
$x=85$ 🖪 85

0550 원주율은 원에서 지름의 길이에 대한 둘레의 길이의
비율이다. 🖪 ×

0551 🖪 ○

0552 (원의 둘레의 길이)$=2\pi\times 5=10\pi$ (cm)
(원의 넓이)$=\pi\times 5^2=25\pi$ (cm^2) 🖪 10π cm, 25π cm^2

0553 (원의 둘레의 길이)$=2\pi\times 4=8\pi$ (cm)
(원의 넓이)$=\pi\times 4^2=16\pi$ (cm^2) 🖪 8π cm, 16π cm^2

0554 원의 반지름의 길이를 r cm라 하면
$2\pi r=6\pi\qquad \therefore r=3$
따라서 원의 반지름의 길이는 3 cm이다. 🖪 3 cm

0555 원의 반지름의 길이를 r cm라 하면
$2\pi r=14\pi\qquad \therefore r=7$
따라서 원의 반지름의 길이는 7 cm이다. 🖪 7 cm

0556 원의 반지름의 길이를 r cm라 하면
$\pi r^2=36\pi,\qquad r^2=36\qquad \therefore r=6$
따라서 원의 반지름의 길이는 6 cm이다. 🖪 6 cm

0557 원의 반지름의 길이를 r cm라 하면
$\pi r^2=81\pi,\qquad r^2=81\qquad \therefore r=9$
따라서 원의 반지름의 길이는 9 cm이다. 🖪 9 cm

0558 (1) (색칠한 부분의 둘레의 길이)
$=2\pi\times 4+2\pi\times 7$
$=8\pi+14\pi=22\pi$ (cm)

(2) (색칠한 부분의 넓이)
$$= \pi \times 7^2 - \pi \times 4^2$$
$$= 49\pi - 16\pi = 33\pi \ (cm^2)$$

目 (1) 22π cm　(2) 33π cm²

0559 (호의 길이)$= 2\pi \times 9 \times \dfrac{60}{360} = 3\pi$ (cm)

(넓이)$= \pi \times 9^2 \times \dfrac{60}{360} = \dfrac{27}{2}\pi$ (cm²)

目 3π cm, $\dfrac{27}{2}\pi$ cm²

0560 (호의 길이)$= 2\pi \times 8 \times \dfrac{45}{360} = 2\pi$ (cm)

(넓이)$= \pi \times 8^2 \times \dfrac{45}{360} = 8\pi$ (cm²)　目 2π cm, 8π cm²

0561 (호의 길이)$= 2\pi \times 3 \times \dfrac{240}{360} = 4\pi$ (cm)

(넓이)$= \pi \times 3^2 \times \dfrac{240}{360} = 6\pi$ (cm²)　目 4π cm, 6π cm²

0562 (호의 길이)$= 2\pi \times 6 \times \dfrac{270}{360} = 9\pi$ (cm)

(넓이)$= \pi \times 6^2 \times \dfrac{270}{360} = 27\pi$ (cm²)　目 9π cm, 27π cm²

0563 부채꼴의 중심각의 크기를 $x°$라 하면

$$2\pi \times 5 \times \dfrac{x}{360} = 2\pi \quad \therefore x = 72$$

따라서 부채꼴의 중심각의 크기는 $72°$이다.　目 $72°$

0564 부채꼴의 중심각의 크기를 $x°$라 하면

$$\pi \times 8^2 \times \dfrac{x}{360} = 24\pi \quad \therefore x = 135$$

따라서 부채꼴의 중심각의 크기는 $135°$이다.　目 $135°$

0565 $\dfrac{1}{2} \times 9 \times 2\pi = 9\pi$ (cm²)　目 9π cm²

0566 $\dfrac{1}{2} \times 12 \times 8\pi = 48\pi$ (cm²)　目 48π cm²

0567 부채꼴의 호의 길이를 l cm라 하면

$$\dfrac{1}{2} \times 4 \times l = 4\pi \quad \therefore l = 2\pi$$

따라서 부채꼴의 호의 길이는 2π cm이다.　目 2π cm

0568 부채꼴의 반지름의 길이를 r cm라 하면

$$\dfrac{1}{2} \times r \times 6\pi = 45\pi \quad \therefore r = 15$$

따라서 부채꼴의 반지름의 길이는 15 cm이다.　目 15 cm

유형 익히기 ▶ 본문 86~94쪽

0569 ④ $\overline{AB}$와 $\overset{\frown}{AB}$로 이루어진 도형은 활꼴이다.
따라서 옳지 않은 것은 ④이다.　目 ④

0570 오른쪽 그림에서 $\overline{OA} = \overline{OB} = \overline{AB}$
이므로 $\triangle AOB$는 정삼각형이다.
따라서 부채꼴 AOB의 중심각의 크기는
$$\angle AOB = 60°$$

目 $60°$

0571 ② 원 위의 두 점을 양 끝 점으로 하는 원의 일부분은
호이다.
③ 부채꼴은 두 반지름과 호로 이루어진 도형이다.
⑤ 한 원에서 부채꼴과 활꼴이 같아질 때, 이 부채꼴의 중심각의
크기는 $180°$이다.
따라서 옳은 것은 ①, ④이다.　目 ①, ④

0572 호의 길이는 중심각의 크기에 정비례하므로
$$30 : 45 = 4 : x, \qquad 2 : 3 = 4 : x$$
$$2x = 12 \qquad \therefore x = 6$$
$$30 : y = 4 : 8, \qquad 30 : y = 1 : 2$$
$$\therefore y = 60$$

目 ③

0573 $120 : 30 = 20 : x, \qquad 4 : 1 = 20 : x$
$$4x = 20 \qquad \therefore x = 5$$

目 5

0574 $(x + 40) : (120 - x) = 9 : 15$이므로
$$(x + 40) : (120 - x) = 3 : 5$$
$$5(x + 40) = 3(120 - x)$$
$$5x + 200 = 360 - 3x$$
$$8x = 160 \qquad \therefore x = 20$$

目 ①

0575 원 O의 둘레의 길이를 x cm라 하면
$$60 : 360 = 5 : x, \qquad 1 : 6 = 5 : x$$
$$\therefore x = 30$$
따라서 원 O의 둘레의 길이는 30 cm이다.　目 30 cm

0576 $\overset{\frown}{AB} : \overset{\frown}{BC} : \overset{\frown}{CA} = 4 : 6 : 5$이므로
$$\angle AOB : \angle BOC : \angle COA = 4 : 6 : 5$$
$$\therefore \angle BOC = 360° \times \dfrac{6}{4 + 6 + 5} = 360° \times \dfrac{2}{5} = 144°$$

目 ④

0577 $\overset{\frown}{BC} = 4\overset{\frown}{AC}$에서 $\overset{\frown}{BC} : \overset{\frown}{AC} = 4 : 1$이므로
$$\angle BOC : \angle AOC = 4 : 1$$
$$\therefore \angle AOC = 180° \times \dfrac{1}{4 + 1} = 180° \times \dfrac{1}{5} = 36°$$

目 $36°$

0578 $\overset{\frown}{AC} : \overset{\frown}{BC} = 7 : 3$이므로

$\angle AOC : \angle BOC = 7 : 3$

$\therefore \angle BOC = (360° - 140°) \times \dfrac{3}{7+3}$

$= 220° \times \dfrac{3}{10} = 66°$

目 $66°$

0579 $\overset{\frown}{AB} : \overset{\frown}{BC} = 5 : 1$이므로

$\angle AOB : \angle BOC = 5 : 1$

$\therefore \angle BOC = 180° \times \dfrac{1}{5+1} = 180° \times \dfrac{1}{6} = 30°$

$\overset{\frown}{BC} : \overset{\frown}{DE} = 1 : 2$이므로

$\angle BOC : \angle DOE = 1 : 2$

$\therefore \angle DOE = 2\angle BOC = 2 \times 30° = 60°$

目 $60°$

0580 $\overline{AD} /\!/ \overline{OC}$이므로

$\angle DAO = \angle COB = 45°$ (동위각)

오른쪽 그림과 같이 $\overline{OD}$를 그으면

$\overline{OA} = \overline{OD}$이므로

$\angle ODA = \angle OAD = 45°$

$\therefore \angle AOD = 180° - (45° + 45°) = 90°$

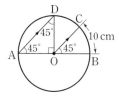

호의 길이는 중심각의 크기에 정비례하므로

$90 : 45 = \overset{\frown}{AD} : 10$, $2 : 1 = \overset{\frown}{AD} : 10$

$\therefore \overset{\frown}{AD} = 20$ (cm)

目 ③

0581 오른쪽 그림과 같이 $\overline{OC}$를 그으면 $\overline{OA} = \overline{OC}$이므로

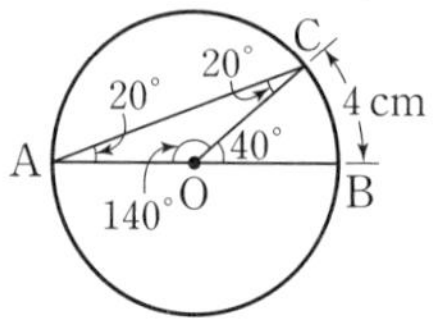

$\angle OCA = \angle OAC = 20°$

$\therefore \angle AOC = 180° - (20° + 20°)$

$= 140°$

$\angle COB = 180° - 140° = 40°$

이때 $140 : 40 = \overset{\frown}{AC} : 4$이므로 $7 : 2 = \overset{\frown}{AC} : 4$

$2\overset{\frown}{AC} = 28$ $\therefore \overset{\frown}{AC} = 14$ (cm)

目 14 cm

0582 $\overline{AD} /\!/ \overline{CO}$이므로

$\angle OAD = \angle AOC = 36°$ (엇각)

… 1단계

오른쪽 그림과 같이 $\overline{OD}$를 그으면

$\overline{OA} = \overline{OD}$이므로

$\angle ODA = \angle OAD = 36°$

$\therefore \angle AOD = 180° - (36° + 36°) = 108°$

… 2단계

이때 $36 : 108 = 7 : \overset{\frown}{AD}$이므로

$1 : 3 = 7 : \overset{\frown}{AD}$ $\therefore \overset{\frown}{AD} = 21$ (cm)

… 3단계

目 21 cm

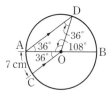

단계	채점 요소	비율
1	$\angle OAD$의 크기 구하기	30 %
2	$\angle AOD$의 크기 구하기	30 %
3	$\overset{\frown}{AD}$의 길이 구하기	40 %

0583 $\overline{BD} /\!/ \overline{OC}$이므로

$\angle OBD = \angle AOC = 30°$ (동위각)

오른쪽 그림과 같이 $\overline{OD}$를 그으면

$\overline{OB} = \overline{OD}$이므로

$\angle ODB = \angle OBD = 30°$

$\therefore \angle BOD = 180° - (30° + 30°) = 120°$

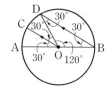

이때 $\angle COD = 180° - 30° - 120° = 30°$이므로

$\overset{\frown}{AC} : \overset{\frown}{CD} : \overset{\frown}{DB} = 30 : 30 : 120 = 1 : 1 : 4$

目 $1 : 1 : 4$

0584 부채꼴의 넓이는 중심각의 크기에 정비례하므로 부채꼴 AOB의 넓이를 x cm²라 하면

$40 : 100 = 10 : x$, $2 : 5 = 10 : x$

$2x = 50$ $\therefore x = 25$

따라서 부채꼴 AOB의 넓이는 25 cm²이다.

目 ④

0585 $\angle COD = x°$라 하면

$65 : x = 13 : 26$, $65 : x = 1 : 2$

$\therefore x = 130$

$\therefore \angle COD = 130°$

目 $130°$

0586 원 O의 넓이를 S cm²라 하면

$30 : 360 = 6 : S$, $1 : 12 = 6 : S$

$\therefore S = 72$

따라서 원 O의 넓이는 72 cm²이다.

目 ④

0587 호의 길이는 중심각의 크기에 정비례하므로

$\angle AOB : \angle COD = \overset{\frown}{AB} : \overset{\frown}{CD} = 3 : 5$

부채꼴 AOB의 넓이를 x cm²라 하면

$3 : 5 = x : 40$, $5x = 120$ $\therefore x = 24$

따라서 부채꼴 AOB의 넓이는 24 cm²이다.

目 24 cm²

0588 $\overline{AB} = \overline{BC}$이므로

$\angle AOB = \angle BOC$

$\therefore \angle AOB = \dfrac{1}{2}\angle AOC = \dfrac{1}{2} \times 100° = 50°$

$\overline{AB} = \overline{DE}$이므로

$\angle EOD = \angle AOB = 50°$

目 $50°$

0589 $\angle AOB = \angle COD$이므로

$\overline{CD} = \overline{AB} = 7$ (cm)

目 7 cm

0590 $\overline{OB} = \overline{OC}$이므로

$\angle OBC = \angle OCB = 55°$

$\therefore \angle BOC = 180° - (55° + 55°) = 70°$

… 1단계

$\overline{AB} = \overline{BC}$이므로

$\angle AOB = \angle BOC = 70°$

$\therefore \angle AOC = 70° + 70° = 140°$

… 2단계

目 $140°$

단계	채점 요소	비율
1	∠BOC의 크기 구하기	50 %
2	∠AOC의 크기 구하기	50 %

0591 $\overline{AB}=\overline{AC}$이므로

$\overline{AC}=\overline{AB}=9\ (cm)$

따라서 색칠한 부분의 둘레의 길이는

$\overline{AB}+\overline{OB}+\overline{OC}+\overline{AC}=9+5+5+9=28\ (cm)$

🖬 28 cm

0592 ① 호의 길이는 중심각의 크기에 정비례하므로

$\overparen{CD}=3\overparen{AB}$

② 알 수 없다.

③ 현의 길이는 중심각의 크기에 정비례하지 않으므로

$\overline{AB}>\dfrac{1}{3}\overline{CD}$

④ 삼각형의 넓이는 중심각의 크기에 정비례하지 않으므로

$\triangle OCD<3\triangle OAB$

⑤ 부채꼴의 넓이는 중심각의 크기에 정비례하므로

(부채꼴 AOB의 넓이)$=\dfrac{1}{3}\times$(부채꼴 COD의 넓이)

따라서 옳은 것은 ①, ⑤이다. 🖬 ①, ⑤

0593 ① $\angle BOC=\dfrac{1}{3}\angle AOD$이므로 $\overparen{BC}=\dfrac{1}{3}\overparen{AD}$

② $\angle AOB=\angle COD$이므로 $\overline{AB}=\overline{CD}$

③ 현의 길이는 중심각의 크기에 정비례하지 않으므로

$\overline{EF}>\dfrac{1}{2}\overline{AC}$

④ $\angle AOC=2\angle COD$이므로 $\overparen{AC}=2\overparen{CD}$

따라서 옳지 않은 것은 ③이다. 🖬 ③

0594 ㄱ. $\angle AOB=30°$, $\angle COD=120°$이므로

$\angle COD=4\angle AOB$ ∴ $\overparen{CD}=4\overparen{AB}$

ㄴ. $\angle BOC=180°-120°=60°$이므로

$\angle AOC=30°+60°=90°$

즉 $\angle AOC\neq\angle COD$이므로 $\overline{AC}\neq\overline{CD}$

ㄷ. $\angle BOC=60°$이고 $\overline{OB}=\overline{OC}$이므로

$\angle OBC=\angle OCB=60°$

즉 $\triangle OBC$는 정삼각형이므로 $\overline{OB}=\overline{BC}$

ㄹ. $\triangle OAB>\dfrac{1}{4}\triangle OCD$

ㅁ. $\angle COD=2\angle BOC$이므로

(부채꼴 COD의 넓이)$=2\times$(부채꼴 BOC의 넓이)

이상에서 옳은 것은 ㄱ, ㄷ, ㅁ이다. 🖬 ④

0595 $\overline{CP}=\overline{CO}$이므로 $\angle COP=\angle P=18°$

$\triangle OPC$에서 $\angle OCD=18°+18°=36°$

$\overline{OC}=\overline{OD}$이므로 $\angle ODC=\angle OCD=36°$

$\triangle OPD$에서 $\angle BOD=18°+36°=54°$

이때 호의 길이는 중심각의 크기에 정비례하므로

$18:54=\overparen{AC}:12$, $1:3=\overparen{AC}:12$

∴ $\overparen{AC}=4\ (cm)$ 🖬 4 cm

0596 $\overline{DO}=\overline{DP}$이므로 $\angle DOP=\angle P=20°$

$\triangle ODP$에서

$\angle ODC=20°+20°=40°$

$\overline{OC}=\overline{OD}$이므로

$\angle OCD=\angle ODC=40°$

$\triangle OCP$에서

$\angle BOC=40°+20°=60°$

이때 호의 길이는 중심각의 크기에 정비례하므로

$60:20=15:\overparen{AD}$, $3:1=15:\overparen{AD}$

∴ $\overparen{AD}=5\ (cm)$ 🖬 5 cm

0597 $\angle COP=x°$라 하면 $\overline{CP}=\overline{CO}$이므로

$\angle P=\angle COP=x°$

$\triangle OPC$에서 $\angle OCD=x°+x°=2x°$

$\overline{OC}=\overline{OD}$이므로

$\angle ODC=\angle OCD=2x°$

$\triangle OPD$에서 $\angle BOD=x°+2x°=3x°$

즉 $3x°=72°$이므로 $x=24$

∴ $\angle AOC=24°$ … 1단계

∴ $\angle COD=180°-(24°+72°)=84°$ … 2단계

이때 호의 길이는 중심각의 크기에 정비례하므로

$84:72=\overparen{CD}:24$, $7:6=\overparen{CD}:24$

∴ $\overparen{CD}=28\ (cm)$ … 3단계

🖬 28 cm

단계	채점 요소	비율
1	∠AOC의 크기 구하기	40 %
2	∠COD의 크기 구하기	20 %
3	$\overparen{CD}$의 길이 구하기	40 %

0598 (색칠한 부분의 둘레의 길이)

$=2\pi\times6\times\dfrac{1}{2}+2\pi\times4\times\dfrac{1}{2}+2\pi\times2\times\dfrac{1}{2}$

$=6\pi+4\pi+2\pi$

$=12\pi\ (cm)$

(색칠한 부분의 넓이)

$=\pi\times6^2\times\dfrac{1}{2}+\pi\times2^2\times\dfrac{1}{2}-\pi\times4^2\times\dfrac{1}{2}$

$=18\pi+2\pi-8\pi$

$=12\pi\ (cm^2)$ 🖬 ⑤

0599 (색칠한 부분의 넓이)$=\pi\times7^2-\pi\times5^2$

$=49\pi-25\pi$

$=24\pi\ (cm^2)$ 🖬 $24\pi\ cm^2$

0600 가장 큰 원의 지름의 길이가
$$2\times 2+2\times 6=16 \text{ (cm)}$$
이므로 반지름의 길이는 8 cm이다.
(1) (색칠한 부분의 둘레의 길이)
$$=2\pi\times 8+2\pi\times 6+2\pi\times 2$$
$$=16\pi+12\pi+4\pi=32\pi \text{ (cm)} \quad \cdots \boxed{\text{1단계}}$$
(2) (색칠한 부분의 넓이)
$$=\pi\times 8^2-\pi\times 6^2-\pi\times 2^2$$
$$=64\pi-36\pi-4\pi=24\pi \text{ (cm}^2) \quad \cdots \boxed{\text{2단계}}$$
🄳 (1) 32π cm (2) 24π cm^2

단계	채점 요소	비율
1	색칠한 부분의 둘레의 길이 구하기	50 %
2	색칠한 부분의 넓이 구하기	50 %

0601 $\overline{AB}=\overline{BC}=\overline{CD}=8 \text{ (cm)}$이고
$\widehat{AB}=\widehat{CD}$, $\widehat{AC}=\widehat{BD}$이므로
(색칠한 부분의 둘레의 길이)
$$=2(\widehat{AB}+\widehat{AC})$$
$$=2\left(2\pi\times 4\times\frac{1}{2}+2\pi\times 8\times\frac{1}{2}\right)$$
$$=2(4\pi+8\pi)$$
$$=24\pi \text{ (cm)}$$
🄳 24π cm

0602 (호의 길이)$=2\pi\times 12\times\dfrac{150}{360}=10\pi \text{ (cm)}$
(넓이)$=\pi\times 12^2\times\dfrac{150}{360}=60\pi \text{ (cm}^2)$
🄳 10π cm, 60π cm^2

0603 부채꼴의 호의 길이를 l cm라 하면
$$\frac{1}{2}\times 6\times l=24\pi \quad \therefore l=8\pi$$
따라서 부채꼴의 호의 길이는 8π cm이다.
🄳 ③

0604 색칠한 부분의 중심각의 크기의 합은
$$30°+40°+30°+20°=120°$$
따라서 색칠한 부분의 넓이는
$$\pi\times 9^2\times\frac{120}{360}=27\pi \text{ (cm}^2)$$
🄳 27π cm^2

0605 (1) 부채꼴의 반지름의 길이를 r cm라 하면
$$\frac{1}{2}\times r\times\pi=5\pi \quad \therefore r=10$$
따라서 부채꼴의 반지름의 길이는 10 cm이다.
(2) 부채꼴의 중심각의 크기를 $x°$라 하면
$$2\pi\times 10\times\frac{x}{360}=\pi \quad \therefore x=18$$
따라서 부채꼴의 중심각의 크기는 $18°$이다.
🄳 (1) 10 cm (2) $18°$

0606 (1) (색칠한 부분의 둘레의 길이)
$$=2\pi\times 10\times\frac{144}{360}+2\pi\times 5\times\frac{144}{360}+2\times 5$$
$$=8\pi+4\pi+10$$
$$=12\pi+10 \text{ (cm)}$$
(2) (색칠한 부분의 넓이)
$$=\pi\times 10^2\times\frac{144}{360}-\pi\times 5^2\times\frac{144}{360}$$
$$=40\pi-10\pi=30\pi \text{ (cm}^2)$$
🄳 (1) $(12\pi+10)$ cm (2) 30π cm^2

0607 (색칠한 부분의 둘레의 길이)
$$=2\pi\times 8\times\frac{45}{360}+2\pi\times 4\times\frac{45}{360}+2\times 4$$
$$=2\pi+\pi+8=3\pi+8 \text{ (cm)}$$
🄳 $(3\pi+8)$ cm

0608 (색칠한 부분의 넓이)
$$=\pi\times 12^2\times\frac{60}{360}-\pi\times 6^2\times\frac{60}{360}$$
$$=24\pi-6\pi=18\pi \text{ (cm}^2)$$
🄳 ④

0609 부채꼴의 중심각의 크기를 $x°$라 하면
$$2\pi\times 9\times\frac{x}{360}=6\pi \quad \therefore x=120$$
즉 중심각의 크기는 $120°$이다. $\quad \cdots \boxed{\text{1단계}}$
$\therefore$ (색칠한 부분의 넓이)
$$=\pi\times 9^2\times\frac{120}{360}-\pi\times 4^2\times\frac{120}{360}$$
$$=27\pi-\frac{16}{3}\pi=\frac{65}{3}\pi \text{ (cm}^2) \quad \cdots \boxed{\text{2단계}}$$
🄳 $\dfrac{65}{3}\pi$ cm^2

단계	채점 요소	비율
1	부채꼴의 중심각의 크기 구하기	40 %
2	색칠한 부분의 넓이 구하기	60 %

0610 (색칠한 부분의 둘레의 길이)
$$=\left(2\pi\times 6\times\frac{1}{4}\right)\times 2+6\times 4$$
$$=6\pi+24 \text{ (cm)}$$
🄳 ②

0611 (색칠한 부분의 둘레의 길이)
$$=2\pi\times 5\times\frac{1}{2}+2\pi\times 10\times\frac{1}{4}+10$$
$$=5\pi+5\pi+10$$
$$=10\pi+10 \text{ (cm)}$$
🄳 $(10\pi+10)$ cm

0612 색칠한 부분의 둘레의 길이는 반지름의 길이가 6 cm
인 두 원의 둘레의 길이의 합과 같다.
$$\therefore (2\pi\times 6)\times 2=24\pi \text{ (cm)}$$
🄳 24π cm

0613 (색칠한 부분의 둘레의 길이)
$=\widehat{AB}+\widehat{CB}+\overline{AC}$
$=2\pi\times6\times\dfrac{1}{2}+2\pi\times12\times\dfrac{30}{360}+12$
$=6\pi+2\pi+12$
$=8\pi+12\,(cm)$ **답** $(8\pi+12)$ cm

0614 오른쪽 그림에서
(색칠한 부분의 넓이)
$=(㉠의 넓이)\times8$
$=\left(\pi\times6^2\times\dfrac{1}{4}-\dfrac{1}{2}\times6\times6\right)\times8$
$=(9\pi-18)\times8$
$=72\pi-144\,(cm^2)$ **답** ⑤

0615 오른쪽 그림에서
(색칠한 부분의 넓이)
$=(㉠의 넓이)\times16$
$=\left(1\times1-\pi\times1^2\times\dfrac{1}{4}\right)\times16$
$=16-4\pi\,(cm^2)$ **답** $(16-4\pi)$ cm²

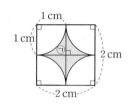

0616 (색칠한 부분의 넓이)
$=(사다리꼴의 넓이)-(사분원의 넓이)$
$=\dfrac{1}{2}\times(4+8)\times4-\pi\times4^2\times\dfrac{1}{4}=24-4\pi\,(cm^2)$ **답** $(24-4\pi)$ cm²

0617 오른쪽 그림에서
(색칠한 부분의 넓이)
$=(정사각형 ABCD의 넓이)$
$\quad-(부채꼴 ABE의 넓이)\times2$
$=12\times12-\left(\pi\times12^2\times\dfrac{30}{360}\right)\times2$
$=144-24\pi\,(cm^2)$ **답** $(144-24\pi)$ cm²

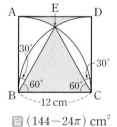

0618 오른쪽 그림과 같이 이동하면
(색칠한 부분의 넓이)
$=\pi\times8^2\times\dfrac{1}{4}-\dfrac{1}{2}\times8\times8$
$=16\pi-32\,(cm^2)$ **답** $(16\pi-32)$ cm²

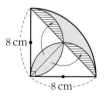

0619 오른쪽 그림과 같이 이동하면
(색칠한 부분의 넓이)
$=(직사각형 EBCF의 넓이)$
$=10\times5=50\,(cm^2)$ **답** ③

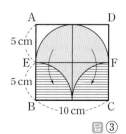

0620 오른쪽 그림과 같이 이동하면 색칠한 부분의 넓이는 한 변의 길이가 8 cm인 정사각형의 넓이의 2배와 같다. … **1단계**
$\therefore(8\times8)\times2=128\,(cm^2)$ … **2단계** **답** 128 cm²

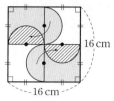

단계	채점 요소	비율
1	도형의 일부분을 적당히 이동하기	60 %
2	색칠한 부분의 넓이 구하기	40 %

0621 오른쪽 그림과 같이 이동하면
(색칠한 부분의 넓이)
$=(가로의 길이가 6 cm, 세로의 길이가 12 cm인 직사각형의 넓이)$
$=6\times12=72\,(cm^2)$ **답** 72 cm²

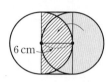

0622 (색칠한 부분의 넓이)
$=(부채꼴 B'AB의 넓이)$
$\quad+(지름이 \overline{AB'}인 반원의 넓이)-(지름이 \overline{AB}인 반원의 넓이)$
$=(부채꼴 B'AB의 넓이)$
$=\pi\times10^2\times\dfrac{60}{360}$
$=\dfrac{50}{3}\pi\,(cm^2)$ **답** ④

0623 (색칠한 부분의 넓이)
$=(지름이 \overline{AB}인 반원의 넓이)+(지름이 \overline{AC}인 반원의 넓이)$
$\quad+(\triangle ABC의 넓이)-(지름이 \overline{BC}인 반원의 넓이)$
$=\pi\times2^2\times\dfrac{1}{2}+\pi\times\left(\dfrac{3}{2}\right)^2\times\dfrac{1}{2}+\dfrac{1}{2}\times4\times3-\pi\times\left(\dfrac{5}{2}\right)^2\times\dfrac{1}{2}$
$=2\pi+\dfrac{9}{8}\pi+6-\dfrac{25}{8}\pi$
$=6\,(cm^2)$ **답** 6 cm²

0624 (색칠한 부분의 넓이)=(직사각형 ABCD의 넓이)
이므로
$(직사각형 ABCD의 넓이)+(부채꼴 DCE의 넓이)$
$\quad-(\triangle ABE의 넓이)$
$=(직사각형 ABCD의 넓이)$
에서
$(부채꼴 DCE의 넓이)=(\triangle ABE의 넓이)$
이때 $\overline{BC}=x$ cm라 하면
$\pi\times2^2\times\dfrac{1}{4}=\dfrac{1}{2}\times(x+2)\times2$
$\pi=x+2$ $\therefore x=\pi-2$
$\therefore(색칠한 부분의 넓이)=2x=2\pi-4\,(cm^2)$ **답** ②

0625 오른쪽 그림에서 곡선 부분의 길이는

$$\left(2\pi \times 2 \times \frac{1}{4}\right) \times 4 = 4\pi \ (\text{cm})$$

직선 부분의 길이는

$$8 + 4 + 8 + 4 = 24 \ (\text{cm})$$

따라서 필요한 끈의 최소 길이는

$$(4\pi + 24) \ \text{cm}$$

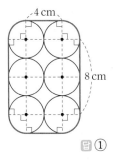

답 ①

0626 오른쪽 그림에서 곡선 부분의 길이는

$$\left(2\pi \times 3 \times \frac{120}{360}\right) \times 3 = 6\pi \ (\text{cm})$$

직선 부분의 길이는

$$6 + 6 + 6 = 18 \ (\text{cm})$$

따라서 필요한 끈의 최소 길이는

$$(6\pi + 18) \ \text{cm}$$

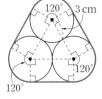

답 $(6\pi + 18)$ cm

0627

[방법 A]　　　　　　[방법 B]

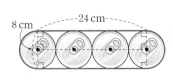

위의 그림에서

(방법 A에서 필요한 끈의 최소 길이)

$$= 2\pi \times 4 + 24 + 24 = 8\pi + 48 \ (\text{cm})$$ ··· **1단계**

(방법 B에서 필요한 끈의 최소 길이)

$$= 2\pi \times 4 + 8 + 8 + 8 + 8$$
$$= 8\pi + 32 \ (\text{cm})$$ ··· **2단계**

따라서 끈의 길이의 차는

$$(8\pi + 48) - (8\pi + 32) = 16 \ (\text{cm})$$ ··· **3단계**

답 16 cm

단계	채점 요소	비율
1	방법 A에서 필요한 끈의 최소 길이 구하기	40 %
2	방법 B에서 필요한 끈의 최소 길이 구하기	40 %
3	끈의 길이의 차 구하기	20 %

0628 원이 지나간 자리는 오른쪽 그림과 같고

(①의 넓이) + (②의 넓이)
　 + (③의 넓이)
　$= \pi \times 4^2 = 16\pi \ (\text{cm}^2)$

(④의 넓이) + (⑤의 넓이) + (⑥의 넓이)
　$= (5 \times 4) \times 3 = 60 \ (\text{cm}^2)$

따라서 원이 지나간 자리의 넓이는

$$(16\pi + 60) \ \text{cm}^2$$

답 $(16\pi + 60)$ cm^2

0629 원이 지나간 자리는 오른쪽 그림과 같고

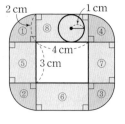

(①의 넓이) + (②의 넓이)
　 + (③의 넓이) + (④의 넓이)
　$= \pi \times 2^2 = 4\pi \ (\text{cm}^2)$

(⑤의 넓이) + (⑥의 넓이)
　 + (⑦의 넓이) + (⑧의 넓이)
　$= (4 \times 2) \times 2 + (3 \times 2) \times 2$
　$= 16 + 12 = 28 \ (\text{cm}^2)$

따라서 원이 지나간 자리의 넓이는

$$(4\pi + 28) \ \text{cm}^2$$

답 $(4\pi + 28)$ cm^2

0630 (1) 원의 중심이 지나간 자리는 다음 그림과 같다.

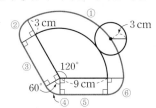

$(①의 길이) = 2\pi \times 12 \times \dfrac{120}{360} = 8\pi \ (\text{cm})$

(②의 길이) + (④의 길이) + (⑥의 길이)

$= \left(2\pi \times 3 \times \dfrac{1}{4}\right) \times 2 + 2\pi \times 3 \times \dfrac{60}{360}$

$= 3\pi + \pi = 4\pi \ (\text{cm})$

(③의 길이) + (⑤의 길이)

$= 9 \times 2 = 18 \ (\text{cm})$

따라서 원의 중심이 움직인 거리는

$$8\pi + 4\pi + 18 = 12\pi + 18 \ (\text{cm})$$

(2) 원이 지나간 자리는 다음 그림과 같다.

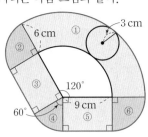

$(①의 넓이) = \pi \times 15^2 \times \dfrac{120}{360} - \pi \times 9^2 \times \dfrac{120}{360}$

$\qquad = 75\pi - 27\pi = 48\pi \ (\text{cm}^2)$

(②의 넓이) + (④의 넓이) + (⑥의 넓이)

$= \left(\pi \times 6^2 \times \dfrac{1}{4}\right) \times 2 + \pi \times 6^2 \times \dfrac{60}{360}$

$= 18\pi + 6\pi = 24\pi \ (\text{cm}^2)$

(③의 넓이) + (⑤의 넓이)

$= (6 \times 9) \times 2 = 108 \ (\text{cm}^2)$

따라서 원이 지나간 자리의 넓이는

$$48\pi + 24\pi + 108 = 72\pi + 108 \ (\text{cm}^2)$$

답 (1) $(12\pi + 18)$ cm　(2) $(72\pi + 108)$ cm^2

0631

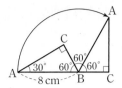

위의 그림에서 점 A가 움직인 거리는 반지름의 길이가 8 cm이고 중심각의 크기가 120°인 부채꼴의 호의 길이와 같으므로

$$2\pi \times 8 \times \frac{120}{360} = \frac{16}{3}\pi \text{ (cm)}$$

답 ⑤

0632

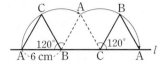

위의 그림에서 점 A가 움직인 거리는

$$\left(2\pi \times 6 \times \frac{120}{360}\right) \times 2 = 8\pi \text{ (cm)}$$

답 8π cm

0633

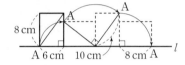

위의 그림에서 점 A가 움직인 거리는

$$2\pi \times 6 \times \frac{1}{4} + 2\pi \times 10 \times \frac{1}{4} + 2\pi \times 8 \times \frac{1}{4}$$
$$= 3\pi + 5\pi + 4\pi = 12\pi \text{ (cm)}$$

답 12π cm

 시험에 꼭 **나오는 문제** ▷본문 95~97쪽

0634 전략 원의 각 부분을 나타내는 용어의 의미를 생각해 본다.
④ 원 위의 두 점 A, B를 양 끝 점으로 하는 호는 $\overset{\frown}{AB}$, $\overset{\frown}{ACB}$의 2개이다.
따라서 옳지 않은 것은 ④이다.

답 ④

0635 전략 부채꼴의 호의 길이는 중심각의 크기에 정비례함을 이용한다.
$(x-3) : (x+16) = 9 : 12$이므로
$(x-3) : (x+16) = 3 : 4$
$4(x-3) = 3(x+16)$
$4x - 12 = 3x + 48$
∴ $x = 60$

답 60

0636 전략 반원은 중심각의 크기가 180°인 부채꼴이다.
$\overset{\frown}{AC} : \overset{\frown}{BC} = 4 : 5$이므로
∠AOC : ∠BOC = 4 : 5
∴ ∠AOC $= 180° \times \frac{4}{4+5} = 180° \times \frac{4}{9} = 80°$

답 80°

0637 전략 보조선을 긋고 평행선의 성질과 이등변삼각형의 성질을 이용한다.
$\overline{AO} \parallel \overline{BC}$이므로
∠OBC = ∠AOB = 30° (엇각)
오른쪽 그림과 같이 $\overline{OC}$를 그으면
$\overline{OB} = \overline{OC}$이므로
∠OCB = ∠OBC = 30°
∴ ∠BOC = 180° − (30° + 30°) = 120°
이때 호의 길이는 중심각의 크기에 정비례하므로
$30 : 120 = 2 : \overset{\frown}{BC}$, $1 : 4 = 2 : \overset{\frown}{BC}$
∴ $\overset{\frown}{BC} = 8$ (cm)

답 8 cm

0638 전략 부채꼴의 넓이는 중심각의 크기에 정비례함을 이용한다.
∠AOB : ∠BOC : ∠COA = 4 : 9 : 7이므로 부채꼴 AOB의 넓이는
$$80 \times \frac{4}{4+9+7} = 80 \times \frac{1}{5} = 16 \text{ (cm}^2\text{)}$$

답 ②

0639 전략 길이가 같은 현에 대한 중심각의 크기는 같다.
$\overline{OA} = \overline{OB}$이므로
∠OBA = ∠OAB = 65°
∴ ∠AOB = 180° − (65° + 65°) = 50°
$\overline{AB} = \overline{BC} = \overline{CD}$이므로
∠AOB = ∠BOC = ∠COD = 50°
∴ ∠AOD = 3 × 50° = 150°

답 ⑤

0640 전략 현의 길이는 중심각의 크기에 정비례하지 않음을 이용한다.
ㄴ. $\overline{CD} < 2\overline{AB}$
ㄷ. ∠AOB = 40°라 하면
∠COD = 2∠AOB = 2 × 40° = 80°
△OAB에서 ∠OAB $= \frac{1}{2} \times (180° - 40°) = 70°$
△OCD에서 ∠OCD $= \frac{1}{2} \times (180° - 80°) = 50°$
∴ ∠OAB ≠ 2∠OCD
ㄹ. △OAB $> \frac{1}{2}$△OCD
이상에서 옳은 것은 ㄱ, ㅁ이다.

답 ②

0641 전략 반지름의 길이가 r인 원에서
(둘레의 길이) $= 2\pi r$, (넓이) $= \pi r^2$
임을 이용한다.
$\overline{AB} = \overline{BC} = \overline{CD} = 6$ (cm)이므로
(1) (색칠한 부분의 둘레의 길이)
$= 2\pi \times 9 + 2\pi \times 6 + 2\pi \times 3$
$= 18\pi + 12\pi + 6\pi = 36\pi$ (cm)

(2) (색칠한 부분의 넓이)

$$=\pi\times9^2-\pi\times6^2+\pi\times3^2$$
$$=81\pi-36\pi+9\pi=54\pi\,(\mathrm{cm}^2)$$

🖺 (1) 36π cm (2) 54π cm^2

0642 [전략] 먼저 정오각형의 한 내각의 크기를 구한다.

정오각형의 한 내각의 크기는

$$\frac{180^\circ\times(5-2)}{5}=108^\circ$$

따라서 색칠한 부분의 넓이는 반지름의 길이가 10 cm이고 중심 각의 크기가 108°인 부채꼴의 넓이와 같으므로

$$\pi\times10^2\times\frac{108}{360}=30\pi\,(\mathrm{cm}^2)$$

🖺 ③

0643 [전략] 반지름의 길이가 r, 중심각의 크기가 x°인 부채꼴 에서 (넓이)$=\pi r^2\times\dfrac{x}{360}$임을 이용한다.

색칠한 부분의 넓이가 $\dfrac{9}{2}\pi$ cm^{2}이므로

$$\pi\times6^2\times\frac{x}{360}-\pi\times3^2\times\frac{x}{360}=\frac{9}{2}\pi$$

$\therefore\angle x=60^\circ$

🖺 60°

0644 [전략] 색칠한 부분의 둘레의 길이를 구할 수 있도록 도형 을 나누어 본다.

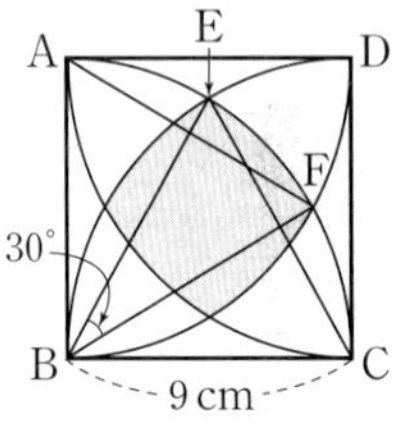

오른쪽 그림에서 $\triangle ABF$, $\triangle BCE$는 정삼각형이므로

$\angle ABF=60^\circ$에서

$\quad\angle FBC=90^\circ-60^\circ=30^\circ$

$\angle EBC=60^\circ$에서

$\quad\angle ABE=90^\circ-60^\circ=30^\circ$

$\quad\therefore\angle EBF=90^\circ-30^\circ-30^\circ=30^\circ$

$\quad\therefore\widehat{EF}=2\pi\times9\times\dfrac{30}{360}=\dfrac{3}{2}\pi\,(\mathrm{cm})$

따라서 색칠한 부분의 둘레의 길이는 $\widehat{EF}$의 길이의 4배이므로

$$\frac{3}{2}\pi\times4=6\pi\,(\mathrm{cm})$$

🖺 6π cm

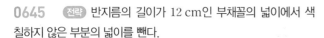

0645 [전략] 반지름의 길이가 12 cm인 부채꼴의 넓이에서 색 칠하지 않은 부분의 넓이를 뺀다.

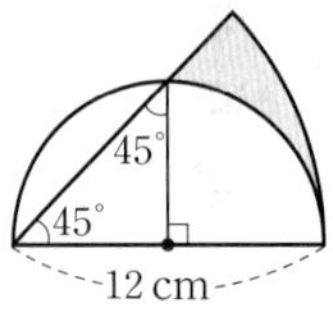

오른쪽 그림에서

(색칠한 부분의 넓이)

$$=\pi\times12^2\times\frac{45}{360}$$
$$\quad-\frac{1}{2}\times6\times6-\pi\times6^2\times\frac{1}{4}$$
$$=18\pi-18-9\pi$$
$$=9\pi-18\,(\mathrm{cm}^2)$$

🖺 ⑤

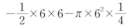

0646 [전략] 간단한 도형이 되도록 도형의 일부분을 적당히 이 동해 본다.

(색칠한 부분의 둘레의 길이)

$$=\left(2\pi\times4\times\frac{1}{2}\right)\times2+8+8=8\pi+16\,(\mathrm{cm})$$

오른쪽 그림과 같이 이동하면

(색칠한 부분의 넓이)

$$=\frac{1}{2}\times8\times8=32\,(\mathrm{cm}^2)$$

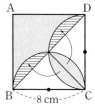

🖺 $(8\pi+16)$ cm, 32 cm^2

0647 [전략] 간단한 도형이 되도록 도형의 일부분을 적당히 이 동해 본다.

오른쪽 그림과 같이 이동하면

(색칠한 부분의 넓이)

$$=\left(\pi\times10^2\times\frac{1}{4}-\frac{1}{2}\times10\times10\right)\times2$$
$$=(25\pi-50)\times2$$
$$=50\pi-100\,(\mathrm{cm}^2)$$

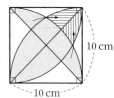

🖺 $(50\pi-100)$ cm^2

0648 [전략] 주어진 조건을 이용하여 넓이가 같은 두 도형을 찾 는다.

색칠한 두 부분 ㈎와 ㈏의 넓이가 같으므로 직사각형 ABCD의 넓이와 부채꼴 BCE의 넓이는 같다.

즉 $10\times\overline{AB}=\pi\times10^2\times\dfrac{1}{4}$이므로

$$\overline{AB}=\frac{5}{2}\pi\,(\mathrm{cm})$$

🖺 ⑤

0649 [전략] 삼각형의 한 외각의 크기는 그와 이웃하지 않는 두 내각의 크기의 합과 같음을 이용한다.

$\overline{CP}=\overline{CO}$이므로

$\quad\angle COP=\angle P=15^\circ$

$\triangle OPC$에서

$\quad\angle OCD=15^\circ+15^\circ=30^\circ$ ··· 1단계

$\overline{OC}=\overline{OD}$이므로

$\quad\angle ODC=\angle OCD=30^\circ$

$\triangle OPD$에서

$\quad\angle BOD=15^\circ+30^\circ=45^\circ$ ··· 2단계

이때 호의 길이는 중심각의 크기에 정비례하므로

$\quad15:45=\widehat{AC}:9,\qquad1:3=\widehat{AC}:9$

$\quad\therefore\widehat{AC}=3\,(\mathrm{cm})$ ··· 3단계

🖺 3 cm

단계	채점 요소	비율
1	$\angle OCD$의 크기 구하기	30 %
2	$\angle BOD$의 크기 구하기	30 %
3	$\widehat{AC}$의 길이 구하기	40 %

0650 전략 반지름의 길이가 r, 호의 길이가 l인 부채꼴의 넓이를 S라 하면 $S=\dfrac{1}{2}rl$임을 이용한다.

부채꼴의 반지름의 길이를 $r\,\mathrm{cm}$라 하면

$$\frac{1}{2}\times r\times 10\pi=50\pi \qquad \therefore r=10$$

따라서 부채꼴의 반지름의 길이는 $10\,\mathrm{cm}$이다. ··· 1단계

부채꼴의 중심각의 크기를 $x°$라 하면

$$\pi\times 10^2\times\frac{x}{360}=50\pi \qquad \therefore x=180$$

따라서 부채꼴의 중심각의 크기는 $180°$이다. ··· 2단계

답 $10\,\mathrm{cm}$, $180°$

단계	채점 요소	비율
1	부채꼴의 반지름의 길이 구하기	50 %
2	부채꼴의 중심각의 크기 구하기	50 %

0651 전략 색칠한 부분의 둘레의 길이와 넓이를 구할 수 있도록 도형을 나누어 생각한다.

(1) (색칠한 부분의 둘레의 길이)

$$=2\pi\times 6\times\frac{240}{360}+2\pi\times 3+6\times 2$$
$$=8\pi+6\pi+12$$
$$=14\pi+12\,(\mathrm{cm})$$ ··· 1단계

(2) (색칠한 부분의 넓이)

$$=\pi\times 6^2\times\frac{240}{360}-\pi\times 3^2\times\frac{240}{360}+\pi\times 3^2\times\frac{120}{360}$$
$$=24\pi-6\pi+3\pi$$
$$=21\pi\,(\mathrm{cm}^2)$$ ··· 2단계

답 (1) $(14\pi+12)\,\mathrm{cm}$ (2) $21\pi\,\mathrm{cm}^2$

단계	채점 요소	비율
1	색칠한 부분의 둘레의 길이 구하기	50 %
2	색칠한 부분의 넓이 구하기	50 %

0652 전략 색칠한 부분의 둘레의 길이와 넓이를 구할 수 있도록 도형을 나누어 생각한다.

(색칠한 부분의 둘레의 길이)

$$=2\pi\times 6\times\frac{1}{2}+2\pi\times\frac{5}{2}\times\frac{1}{2}+2\pi\times\frac{13}{2}\times\frac{1}{2}$$
$$=6\pi+\frac{5}{2}\pi+\frac{13}{2}\pi=15\pi\,(\mathrm{cm})$$ ··· 1단계

(색칠한 부분의 넓이)

$$=\pi\times 6^2\times\frac{1}{2}+\pi\times\left(\frac{5}{2}\right)^2\times\frac{1}{2}+\frac{1}{2}\times 12\times 5-\pi\times\left(\frac{13}{2}\right)^2\times\frac{1}{2}$$
$$=18\pi+\frac{25}{8}\pi+30-\frac{169}{8}\pi=30\,(\mathrm{cm}^2)$$ ··· 2단계

답 $15\pi\,\mathrm{cm}$, $30\,\mathrm{cm}^2$

단계	채점 요소	비율
1	색칠한 부분의 둘레의 길이 구하기	50 %
2	색칠한 부분의 넓이 구하기	50 %

0653 전략 곡선 부분과 직선 부분으로 나누어 생각한다.

[방법 A]　　　　　[방법 B]

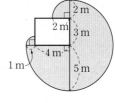

(방법 A에서 필요한 끈의 최소 길이)

$$=2\pi\times 2+8\times 2=4\pi+16\,(\mathrm{cm})$$

(방법 B에서 필요한 끈의 최소 길이)

$$=2\pi\times 2+4\times 3=4\pi+12\,(\mathrm{cm})$$

따라서 끈의 길이의 차는

$$(4\pi+16)-(4\pi+12)=4\,(\mathrm{cm})$$

즉 방법 A가 끈이 $4\,\mathrm{cm}$만큼 더 필요하다.

답 방법 A, $4\,\mathrm{cm}$

0654 전략 강아지가 움직일 수 있는 영역을 그려 본다.

강아지가 움직일 수 있는 영역은 오른쪽 그림의 색칠한 부분과 같다.
따라서 강아지가 움직일 수 있는 영역의 최대 넓이는

$$\pi\times 5^2\times\frac{3}{4}+\pi\times 1^2\times\frac{1}{4}$$
$$+\pi\times 2^2\times\frac{1}{4}$$
$$=\frac{75}{4}\pi+\frac{\pi}{4}+\pi$$
$$=20\pi\,(\mathrm{m}^2)$$

답 $20\pi\,\mathrm{m}^2$

0655 전략 부채꼴의 호의 길이를 이용하여 점 B가 움직인 거리를 구한다.

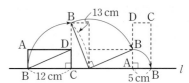

위의 그림에서 점 B가 움직인 거리는

$$2\pi\times 12\times\frac{1}{4}+2\pi\times 13\times\frac{1}{4}+2\pi\times 5\times\frac{1}{4}$$
$$=6\pi+\frac{13}{2}\pi+\frac{5}{2}\pi$$
$$=15\pi\,(\mathrm{cm})$$

답 $15\pi\,\mathrm{cm}$

06 다면체와 회전체

교과서문제 정복하기 ▶본문 101, 103쪽

0656 ㄱ, ㄴ, ㄹ. 원 또는 곡면으로 둘러싸인 입체도형이므로 다면체가 아니다.
이상에서 다면체인 것은 ㄷ, ㅁ이다. **답** ㄷ, ㅁ

0657 **답** 9, 구면체

0658 **답** 6, 육면체

0659 **답** 7

0660 **답** 15

0661 **답** 10

0662 **답** 사다리꼴

0663 **답**

	삼각기둥	삼각뿔	삼각뿔대
겨냥도			
면의 개수	5	4	5
모서리의 개수	9	6	9
꼭짓점의 개수	6	4	6
옆면의 모양	직사각형	삼각형	사다리꼴

0664 **답** 정다각형, 면

0665 정다면체는 정사면체, 정육면체, 정팔면체, 정십이면체, 정이십면체의 5가지뿐이다. **답** ×

0666 한 꼭짓점에 정육각형이 3개 모이면 한 꼭짓점에 모인 각의 크기의 합이 360°가 된다.
따라서 면의 모양이 정육각형인 정다면체는 없다. **답** ×

0667 **답** ○

0668 **답** ○

0669 **답**

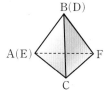

	면의 모양	한 꼭짓점에 모인 면의 개수
정사면체	정삼각형	3
정육면체	정사각형	3
정팔면체	정삼각형	4
정십이면체	정오각형	3
정이십면체	정삼각형	5

0670 주어진 전개도로 만든 정다면체는 오른쪽 그림과 같다. **답** 정사면체

0671 **답** 점 E

0672 **답** $\overline{DC}$

0673 ㄱ, ㄷ, ㅂ. 다면체이다.
이상에서 회전체인 것은 ㄴ, ㄹ, ㅁ이다. **답** ㄴ, ㄹ, ㅁ

0674 **답** 회전체

0675 **답** 구

0676 **답** 원뿔대

0677 **답**

, 원뿔

0678 **답**

, 원기둥

0679 **답**

, 원뿔대

0680 **답**

, 구

0681 답

	회전축에 수직인 평면으로 자른 단면의 모양	회전축을 포함하는 평면으로 자른 단면의 모양
원기둥	원	직사각형
원뿔	원	이등변삼각형
원뿔대	원	사다리꼴
구	원	원

0682 회전체를 회전축에 수직인 평면으로 자를 때 생기는
단면은 항상 원이지만 그 크기는 다를 수 있다. 답 ×

0683 구의 전개도는 그릴 수 없다. 답 ×

0684 답 ○

0685 답

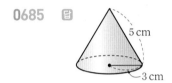

0686 답

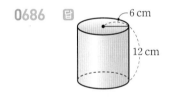

 유형 익히기 ▶본문 104~114쪽

0687 ①, ③, ④ 다각형인 면으로만 둘러싸인 입체도형이
므로 다면체이다.
② 평면도형이므로 다면체가 아니다.
⑤ 원과 곡면으로 둘러싸인 입체도형이므로 다면체가 아니다.
따라서 다면체가 아닌 것은 ②, ⑤이다. 답 ②, ⑤

0688 밑면이 2개, 옆면이 4개이므로 육면체이다.
답 육면체

0689 다각형인 면으로만 둘러싸인 입체도형은 다면체이다.
① 평면도형이므로 다면체가 아니다.
②, ③, ⑤ 원 또는 곡면으로 둘러싸인 입체도형이므로 다면체
가 아니다.
④ 다각형인 면으로만 둘러싸인 입체도형, 즉 다면체이다.
따라서 다면체인 것은 ④이다. 답 ④

0690 각 다면체의 면의 개수는
① 6 ② 6+2=8 ③ 5+1=6
④ 7+2=9 ⑤ 6+1=7

따라서 면의 개수가 가장 많은 다면체는 ④이다. 답 ④

RPM 비법노트

다면체에서
  (면의 개수)=(옆면의 개수)+(밑면의 개수)
이므로
① (n각기둥의 면의 개수)=$n+2$
② (n각뿔의 면의 개수)=$n+1$
③ (n각뿔대의 면의 개수)=$n+2$

0691 주어진 다면체의 면의 개수는 7이다.
각 다면체의 면의 개수는
① 4+2=6 ② 7+1=8 ③ 5+2=7
④ 7+2=9 ⑤ 8
따라서 면의 개수가 7인 것은 ③이다. 답 ③

0692 ㄱ. 팔각기둥의 면의 개수는 8+2=10
  따라서 팔각기둥은 십면체이다.
ㄴ. 십각뿔대의 면의 개수는 10+2=12
  따라서 십각뿔대는 십이면체이다.
ㄷ. 구각뿔의 면의 개수는 9+1=10
  따라서 구각뿔은 십면체이다.
ㄹ. 오각기둥의 면의 개수는 5+2=7
  따라서 오각기둥은 칠면체이다.
이상에서 바르게 짝 지어진 것은 ㄴ, ㄷ, ㄹ이다. 답 ㄴ, ㄷ, ㄹ

0693 팔각뿔의 면의 개수는 8+1=9 … 1단계
육각뿔대의 면의 개수는 6+2=8 … 2단계
십일각기둥의 면의 개수는 11+2=13 … 3단계
따라서 구하는 합은 9+8+13=30 … 4단계
답 30

단계	채점 요소	비율
1	팔각뿔의 면의 개수 구하기	30 %
2	육각뿔대의 면의 개수 구하기	30 %
3	십일각기둥의 면의 개수 구하기	30 %
4	면의 개수의 합 구하기	10 %

0694 육각뿔대의 모서리의 개수는 6×3=18
  ∴ $a=18$
구각뿔의 꼭짓점의 개수는 9+1=10
  ∴ $b=10$
  ∴ $a+b=18+10=28$ 답 28

0695 각 다면체의 꼭짓점의 개수는
① 4×2=8 ② 4×2=8 ③ 7+1=8
④ 4×2=8 ⑤ 4+1=5
따라서 꼭짓점의 개수가 나머지 넷과 다른 하나는 ⑤이다. 답 ⑤

0696 각 다면체의 모서리의 개수와 꼭짓점의 개수의 합은

① $3\times3+3\times2=15$　　② $5\times2+(5+1)=16$

③ $6\times2+(6+1)=19$　　④ $5\times3+5\times2=25$

⑤ $7\times3+7\times2=35$　　　　　　　　　답 ③

0697 주어진 각기둥을 n각기둥이라 하면 밑면은 n각형이므로

$$\frac{n(n-3)}{2}=35, \qquad n(n-3)=70=10\times7$$

$$\therefore n=10$$

따라서 십각기둥의 꼭짓점의 개수는

$$10\times2=20 \qquad\qquad 답\ 20$$

0698 주어진 각뿔대를 n각뿔대라 하면

$$3n=27 \quad \therefore n=9$$

따라서 구각뿔대의 면의 개수는　$9+2=11$

$$\therefore x=11$$

꼭짓점의 개수는　$9\times2=18$

$$\therefore y=18$$

$$\therefore x+y=11+18=29 \qquad\qquad 답\ ④$$

0699 주어진 각뿔을 n각뿔이라 하면

$$n+1=6 \quad \therefore n=5$$

즉 오각뿔이다.　　　　　　　　　　… **1단계**

따라서 오각뿔의 모서리의 개수는　$5\times2=10$

$$\therefore a=10$$　　　　　　　　　… **2단계**

꼭짓점의 개수는　$5+1=6$

$$\therefore b=6$$　　　　　　　　　… **3단계**

$$\therefore a-b=10-6=4$$　　　… **4단계**

답 4

단계	채점 요소	비율
1	몇 각뿔인지 구하기	30 %
2	a의 값 구하기	30 %
3	b의 값 구하기	30 %
4	$a-b$의 값 구하기	10 %

0700 주어진 각기둥을 n각기둥이라 하면

$$2n=14 \quad \therefore n=7$$

따라서 칠각기둥의 면의 개수　$7+2=9$

$$\therefore x=9$$

모서리의 개수는　$7\times3=21$

$$\therefore y=21$$

$$\therefore x+y=9+21=30 \qquad\qquad 답\ ⑤$$

0701 주어진 각뿔을 n각뿔이라 하면 모서리의 개수는 $2n$, 면의 개수는 $n+1$이므로

$$2n+(n+1)=25$$

$$3n=24 \quad \therefore n=8$$

따라서 팔각뿔이므로 밑면은 팔각형이다.　　　답 ③

0702 ① 육각기둥 － 직사각형

② 사각뿔 － 삼각형

④ 오각뿔대 － 사다리꼴

⑤ 사각기둥 － 직사각형

따라서 바르게 짝 지어진 것은 ③이다.　　　답 ③

0703 밑면이 서로 평행하지만 합동이 아니므로 각뿔대이고, 밑면의 모양이 육각형이므로 육각뿔대이다.

또 각뿔대의 옆면의 모양은 사다리꼴이다.

답 육각뿔대, 사다리꼴

0704 ①, ③ 삼각형　② 옆면이 곡면이다.

④ 사다리꼴　⑤ 직사각형　　　　　　　　　답 ⑤

0705 다면체인 것은 ㄱ, ㄴ, ㄹ, ㅁ이다.

각 다면체의 옆면의 모양은

ㄱ. 정사각형　ㄴ. 삼각형　ㄹ. 직사각형　ㅁ. 사다리꼴

이상에서 옆면의 모양이 사각형인 다면체의 개수는 ㄱ, ㄹ, ㅁ의 3이다.　　　　　　　　　　답 3

0706 ① n각뿔대는 $(n+2)$면체이다.

③ 옆면과 밑면은 서로 수직이 아니다.

④ 밑면에 수직인 평면으로 자른 단면의 모양은 다음 그림과 같이 사다리꼴 또는 삼각형이다.

⑤ 십각뿔대의 면의 개수는 $10+2=12$, 십각뿔의 면의 개수는 $10+1=11$이므로 1개 더 많다.

따라서 옳은 것은 ②, ④이다.　　　　　　　答 ②, ④

0707 ② n각뿔의 면의 개수와 꼭짓점의 개수는 $n+1$로 같다.

④ n각뿔대의 모서리의 개수는 $3n$이다.

따라서 옳지 않은 것은 ④이다.　　　　　　　答 ④

0708 ㄱ. 팔각기둥의 면의 개수는　$8+2=10$

따라서 십면체이다.

ㄴ. 옆면의 모양은 직사각형이다.

ㄷ. 팔각기둥의 모서리의 개수는　$8\times3=24$

십이각뿔의 모서리의 개수는　$12\times2=24$

따라서 팔각기둥과 십이각뿔의 모서리의 개수는 같다.

ㄹ. 팔각기둥의 꼭짓점의 개수는　$8\times2=16$

팔각뿔의 꼭짓점의 개수는　$8+1=9$

따라서 팔각기둥은 팔각뿔보다 꼭짓점이 $16-9=7$ (개) 더 많다.

이상에서 옳은 것은 ㄱ, ㄷ이다.　　　　　　答 ㄱ, ㄷ

0709 조건 ㈎, ㈏에서 주어진 입체도형은 각뿔대이다.
이 입체도형을 n각뿔대라 하면 조건 ㈐에서
$$2n=14 \quad \therefore n=7$$
따라서 구하는 입체도형은 칠각뿔대이다. 　📖 칠각뿔대

0710 조건 ㈎, ㈏에서 주어진 입체도형은 각뿔이다.
이 입체도형을 n각뿔이라 하면 조건 ㈐에서
$$n+1=5 \quad \therefore n=4$$
따라서 구하는 입체도형은 사각뿔이다. 　📖 사각뿔

0711 조건 ㈏, ㈐에서 주어진 입체도형은 각기둥이다.
이 입체도형을 n각기둥이라 하면 조건 ㈎에서
$$n+2=7 \quad \therefore n=5$$
따라서 구하는 입체도형은 오각기둥이다. 　📖 오각기둥

0712 조건 ㈎, ㈏에서 주어진 다면체는 각뿔이다.
이때 조건 ㈐에서 이 다면체는 구각뿔이다. 　… **1단계**
따라서 구각뿔의 꼭짓점의 개수는
$$9+1=10 \quad \therefore a=10$$
모서리의 개수는
$$9\times2=18 \quad \therefore b=18 \quad …\ \text{2단계}$$
$$\therefore a+b=10+18=28 \quad …\ \text{3단계}$$
　📖 28

단계	채점 요소	비율
1	다면체 구하기	40 %
2	a, b의 값 구하기	50 %
3	$a+b$의 값 구하기	10 %

0713 ② 정사면체는 평행한 면이 없다.
따라서 옳지 않은 것은 ②이다. 　📖 ②

0714 정다면체는 정사면체, 정육면체, 정팔면체, 정십이면체, 정이십면체의 5가지뿐이다. 　📖 ③

0715 다면체가 되려면 한 꼭짓점에 모인 면이 3 개 이상이어야 하고, 모인 다각형의 내각의 크기의 합이 360° 보다 작아야 한다.
이때 정육각형의 한 내각의 크기는
$$\frac{180°\times(6-\boxed{2})}{6}=\boxed{120°}$$
이므로 한 꼭짓점에 정육각형 3개가 모이면 모인 각의 크기의 합이 360° 가 되어 정다면체가 될 수 없다.
　📖 ㈎ 3 ㈏ 360° ㈐ 2 ㈑ 120° ㈒ 360°

0716 주어진 입체도형은 면이 정오각형과 정육각형으로 이루어져 있다. 따라서 이 입체도형은 각 면이 모두 합동인 정다각형이 아니므로 정다면체가 아니다.
　📖 풀이 참조

0717 꼭짓점의 개수가 가장 많은 정다면체는 정십이면체이고 정십이면체의 면의 개수는 12이므로
$$a=12$$
모서리의 개수가 가장 적은 정다면체는 정사면체이고 정사면체의 꼭짓점의 개수는 4이므로
$$b=4$$
$$\therefore a-b=12-4=8$$ 　📖 ①

0718 ㄱ. 4 ㄴ. 12 ㄷ. 6 ㄹ. 20 ㅁ. 30
이상에서 큰 수인 것부터 차례대로 나열하면 ㅁ, ㄹ, ㄴ, ㄷ, ㄱ이다. 　📖 ㅁ, ㄹ, ㄴ, ㄷ, ㄱ

0719 정육면체의 면의 개수는 6이므로 $x=6$ … **1단계**
정팔면체의 모서리의 개수는 12이므로 $y=12$ … **2단계**
정이십면체의 꼭짓점의 개수는 12이므로 $z=12$ … **3단계**
$$\therefore x+y-z=6+12-12=6 \quad …\ \text{4단계}$$
　📖 6

단계	채점 요소	비율
1	x의 값 구하기	30 %
2	y의 값 구하기	30 %
3	z의 값 구하기	30 %
4	$x+y-z$의 값 구하기	10 %

0720 조건 ㈎, ㈏, ㈐에서 주어진 입체도형은 정다면체이다.
조건 ㈐에서 정다면체 중 각 꼭짓점에 모인 면의 개수가 4인 것은 정팔면체이다. 　📖 ③

0721 ④ 정십이면체 – 정오각형 – 3
따라서 잘못 짝 지어진 것은 ④이다. 　📖 ④

0722 ① 면의 모양이 정삼각형인 정다면체는 정사면체, 정팔면체, 정이십면체의 3가지이다.
② 정사면체는 면의 개수가 4, 모서리의 개수가 6으로 다르다.
③ 정육면체의 꼭짓점의 개수는 8, 정팔면체의 면의 개수는 8로 같다.
④ 정십이면체의 꼭짓점의 개수는 20, 정이십면체의 모서리의 개수는 30으로 다르다.
⑤ 정이십면체의 꼭짓점의 개수는 12, 정육면체의 모서리의 개수는 12로 같다.
따라서 옳은 것은 ③, ⑤이다. 　📖 ③, ⑤

0723 주어진 전개도로 만든 정다면체는 정이십면체이다.
③ 꼭짓점의 개수는 12이다.
따라서 옳지 않은 것은 ③이다. 　📖 ③

0724 주어진 전개도로 만든 정다면체는 정십이면체이므로 꼭짓점의 개수는 20이다. 　📖 20

0725 ④ 오른쪽 그림의 색칠한 두 면이 겹쳐지므로 정육면체를 만들 수 없다.
따라서 정육면체의 전개도가 될 수 없는 것은 ④이다.

답 ④

0726 주어진 전개도로 만든 정다면체는 오른쪽 그림과 같은 정사면체이다.
따라서 모서리 AB와 겹치는 모서리는 $\overline{ED}$ 이다.

답 $\overline{ED}$

0727 주어진 전개도로 만든 정다면체는 오른쪽 그림과 같은 정팔면체이다. ··· **1단계**
(1) 점 A와 겹치는 꼭짓점은 점 I이다. ··· **2단계**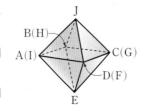
(2) 모서리 CD와 꼬인 위치에 있는 모서리는 $\overline{JA}(\overline{JI})$, $\overline{JB}$, $\overline{EI}$, $\overline{EH}$이다. ··· **3단계**

답 (1) 점 I (2) $\overline{JA}(\overline{JI})$, $\overline{JB}$, $\overline{EI}$, $\overline{EH}$

단계	채점 요소	비율
1	정다면체의 겨냥도 그리기	40 %
2	점 A와 겹치는 꼭짓점 구하기	20 %
3	모서리 CD와 꼬인 위치에 있는 모서리 구하기	40 %

0728 주어진 전개도로 만든 정다면체는 오른쪽 그림과 같은 정육면체이다.
④ $\overline{FG}$와 겹치는 모서리는 $\overline{DC}$이다.
따라서 옳지 않은 것은 ④이다.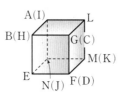

답 ④

0729 오른쪽 그림과 같이 세 꼭짓점 B, D, H를 지나는 평면으로 자르면 단면은 점 F를 지난다. 따라서 이때 생기는 단면은 사각형 BFHD이고, 사각형 BFHD는 직사각형이다.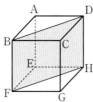

답 ③

0730

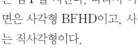

① ③
④ ⑤

따라서 정육면체를 한 평면으로 자를 때 생기는 단면의 모양이 될 수 없는 것은 ②이다.

답 ②

0731 오른쪽 그림에서 단면은 삼각형 AFC이고 세 변은 정육면체의 각 면의 대각선이므로 $\overline{AF}=\overline{FC}=\overline{AC}$이다.
즉 삼각형 AFC는 정삼각형이다.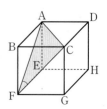
∴ ∠AFC=60°

답 60°

0732 합동인 정삼각형의 각 변의 중점을 이은 선분의 길이는 같으므로 $\overline{EF}=\overline{FG}=\overline{GE}$
따라서 삼각형 EFG는 세 변의 길이가 같으므로 정삼각형이다.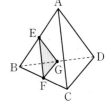

답 ①

0733 ①, ④ 다면체이다.
따라서 회전체가 아닌 것은 ①, ④이다.

답 ①, ④

0734 회전축을 갖는 입체도형은 회전체로 회전체가 아닌 것은 ①이다.

답 ①

0735 ㄱ, ㄷ, ㅁ, ㅅ. 다면체이다.
ㅂ. 평면도형이다.
이상에서 회전체인 것은 ㄴ, ㄹ, ㅇ, ㅈ의 4개이다.

답 4

0736 답 ⑤

0737 ㄱ.

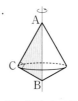

이상에서 회전축이 될 수 있는 것은 ㄴ, ㄷ, ㄹ이다.

답 ㄴ, ㄷ, ㄹ

0738 ②

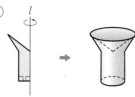

따라서 옳지 않은 것은 ②이다.

답 ②

0739 ⑤

답 ⑤

0740 ① 반구 – 반원   ④ 원뿔 – 이등변삼각형
⑤ 원뿔대 – 사다리꼴
따라서 바르게 짝 지어진 것은 ②, ③이다.   답 ②, ③

0741 구는 어느 방향으로 잘라도 그 단면이 항상 원이다.
답 ③

0742 ③ 회전체의 단면의 모양은 오른쪽 그
림과 같다.
따라서 옳지 않은 것은 ③이다.   답 ③

0743 회전체는 오른쪽 그림과 같은
원뿔대이고 회전축을 포함하는 평면으로
자를 때 생기는 단면은 사다리꼴이다.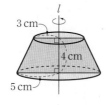
따라서 구하는 넓이는
$$\frac{1}{2} \times (6+10) \times 4 = 32 \, (\text{cm}^2)$$
답 $32 \, \text{cm}^2$

0744 회전축을 포함하는 평면으로 잘랐을 때 생기는 단면
인 직사각형의 넓이가 가장 크다.
따라서 구하는 넓이는
$$12 \times 10 = 120 \, (\text{cm}^2)$$
답 $120 \, \text{cm}^2$

0745 구하는 넓이는 주어진 삼각형의 넓이의 2배이므로
$$\left(\frac{1}{2} \times 3 \times 4\right) \times 2 = 12 \, (\text{cm}^2)$$
답 ①

0746 주어진 평면도형을 직선 l을 회
전축으로 하여 1회전 시킬 때 생기는 회전
체는 오른쪽 그림과 같다.   ⋯ **1단계**
회전축에 수직인 평면으로 자른 단면은 원
이고, 넓이가 가장 작은 단면은 반지름의
길이가 3 cm인 원이므로   ⋯ **2단계**
$$(넓이) = \pi \times 3^2 = 9\pi \, (\text{cm}^2)$$ ⋯ **3단계**
답 $9\pi \, \text{cm}^2$

단계	채점 요소	비율
1	회전체 그리기	40 %
2	넓이가 가장 작은 단면인 원의 반지름의 길이 구하기	40 %
3	넓이 구하기	20 %

0747 전개도에서 원의 반지름의 길이는 원기둥의 밑면인
원의 반지름의 길이와 같으므로
$$a = 4$$
직사각형의 가로의 길이는 원의 둘레의 길이와 같으므로
$$b = 2\pi \times 4 = 8\pi$$
직사각형의 세로의 길이는 원기둥의 높이와 같으므로
$$c = 9$$ 답 $a=4, \ b=8\pi, \ c=9$

0748 전개도에서 부채꼴의 반지름의 길이는 원뿔의 모선의
길이와 같으므로 $a = 14$ ⋯ **1단계**
부채꼴의 호의 길이는 원뿔의 밑면인 원의 둘레의 길이와 같으
므로
$$2\pi \times b = 12\pi \quad \therefore b = 6$$ ⋯ **2단계**
$$\therefore a - b = 14 - 6 = 8$$ ⋯ **3단계**
답 8

단계	채점 요소	비율
1	a의 값 구하기	40 %
2	b의 값 구하기	50 %
3	$a-b$의 값 구하기	10 %

0749 주어진 원뿔대의 전개도
는 오른쪽 그림과 같고 옆면은 색칠
한 부분이다.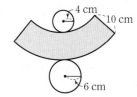
∴ (옆면의 둘레의 길이)
= (작은 원의 둘레의 길이)
+ (큰 원의 둘레의 길이) + 2 × (모선의 길이)
$$= 2\pi \times 4 + 2\pi \times 6 + 2 \times 10$$
$$= 20\pi + 20 \, (\text{cm})$$ 답 $(20\pi + 20) \, \text{cm}$

0750 ① 원뿔, 원뿔대를 회전축에 수직인 평면으로 자를 때
생기는 단면은 모두 원이지만 그 크기는 다르다.
⑤ 원뿔을 회전축을 포함하는 평면으로 자를 때 생기는 단면은
이등변삼각형이다.
따라서 옳지 않은 것은 ①, ⑤이다.   답 ①, ⑤

0751 ⑤ 구를 어떤 평면으로 잘라도 그 단면은 항상 원이
만 그 크기는 다르다.
따라서 옳지 않은 것은 ⑤이다.   답 ⑤

0752 ① 구의 전개도는 그릴 수 없다.
② 구의 중심을 지나는 직선은 모두 회전축이 되므로 구의 회전
축은 무수히 많다.
④ 원뿔을 회전축에 수직인 평면으로 자를 때 생기는 단면은 원
이다.
따라서 옳은 것은 ③, ⑤이다.   답 ③, ⑤

0753 주어진 그림에서 꼭짓점의 개수는 11이므로
$$v = 11$$
모서리의 개수는 20이므로
$$e = 20$$
면의 개수는 11이므로
$$f = 11$$
$$\therefore v - e + f = 11 - 20 + 11 = 2$$ 답 2

0754 주어진 전개도로 만든 정다면체는 오른
쪽 그림과 같은 정팔면체이다. 정팔면체의 꼭짓
점, 모서리, 면의 개수는 각각 6, 12, 8이므로
$$v=6, \ e=12, \ f=8$$
$$\therefore v-e+f=6-12+8=2$$
답 2

0755 주어진 다면체의 꼭짓점의 개수를 v, 모서리의 개수
를 e, 면의 개수를 f라 하면 $v-e+f=2$
$v-e+f=2$에 $v=16$, $e=24$를 대입하면
$$16-24+f=2 \quad \therefore f=10$$
따라서 이 다면체의 면의 개수는 10이다.
답 ④

0756 주어진 다면체의 꼭짓점의 개수를 v, 모서리의 개수
를 e, 면의 개수를 f라 하면 $e=v+13$이므로 $v-e+f=2$에 대
입하면
$$v-(v+13)+f=2 \quad \therefore f=15$$
따라서 이 다면체의 면의 개수는 15이다.
답 15

0757 ⑤ 정이십면체의 면의 개수는 20이므로 정이십면체의
각 면의 한가운데 점을 연결하여 만든 입체도형은 꼭짓점의
개수가 20인 정다면체, 즉 정십이면체이다.
따라서 잘못 짝 지어진 것은 ⑤이다.
답 ⑤

0758 정십이면체의 면의 개수는 12이므로 정십이면체의 각
면의 한가운데 점을 연결하여 만든 입체도형은 꼭짓점의 개수가
12인 정다면체, 즉 정이십면체이다. ··· 1단계
따라서 정이십면체의 모서리의 개수는 30이다. ··· 2단계
답 30

단계	채점 요소	비율
1	입체도형 구하기	60 %
2	모서리의 개수 구하기	40 %

0759 정육면체의 면의 개수는 6이므로 정육면체의 각 면의
대각선의 교점, 즉 한가운데 점을 꼭짓점으로 하여 만든 입체도
형은 꼭짓점의 개수가 6인 정다면체인 정팔면체이다.
④ 정팔면체의 한 꼭짓점에 모인 면의 개수는 4이다.
따라서 옳지 않은 것은 ④이다.
답 ④

 시험에 꼭 나오는 문제 ▸본문 115~118쪽

0760 전략 다면체 ➡ 다각형인 면으로만 둘러싸인 입체도형
ㄷ. 원과 곡면으로 둘러싸인 입체도형이므로 다면체가 아니다.
ㅁ. 평면도형이므로 다면체가 아니다.
이상에서 다면체인 것은 ㄱ, ㄴ, ㄹ, ㅂ의 4개이다.
답 4

0761 전략 먼저 다면체인 것을 찾고, 각 다면체의 면의 개수
를 조사한다.
②, ④ 회전체이다.
⑤ 십면체이다.
따라서 팔면체인 것은 ①, ③이다.
답 ①, ③

0762 전략 n각뿔의 꼭짓점의 개수는 $n+1$, 모서리의 개수는
$2n$임을 이용한다.
십각뿔의 꼭짓점의 개수는 $10+1=11$ $\therefore a=11$
모서리의 개수는 $10 \times 2=20$ $\therefore b=20$
$$\therefore a+b=11+20=31$$
답 ④

0763 전략 주어진 각기둥, 각뿔, 각뿔대의 면, 모서리, 꼭짓점
의 개수를 구한다.
① $6+1=7$ ② $5 \times 3=15$ ③ $10 \times 3=30$
④ $6+1=7$ ⑤ $10 \times 2=20$
따라서 옳지 않은 것은 ③이다.
답 ③

0764 전략 주어진 각뿔대를 n각뿔대라 하고 면의 개수를 이
용하여 식을 세운다.
주어진 각뿔대를 n각뿔대라 하면
$$n+2=11 \quad \therefore n=9$$
즉 구각뿔대이다.
따라서 구각뿔대의 모서리의 개수는
$$9 \times 3=27 \quad \therefore a=27$$
꼭짓점의 개수는 $9 \times 2=18$ $\therefore b=18$
$$\therefore a-b=27-18=9$$
답 9

0765 전략 주어진 다면체의 옆면의 모양을 생각한다.
각 다면체의 옆면의 모양은
① 삼각형 ② 직사각형 ③ 직사각형
④ 정사각형 ⑤ 사다리꼴
따라서 옆면의 모양이 사각형이 아닌 것은 ①이다.
답 ①

0766 전략 n각기둥, n각뿔, n각뿔대의 면, 모서리, 꼭짓점의
개수를 생각한다.
ㄱ. 두 밑면은 서로 합동이므로 크기가 같다.
ㄴ. 한 꼭짓점에 모이는 면의 개수는 3이다.
ㄹ. n각기둥의 꼭짓점의 개수는 $2n$
   n각뿔의 꼭짓점의 개수는 $n+1$
   따라서 n각기둥은 n각뿔보다 꼭짓점이
$$2n-(n+1)=n-1 \ (개)$$
   더 많다.
이상에서 옳은 것은 ㄷ, ㄹ이다.
답 ⑤

0767 전략 다면체의 옆면의 모양이 직사각형이면 각기둥이다.
주어진 입체도형은 각기둥이다.

이 입체도형을 n각기둥이라 하면 밑면은 n각형이므로

$$180° \times (n-2) = 900°$$

$$n-2 = 5 \qquad \therefore n = 7$$

따라서 주어진 입체도형은 칠각기둥이므로 꼭짓점의 개수는

$$7 \times 2 = 14$$

답 14

0768 전략 정다면체의 뜻과 성질을 생각한다.

⑤ 한 꼭짓점에 모인 각의 크기의 합이 360°보다 작아야 한다.

따라서 옳지 않은 것은 ⑤이다.

답 ⑤

0769 전략 각 면의 모양이 모두 정삼각형인 정다면체는 정사면체, 정팔면체, 정이십면체이다.

조건 ㈎에서 주어진 정다면체는 정사면체, 정팔면체, 정이십면체 중 하나이다.

조건 ㈏에서 한 꼭짓점에 모인 면의 개수가 3인 정다면체는 정사면체이다.

답 정사면체

0770 전략 전개도에서 면의 개수를 확인하면 어떤 정다면체가 만들어지는지 알 수 있다.

① 정십이면체이다.

③ 모서리의 개수는 30이다.

④ 한 꼭짓점에 모인 면의 개수는 3이다.

따라서 옳은 것은 ②, ⑤이다.

답 ②, ⑤

참고 서로 평행한 면끼리 짝 지으면

$$1-9, \ 2-8, \ 3-7, \ 4-11, \ 5-10, \ 6-12$$

이다.

0771 전략 회전체 ➡ 평면도형을 한 직선을 축으로 하여 1회전 시킬 때 생기는 입체도형

회전체가 아닌 것은 ②이다.

답 ②

0772 전략 평면도형이 회전축에서 떨어져 있으면 가운데가 빈 회전체가 만들어진다.

⑤

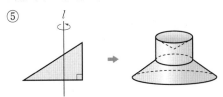

따라서 옳지 않은 것은 ⑤이다.

답 ⑤

0773 전략 원뿔대의 모양을 생각하며 회전축이 될 수 있는 것을 찾는다.

원뿔대는 이웃한 두 각이 직각인 사다리꼴을 양 끝 각이 모두 직각인 변, 즉 $\overline{CD}$를 회전축으로 하여 1회전 시키면 만들어진다.

답 ③

0774 전략 회전체를 그리고 회전축에 수직인 평면으로 자른 단면을 그려 본다.

회전체를 회전축에 수직인 평면으로 자를 때 생기는 단면은 항상 원이다.

답 ①

0775 전략 원기둥의 전개도에서 직사각형의 가로의 길이는 밑면인 원의 둘레의 길이와 같다.

원기둥의 전개도를 그리면 다음 그림과 같다.

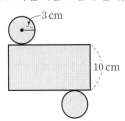

옆면인 직사각형의 가로의 길이는 밑면인 원의 둘레의 길이와 같으므로 그 길이는

$$2\pi \times 3 = 6\pi \ (\text{cm})$$

세로의 길이는 원기둥의 높이와 같으므로 $\qquad$ 10 cm

따라서 직사각형의 넓이는

$$6\pi \times 10 = 60\pi \ (\text{cm}^2)$$

답 $60\pi \ \text{cm}^2$

0776 전략 먼저 주어진 전개도로 만들어지는 입체도형을 알아본다.

주어진 전개도로 만든 회전체는 원뿔대이다.

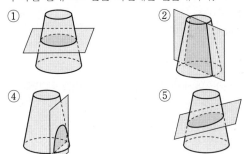

따라서 한 평면으로 자를 때 생기는 단면의 모양이 될 수 없는 것은 ③이다.

답 ③

0777 전략 주어진 상황을 전개도에 나타내어 본다.

점 A에서 원뿔을 한 바퀴 팽팽하게 감은 실의 경로는 전개도에서 선분으로 나타내어진다.

따라서 바르게 나타낸 것은 ③이다.

답 ③

0778 전략 회전체를 회전축에 수직인 평면으로 자른 단면은 항상 원이다.

⑤ 원뿔대를 회전축에 수직인 평면으로 자를 때 생기는 단면은 원이다.

따라서 옳지 않은 것은 ⑤이다.

답 ⑤

06

다면체와 회전체

0779 〔전략〕 다면체의 꼭짓점, 모서리, 면의 개수 사이의 관계를 이용한다.

주어진 각기둥의 꼭짓점의 개수를 v, 모서리의 개수를 e, 면의 개수를 f라 하면

$$v-e+f=2$$

$v=10n$, $e=15n$, $f=6n$이므로

$$10n-15n+6n=2 \quad \therefore n=2 \qquad \text{답 } 2$$

0780 〔전략〕 면의 개수와 꼭짓점의 개수가 같은 정다면체를 생각한다.

정사면체의 면의 개수는 4이므로 정사면체의 각 면의 한가운데 점을 연결하여 만든 입체도형은 꼭짓점의 개수가 4인 정다면체, 즉 정사면체이다. 〔답 정사면체

0781 〔전략〕 주어진 각뿔대를 n각뿔대라 하고 모서리의 개수와 면의 개수를 n에 대한 식으로 나타낸다.

주어진 각뿔대를 n각뿔대라 하면

$$3n-(n+2)=14, \qquad 3n-n-2=14$$
$$2n=16 \quad \therefore n=8$$

즉 팔각뿔대이다. … 1단계

따라서 팔각뿔대의 꼭짓점의 개수는

$$8 \times 2=16 \qquad \cdots \text{2단계}$$

답 16

단계	채점 요소	비율
1	몇 각뿔대인지 구하기	60 %
2	꼭짓점의 개수 구하기	40 %

0782 〔전략〕 전개도에서 면의 개수를 확인하면 어떤 정다면체가 만들어지는지 알 수 있다.

주어진 전개도로 만든 정다면체는 정이십면체이다. … 1단계
면의 개수는 20이므로 $a=20$
꼭짓점의 개수는 12이므로 $b=12$
모서리의 개수는 30이므로 $c=30$
한 꼭짓점에 모인 면의 개수는 5이므로 $d=5$ … 2단계

$$\therefore a+b+c+d=20+12+30+5$$
$$=67 \qquad \cdots \text{3단계}$$

답 67

단계	채점 요소	비율
1	정다면체 구하기	30 %
2	a, b, c, d의 값 구하기	60 %
3	$a+b+c+d$의 값 구하기	10 %

0783 〔전략〕 회전축에 수직인 평면으로 자를 때 생기는 단면인 원의 넓이가 가장 클 때의 원의 반지름의 길이를 r cm로 놓고 직각삼각형의 넓이를 이용한다.

주어진 평면도형을 직선 l을 회전축으로 하여 1회전 시킬 때 생기는 회전체는 오른쪽 그림과 같다. … 1단계

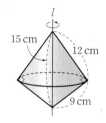

(1) 회전축을 포함하는 평면으로 잘랐을 때 생기는 단면은 합동인 두 직각삼각형이므로 그 넓이는

$$\left(\frac{1}{2} \times 12 \times 9\right) \times 2=108 \,(\text{cm}^2) \qquad \cdots \text{2단계}$$

(2) 회전축에 수직인 평면으로 잘랐을 때 생기는 단면인 원의 넓이가 가장 큰 경우는 오른쪽 그림과 같이 자를 때이고 구하는 원의 반지름의 길이를 r cm라 하면

$$\frac{1}{2} \times 15 \times r=\frac{1}{2} \times 12 \times 9$$

$$\therefore r=\frac{36}{5}$$

따라서 구하는 반지름의 길이는 $\frac{36}{5}$ cm이다. … 3단계

답 (1) 108 cm^2 (2) $\frac{36}{5}$ cm

단계	채점 요소	비율
1	회전체 그리기	30 %
2	단면의 넓이 구하기	30 %
3	반지름의 길이 구하기	40 %

0784 〔전략〕 원뿔의 전개도에서 부채꼴의 호의 길이는 밑면인 원의 둘레의 길이와 같음을 이용한다.

밑면인 원의 반지름의 길이를 r cm라 하면

(부채꼴의 호의 길이)=(밑면인 원의 둘레의 길이)

이므로 $\quad 2\pi \times 9 \times \dfrac{120}{360}=2\pi r$ … 1단계

$$\therefore r=3$$

따라서 밑면인 원의 반지름의 길이는 3 cm이다. … 2단계

답 3 cm

단계	채점 요소	비율
1	식 세우기	70 %
2	반지름의 길이 구하기	30 %

0785 〔전략〕 n각기둥, n각뿔, n각뿔대의 면의 개수는 각각 $n+2$, $n+1$, $n+2$이다.

십면체인 각기둥은 팔각기둥이므로 모서리의 개수는

$$8 \times 3=24$$

십면체인 각뿔은 구각뿔이므로 모서리의 개수는

$$9 \times 2=18$$

십면체인 각뿔대는 팔각뿔대이므로 모서리의 개수는

$$8 \times 3=24$$

따라서 구하는 합은 $\quad 24+18+24=66$ 〔답 66

0786 전략 정육면체의 꼭짓점의 개수만큼 정삼각형인 면이 생긴다는 것을 이용한다.

정육면체의 꼭짓점의 개수는 8이고 모서리의 개수는 12이다.

이때 정육면체의 꼭짓점의 개수만큼 정삼각형이 생기므로 면의 개수는

$$6+8=14 \qquad \therefore a=14$$

꼭짓점의 개수는

$$8 \times 3 = 24 \qquad \therefore b=24$$

모서리의 개수는

$$12+8\times3=36 \qquad \therefore c=36$$
$$\therefore a+b+c=14+24+36=74$$

답 74

0787 전략 주어진 평면도형을 1회전 시킬 때 생기는 회전체를 그려 본다.

회전체는 도넛 모양이고 원의 중심 O를 지나면서 회전축에 수직인 평면으로 자른 단면은 오른쪽 그림과 같다.

$$\therefore (단면의 넓이)=\pi\times5^2-\pi\times1^2$$
$$=25\pi-\pi$$
$$=24\pi \ (\text{cm}^2)$$

답 $24\pi \ \text{cm}^2$

0788 전략 다면체의 꼭짓점, 모서리, 면의 개수 사이의 관계를 이용한다.

$5v=2e$에서 $\qquad v=\dfrac{2}{5}e \qquad\qquad \cdots\cdots ㉠$

$3f=2e$에서 $\qquad f=\dfrac{2}{3}e \qquad\qquad \cdots\cdots ㉡$

그런데 $v-e+f=2$이므로

$$\dfrac{2}{5}e-e+\dfrac{2}{3}e=2$$
$$\therefore e=30$$

$e=30$을 ㉠, ㉡에 대입하면

$$v=12, \ f=20$$

따라서 구하는 정다면체는 정이십면체이다. 답 정이십면체

Ⅲ. 입체도형

07 입체도형의 겉넓이와 부피

 교과서문제 정복하기 ▶ 본문 121, 123쪽

0789 (밑넓이)$=5\times5=25 \ (\text{cm}^2)$
주어진 각기둥은 정육면체이므로
$$(겉넓이)=25\times6=150 \ (\text{cm}^2)$$
답 $150 \ \text{cm}^2$

0790 (밑넓이)$=\dfrac{1}{2}\times3\times4=6 \ (\text{cm}^2)$
(옆넓이)$=(3+4+5)\times6=72 \ (\text{cm}^2)$
$$\therefore (겉넓이)=6\times2+72=84 \ (\text{cm}^2)$$
답 $84 \ \text{cm}^2$

0791 (1) ㉠ 5 ㉡ 10π ㉢ 12
(2) (밑넓이)$=\pi\times5^2=25\pi \ (\text{cm}^2)$
(옆넓이)$=10\pi\times12=120\pi \ (\text{cm}^2)$
(3) (겉넓이)$=25\pi\times2+120\pi=170\pi \ (\text{cm}^2)$

답 (1) ㉠ 5 ㉡ 10π ㉢ 12
(2) 밑넓이: $25\pi \ \text{cm}^2$, 옆넓이: $120\pi \ \text{cm}^2$
(3) $170\pi \ \text{cm}^2$

0792 (밑넓이)$=\pi\times6^2=36\pi \ (\text{cm}^2)$
(옆넓이)$=2\pi\times6\times10=120\pi \ (\text{cm}^2)$
$$\therefore (겉넓이)=36\pi\times2+120\pi=192\pi \ (\text{cm}^2)$$
답 $192\pi \ \text{cm}^2$

0793 (밑넓이)$=\pi\times5^2=25\pi \ (\text{cm}^2)$
(옆넓이)$=2\pi\times5\times8=80\pi \ (\text{cm}^2)$
$$\therefore (겉넓이)=25\pi\times2+80\pi=130\pi \ (\text{cm}^2)$$
답 $130\pi \ \text{cm}^2$

0794 (밑넓이)$=\dfrac{1}{2}\times6\times8=24 \ (\text{cm}^2)$
$$\therefore (부피)=24\times10=240 \ (\text{cm}^3)$$
답 $240 \ \text{cm}^3$

0795 (밑넓이)$=4\times3=12 \ (\text{cm}^2)$
$$\therefore (부피)=12\times5=60 \ (\text{cm}^3)$$
답 $60 \ \text{cm}^3$

0796 (밑넓이)$=\pi\times3^2=9\pi \ (\text{cm}^2)$
$$\therefore (부피)=9\pi\times7=63\pi \ (\text{cm}^3)$$
답 $63\pi \ \text{cm}^3$

0797 (밑넓이)$=\pi\times4^2=16\pi \ (\text{cm}^2)$
$$\therefore (부피)=16\pi\times6=96\pi \ (\text{cm}^3)$$
답 $96\pi \ \text{cm}^3$

0798 $10\times10=100 \ (\text{cm}^2)$
답 $100 \ \text{cm}^2$

0799 $\left(\dfrac{1}{2}\times10\times12\right)\times4=240 \ (\text{cm}^2)$
답 $240 \ \text{cm}^2$

07

입체도형의 겉넓이와 부피

0800 $100+240=340\,(\text{cm}^2)$ **目** $340\,\text{cm}^2$

0801 (1) ㉠ 9 ㉡ 3
(2) (밑넓이)$=\pi\times3^2=9\pi\,(\text{cm}^2)$
　(옆넓이)$=\pi\times3\times9=27\pi\,(\text{cm}^2)$
(3) (겉넓이)$=9\pi+27\pi=36\pi\,(\text{cm}^2)$
　　　　　　　目 (1) ㉠ 9 ㉡ 3
　　　　　　 (2) 밑넓이: $9\pi\,\text{cm}^2$, 옆넓이: $27\pi\,\text{cm}^2$
　　　　　　 (3) $36\pi\,\text{cm}^2$

0802 (밑넓이)$=3\times3=9\,(\text{cm}^2)$
(옆넓이)$=\left(\dfrac{1}{2}\times3\times5\right)\times4=30\,(\text{cm}^2)$
　$\therefore$ (겉넓이)$=9+30=39\,(\text{cm}^2)$ **目** $39\,\text{cm}^2$

0803 (밑넓이)$=\pi\times4^2=16\pi\,(\text{cm}^2)$
(옆넓이)$=\pi\times4\times6=24\pi\,(\text{cm}^2)$
　$\therefore$ (겉넓이)$=16\pi+24\pi=40\pi\,(\text{cm}^2)$ **目** $40\pi\,\text{cm}^2$

0804 (밑넓이)$=\dfrac{1}{2}\times8\times6=24\,(\text{cm}^2)$
　$\therefore$ (부피)$=\dfrac{1}{3}\times24\times8=64\,(\text{cm}^3)$ **目** $64\,\text{cm}^3$

0805 (밑넓이)$=\dfrac{1}{2}\times(5+7)\times6=36\,(\text{cm}^2)$
　$\therefore$ (부피)$=\dfrac{1}{3}\times36\times8=96\,(\text{cm}^3)$ **目** $96\,\text{cm}^3$

0806 (밑넓이)$=\dfrac{1}{2}\times8\times10=40\,(\text{cm}^2)$
　$\therefore$ (부피)$=\dfrac{1}{3}\times40\times9=120\,(\text{cm}^3)$ **目** $120\,\text{cm}^3$

0807 (밑넓이)$=4\times5=20\,(\text{cm}^2)$
　$\therefore$ (부피)$=\dfrac{1}{3}\times20\times6=40\,(\text{cm}^3)$ **目** $40\,\text{cm}^3$

0808 (밑넓이)$=\pi\times7^2=49\pi\,(\text{cm}^2)$
　$\therefore$ (부피)$=\dfrac{1}{3}\times49\pi\times9=147\pi\,(\text{cm}^3)$ **目** $147\pi\,\text{cm}^3$

0809 (밑넓이)$=\pi\times8^2=64\pi\,(\text{cm}^2)$
　$\therefore$ (부피)$=\dfrac{1}{3}\times64\pi\times12=256\pi\,(\text{cm}^3)$ **目** $256\pi\,\text{cm}^3$

0810 (밑넓이)$=\pi\times9^2=81\pi\,(\text{cm}^2)$
　$\therefore$ (부피)$=\dfrac{1}{3}\times81\pi\times12=324\pi\,(\text{cm}^3)$ **目** $324\pi\,\text{cm}^3$

0811 (밑넓이)$=\pi\times3^2=9\pi\,(\text{cm}^2)$
　$\therefore$ (부피)$=\dfrac{1}{3}\times9\pi\times4=12\pi\,(\text{cm}^3)$ **目** $12\pi\,\text{cm}^3$

0812 (원뿔대의 부피)
$=$(처음 원뿔의 부피)$-$(잘라 낸 작은 원뿔의 부피)
$=324\pi-12\pi=312\pi\,(\text{cm}^3)$ **目** $312\pi\,\text{cm}^3$

0813 $4\pi\times2^2=16\pi\,(\text{cm}^2)$ **目** $16\pi\,\text{cm}^2$

0814 $4\pi\times6^2=144\pi\,(\text{cm}^2)$ **目** $144\pi\,\text{cm}^2$

0815 (원의 넓이)$=\pi\times6^2=36\pi\,(\text{cm}^2)$
(반구의 구면의 넓이)$=$(구의 겉넓이)$\times\dfrac{1}{2}$
　　　　　　　　$=(4\pi\times6^2)\times\dfrac{1}{2}=72\pi\,(\text{cm}^2)$
　$\therefore$ (겉넓이)$=36\pi+72\pi=108\pi\,(\text{cm}^2)$ **目** $108\pi\,\text{cm}^2$

0816 $\dfrac{4}{3}\pi\times3^3=36\pi\,(\text{cm}^3)$ **目** $36\pi\,\text{cm}^3$

0817 $\dfrac{4}{3}\pi\times5^3=\dfrac{500}{3}\pi\,(\text{cm}^3)$ **目** $\dfrac{500}{3}\pi\,\text{cm}^3$

0818 밑면인 원의 반지름의 길이가 $3\,\text{cm}$, 높이가 $6\,\text{cm}$이
므로
　(원뿔의 부피)$=\dfrac{1}{3}\times\pi\times3^2\times6=18\pi\,(\text{cm}^3)$ **目** $18\pi\,\text{cm}^3$

0819 (구의 부피)$=\dfrac{4}{3}\pi\times3^3=36\pi\,(\text{cm}^3)$ **目** $36\pi\,\text{cm}^3$

0820 (원기둥의 부피)$=\pi\times3^2\times6=54\pi\,(\text{cm}^3)$
　　　　　　　　　　　　　　　　　　目 $54\pi\,\text{cm}^3$

0821 (원뿔의 부피) : (구의 부피) : (원기둥의 부피)
$=18\pi:36\pi:54\pi$
$=1:2:3$ **目** $1:2:3$

 유형 **익히기**   ▶본문 124~136쪽

0822 (밑넓이)$=\dfrac{1}{2}\times(8+14)\times4=44\,(\text{cm}^2)$
(옆넓이)$=(8+5+14+5)\times10=320\,(\text{cm}^2)$
　$\therefore$ (겉넓이)$=44\times2+320=408\,(\text{cm}^2)$ **目** ④

0823 (밑넓이)$=3\times5=15\,(\text{cm}^2)$
(옆넓이)$=(3+5+3+5)\times10=160\,(\text{cm}^2)$
　$\therefore$ (겉넓이)$=15\times2+160=190\,(\text{cm}^2)$ **目** $190\,\text{cm}^2$

0824 정육면체의 한 모서리의 길이를 $a\,\text{cm}$라 하면 겉넓이
는 6개의 정사각형의 넓이의 합이므로
　$6a^2=216,\quad a^2=36=6^2$
　$\therefore a=6$
따라서 정육면체의 한 모서리의 길이는 $6\,\text{cm}$이다.   **目** $6\,\text{cm}$

0825 $\left(\dfrac{1}{2}\times5\times12\right)\times2+(13+12+5)\times h=240$

$60+30h=240$ $\quad\therefore h=6$ 답 ③

0826 (밑넓이)$=\pi\times6^2=36\pi\ (\text{cm}^2)$

(옆넓이)$=2\pi\times6\times8=96\pi\ (\text{cm}^2)$

$\therefore$ (겉넓이)$=36\pi\times2+96\pi=168\pi\ (\text{cm}^2)$ 답 $168\pi\ \text{cm}^2$

0827 옆면의 가로의 길이는 $2\pi\times2=4\pi\ (\text{cm})$

$\therefore$ (원기둥의 옆넓이)$=4\pi\times5=20\pi\ (\text{cm}^2)$ 답 ①

0828 원기둥의 높이를 h cm라 하면

$(\pi\times5^2)\times2+2\pi\times5\times h=130\pi$

$10\pi h=80\pi$ $\quad\therefore h=8$

따라서 원기둥의 높이는 8 cm이다. 답 8 cm

0829 (롤러의 옆넓이)$=2\pi\times4\times24$

$=192\pi\ (\text{cm}^2)$ ··· 1단계

$\therefore$ (칠해진 넓이)$=2\times192\pi=384\pi\ (\text{cm}^2)$ ··· 2단계

답 $384\pi\ \text{cm}^2$

단계	채점 요소	비율
1	롤러의 옆넓이 구하기	80 %
2	칠해진 넓이 구하기	20 %

0830 (밑넓이)$=\dfrac{1}{2}\times(8+4)\times5=30\ (\text{cm}^2)$

$\therefore$ (부피)$=30\times9=270\ (\text{cm}^3)$ 답 ④

0831 (밑넓이)$=\dfrac{1}{2}\times6\times3+\dfrac{1}{2}\times(6+4)\times2=19\ (\text{cm}^2)$

$\therefore$ (부피)$=19\times5=95\ (\text{cm}^3)$ 답 $95\ \text{cm}^3$

0832 사각기둥의 높이를 h cm라 하면

$\left\{\dfrac{1}{2}\times(5+11)\times4\right\}\times h=384$

$32h=384$ $\quad\therefore h=12$

따라서 사각기둥의 높이는 12 cm이다. 답 12 cm

0833 두 삼각기둥 A, B의 밑넓이가 같고 높이의 비가

3 : 4이므로 부피의 비도 3 : 4이다.

삼각기둥 A의 부피를 x cm^{3}라 하면

$x : 108=3 : 4$ $\quad\therefore x=81$

따라서 삼각기둥 A의 부피는 81 cm^{3}이다. 답 ③

0834 (밑넓이)$=\pi\times5^2=25\pi\ (\text{cm}^2)$

$\therefore$ (부피)$=25\pi\times7=175\pi\ (\text{cm}^3)$ 답 $175\pi\ \text{cm}^3$

0835 밑면인 원의 반지름의 길이를 r cm라 하면

$\pi r^2\times8=288\pi,$ $\quad r^2=36=6^2$

$\therefore r=6$

따라서 밑면인 원의 반지름의 길이는 6 cm이다. 답 6 cm

0836 큰 원기둥의 밑면인 원의 반지름의 길이가 4 cm이므로 구하는 입체도형의 부피는

(큰 원기둥의 부피)+(작은 원기둥의 부피)

$=\pi\times4^2\times3+\pi\times2^2\times3$

$=48\pi+12\pi=60\pi\ (\text{cm}^3)$ 답 ②

0837 (그릇 A의 부피)$=\pi\times6^2\times4=144\pi\ (\text{cm}^3)$ ··· 1단계

(그릇 B의 부피)$=\pi\times4^2\times h=16\pi h\ (\text{cm}^3)$ ··· 2단계

$16\pi h=144\pi$에서 $\quad h=9$ ··· 3단계

답 9

단계	채점 요소	비율
1	그릇 A의 부피 구하기	40 %
2	그릇 B의 부피를 식으로 나타내기	40 %
3	h의 값 구하기	20 %

0838 원기둥의 밑면인 원의 반지름의 길이를 r cm라 하면

$2\pi r=4\pi$ $\quad\therefore r=2$

(밑넓이)$=\pi\times2^2=4\pi\ (\text{cm}^2)$, (옆넓이)$=4\pi\times7=28\pi\ (\text{cm}^2)$

$\therefore$ (겉넓이)$=4\pi\times2+28\pi=36\pi\ (\text{cm}^2)$

(부피)$=4\pi\times7=28\pi\ (\text{cm}^3)$ 답 ①

0839 (밑넓이)$=\dfrac{1}{2}\times4\times3=6\ (\text{cm}^2)$

$\therefore$ (부피)$=6\times9=54\ (\text{cm}^3)$ 답 $54\ \text{cm}^3$

0840 밑면인 정사각형의 한 변의 길이는 $\dfrac{16}{4}=4\ (\text{cm})$

(밑넓이)$=4\times4=16\ (\text{cm}^2)$, (옆넓이)$=16\times6=96\ (\text{cm}^2)$

$\therefore$ (겉넓이)$=16\times2+96=128\ (\text{cm}^2)$ 답 $128\ \text{cm}^2$

0841 전개도로 만들어지는 사각기둥은 오른쪽 그림과 같으므로

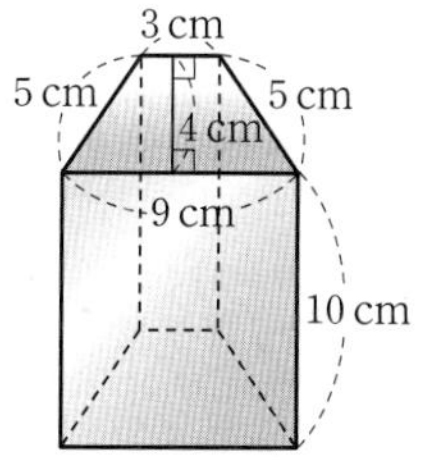

(밑넓이)$=\dfrac{1}{2}\times(3+9)\times4$

$=24\ (\text{cm}^2)$

(옆넓이)$=(5+9+5+3)\times10$

$=220\ (\text{cm}^2)$

$\therefore$ (겉넓이)$=24\times2+220=268\ (\text{cm}^2)$

(부피)$=24\times10=240\ (\text{cm}^3)$

답 겉넓이: 268 cm^2, 부피: 240 cm^3

0842 (밑넓이)$=\pi\times4^2\times\dfrac{90}{360}=4\pi\ (\text{cm}^2)$

$\therefore$ (부피)$=4\pi\times8=32\pi\ (\text{cm}^3)$ 답 $32\pi\ \text{cm}^3$

0843 (밑넓이)$=\pi\times6^2\times\dfrac{60}{360}=6\pi\ (\text{cm}^2)$

07 입체도형의 겉넓이와 부피

$(옆넓이)=\left(6+6+2\pi\times6\times\dfrac{60}{360}\right)\times8=16\pi+96\ (\mathrm{cm}^2)$

$\therefore (겉넓이)=6\pi\times2+16\pi+96$

$\qquad\qquad\quad =28\pi+96\ (\mathrm{cm}^2)$　　　　　　답 ④

0844 밑면인 부채꼴의 중심각의 크기를 $x°$라 하면

$\left(\pi\times3^2\times\dfrac{x}{360}\right)\times4=24\pi$

$\therefore x=240$　　　　　　　　　　… 1단계

$(밑넓이)=\pi\times3^2\times\dfrac{240}{360}=6\pi\ (\mathrm{cm}^2)$

$(옆넓이)=\left(3+3+2\pi\times3\times\dfrac{240}{360}\right)\times4$

$\qquad\qquad =(6+4\pi)\times4=24+16\pi\ (\mathrm{cm}^2)$

$\therefore (겉넓이)=6\pi\times2+24+16\pi$

$\qquad\qquad\quad =28\pi+24\ (\mathrm{cm}^2)$　　… 2단계

답 $(28\pi+24)\ \mathrm{cm}^2$

단계	채점 요소	비율
1	밑면인 부채꼴의 중심각의 크기 구하기	40 %
2	겉넓이 구하기	60 %

0845 $(밑넓이)=(큰\ 원의\ 넓이)-(작은\ 원의\ 넓이)$

$\qquad\qquad =\pi\times5^2-\pi\times2^2=21\pi\ (\mathrm{cm}^2)$

$(옆넓이)=(큰\ 원기둥의\ 옆넓이)+(작은\ 원기둥의\ 옆넓이)$

$\qquad\qquad =2\pi\times5\times10+2\pi\times2\times10$

$\qquad\qquad =100\pi+40\pi=140\pi\ (\mathrm{cm}^2)$

$\therefore (겉넓이)=(밑넓이)\times2+(옆넓이)$

$\qquad\qquad\quad =21\pi\times2+140\pi$

$\qquad\qquad\quad =182\pi\ (\mathrm{cm}^2)$　　　　답 ⑤

0846 $(부피)=(사각기둥의\ 부피)-(삼각기둥의\ 부피)$

$\qquad\qquad =4\times5\times5-\dfrac{1}{2}\times2\times3\times5$

$\qquad\qquad =100-15=85\ (\mathrm{cm}^3)$　　답 $85\ \mathrm{cm}^3$

0847 $(밑넓이)=6\times6-\pi\times2^2=36-4\pi\ (\mathrm{cm}^2)$

$(옆넓이)=6\times4\times6+2\pi\times2\times6$

$\qquad\qquad =144+24\pi\ (\mathrm{cm}^2)$

$\therefore (겉넓이)=(36-4\pi)\times2+144+24\pi$

$\qquad\qquad\quad =16\pi+216\ (\mathrm{cm}^2)$　　답 ④

0848 $(밑넓이)=(큰\ 사각형의\ 넓이)-(작은\ 사각형의\ 넓이)$

$\qquad\qquad =5\times5-2\times2=21\ (\mathrm{cm}^2)$

$(옆넓이)=(큰\ 사각기둥의\ 옆넓이)+(작은\ 사각기둥의\ 옆넓이)$

$\qquad\qquad =5\times4\times8+2\times4\times8$

$\qquad\qquad =160+64=224\ (\mathrm{cm}^2)$

$\therefore (겉넓이)=(밑넓이)\times2+(옆넓이)$

$\qquad\qquad\quad =21\times2+224=266\ (\mathrm{cm}^2)$

$\therefore a=266$　　　　　　　　　… 1단계

$(부피)=(큰\ 사각기둥의\ 부피)-(작은\ 사각기둥의\ 부피)$

$\qquad\qquad =5\times5\times8-2\times2\times8$

$\qquad\qquad =200-32=168\ (\mathrm{cm}^3)$

$\therefore b=168$　　　　　　　　　… 2단계

$\therefore a-b=266-168=98$　　　… 3단계

답 98

단계	채점 요소	비율
1	a의 값 구하기	40 %
2	b의 값 구하기	40 %
3	$a-b$의 값 구하기	20 %

0849 잘라 낸 부분의 면의 이동을 생각하면 주어진 입체도형의 겉넓이는 가로의 길이가 10 cm, 세로의 길이가 13 cm, 높이가 10 cm인 직육면체의 겉넓이와 같으므로

$(겉넓이)=(밑넓이)\times2+(옆넓이)$

$\qquad\qquad =(10\times13)\times2+(10+13+10+13)\times10$

$\qquad\qquad =260+460=720\ (\mathrm{cm}^2)$　　답 ③

0850 $(부피)=(큰\ 정육면체의\ 부피)$

$\qquad\qquad\quad -(작은\ 직육면체의\ 부피)$

$\qquad\qquad =10\times10\times10-4\times5\times5$

$\qquad\qquad =1000-100=900\ (\mathrm{cm}^3)$　　답 $900\ \mathrm{cm}^3$

0851 $(밑넓이)=12\times7-4\times2=76\ (\mathrm{cm}^2)$

$(옆넓이)=(12\times2+7\times2+2\times2)\times10=420\ (\mathrm{cm}^2)$

$\therefore (겉넓이)=(밑넓이)\times2+(옆넓이)$

$\qquad\qquad\quad =76\times2+420=572\ (\mathrm{cm}^2)$　　답 $572\ \mathrm{cm}^2$

0852 주어진 평면도형을 직선 l을 회전축으로 하여 1회전 시킬 때 생기는 회전체는 오른쪽 그림과 같으므로

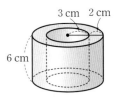

$(부피)=(큰\ 원기둥의\ 부피)$

$\qquad\qquad\quad -(작은\ 원기둥의\ 부피)$

$\qquad\qquad =\pi\times5^2\times6-\pi\times3^2\times6$

$\qquad\qquad =150\pi-54\pi=96\pi\ (\mathrm{cm}^3)$　　답 $96\pi\ \mathrm{cm}^3$

0853 주어진 직사각형을 직선 l을 회전축으로 하여 1회전 시킬 때 생기는 회전체는 오른쪽 그림과 같다.　… 1단계

(1) $(겉넓이)=(밑넓이)\times2+(옆넓이)$

$\qquad\qquad\quad =\pi\times4^2\times2+2\pi\times4\times5$

$\qquad\qquad\quad =32\pi+40\pi=72\pi\ (\mathrm{cm}^2)$　… 2단계

(2) $(부피)=(밑넓이)\times(높이)$

$\qquad\qquad =\pi\times4^2\times5=80\pi\ (\mathrm{cm}^3)$　　… 3단계

답 (1) $72\pi\ \mathrm{cm}^2$ (2) $80\pi\ \mathrm{cm}^3$

단계	채점 요소	비율
1	회전체 그리기	40 %
2	겉넓이 구하기	30 %
3	부피 구하기	30 %

0854 주어진 직사각형을 직선 l을 회전축으로 하여 $120°$만큼 회전시킬 때 생기는 회전체는 오른쪽 그림과 같으므로

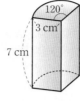

(겉넓이)$=$(밑넓이)$\times 2+$(옆넓이)

$$=\left(\pi \times 3^2 \times \frac{120}{360}\right) \times 2$$
$$\quad +\left(3+3+2\pi \times 3 \times \frac{120}{360}\right) \times 7$$
$$=6\pi+42+14\pi$$
$$=20\pi+42 \;(\text{cm}^2)$$

답 ②

0855 (밑넓이)$=6 \times 6=36\;(\text{cm}^2)$

(옆넓이)$=\left(\dfrac{1}{2} \times 6 \times 10\right) \times 4=120\;(\text{cm}^2)$

$\therefore$ (겉넓이)$=36+120=156\;(\text{cm}^2)$

답 ②

0856 (옆넓이)$=\left(\dfrac{1}{2} \times 4 \times 5\right) \times 5=50\;\text{cm}^2$

답 $50\;\text{cm}^2$

0857 (밑넓이)$=7 \times 7=49\;(\text{cm}^2)$

(옆넓이)$=\left(\dfrac{1}{2} \times 7 \times 12\right) \times 4=168\;(\text{cm}^2)$

$\therefore$ (겉넓이)$=49+168=217\;(\text{cm}^2)$

답 $217\;\text{cm}^2$

0858 $10 \times 10+\left(\dfrac{1}{2} \times 10 \times x\right) \times 4=320$이므로

$100+20x=320, \qquad 20x=220$

$\therefore x=11$

답 11

0859 (밑넓이)$=\pi \times 2^2=4\pi\;(\text{cm}^2)$

(옆넓이)$=\pi \times 2 \times 6=12\pi\;(\text{cm}^2)$

$\therefore$ (겉넓이)$=4\pi+12\pi=16\pi\;(\text{cm}^2)$

답 ②

0860 모선의 길이를 $l\;\text{cm}$라 하면 겉넓이가 $84\pi\;\text{cm}^2$이므로

$\pi \times 6^2+\pi \times 6 \times l=84\pi$

$6\pi l=48\pi \qquad \therefore l=8$

따라서 모선의 길이는 $8\;\text{cm}$이다.

답 $8\;\text{cm}$

0861 (밑넓이)$=\pi \times 9^2 \times \dfrac{1}{2}=\dfrac{81}{2}\pi\;(\text{cm}^2)$

(옆넓이)$=\pi \times 9 \times 15 \times \dfrac{1}{2}+\dfrac{1}{2} \times 18 \times 12=\dfrac{135}{2}\pi+108\;(\text{cm}^2)$

$\therefore$ (겉넓이)$=\dfrac{81}{2}\pi+\dfrac{135}{2}\pi+108$

$$=108\pi+108\;(\text{cm}^2)$$

답 ③

0862 밑면인 원의 반지름의 길이를 $r\;\text{cm}$라 하면 원뿔의 옆넓이가 $21\pi\;\text{cm}^2$이므로

$\pi \times r \times 7=21\pi \qquad \therefore r=3$ ··· 1단계

따라서 원뿔의 겉넓이는 ··· 2단계

$\pi \times 3^2+21\pi=30\pi\;(\text{cm}^2)$

답 $30\pi\;\text{cm}^2$

단계	채점 요소	비율
1	밑면인 원의 반지름의 길이 구하기	60 %
2	원뿔의 겉넓이 구하기	40 %

0863 (두 밑넓이의 합)$=\pi \times 4^2+\pi \times 12^2$

$$=16\pi+144\pi=160\pi\;(\text{cm}^2)$$

(옆넓이)$=\pi \times 12 \times 18-\pi \times 4 \times 6$

$$=216\pi-24\pi=192\pi\;(\text{cm}^2)$$

$\therefore$ (겉넓이)$=160\pi+192\pi=352\pi\;(\text{cm}^2)$

답 ③

0864 (두 밑넓이의 합)$=3 \times 3+7 \times 7=58\;(\text{cm}^2)$

(옆넓이)$=\left\{\dfrac{1}{2} \times (3+7) \times 5\right\} \times 4=100\;(\text{cm}^2)$

$\therefore$ (겉넓이)$=58+100=158\;(\text{cm}^2)$

답 ⑤

0865 $\pi \times 6 \times 10-\pi \times x \times 5=45\pi$이므로

$60\pi-5\pi x=45\pi, \qquad 5\pi x=15\pi$

$\therefore x=3$

답 3

0866 (겉넓이)

$=$(반지름의 길이가 $3\;\text{cm}$인 원뿔대의 밑면인 원의 넓이)

$\quad +$(원뿔대의 옆넓이)$+$(원기둥의 옆넓이)$+$(원기둥의 밑넓이)

$=\pi \times 3^2+(\pi \times 6 \times 8-\pi \times 3 \times 4)+2\pi \times 6 \times 5+\pi \times 6^2$

$=9\pi+36\pi+60\pi+36\pi$

$=141\pi\;(\text{cm}^2)$

답 $141\pi\;\text{cm}^2$

0867 사각뿔의 높이를 $h\;\text{cm}$라 하면

$\dfrac{1}{3} \times (8 \times 8) \times h=192 \qquad \therefore h=9$

따라서 사각뿔의 높이는 $9\;\text{cm}$이다.

답 ③

0868 $\dfrac{1}{3} \times \left(\dfrac{1}{2} \times 6 \times 4\right) \times 5=20\;(\text{cm}^3)$

답 $20\;\text{cm}^3$

0869 (밑넓이)$=$(정육면체의 한 면의 넓이)$\times \dfrac{1}{2}$

$$=10^2 \times \dfrac{1}{2}=50\;(\text{cm}^2)$$

$\therefore$ (부피)$=\dfrac{1}{3} \times 50 \times 10=\dfrac{500}{3}\;(\text{cm}^3)$

답 ②

0870 $\dfrac{1}{3} \times (\pi \times 5^2) \times 12=100\pi\;(\text{cm}^3)$

답 $100\pi\;\text{cm}^3$

0871 원뿔의 밑면인 원의 반지름의 길이를 r cm라 하면

$2\pi r = 12\pi$　　$\therefore r = 6$　　… **1단계**

원뿔의 높이를 h cm라 하면

$\dfrac{1}{3} \times (\pi \times 6^2) \times h = 132\pi$　　$\therefore h = 11$

따라서 원뿔의 높이는 11 cm이다.　　… **2단계**

🖺 11 cm

단계	채점 요소	비율
1	밑면인 원의 반지름의 길이 구하기	40 %
2	원뿔의 높이 구하기	60 %

0872　(부피) = (원뿔의 부피) + (원기둥의 부피)

$= \dfrac{1}{3} \times (\pi \times 3^2) \times 3 + (\pi \times 3^2) \times 6$

$= 9\pi + 54\pi$

$= 63\pi \ (\text{cm}^3)$　　🖺 ①

0873　밑면인 원의 반지름의 길이가 같으므로 부피의 비는 높이의 비와 같다.

따라서 부피의 비는 4 : 7이다.　　🖺 4 : 7

0874　(부피) = (큰 원뿔의 부피) − (작은 원뿔의 부피)

$= \dfrac{1}{3} \times (\pi \times 6^2) \times 16 - \dfrac{1}{3} \times (\pi \times 3^2) \times 8$

$= 192\pi - 24\pi$

$= 168\pi \ (\text{cm}^3)$　　🖺 ④

0875　(부피) = (큰 사각뿔의 부피) − (작은 사각뿔의 부피)

$= \dfrac{1}{3} \times (15 \times 15) \times 18 - \dfrac{1}{3} \times (10 \times 10) \times 12$

$= 1350 - 400$

$= 950 \ (\text{cm}^3)$　　🖺 950 cm³

0876　(큰 사각뿔의 부피) $= \dfrac{1}{3} \times (8 \times 6) \times 6 = 96 \ (\text{cm}^3)$

(작은 사각뿔의 부피) $= \dfrac{1}{3} \times (4 \times 3) \times 3 = 12 \ (\text{cm}^3)$

$\therefore$ (사각뿔대의 부피) $= 96 - 12 = 84 \ (\text{cm}^3)$

따라서 구하는 부피의 비는　12 : 84 = 1 : 7　　🖺 ③

0877　(원뿔대의 부피)

$= \dfrac{1}{3} \times (\pi \times 6^2) \times 9 - \dfrac{1}{3} \times (\pi \times 4^2) \times 6$

$= 108\pi - 32\pi = 76\pi \ (\text{cm}^3)$　… **1단계**

(원뿔의 부피) $= \dfrac{1}{3} \times (\pi \times 6^2) \times 3 = 36\pi \ (\text{cm}^3)$　… **2단계**

$\therefore$ (입체도형의 부피) $= 76\pi + 36\pi = 112\pi \ (\text{cm}^3)$　… **3단계**

🖺 112π cm³

단계	채점 요소	비율
1	원뿔대의 부피 구하기	50 %
2	원뿔의 부피 구하기	30 %
3	입체도형의 부피 구하기	20 %

0878　(부피) $= \dfrac{1}{3} \times (\triangle BCD\text{의 넓이}) \times \overline{CG}$

$= \dfrac{1}{3} \times \left(\dfrac{1}{2} \times 4 \times 3 \right) \times 4$

$= 8 \ (\text{cm}^3)$　　🖺 8 cm³

RPM 비법 노트

오른쪽 그림의 직육면체를 세 꼭짓점 B, G, D 를 지나는 평면으로 자를 때 생기는 삼각뿔에서 $\triangle BCD$를 밑면으로 생각하자. 이때 선분 CG는 면 BCD에 포함된 두 선분 BC, CD와 수직이므로 이 삼각뿔의 높이는 선분 CG의 길이와 같음을 알 수 있다.

0879　(부피) = (직육면체의 부피) − (삼각뿔의 부피)

$= 12 \times 12 \times 10 - \dfrac{1}{3} \times \left(\dfrac{1}{2} \times 7 \times 6 \right) \times 7$

$= 1440 - 49 = 1391 \ (\text{cm}^3)$　　🖺 ⑤

0880　(부피) = (삼각기둥의 부피) − (사각뿔의 부피)

$= \left(\dfrac{1}{2} \times 8 \times 4 \right) \times 10 - \dfrac{1}{3} \times (4 \times 3) \times 8$

$= 160 - 32 = 128 \ (\text{cm}^3)$　　🖺 128 cm³

0881　(남아 있는 물의 부피)

= (삼각뿔 B−EFG의 부피)

$= \dfrac{1}{3} \times (\triangle EFG\text{의 넓이}) \times \overline{BF}$

$= \dfrac{1}{3} \times \left(\dfrac{1}{2} \times 15 \times 20 \right) \times 10 = 500 \ (\text{cm}^3)$　　🖺 ⑤

0882　(남아 있는 물의 부피) $= \left(\dfrac{1}{2} \times 7 \times 6 \right) \times 5$

$= 105 \ (\text{cm}^3)$

🖺 105 cm³

0883　(기울인 그릇에 담긴 물의 부피)

$= \dfrac{1}{3} \times \left(\dfrac{1}{2} \times 4 \times 6 \right) \times 6$

$= 24 \ (\text{cm}^3)$　　… **1단계**

(바르게 세운 그릇에 담긴 물의 부피) $= 6 \times 4 \times x$

$= 24x \ (\text{cm}^3)$　… **2단계**

이때 두 그릇에 담긴 물의 부피는 같으므로

$24x = 24$　　$\therefore x = 1$　　… **3단계**

🖺 1

단계	채점 요소	비율
1	기울인 그릇에 담긴 물의 부피 구하기	40 %
2	바르게 세운 그릇에 담긴 물의 부피를 식으로 나타내기	40 %
3	x의 값 구하기	20 %

0884 (원뿔 모양의 그릇의 부피)$=\dfrac{1}{3}\times(\pi\times6^2)\times9$

$\qquad\qquad\qquad\qquad\qquad=108\pi\ (\text{cm}^3)$

1분에 $4\pi\ \text{cm}^3$씩 물을 넣으므로 빈 그릇에 물을 가득 채우는 데

$\qquad 108\pi\div4\pi=27\ (\text{분})$

이 걸린다. 　　　　　　　　　　　　　　　　　　　　目 27분

0885 (원뿔 모양의 그릇의 부피)$=\dfrac{1}{3}\times(\pi\times12^2)\times h$

$\qquad\qquad\qquad\qquad\qquad=48\pi h\ (\text{cm}^3)$

이때 1분에 $12\pi\ \text{cm}^3$씩 물을 넣어서 빈 그릇을 가득 채우는 데 80분이 걸리므로

$\qquad 48\pi h\div12\pi=80,\qquad 4h=80$

$\qquad\therefore h=20$ 　　　　　　　　　　　　　　目 20

0886 (그릇에 담긴 물의 부피)$=\dfrac{1}{3}\times(\pi\times3^2)\times4$

$\qquad\qquad\qquad\qquad\qquad=12\pi\ (\text{cm}^3)$

이 그릇에 높이가 4 cm가 될 때까지 물을 채우는 데 4분이 걸렸으므로 1분에 $\dfrac{12\pi}{4}=3\pi\ (\text{cm}^3)$씩 물을 넣은 것이다.

(그릇의 부피)$=\dfrac{1}{3}\times(\pi\times9^2)\times12=324\pi\ (\text{cm}^3)$

따라서 이 그릇에 물을 가득 채우는 데 $324\pi\div3\pi=108\ (\text{분})$이 걸리므로 앞으로

$\qquad 108-4=104\ (\text{분})$

동안 물을 더 넣어야 한다. 　　　　　　　　　　目 104분

0887 밑면인 원의 반지름의 길이를 $r\ \text{cm}$라 하면

$\qquad 2\pi\times9\times\dfrac{120}{360}=2\pi r\qquad\therefore r=3$

$\qquad\therefore$ (겉넓이)$=\pi\times3^2+\pi\times3\times9$

$\qquad\qquad\qquad=9\pi+27\pi$

$\qquad\qquad\qquad=36\pi\ (\text{cm}^2)$ 　　　　　目 ④

0888 밑면인 원의 반지름의 길이를 $r\ \text{cm}$라 하면

$\qquad \pi\times r\times12=48\pi\qquad\therefore r=4$

따라서 밑면인 원의 반지름의 길이는 4 cm이다. 　目 4 cm

0889 주어진 부채꼴을 옆면으로 하는 원뿔은 오른쪽 그림과 같으므로 밑면인 원의 반지름의 길이를 $r\ \text{cm}$라 하면

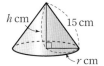

$\qquad 2\pi\times15\times\dfrac{216}{360}=2\pi r$

$\qquad 18\pi=2\pi r\qquad\therefore r=9$ 　　　… 1단계

이 원뿔의 높이를 $h\ \text{cm}$라 하면

$\qquad$(부피)$=\dfrac{1}{3}\times(\pi\times9^2)\times h=27\pi h\,(\text{cm}^3)$

이때 이 원뿔의 부피가 $324\pi\ \text{cm}^3$이므로

$\qquad 27\pi h=324\pi\qquad\therefore h=12$

따라서 원뿔의 높이는 12 cm이다. 　　… 2단계

目 12 cm

단계	채점 요소	비율
1	밑면인 원의 반지름의 길이 구하기	50 %
2	원뿔의 높이 구하기	50 %

0890 주어진 직각삼각형을 직선 l을 회전축으로 하여 1회전 시킬 때 생기는 회전체는 오른쪽 그림과 같으므로

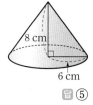

(겉넓이)

$=$(밑넓이)$+$(원기둥의 옆넓이)

$\quad+$(원뿔의 옆넓이)

$=\pi\times5^2+2\pi\times5\times12+\pi\times5\times13$

$=25\pi+120\pi+65\pi$

$=210\pi\ (\text{cm}^2)$

(부피)$=$(원기둥의 부피)$-$(원뿔의 부피)

$\qquad=\pi\times5^2\times12-\dfrac{1}{3}\times(\pi\times5^2)\times12$

$\qquad=300\pi-100\pi$

$\qquad=200\pi\ (\text{cm}^3)$

目 겉넓이: $210\pi\ \text{cm}^2$, 부피: $200\pi\ \text{cm}^3$

0891 주어진 직각삼각형을 직선 l을 회전축으로 하여 1회전 시킬 때 생기는 회전체는 오른쪽 그림과 같으므로

(부피)$=\dfrac{1}{3}\times(\pi\times6^2)\times8=96\pi\ (\text{cm}^3)$

目 ⑤

0892 주어진 평면도형을 직선 l을 회전축으로 하여 1회전 시킬 때 생기는 회전체는 오른쪽 그림과 같으므로

(겉넓이)$=$(큰 원뿔의 옆넓이)

$\qquad\quad+$(작은 원뿔의 옆넓이)

$=\pi\times4\times8+\pi\times4\times5$

$=32\pi+20\pi=52\pi\ (\text{cm}^2)$ 　目 $52\pi\ \text{cm}^2$

0893 단면의 넓이가 최대일 때 단면인 원의 반지름의 길이를 $r\ \text{cm}$라 하면

$\qquad \pi r^2=25\pi,\qquad r^2=25=5^2\qquad\therefore r=5$

따라서 반지름의 길이가 5 cm인 구의 겉넓이는

$\qquad 4\pi\times5^2=100\pi\ (\text{cm}^2)$ 　　目 $100\pi\ \text{cm}^2$

0894 (원의 넓이)$=\pi\times5^2=25\pi\ (\text{cm}^2)$

(반구의 구면의 넓이)$=$(구의 겉넓이)$\times\dfrac{1}{2}$

$\qquad\qquad\qquad=(4\pi\times5^2)\times\dfrac{1}{2}=50\pi\ (\text{cm}^2)$

$\therefore$ (겉넓이)$=25\pi+50\pi=75\pi\ (\text{cm}^2)$ 　目 ②

0895 (원뿔의 옆넓이)$=\pi\times3\times5=15\pi\,(\text{cm}^2)$

(반구의 구면의 넓이)$=$(구의 겉넓이)$\times\dfrac{1}{2}$

$\qquad\qquad\qquad\qquad=(4\pi\times3^2)\times\dfrac{1}{2}=18\pi\,(\text{cm}^2)$

$\therefore$ (겉넓이)$=15\pi+18\pi=33\pi\,(\text{cm}^2)$ ⟮답⟯ ②

0896 (한 조각의 넓이)$=$(구의 겉넓이)$\times\dfrac{1}{2}$

$\qquad\qquad\qquad\quad=(4\pi\times3^2)\times\dfrac{1}{2}$

$\qquad\qquad\qquad\quad=18\pi\,(\text{cm}^2)$ ⟮답⟯ $18\pi\,\text{cm}^2$

0897 (반구의 부피)$=\left(\dfrac{4}{3}\pi\times6^3\right)\times\dfrac{1}{2}=144\pi\,(\text{cm}^3)$

(원기둥의 부피)$=\pi\times6^2\times10=360\pi\,(\text{cm}^3)$

$\therefore$ (부피)$=144\pi+360\pi=504\pi\,(\text{cm}^3)$ ⟮답⟯ ⑤

0898 반구의 반지름의 길이를 $r\,\text{cm}$라 하면

(반구의 겉넓이)$=\pi r^2+4\pi r^2\times\dfrac{1}{2}=3\pi r^2\,(\text{cm}^2)$

즉 $3\pi r^2=48\pi$에서 $r^2=16=4^2$

$\therefore r=4$

$\therefore$ (반구의 부피)$=\left(\dfrac{4}{3}\pi\times4^3\right)\times\dfrac{1}{2}=\dfrac{128}{3}\pi\,(\text{cm}^3)$

⟮답⟯ $\dfrac{128}{3}\pi\,\text{cm}^3$

0899 (반지름의 길이가 2 cm인 쇠구슬 한 개의 부피)

$=\dfrac{4}{3}\pi\times2^3=\dfrac{32}{3}\pi\,(\text{cm}^3)$ ⟮1단계⟯

(반지름의 길이가 8 cm인 쇠구슬 한 개의 부피)

$=\dfrac{4}{3}\pi\times8^3=\dfrac{2048}{3}\pi\,(\text{cm}^3)$ ⟮2단계⟯

반지름의 길이가 2 cm인 쇠구슬의 개수를 x라 하면

$\dfrac{32}{3}\pi\times x=\dfrac{2048}{3}\pi$ $\therefore x=64$

따라서 반지름의 길이가 2 cm인 쇠구슬이 적어도 64개 필요하다. ⟮3단계⟯

⟮답⟯ 64개

단계	채점 요소	비율
1	반지름의 길이가 2 cm인 쇠구슬 한 개의 부피 구하기	30 %
2	반지름의 길이가 8 cm인 쇠구슬 한 개의 부피 구하기	30 %
3	반지름의 길이가 2 cm인 쇠구슬이 적어도 몇 개 필요한지 구하기	40 %

0900 원뿔의 높이를 $h\,\text{cm}$라 하면

(구의 부피)$=\dfrac{4}{3}\pi\times4^3=\dfrac{256}{3}\pi\,(\text{cm}^3)$

(원뿔의 부피)$=\dfrac{1}{3}\times(\pi\times4^2)\times h=\dfrac{16}{3}\pi h\,(\text{cm}^3)$

구의 부피가 원뿔의 부피의 $\dfrac{4}{3}$배이므로

$\dfrac{256}{3}\pi=\dfrac{16}{3}\pi h\times\dfrac{4}{3}$ $\therefore h=12$

따라서 원뿔의 높이는 12 cm이다. ⟮답⟯ 12 cm

0901 잘라 낸 단면의 넓이의 합은 반지름의 길이가 3 cm인 원의 넓이와 같으므로

(겉넓이)$=(4\pi\times3^2)\times\dfrac{3}{4}+\pi\times3^2$

$\qquad\qquad=27\pi+9\pi=36\pi\,(\text{cm}^2)$ ⟮답⟯ $36\pi\,\text{cm}^2$

0902 (겉넓이)$=(4\pi\times4^2)\times\dfrac{1}{4}+\left(\pi\times4^2\times\dfrac{1}{2}\right)\times2$

$\qquad\qquad=16\pi+16\pi=32\pi\,(\text{cm}^2)$

(부피)$=\left(\dfrac{4}{3}\pi\times4^3\right)\times\dfrac{1}{4}=\dfrac{64}{3}\pi\,(\text{cm}^3)$

⟮답⟯ 겉넓이: $32\pi\,\text{cm}^2$, 부피: $\dfrac{64}{3}\pi\,\text{cm}^3$

0903 (겉넓이)$=(4\pi\times6^2)\times\dfrac{7}{8}+\left(\pi\times6^2\times\dfrac{90}{360}\right)\times3$

$\qquad\qquad=126\pi+27\pi=153\pi\,(\text{cm}^2)$ ⟮1단계⟯

(부피)$=\left(\dfrac{4}{3}\pi\times6^3\right)\times\dfrac{7}{8}=252\pi\,(\text{cm}^3)$ ⟮2단계⟯

⟮답⟯ 겉넓이: $153\pi\,\text{cm}^2$, 부피: $252\pi\,\text{cm}^3$

단계	채점 요소	비율
1	겉넓이 구하기	50 %
2	부피 구하기	50 %

0904 $\dfrac{120}{360}=\dfrac{1}{3}$이므로 주어진 입체도형은 반구의 $\dfrac{1}{3}$을 잘라 내고 남은 입체도형이다. 즉 구의 $\dfrac{1}{6}$을 잘라 내고 남은 입체도형이다.

$\therefore$ (부피)$=\left(\dfrac{4}{3}\pi\times9^3\right)\times\dfrac{5}{6}=810\pi\,(\text{cm}^3)$ ⟮답⟯ $810\pi\,\text{cm}^3$

0905 주어진 평면도형을 직선 l을 회전축으로 하여 1회전 시킬 때 생기는 회전체는 오른쪽 그림과 같으므로 구하는 부피는 반지름의 길이가 각각 3 cm, 6 cm인 두 반구의 부피의 합과 같다.

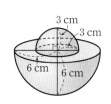

$\therefore$ (부피)$=\left(\dfrac{4}{3}\pi\times3^3\right)\times\dfrac{1}{2}+\left(\dfrac{4}{3}\pi\times6^3\right)\times\dfrac{1}{2}$

$\qquad\qquad=18\pi+144\pi$

$\qquad\qquad=162\pi\,(\text{cm}^3)$ ⟮답⟯ ③

0906 주어진 평면도형을 직선 l을 회전축으로 하여 1회전 시킬 때 생기는 회전체는 반지름의 길이가 3 cm인 반구이므로

(겉넓이)$=$(구의 겉넓이)$\times\dfrac{1}{2}+$(원의 넓이)

$\qquad\qquad=(4\pi\times3^2)\times\dfrac{1}{2}+\pi\times3^2$

$\qquad\qquad=18\pi+9\pi=27\pi\,(\text{cm}^2)$

(부피)$=\left(\dfrac{4}{3}\pi\times3^3\right)\times\dfrac{1}{2}=18\pi\,(\text{cm}^3)$

⟮답⟯ 겉넓이: $27\pi\,\text{cm}^2$, 부피: $18\pi\,\text{cm}^3$

0907 주어진 평면도형을 직선 l을 회전축으로 하여 1회전 시킬 때 생기는 회전체는 오른쪽 그림과 같으므로

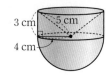

(원뿔의 옆넓이)$=\pi \times 4 \times 5$
$=20\pi \ (\text{cm}^2)$

(원기둥의 옆넓이)$=2\pi \times 4 \times 3=24\pi \ (\text{cm}^2)$

(반구의 구면의 넓이)$=(4\pi \times 4^2) \times \dfrac{1}{2}=32\pi \ (\text{cm}^2)$

$\therefore$ (겉넓이)$=20\pi+24\pi+32\pi=76\pi \ (\text{cm}^2)$ 🖹 $76\pi \ \text{cm}^2$

0908 주어진 평면도형을 직선 l을 회전축으로 하여 1회전 시킬 때 생기는 회전체는 오른쪽 그림과 같으므로

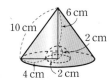

(밑넓이)$=\pi \times 6^2-\pi \times 2^2$
$=36\pi-4\pi=32\pi \ (\text{cm}^2)$

(원뿔의 옆넓이)$=\pi \times 6 \times 10$
$=60\pi \ (\text{cm}^2)$

(반구의 구면의 넓이)$=(4\pi \times 2^2) \times \dfrac{1}{2}$
$=8\pi \ (\text{cm}^2)$

$\therefore$ (겉넓이)$=32\pi+60\pi+8\pi=100\pi \ (\text{cm}^2)$

(부피)$=\dfrac{1}{3} \times (\pi \times 6^2) \times 8-\left(\dfrac{4}{3}\pi \times 2^3\right) \times \dfrac{1}{2}$
$=96\pi-\dfrac{16}{3}\pi=\dfrac{272}{3}\pi \ (\text{cm}^3)$

🖹 겉넓이: $100\pi \ \text{cm}^2$, 부피: $\dfrac{272}{3}\pi \ \text{cm}^3$

0909 구의 반지름의 길이를 $r \ \text{cm}$라 하면
$\dfrac{4}{3}\pi r^3=28\pi$ $\therefore r^3=21$

원뿔과 원기둥의 밑면인 원의 반지름의 길이는 $r \ \text{cm}$, 높이는 $2r \ \text{cm}$이므로

(원뿔의 부피)$=\dfrac{1}{3} \times \pi r^2 \times 2r=\dfrac{2}{3}\pi r^3$
$=\dfrac{2}{3}\pi \times 21=14\pi \ (\text{cm}^3)$

(원기둥의 부피)$=\pi r^2 \times 2r=2\pi r^3$
$=2\pi \times 21=42\pi \ (\text{cm}^3)$

따라서 $a=14\pi$, $b=42\pi$이므로
$a+b=14\pi+42\pi=56\pi$ 🖹 ④

다른 풀이 (원뿔의 부피) : (구의 부피)$=1 : 2$이므로

(원뿔의 부피) : $28\pi=1 : 2$
$\therefore$ (원뿔의 부피)$=14\pi \ (\text{cm}^3)$

(구의 부피) : (원기둥의 부피)$=2 : 3$이므로
28π : (원기둥의 부피)$=2 : 3$
$\therefore$ (원기둥의 부피)$=42\pi \ (\text{cm}^3)$

따라서 $a=14\pi$, $b=42\pi$이므로
$a+b=14\pi+42\pi=56\pi$

0910 반구의 반지름의 길이를 r라 하면

(원뿔의 부피)$=\dfrac{1}{3} \times \pi r^2 \times r=\dfrac{1}{3}\pi r^3$

(반구의 부피)$=\dfrac{4}{3}\pi r^3 \times \dfrac{1}{2}=\dfrac{2}{3}\pi r^3$

(원기둥의 부피)$=\pi r^2 \times r=\pi r^3$

따라서 구하는 부피의 비는

$\dfrac{1}{3}\pi r^3 : \dfrac{2}{3}\pi r^3 : \pi r^3=1 : 2 : 3$ 🖹 $1 : 2 : 3$

0911 원기둥의 밑면인 원의 반지름의 길이를 $r \ \text{cm}$라 하면 높이는 $6r \ \text{cm}$이므로

(원기둥의 부피)$=\pi r^2 \times 6r=6\pi r^3 \ (\text{cm}^3)$

원기둥의 부피가 $108\pi \ \text{cm}^3$이므로
$6\pi r^3=108\pi$ $\therefore r^3=18$

따라서 반지름의 길이가 $r \ \text{cm}$인 구 1개의 부피는

$\dfrac{4}{3}\pi r^3=\dfrac{4}{3}\pi \times 18=24\pi \ (\text{cm}^3)$

$\therefore$ (빈 공간의 부피)$=$(원기둥의 부피)$-$(구의 부피)$\times 3$
$=108\pi-24\pi \times 3=36\pi \ (\text{cm}^3)$

🖹 $36\pi \ \text{cm}^3$

0912 구하는 정팔면체의 부피는 밑면인 정사각형의 대각선의 길이가 $6 \ \text{cm}$이고 높이가 $3 \ \text{cm}$인 사각뿔의 부피의 2배와 같다.

(사각뿔의 밑넓이)$=\dfrac{1}{2} \times 6 \times 6=18 \ (\text{cm}^2)$

$\therefore$ (정팔면체의 부피)$=$(사각뿔의 부피)$\times 2$
$=\left(\dfrac{1}{3} \times 18 \times 3\right) \times 2$
$=36 \ (\text{cm}^3)$ 🖹 $36 \ \text{cm}^3$

0913 $V_1=\left(\dfrac{4}{3}\pi \times 6^3\right) \times \dfrac{1}{2}=144\pi \ (\text{cm}^3)$

$V_2=\dfrac{1}{3} \times (\pi \times 6^2) \times 6=72\pi \ (\text{cm}^3)$

$\therefore \dfrac{V_1}{V_2}=\dfrac{144\pi}{72\pi}=2$ 🖹 2

0914 (구의 겉넓이)$=4\pi \times 4^2=64\pi \ (\text{cm}^2)$

(정육면체의 겉넓이)$=(8 \times 8) \times 6=384 \ (\text{cm}^2)$

$\therefore$ (구의 겉넓이) : (정육면체의 겉넓이)
$=64\pi : 384$
$=\pi : 6$ 🖹 ③

0915 구의 반지름의 길이를 $r \ \text{cm}$라 하면

(원뿔의 부피)$=\dfrac{1}{3} \times \pi r^2 \times r=\dfrac{1}{3}\pi r^3 \ (\text{cm}^3)$

원뿔의 부피가 $9\pi \ \text{cm}^3$이므로

$\dfrac{1}{3}\pi r^3=9\pi$, $r^3=27=3^3$ $\therefore r=3$

$\therefore$ (구의 부피)$=\dfrac{4}{3}\pi \times 3^3=36\pi \ (\text{cm}^3)$ 🖹 $36\pi \ \text{cm}^3$

0916 (전략) (기둥의 겉넓이)=(밑넓이)×2+(옆넓이)

$(2×2)×2+(2+2+2+2)×x=48$이므로

$8+8x=48, \quad 8x=40$

$\therefore x=5$　　답 ③

0917 (전략) 정육면체를 6등분 했을 때 늘어난 면의 개수를 세어 본다.

옆면이 10개 더 늘어나게 되므로

(늘어난 겉넓이)=$(6×6)×10=360$ (cm^2)　　답 360 cm^2

0918 (전략) 주어진 기둥의 밑면인 반원의 넓이와 둘레의 길이를 구한다.

(밑넓이)=$π×3^2×\dfrac{1}{2}=\dfrac{9}{2}π$ (cm^2)

(옆넓이)=$\left(6+2π×3×\dfrac{1}{2}\right)×7=21π+42$ (cm^2)

$\therefore$ (겉넓이)=(밑넓이)×2+(옆넓이)

$=\dfrac{9}{2}π×2+21π+42$

$=30π+42$ (cm^2)　　답 ③

0919 (전략) (기둥의 부피)=(밑넓이)×(높이)

오각기둥의 높이를 h cm라 하면

$24×h=168 \quad \therefore h=7$

따라서 오각기둥의 높이는 7 cm이다.　　답 7 cm

0920 (전략) 원기둥의 전개도에서 직사각형의 가로의 길이는 밑면인 원의 둘레의 길이와 같다.

(밑넓이)=$π×4^2=16π$ (cm^2)

(옆넓이)=$2π×4×10=80π$ (cm^2)

$\therefore$ (겉넓이)=$16π×2+80π$

$=112π$ (cm^2)　　답 ②

0921 (전략) 구멍이 뚫린 기둥의 겉넓이 ➡ 옆넓이를 구할 때 바깥쪽의 넓이와 안쪽의 넓이를 모두 구한다.

(밑넓이)=$π×5^2-3^2=25π-9$ (cm^2)

(옆넓이)=$2π×5×10+(3+3+3+3)×10$

$=100π+120$ (cm^2)

$\therefore$ (겉넓이)=(밑넓이)×2+(옆넓이)

$=(25π-9)×2+100π+120$

$=150π+102$ (cm^2)

(부피)=$π×5^2×10-3×3×10$

$=250π-90$ (cm^3)

답 겉넓이: $(150π+102)$ cm^2, 부피: $(250π-90)$ cm^3

0922 (전략) 큰 직육면체의 부피에서 작은 정육면체 4개의 부피를 뺀다.

(부피)=(큰 직육면체의 부피)-(작은 정육면체의 부피)×4

$=8×2×8-(2×2×2)×4$

$=128-32=96$ (cm^3)　　답 ④

0923 (전략) (주어진 회전체의 부피)

$=$(큰 원기둥의 부피)-(작은 원기둥의 부피)

주어진 평면도형을 직선 l을 회전축으로 하여 1회전 시킬 때 생기는 회전체는 오른쪽 그림과 같으므로

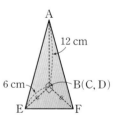

(부피)=(큰 원기둥의 부피)

　　　-(작은 원기둥의 부피)

$=π×8^2×10-π×3^2×7$

$=640π-63π=577π$ (cm^3)　　답 $577π$ cm^3

0924 (전략) 주어진 입체도형의 겉넓이를 식으로 나타낸다.

(겉넓이)=$\left(\dfrac{1}{2}×5×x\right)×4+(5+5+5+5)×6+5×5$

$=10x+145$ (cm^2)

$10x+145=185$이므로　　$10x=40$

$\therefore x=4$　　답 ②

0925 (전략) 원 O의 둘레의 길이는 원뿔의 밑면인 원의 둘레의 길이의 2배와 같음을 이용한다.

원뿔의 모선의 길이를 l cm라 하면

(원 O의 둘레의 길이)=$2πl$ (cm)

원 O의 둘레의 길이는 원뿔의 밑면인 원의 둘레의 길이의 2배와 같으므로

$2πl=(2π×4)×2 \quad \therefore l=8$

$\therefore$ (원뿔의 옆넓이)=$π×4×8=32π$ (cm^2)　　답 $32π$ cm^2

0926 (전략) 주어진 전개도로 만들어지는 입체도형의 밑넓이와 높이를 각각 구한다.

주어진 정사각형을 접어서 생기는 입체도형은 오른쪽 그림과 같은 삼각뿔이므로

(부피)=$\dfrac{1}{3}×\left(\dfrac{1}{2}×6×6\right)×12$

$=72$ (cm^3)　　답 72 cm^3

0927 (전략) 주어진 입체도형은 큰 원기둥, 작은 원기둥, 원뿔로 이루어져 있다.

(큰 원기둥의 밑넓이)=$π×6^2=36π$ (cm^2)

(큰 원기둥의 옆넓이)=$2π×6×4=48π$ (cm^2)

(포개어지지 않은 부분의 넓이)=$π×6^2-π×3^2$

$=27π$ (cm^2)

(작은 원기둥의 옆넓이)=$2π×3×4=24π$ (cm^2)

(원뿔의 옆넓이)$=\pi \times 3 \times 5 = 15\pi$ (cm^2)

$\therefore$ (겉넓이)$=36\pi + 48\pi + 27\pi + 24\pi + 15\pi = 150\pi$ (cm^2)

(부피)$=$(큰 원기둥의 부피)$+$(작은 원기둥의 부피)

$\qquad\quad +$(원뿔의 부피)

$\qquad =\pi \times 6^2 \times 4 + \pi \times 3^2 \times 4 + \dfrac{1}{3} \times (\pi \times 3^2) \times 4$

$\qquad =144\pi + 36\pi + 12\pi = 192\pi$ (cm^3)

$\qquad\qquad\qquad\qquad$ 🗒 겉넓이: 150π cm^2, 부피: 192π cm^3

0928 전략 잘라 낸 삼각뿔의 모서리의 길이를 구한다.

(부피)$=\dfrac{1}{3} \times \left(\dfrac{1}{2} \times 4 \times 3\right) \times 2 = 4$ (cm^3)　　🗒 ③

0929 전략 원기둥 모양의 그릇에 담긴 물의 높이를 x cm라 하고 물의 부피를 식으로 나타낸다.

(원뿔의 부피)$=\dfrac{1}{3} \times (\pi \times 2^2) \times 12 = 16\pi$ (cm^3)

원기둥에 담긴 물의 높이를 x cm라 하면

(원기둥에 담긴 물의 부피)$=\pi \times 8^2 \times x = 64\pi x$ (cm^3)

(원뿔의 부피)$\times 20 =$(원기둥에 담긴 물의 부피)이므로

$16\pi \times 20 = 64\pi x$　　$\therefore x = 5$

따라서 원기둥 모양의 그릇에 담긴 물의 높이는 5 cm이다.

$\qquad\qquad\qquad\qquad$ 🗒 5 cm

0930 전략 원뿔의 전개도에서 부채꼴의 호의 길이는 밑면인 원의 둘레의 길이와 같음을 이용한다.

원뿔의 모선의 길이를 l cm라 하면

$\pi \times 6^2 + \pi \times 6 \times l = 96\pi$　　$\therefore l = 10$

부채꼴의 중심각의 크기를 $x°$라 하면

$2\pi \times 10 \times \dfrac{x}{360} = 2\pi \times 6$

$\therefore x = 216$

따라서 부채꼴의 중심각의 크기는 $216°$이다.　🗒 $216°$

0931 전략 (원뿔대의 겉넓이)$=$(두 밑넓이의 합)$+$(옆넓이)

회전체는 오른쪽 그림과 같으므로

(겉넓이)

$=\pi \times 4^2 + \pi \times 6^2$

$\quad +(\pi \times 6 \times 15 - \pi \times 4 \times 10)$

$=102\pi$ (cm^2)　🗒 ④

0932 전략 반지름의 길이가 r인 구의 겉넓이와 부피는 각각 $4\pi r^2$, $\dfrac{4}{3}\pi r^3$이다.

겉넓이가 144π cm^{2}인 구의 반지름의 길이를 r cm라 하면

$4\pi r^2 = 144\pi$,　　$r^2 = 36 = 6^2$

$\therefore r = 6$

$\therefore$ (부피)$=\dfrac{4}{3}\pi \times 6^3 = 288\pi$ (cm^3)　🗒 288π cm^3

0933 전략 주어진 입체도형은 구의 $\dfrac{1}{8}$을 잘라 내고 남은 도형이다.

(겉넓이)$=(4\pi \times 10^2) \times \dfrac{7}{8} + \left(\pi \times 10^2 \times \dfrac{90}{360}\right) \times 3$

$\qquad\quad =350\pi + 75\pi = 425\pi$ (cm^2)　🗒 ④

0934 전략 사분원을 반지름을 회전축으로 하여 1회전 시키면 반구가 생긴다.

회전체는 오른쪽 그림과 같으므로

(겉넓이)

$=(4\pi \times 5^2) \times \dfrac{1}{2} + (4\pi \times 7^2) \times \dfrac{1}{2}$

$\quad +(\pi \times 7^2 - \pi \times 5^2)$

$=50\pi + 98\pi + 24\pi$

$=172\pi$ (cm^2)

(부피)$=\left(\dfrac{4}{3}\pi \times 5^3\right) \times \dfrac{1}{2} + \left(\dfrac{4}{3}\pi \times 7^3\right) \times \dfrac{1}{2}$

$\qquad =\dfrac{250}{3}\pi + \dfrac{686}{3}\pi$

$\qquad =312\pi$ (cm^3)

$\qquad\qquad$ 🗒 겉넓이: 172π cm^2, 부피: 312π cm^3

0935 전략 구의 반지름의 길이를 r cm라 하고 원기둥의 높이를 구한다.

구의 반지름의 길이를 r cm라 하면 원기둥의 높이는 $8r$ cm이므로

(원기둥의 부피)$=\pi r^2 \times 8r = 8\pi r^3$ (cm^3)

원기둥의 부피가 216π cm^{3}이므로

$8\pi r^3 = 216\pi$,　　$r^3 = 27 = 3^3$

$\therefore r = 3$

따라서 구 4개의 겉넓이의 합은

$(4\pi \times 3^2) \times 4 = 144\pi$ (cm^2)　🗒 144π cm^2

0936 전략 정팔면체의 부피는 사각뿔의 부피의 2배와 같다.

구하는 정팔면체의 부피는 밑면인 정사각형의 대각선의 길이가 12 cm이고 높이가 6 cm인 사각뿔의 부피의 2배와 같다.

(사각뿔의 밑넓이)$=\dfrac{1}{2} \times 12 \times 12 = 72$ (cm^2)

$\therefore$ (정팔면체의 부피)$=$(사각뿔의 부피)$\times 2$

$\qquad\qquad\qquad\qquad =\left(\dfrac{1}{3} \times 72 \times 6\right) \times 2$

$\qquad\qquad\qquad\qquad =288$ (cm^3)　🗒 ③

0937 전략 직육면체의 부피는 정육면체의 부피의 몇 배인지 구한다.

(직육면체의 부피)$=10 \times 20 \times 30 = 6000$ (cm^3)　… 1단계

(정육면체의 부피)$=5 \times 5 \times 5 = 125$ (cm^3)　… 2단계

$6000 \div 125 = 48$이므로 직육면체 모양의 상자에 정육면체 모양의 상자를 최대 48개까지 넣을 수 있다.　… 3단계

$\qquad\qquad\qquad\qquad$ 🗒 48개

07

입체도형의 겉넓이와 부피

단계	채점 요소	비율
1	직육면체의 부피 구하기	30 %
2	정육면체의 부피 구하기	30 %
3	최대 몇 개까지 넣을 수 있는지 구하기	40 %

0938 전략 부채꼴을 이용하여 주어진 기둥의 밑넓이, 옆넓이를 구한다.

$(밑넓이)=\pi\times6^2\times\dfrac{120}{360}-\pi\times3^2\times\dfrac{120}{360}$

$\qquad\qquad=12\pi-3\pi=9\pi\,(\text{cm}^2)$

$(옆넓이)$

$=2\pi\times3\times\dfrac{120}{360}\times10+2\pi\times6\times\dfrac{120}{360}\times10+(3\times10)\times2$

$=20\pi+40\pi+60$

$=60\pi+60\,(\text{cm}^2)$

$\therefore (겉넓이)=9\pi\times2+(60\pi+60)$

$\qquad\qquad=78\pi+60\,(\text{cm}^2)$ ⋯ **1단계**

$(부피)=9\pi\times10=90\pi\,(\text{cm}^3)$ ⋯ **2단계**

답 겉넓이: $(78\pi+60)\,\text{cm}^2$, 부피: $90\pi\,\text{cm}^3$

단계	채점 요소	비율
1	겉넓이 구하기	60 %
2	부피 구하기	40 %

0939 전략 사각뿔의 옆면인 이등변삼각형의 높이를 먼저 구한다.

사각뿔의 밑면인 정사각형의 한 변의 길이가 3 cm이므로 옆면인 이등변삼각형의 높이는

$\dfrac{1}{2}\times(12-3)=\dfrac{9}{2}\,(\text{cm})$ ⋯ **1단계**

$\therefore (밑넓이)=3\times3=9\,(\text{cm}^2)$

$(옆넓이)=\left(\dfrac{1}{2}\times3\times\dfrac{9}{2}\right)\times4=27\,(\text{cm}^2)$

$\therefore (겉넓이)=9+27=36\,(\text{cm}^2)$ ⋯ **2단계**

답 $36\,\text{cm}^2$

단계	채점 요소	비율
1	옆면인 이등변삼각형의 높이 구하기	50 %
2	겉넓이 구하기	50 %

0940 전략 우유 팩의 부피는 우유의 부피와 우유가 들어 있지 않은 부분의 부피의 합과 같음을 이용한다.

$(높이가\ 4\ \text{cm}가\ 되도록\ 넣은\ 우유의\ 부피)$

$=6\times6\times4=144\,(\text{cm}^3)$ ⋯⋯ ㉠

$(거꾸로\ 한\ 우유\ 팩의\ 빈\ 공간의\ 부피)$

$=6\times6\times3=108\,(\text{cm}^3)$ ⋯⋯ ㉡

따라서 우유 팩 전체의 부피는 ㉠과 ㉡의 합과 같으므로

$144+108=252\,(\text{cm}^3)$ 답 $252\,\text{cm}^3$

0941 전략 주어진 평면도형을 1회전 시킬 때 생기는 회전체는 원뿔대를 2개 포개어 놓은 모양과 같다.

회전체는 오른쪽 그림과 같으므로

$(겉넓이)$

$=(밑넓이)\times2$

$\quad+(원뿔대의\ 옆넓이)\times2$

$=\pi\times6^2\times2$

$\quad+(\pi\times6\times10-\pi\times3\times5)\times2$

$=72\pi+90\pi=162\pi\,(\text{cm}^2)$

$(부피)=(원뿔대의\ 부피)\times2$

$=\left\{\dfrac{1}{3}\times(\pi\times6^2)\times8-\dfrac{1}{3}\times(\pi\times3^2)\times4\right\}\times2$

$=84\pi\times2=168\pi\,(\text{cm}^3)$

답 겉넓이: $162\,\text{cm}^2$, 부피: $168\,\text{cm}^3$

0942 전략 원기둥에서 비어 있는 부분의 부피를 먼저 구한다.

원기둥에서 비어 있는 부분은 밑면인 원의 반지름의 길이가 6 cm, 높이가 2 cm인 원기둥의 절반이므로 그 부피는

$(\pi\times6^2\times2)\times\dfrac{1}{2}=36\pi\,(\text{cm}^3)$

$(구의\ 부피)=\dfrac{4}{3}\pi\times3^3=36\pi\,(\text{cm}^3)$

$\therefore (물의\ 부피)$

$=(원기둥의\ 부피)$

$\quad-(원기둥에서\ 비어\ 있는\ 부분의\ 부피)-(구의\ 부피)$

$=\pi\times6^2\times10-36\pi-36\pi$

$=288\pi\,(\text{cm}^3)$ 답 $288\pi\,\text{cm}^3$

08 대푯값

IV. 통계

교과서문제 정복하기

> 본문 143쪽

0943 (평균)$=\dfrac{9+4+5+6+6}{5}=\dfrac{30}{5}=6$

답 6

0944 (평균)$=\dfrac{8+5+4+10+7+2}{6}$

$=\dfrac{36}{6}=6$

답 6

0945 (평균)$=\dfrac{80+85+95+93+77+86}{6}$

$=\dfrac{516}{6}=86$

답 86

0946 (평균)$=\dfrac{18+20+21+22+24+26+24+21}{8}$

$=\dfrac{176}{8}=22$

답 22

0947 변량을 작은 값부터 크기순으로 나열하면

80, 80, 90, 100, 130

이므로　(중앙값)$=90$

답 90

0948 변량을 작은 값부터 크기순으로 나열하면

3, 4, 5, 7, 8, 9

이므로　(중앙값)$=\dfrac{5+7}{2}=6$

답 6

0949 변량을 작은 값부터 크기순으로 나열하면

1, 3, 4, 5, 6, 7, 9, 10

이므로　(중앙값)$=\dfrac{5+6}{2}=5.5$

답 5.5

0950 변량을 작은 값부터 크기순으로 나열하면

68, 69, 76, 83, 87, 95, 97

이므로　(중앙값)$=83$

답 83

0951 3이 가장 많이 나타나므로 최빈값은 3이다.

답 3

0952 2가 가장 많이 나타나므로 최빈값은 2이다.

답 2

0953 9, 10이 가장 많이 나타나므로 최빈값은 9, 10이다.

답 9, 10

0954 빨강이 가장 많이 나타나므로 최빈값은 빨강이다.

답 빨강

0955 자료를 수량으로 나타낸 것을 변량이라 한다.

답 ×

0956 답 ○

0957 평균은 자료에 매우 크거나 매우 작은 값이 있으면 영향을 받으므로 그 자료 전체의 중심 경향을 가장 잘 나타낸다고 할 수 없다.

답 ×

0958 답 ○

0959 답 ○

RPM 비법 노트

평균, 중앙값, 최빈값의 특징

(1) 평균

① 모든 자료의 값을 이용한다.

② 각 자료에 대하여 그 값이 유일하다.

③ 자료에 매우 크거나 매우 작은 변량이 있으면 그 값에 영향을 받는다.

(2) 중앙값

① 각 자료에 대하여 그 값이 유일하다.

② 자료에 매우 크거나 매우 작은 변량이 있어도 영향을 받지 않는다.

(3) 최빈값

① 각 자료에 대하여 2개 이상일 수도 있다.

② 수량이 아닌 자료에도 이용이 가능하다.

0960 (평균)$=\dfrac{2+9+8+7+2+14}{6}$

$=\dfrac{42}{6}=7$ (개)

답 7개

0961 변량을 작은 값부터 크기순으로 나열하면

2, 2, 7, 8, 9, 14

이므로　(중앙값)$=\dfrac{7+8}{2}=7.5$ (개)

답 7.5개

0962 2개가 가장 많이 나타나므로 최빈값은 2개이다.

답 2개

0963 (평균)$=\dfrac{1\times2+2\times1+3\times4+4\times5+5\times3}{15}$

$=\dfrac{51}{15}=3.4$ (점)

답 3.4점

0964 변량을 작은 값부터 크기순으로 나열하면

1, 1, 2, 3, 3, 3, 3, 4, 4, 4, 4, 4, 5, 5, 5

이므로　(중앙값)$=4$점

답 4점

0965 4점이 가장 많이 나타나므로 최빈값은 4점이다.

답 4점

0966 $2+4+x+1+1=10$에서 $x=2$

$\therefore$ (평균)$=\dfrac{1\times2+2\times4+3\times2+4\times1+5\times1}{10}$

$\qquad\quad =\dfrac{25}{10}=2.5$ (회) 　답 ③

0967 $\dfrac{2+6+6+3+5+2}{6}=\dfrac{24}{6}=4$ (개) 　답 4개

0968 4개의 변량 a, b, c, d의 평균이 8이므로

$\dfrac{a+b+c+d}{4}=8$　$\therefore a+b+c+d=32$

따라서 5개의 변량 a, b, c, d, 9의 평균은

$\dfrac{a+b+c+d+9}{5}=\dfrac{32+9}{5}=\dfrac{41}{5}=8.2$ 　답 ②

0969 A 조의 변량을 작은 값부터 크기순으로 나열하면

$\quad$ 10, 23, 25, 32, 47

$\therefore$ (중앙값)$=25$시간

B 조의 변량을 작은 값부터 크기순으로 나열하면

$\quad$ 8, 9, 11, 15, 20, 24

$\therefore$ (중앙값)$=\dfrac{11+15}{2}=13$ (시간)

따라서 $a=25$, $b=13$이므로

$a+b=25+13=38$ 　답 38

0970 (평균)

$=\dfrac{8+3+5+18+4+1+7+4+10+1+6+5}{12}=\dfrac{72}{12}=6$ (회)

$\therefore a=6$ $\qquad\qquad\qquad$ … **1단계**

변량을 작은 값부터 크기순으로 나열하면

$\quad$ 1, 1, 3, 4, 4, 5, 5, 6, 7, 8, 10, 18

$\therefore$ (중앙값)$=\dfrac{5+5}{2}=5$ (회)

$\therefore b=5$ $\qquad\qquad\qquad$ … **2단계**

$\therefore ab=6\times5=30$ $\qquad\quad$ … **3단계**

답 30

단계	채점 요소	비율
1	a의 값 구하기	40 %
2	b의 값 구하기	40 %
3	ab의 값 구하기	20 %

0971 p, q, r를 제외한 6개의 변량을 작은 값부터 크기순으로 나열하면

$\quad$ 2, 4, 4, 7, 8, 9

위의 자료에 3개의 변량 p, q, r를 추가하면 중앙값은 5번째에 있는 값이 된다.

이때 위의 자료에서 5번째에 있는 값은 8이고 경우를 나누면 다음과 같다.

(i) p, q, r 중 8보다 작은 값이 많이 있는 경우

$\quad$ 5번째에 있는 값이 8보다 작아지므로 중앙값은 8보다 작다.

(ii) p, q, r 중 하나는 8과 같고 나머지 2개는 8보다 큰 경우

$\quad$ 5번째에 있는 값이 8이므로 중앙값은 8이 된다.

(iii) p, q, r가 모두 8보다 큰 경우

$\quad$ 5번째에 있는 값이 8이므로 중앙값은 8이 된다.

이상에서 중앙값이 될 수 있는 가장 큰 수는 8이다. 　답 8

0972 (평균)$=\dfrac{11+9+13+11+8+11+8+12+10+7}{10}$

$\qquad\qquad =\dfrac{100}{10}=10$ (파운드)

$\therefore a=10$

볼링공에 적힌 수를 작은 값부터 크기순으로 나열하면

$\quad$ 7, 8, 8, 9, 10, 11, 11, 11, 12, 13

$\therefore$ (중앙값)$=\dfrac{10+11}{2}=10.5$ (파운드)

$\therefore b=10.5$

가장 많이 나타나는 값이 11이므로　(최빈값)$=11$파운드

$\therefore c=11$

$\therefore a+b+c=10+10.5+11=31.5$ 　답 ③

0973 바둑 급수를 작은 값부터 크기순으로 나열하면

$\quad$ 3, 4, 7, 7, 8, 8, 8, 9, 9

가장 많이 나타나는 값은 8이므로　(최빈값)$=8$급

따라서 바둑 급수가 최빈값인 학생은 창훈, 진수, 태연이다.

답 창훈, 진수, 태연

0974 변량을 작은 값부터 크기순으로 나열하면

$\quad$ 5, 5, 7, 8, 9, 10, 12, 13

$\therefore$ (중앙값)$=\dfrac{8+9}{2}=8.5$ (kg) … **1단계**

가장 많이 나타나는 값은 5이므로　(최빈값)$=5$ kg … **2단계**

따라서 중앙값과 최빈값의 합은

$\quad 8.5+5=13.5$ (kg) $\qquad\qquad$ … **3단계**

답 13.5 kg

단계	채점 요소	비율
1	중앙값 구하기	40 %
2	최빈값 구하기	40 %
3	중앙값과 최빈값의 합 구하기	20 %

0975 자료에 극단적인 값이 있으므로 대푯값으로 더 적절한 것은 중앙값이다.

변량을 작은 값부터 크기순으로 나열하면

$\quad$ 2, 4, 5, 7, 8, 46

$\therefore$ (중앙값)$=\dfrac{5+7}{2}=6$ (편) 　답 중앙값, 6편

0976 일주일 동안 가장 많이 판매된 치수의 바지를 가장 많이 준비해야 하므로 대푯값으로 가장 적절한 것은 최빈값이고, 그 값은 80 cm이다. 　답 최빈값, 80 cm

0977 ⑤ 자료에 극단적인 값이 있으므로 평균을 대푯값으로 하기에 적절하지 않다. 〔답〕 ⑤

0978 a를 제외한 변량을 작은 값부터 크기순으로 나열하면
9, 13, 27
이때 중앙값이 14이므로 $13 < a < 27$
4개의 변량을 작은 값부터 크기순으로 나열하면
9, 13, a, 27
즉 $\dfrac{13+a}{2} = 14$이므로 $13+a = 28$
 $\therefore a = 15$ 〔답〕 15

0979 평균이 24회이므로
$$\dfrac{24+28+40+12+8+x}{6} = 24$$
 $112+x = 144$ $\therefore x = 32$
변량을 작은 값부터 크기순으로 나열하면
8, 12, 24, 28, 32, 40
 $\therefore$ (중앙값) $= \dfrac{24+28}{2} = 26$ (회) 〔답〕 ③

0980 $a \leq b$이고 최빈값이 28이므로 $b = 28$ … 1단계
중앙값이 26이므로 $\dfrac{a+28}{2} = 26$
 $a+28 = 52$ $\therefore a = 24$ … 2단계
 $\therefore b-a = 28-24 = 4$ … 3단계
〔답〕 4

단계	채점 요소	비율
1	b의 값 구하기	40 %
2	a의 값 구하기	40 %
3	$b-a$의 값 구하기	20 %

〔참고〕 a, b를 제외한 변량 중 20과 28이 2개씩이고, 나머지는 1개씩이므로 최빈값이 28이려면 28이 20보다 많아야 한다. 따라서 $b = 28$이다.

0981 ㄱ. 평균은 6이므로 추가되는 한 개의 변량이 6이면 평균은 변하지 않지만 6이 아니면 평균은 변한다.
ㄴ. 한 개의 변량을 추가하기 전 이 자료의 중앙값은 6이고 추가한 변량을 a라 하자.
(ⅰ) 6보다 작은 변량을 추가한 경우
 a, 3, 6, 6, 6, 9 또는 3, a, 6, 6, 6, 9이므로
 (중앙값) $= \dfrac{6+6}{2} = 6$
(ⅱ) 6을 추가한 경우
 3, 6, 6, 6, 6, 9이므로 (중앙값) $= \dfrac{6+6}{2} = 6$
(ⅲ) 6보다 큰 변량을 추가한 경우
 3, 6, 6, 6, a, 9 또는 3, 6, 6, 6, 9, a이므로
 (중앙값) $= \dfrac{6+6}{2} = 6$
따라서 이 자료의 중앙값은 변하지 않는다.

ㄷ. 한 개의 변량이 추가되어도 6이 가장 많이 나타나므로 최빈값은 6으로 변하지 않는다.
이상에서 옳은 것은 ㄴ, ㄷ이다. 〔답〕 ㄴ, ㄷ

0982 처음 과학 동아리의 학생 8명의 과학 점수를 작은 값부터 크기순으로 나열할 때, 5번째 값을 x점이라 하면
$$\dfrac{78+x}{2} = 80, \qquad 78+x = 160 \qquad \therefore x = 82$$
이 동아리에 과학 점수가 83점인 학생이 들어왔을 때, 9명의 과학 점수를 작은 값부터 크기순으로 나열하면 중앙값은 5번째 값인 82점이다. 〔답〕 82점

0983 자료 A의 중앙값이 9이므로 $a = 9$
a, b는 서로 다른 자연수이므로 $9 < b \leq 13$
두 자료 A, B를 섞은 전체 자료를 작은 값부터 크기순으로 나열하면
4, 7, 8, 9, $b-1$, b, 13, 14, 15
이 자료의 중앙값이 12이므로
 $b-1 = 12$ $\therefore b = 13$
 $\therefore a+b = 9+13 = 22$ 〔답〕 22

 시험에 꼭 **나오는 문제** ▷ 본문 147~149쪽

0984 〔전략〕 각 대푯값의 뜻을 생각한다.
⑤ 평균은 모든 자료의 값을 이용하여 계산한다.
따라서 옳지 않은 것은 ⑤이다. 〔답〕 ⑤

0985 〔전략〕 (평균) $= \dfrac{(변량의 총합)}{(변량의 개수)}$임을 이용하여 두 반 전체 학생의 하루 동안 이모티콘 사용 횟수의 평균을 구한다.
$$(평균) = \dfrac{25 \times 2 + 20 \times 11}{25+20} = \dfrac{270}{45} = 6 \,(회)$$ 〔답〕 6회

RPM 비법 노트

두 반 A, B의 변량의 개수와 평균이 오른쪽 표와 같을 때, 두 반 A, B 전체 변량의 평균은

반	A	B
변량의 개수	m	n
평균	a	b

$$\dfrac{(전체\ 변량의\ 총합)}{(전체\ 변량의\ 총개수)} = \dfrac{ma+nb}{m+n}$$

0986 〔전략〕 전체 학생 수를 이용하여 a의 값을 먼저 구한다.
 $a+7+6+3+1 = 27$이므로 $a = 10$
주어진 표에서 강아지가 가장 많이 나타나므로 최빈값은 강아지이다. 〔답〕 ①

0987 전략 평균, 중앙값, 최빈값의 의미를 알고 그 값을 각각 구한다.

$(평균)=\dfrac{6+7+7+7+6+5+4}{7}=\dfrac{42}{7}=6\ (시간)$

주어진 변량을 작은 값부터 크기순으로 나열하면

$\quad 4,\ 5,\ 6,\ 6,\ 7,\ 7,\ 7$

$\quad \therefore (중앙값)=6시간$

7이 가장 많이 나타나므로 $\quad (최빈값)=7시간$

따라서 $a=6,\ b=6,\ c=7$이므로

$\quad a+b+c=6+6+7=19$ 　　　　　답 ②

0988 전략 각 변량에 해당하는 학생 수를 그래프에서 확인한 후 평균과 중앙값을 구한다.

$(평균)=\dfrac{1\times4+2\times2+3\times3+4\times2+5\times1}{12}=\dfrac{30}{12}=2.5\ (회)$

주어진 변량을 작은 값부터 크기순으로 나열하면

$\quad 1,\ 1,\ 1,\ 1,\ 2,\ 2,\ 3,\ 3,\ 3,\ 4,\ 4,\ 5$

$\quad \therefore (중앙값)=\dfrac{2+3}{2}=2.5\ (회)$

따라서 $a=2.5,\ b=2.5$이므로

$\quad a-b=2.5-2.5=0$ 　　　　　답 0

0989 전략 주어진 자료의 변량을 작은 값부터 크기순으로 나열한 후 중앙값과 최빈값을 각각 구한다.

변량을 작은 값부터 크기순으로 나열한 후 중앙값과 최빈값을 구하면 다음과 같다.

① $2,\ 3,\ 4,\ 5,\ 6,\ 6 \Rightarrow (중앙값)=\dfrac{4+5}{2}=4.5,\ (최빈값)=6$

② $4,\ 4,\ 4,\ 6,\ 6,\ 7 \Rightarrow (중앙값)=\dfrac{4+6}{2}=5,\ (최빈값)=4$

③ $0,\ 1,\ 3,\ 5,\ 5,\ 6 \Rightarrow (중앙값)=\dfrac{3+5}{2}=4,\ (최빈값)=5$

④ $2,\ 2,\ 3,\ 5,\ 5,\ 5,\ 8 \Rightarrow (중앙값)=5,\ (최빈값)=5$

⑤ $2,\ 3,\ 5,\ 6,\ 8,\ 8,\ 10 \Rightarrow (중앙값)=6,\ (최빈값)=8$

따라서 중앙값과 최빈값이 서로 같은 것은 ④이다. 　　답 ④

0990 전략 유민이와 시하의 음악 실기 평가 점수의 평균, 중앙값, 최빈값을 각각 구한 후 대소를 비교한다.

유민: $(평균)=\dfrac{8+10+8+8+6}{5}=\dfrac{40}{5}=8\ (점)$

$\quad (중앙값)=8점,\ (최빈값)=8점$

시하: $(평균)=\dfrac{10+5+6+9+10}{5}=\dfrac{40}{5}=8\ (점)$

$\quad (중앙값)=9점,\ (최빈값)=10점$

① 유민이의 점수의 평균은 중앙값과 같다.

② 시하의 점수의 최빈값은 중앙값보다 크다.

③ 유민이의 점수의 평균은 시하의 점수의 평균과 같다.

④ 유민이의 점수의 중앙값과 시하의 점수의 중앙값은 같지 않다.

따라서 옳은 것은 ⑤이다. 　　　　　답 ⑤

0991 전략 세 자료 A, B, C 각각에 대하여 자료의 중심 경향을 가장 잘 나타내는 대푯값을 생각한다.

ㄱ. $(평균)=\dfrac{0+3+5+5+5+6}{6}=\dfrac{24}{6}=4$

$\quad (중앙값)=5,\ (최빈값)=5$

자료 A의 중앙값과 최빈값은 같지만 평균은 다르다.

ㄴ. 자료 B에 300과 같은 극단적인 값이 있으므로 평균보다 중앙값이 대푯값으로 더 적절하다.

ㄷ. 자료 C는 극단적인 값이 없고, 각 변량이 모두 1개씩이므로 최빈값보다 평균이나 중앙값이 자료의 중심 경향을 더 잘 나타낸다.

이상에서 옳은 것은 ㄴ, ㄷ이다. 　　　　　답 ⑤

0992 전략 먼저 자료 A의 중앙값이 40임을 이용하여 a의 값을 구한다.

자료 A의 중앙값이 40이고, $a<b$이므로 $\quad a=40$

자료 B에서 b를 제외한 변량을 작은 값부터 크기순으로 나열하면

$\quad 10,\ 20,\ 40,\ 70,\ 90$

중앙값이 50이므로 $\quad 40<b<70$

즉 $\dfrac{40+b}{2}=50$이므로 $\quad 40+b=100$

$\quad \therefore b=60$

$\quad \therefore b-a=60-40=20$ 　　　　　답 20

0993 전략 먼저 주어진 자료의 최빈값을 구한다.

가장 많이 나타나는 값이 9이므로 $\quad (최빈값)=9개$

평균이 9개이므로

$\quad \dfrac{9+11+x+5+13+9+9}{7}=9$

$\quad \dfrac{x+56}{7}=9,\quad x+56=63$

$\quad \therefore x=7$ 　　　　　답 7

참고 x를 제외한 변량 중 9가 3개이고 나머지 변량은 1개씩이므로 x의 값에 관계없이 최빈값은 9개이다.

0994 전략 주어진 자료에서 최빈값이 10점이 되기 위한 $a,\ b,\ c$의 값을 생각해 본다.

$a,\ b,\ c$를 제외한 자료에서 5점이 2개로 가장 많고 최빈값이 10점이므로 $a,\ b,\ c$ 중 적어도 2개는 10이어야 한다.

$a,\ b,\ c$의 값을 차례대로 $10,\ 10,\ c$라 하고 c를 제외한 변량을 작은 값부터 크기순으로 나열하면

$\quad 4,\ 5,\ 5,\ 7,\ 10,\ 10,\ 10$

이때 자료의 중앙값이 8점이므로 $7<c<10$이어야 하고

$\quad \dfrac{7+c}{2}=8,\quad 7+c=16$

$\quad \therefore c=9$

$\quad \therefore a+b+c=10+10+9=29$ 　　　　　답 29

0995 (전략) 준혁이의 4회의 시험 점수를 x점이라 하고 평균이 92점임을 이용한다.

준혁이의 4회의 시험 점수를 x점이라 하면

$$\frac{92+88+90+x}{4}=92 \qquad \therefore x=98$$

따라서 4회의 시험에서 98점을 받아야 한다. 답 ⑤

0996 (전략) 두 샌드위치를 시식한 학생 수가 같음을 이용하여 먼저 x의 값을 구한다.

두 샌드위치 A, B를 시식한 학생 수가 같으므로

$$2+3+5+7+x=1+4+3+2+12$$

$$\therefore x=5 \qquad \cdots \boxed{\text{1단계}}$$

따라서 샌드위치 A의 점수의 최빈값은 4점, 샌드위치 B의 점수의 최빈값은 5점이므로

$$a=4, \ b=5 \qquad \cdots \boxed{\text{2단계}}$$

$$\therefore a+b=4+5=9 \qquad \cdots \boxed{\text{3단계}}$$

답 9

단계	채점 요소	비율
1	x의 값 구하기	40 %
2	a, b의 값 구하기	40 %
3	$a+b$의 값 구하기	20 %

0997 (전략) 자료에 극단적인 값이 있을 때 어떤 대푯값을 이용하는 것이 적절한지 생각한다.

$$(평균)=\frac{15+20+21+28+15+199+18+28}{8}$$

$$=\frac{344}{8}=43 \qquad \cdots \boxed{\text{1단계}}$$

변량을 작은 값부터 크기순으로 나열하면

15, 15, 18, 20, 21, 28, 28, 199

$$\therefore (중앙값)=\frac{20+21}{2}=20.5 \qquad \cdots \boxed{\text{2단계}}$$

주어진 자료에 199와 같은 극단적인 값이 있으므로 자료의 대푯값으로 더 적절한 것은 중앙값이다. $\cdots \boxed{\text{3단계}}$

답 풀이 참조

단계	채점 요소	비율
1	평균 구하기	30 %
2	중앙값 구하기	30 %
3	대푯값으로 더 적절한 것과 그 이유 말하기	40 %

0998 (전략) 주어진 5개의 변량 중 3개의 변량을 a, b, c라 하고 최빈값을 이용하여 두 값을 먼저 정한다.

조건 (가)에서 가장 작은 수는 8, 가장 큰 수는 15이므로 5개의 변량을 작은 값부터 크기순으로 나열했을 때, 8, a, b, c, 15라 하자.

조건 (나)에서 최빈값이 9이므로 a, b, c 중 적어도 2개는 9이어야 한다. $\cdots \boxed{\text{1단계}}$

$a=b=9$라 하면 5개의 변량은 8, 9, 9, c, 15이고 평균은 11이므로

$$\frac{8+9+9+c+15}{5}=11, \qquad c+41=55$$

$$\therefore c=14 \qquad \cdots \boxed{\text{2단계}}$$

따라서 5개의 변량을 작은 값부터 크기순으로 나열하면 8, 9, 9, 14, 15이므로 구하는 수는 14이다. $\cdots \boxed{\text{3단계}}$

답 14

단계	채점 요소	비율
1	주어진 자료 중 4개의 변량 알기	40 %
2	나머지 1개의 변량 구하기	40 %
3	크기순으로 나열할 때 네 번째에 오는 수 구하기	20 %

0999 (전략) 점수가 70점인 학생 1명을 제외한 학생 9명의 수학 점수의 총점과 잘못 본 점수를 문자로 놓고 식을 세운다.

점수가 70점인 학생 1명을 제외한 학생 9명의 수학 점수의 총점을 A점이라 하고, 70점을 x점으로 잘못 보았다고 하면

$$\frac{A+70}{10}+1=\frac{A+x}{10}$$

$$A+70+10=A+x \qquad \therefore x=80$$

따라서 80점으로 잘못 보았다. 답 ①

1000 (전략) 주어진 자료의 변량에서 최빈값을 먼저 구한다.

A를 제외한 7개의 변량이 모두 1개씩이므로

(최빈값)=A회

평균과 최빈값이 같으므로

$$\frac{8+4+5+A+9+7+12+11}{8}=A$$

$$\frac{56+A}{8}=A, \qquad 56+A=8A$$

$$7A=56 \qquad \therefore A=8$$

변량을 작은 값부터 크기순으로 나열하면

4, 5, 7, 8, 8, 9, 11, 12

$$\therefore (중앙값)=\frac{8+8}{2}=8 \ (회)$$

답 8회

1001 (전략) A, B, C, D, E의 기록을 각각 a초, b초, c초, d초, e초라 하고 먼저 a의 값을 구한다.

A, B, C, D, E의 기록을 각각 a초, b초, c초, d초, e초라 하면

$$\frac{a+b+c+d+e}{5}=8.6$$

$$\therefore a+b+c+d+e=43 \qquad \cdots\cdots \ \text{㉠}$$

또 5명의 학생 F, B, C, D, E의 기록의 평균은 8.2초이므로

$$\frac{7+b+c+d+e}{5}=8.2$$

$$\therefore b+c+d+e=34 \qquad \cdots\cdots \ \text{㉡}$$

㉠, ㉡에서 $a=9$

이때 A, B, C, D, E의 기록의 중앙값이 9.2초이고 $9<9.2$, $7<9.2$이므로 A 대신 F를 포함한 F, B, C, D, E의 기록의 중앙값은 9.2초로 변하지 않는다. 답 9.2초

09 도수분포표와 상대도수

교과서문제 **정복하기**　　　▶본문 151, 153쪽

1002 답

(1|2는 12장)

줄기	잎
1	2　3　4
2	1　2　2　5　6　7
3	3　5　5　7　8
4	0　1

1003 답 3, 5, 5, 7, 8

1004 답 2

1005 가장 많은 사진을 찍은 학생이 찍은 사진의 장수는 41
이다.
답 41

1006 기록이 20회 미만인 학생 수는 줄기가 1인 잎의 수와
같으므로 4이다.
답 4

1007 줄기와 잎 그림에서 5번째로 큰 수는 45이다. 따라서
기록이 5번째로 좋은 학생의 기록은 45회이다.
답 45회

1008 (전체 학생 수)=4+6+3+4+2=19
답 19

1009 답 가장 작은 변량: 3시간, 가장 큰 변량: 16시간

1010 답

봉사 활동 시간(시간)		도수(명)
3이상 ~ 6미만	///	3
6 ~ 9	///// //	7
9 ~ 12	/////	5
12 ~ 15	///	3
15 ~ 18	//	2
합계		20

1011 봉사 활동 시간이 12시간 이상인 학생 수는
3+2=5
답 5

1012 답 45 kg 이상 50 kg 미만

1013 계급의 크기는 계급의 양 끝 값의 차이므로
45−40=5 (kg)
답 5 kg

1014 답 5

1015 $A=30-(3+8+9+3)=7$
답 7

1016 답 50 kg 이상 55 kg 미만

1017 답

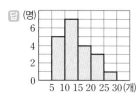

1018 계급의 크기는 계급의 양 끝 값의 차이므로
15−10=5 (m)
답 5 m

1019 답 6

1020 (전체 학생 수)=1+2+6+11+7+3=30
답 30

1021 답 25 m 이상 30 m 미만

1022 던지기 기록이 30 m 이상인 학생 수는
7+3=10
답 10

1023 답

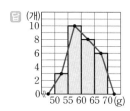

1024 계급의 크기는 양 끝 값의 차이므로
4−2=2 (권)
답 2권

1025 답 6

1026 (전체 회원 수)=4+6+12+10+4+4=40
답 40

1027 답 4권 이상 6권 미만

1028 답 10

1029

나이(세)	도수(명)	상대도수
$15^{이상} \sim 20^{미만}$	12	0.06
20 ~ 25	32	0.16
25 ~ 30	68	0.34
30 ~ 35	52	0.26
35 ~ 40	36	0.18
합계	200	1

1030 답 25세 이상 30세 미만

1031 답

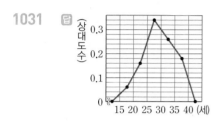

1035 은정이는 여학생 중 5번째로 줄넘기를 많이 하였으므로 줄넘기를 45회 하였고, 은정이보다 줄넘기를 많이 한 남학생은 47회, 53회, 54회, 63회, 63회, 67회의 6명이다.   답 6

1036 (전체 학생 수)$=4+6+5=15$ … 1단계
운동 시간이 상위 40 % 이내에 속하는 학생은
$$15 \times \frac{40}{100} = 6 \text{ (명)}$$ … 2단계
이때 운동 시간이 6번째로 긴 학생의 운동 시간이 38분이므로 윤서의 운동 시간은 최소 38분이다.   … 3단계
답 38분

단계	채점 요소	비율
1	전체 학생 수 구하기	20 %
2	운동 시간이 상위 40 % 이내인 학생 수 구하기	50 %
3	윤서의 운동 시간은 최소 몇 분인지 구하기	30 %

1037 ① 계급의 크기는 $150-145=5$ (cm)
③ $A=20-(2+6+5+3+1)=3$
④ 키가 160 cm 이상 170 cm 미만인 학생 수는 $5+3=8$
따라서 옳지 않은 것은 ④이다.   답 ④

1038 강수량이 60 mm 미만인 지역은 $3+5=8$ (개)
따라서 강수량이 8번째로 적은 지역이 속하는 계급은 30 mm 이상 60 mm 미만이다.   답 30 mm 이상 60 mm 미만

1039 ㄱ. 연착 시간이 15분 이상인 비행기 수는 $6+1=7$이므로
$$\frac{7}{50} \times 100 = 14 \ (\%)$$
ㄴ. 연착 시간이 20분 미만인 비행기 수는 $25+18+6=49$
ㄷ. 연착 시간이 가장 긴 비행기가 속하는 계급은 20분 이상 25분 미만이지만 정확한 시간은 알 수 없다.
이상에서 옳은 것은 ㄱ, ㄴ이다.   답 ㄱ, ㄴ

1040 $2+3x=\dfrac{2}{3}(7+3+x)$에서
$3(2+3x)=2(10+x)$, $6+9x=20+2x$
$7x=14$ ∴ $x=2$ … 1단계
따라서 전체 학생 수는
$2+6+7+3+2=20$ … 2단계
답 20

단계	채점 요소	비율
1	x의 값 구하기	70 %
2	전체 학생 수 구하기	30 %

유형 익히기   ▶ 본문 154~164쪽

1032 ① 잎이 가장 많은 줄기는 3이다.
② 전체 학생 수는 잎의 수와 같으므로
$3+5+6+3=17$
③ 기록이 좋은 학생의 기록부터 차례대로 나열하면
49 m, 48 m, 42 m, 39 m, 37 m, 36 m, …
이므로 기록이 6번째로 좋은 학생의 기록은 36 m이다.
④ 기록이 21 m 이하인 학생은
21 m, 20 m, 17 m, 15 m, 14 m
의 5명이다.
⑤ 기록이 가장 좋은 학생의 기록은 49 m
기록이 가장 나쁜 학생의 기록은 14 m
따라서 기록의 차는 $49-14=35$ (m)
따라서 옳은 것은 ⑤이다.   답 ⑤

1033 $A=5$, $B=5$, $C=7$이므로
$A+B-C=5+5-7=3$ 답 3

1034 (1) 줄기가 2인 잎은
8, 4, 4, 2, 0, 2, 2, 3, 7
의 9개이다.
(2) 줄기가 3인 잎 중 가장 큰 수는 9이므로 독서 시간이 가장 긴 학생의 독서 시간은 39시간이다.
(3) 독서 시간이 15시간 이상 33시간 이하인 학생은
16시간, 19시간, 20시간, 22시간, 24시간, 24시간,
28시간, 22시간, 22시간, 23시간, 27시간, 33시간
의 12명이다.
답 (1) 9 (2) 39시간 (3) 12

1041 $2+5+A+8+6+1=30$이므로
$22+A=30$ ∴ $A=8$
나트륨 함량이 700 mg 미만인 과자는 $2+5+8=15$ (개)이므로
$4+B=15$ ∴ $B=11$

09
도수분포표와 상대도수

또 $4+11+10+C=30$이므로 $25+C=30$

$\therefore C=5$

$\therefore A+B-C=8+11-5=14$ 🖍 14

1042 인터넷 이용 시간이 60분 이상 80분 미만인 학생이 전체의 30 %이므로

$$\frac{A}{30}\times100=30 \qquad \therefore A=9$$

$$\therefore B=30-(4+5+9+8)=4$$

따라서 인터넷 이용 시간이 80분 이상인 학생은 $8+4=12$ (명)이므로

$$\frac{12}{30}\times100=40\ (\%)$$ 🖍 40 %

1043 소음도가 70 dB 이상인 지역은 $7+1=8$ (곳)이므로 전체 지역 수를 x라 하면

$$8=x\times\frac{20}{100} \qquad \therefore x=40$$

따라서 소음도가 50 dB 이상 60 dB 미만인 지역 수는

$$40-(4+6+10+7+1)=12$$ 🖍 12

1044 (1) 무게가 7 kg 미만인 귤 상자가 $(33+A)$개이므로

$$\frac{33+A}{200}\times100=40, \qquad 33+A=80$$

$\therefore A=47$ … 1단계

$\therefore B=200-(33+47+64+21)=35$ … 2단계

(2) 무게가 8 kg 이상인 귤 상자는 $35+21=56$ (개)이므로

$$\frac{56}{200}\times100=28\ (\%)$$ … 3단계

🖍 (1) $A=47$, $B=35$ (2) 28 %

단계	채점 요소	비율
1	A의 값 구하기	40 %
2	B의 값 구하기	30 %
3	무게가 8 kg 이상인 귤 상자는 전체의 몇 %인지 구하기	30 %

1045 (1) 완주 기록이 40분 미만인 참가자는 6명, 45분 미만인 참가자는 $6+8=14$ (명)이므로 완주 기록이 좋은 쪽에서 10번째인 참가자가 속하는 계급은 40분 이상 45분 미만이다.

(2) (전체 참가자 수)$=6+8+19+10+7=50$

완주 기록이 50분 이상인 참가자는 $10+7=17$ (명)이므로

$$\frac{17}{50}\times100=34\ (\%)$$

🖍 (1) 40분 이상 45분 미만   (2) 34 %

1046 계급의 크기는 $24-12=12$ (개월)

$\therefore a=12$

계급의 개수는 4이므로 $b=4$

도수가 가장 큰 계급은 36개월 이상 48개월 미만이므로

$c=36$, $d=48$

$\therefore a+b+c+d=12+4+36+48=100$ 🖍 100

1047 ㄱ. (전체 학생 수)$=2+6+10+6+5+1=30$

ㄴ. 성적이 60점 미만인 학생 수는 $2+6=8$

ㄷ. 성적이 80점 이상인 학생 수는 $5+1=6$

성적이 70점 이상인 학생 수는 $6+5+1=12$

따라서 성적이 좋은 쪽에서 12번째인 학생이 속하는 계급은 70점 이상 80점 미만이다.

ㄹ. 성적이 80점 이상인 학생은 $5+1=6$ (명)이므로

$$\frac{6}{30}\times100=20\ (\%)$$

이상에서 옳은 것은 ㄱ, ㄷ이다.   🖍 ㄱ, ㄷ

1048 계급의 크기가 10점이고 도수의 총합이

$$3+5+9+7+1=25\ (명)$$

이므로

(직사각형의 넓이의 합)$=$(계급의 크기)$\times$(도수의 총합)

$$=10\times25=250$$ 🖍 ⑤

1049 ② 직사각형의 넓이의 합은

$$2\times(4+8+6+4+2)=2\times24=48$$

따라서 옳지 않은 것은 ②이다.   🖍 ②

1050 계급의 크기는 2초이고 도수가 가장 큰 계급의 도수는 8명이므로 이 계급의 직사각형의 넓이는

$$2\times8=16$$

도수가 가장 작은 계급의 도수는 2명이므로 이 계급의 직사각형의 넓이는 $2\times2=4$

따라서 $16\div4=4$ (배)이다.   🖍 4배

1051 던지기 기록이 37 m 이상인 학생이 3명이므로 전체 학생 수를 x라 하면

$$3=x\times\frac{10}{100} \qquad \therefore x=30$$

따라서 기록이 29 m 이상 37 m 미만인 학생 수는

$$30-(3+10+8+3)=6$$ 🖍 6

1052 읽은 책의 수가 30권 이상 35권 미만인 학생 수를 x라 하면 읽은 책의 수가 25권 이상 30권 미만인 학생 수는 $x-2$이다.

전체 학생이 28명이므로

$$2+3+(x-2)+x+5=28, \qquad 2x=20$$

$$\therefore x=10$$

따라서 읽은 책의 수가 30권 이상 35권 미만인 학생 수는 10이다.   🖍 10

1053 공부한 시간이 7시간 이상인 학생 수는

$$50\times\frac{32}{100}=16$$ … 1단계

따라서 공부한 시간이 6시간 이상 7시간 미만인 학생 수는

$$50-(8+12+16)=14$$ … 2단계

🖍 14

단계	채점 요소	비율
1	공부한 시간이 7시간 이상인 학생 수 구하기	50 %
2	공부한 시간이 6시간 이상 7시간 미만인 학생 수 구하기	50 %

1054 ㄱ. 계급의 크기는　　$10-5=5$ (분)

ㄷ. 등교 시간이 25분 이상인 학생은 6명, 20분 이상인 학생은 $7+6=13$ (명)이므로 등교 시간이 10번째로 긴 학생이 속하는 계급은 20분 이상 25분 미만이고, 이 계급의 도수는 7명이다.

이상에서 ㄱ, ㄴ, ㄷ 모두 옳다.　　답 ㄱ, ㄴ, ㄷ

1055 도수가 가장 큰 계급은 도수가 15일이므로

$a=15$　　… 1단계

점수가 660점 미만인 날은 $2+8=10$ (일)이므로

$b=10$　　… 2단계

$\therefore a+b=15+10=25$　　… 3단계

답 25

단계	채점 요소	비율
1	a의 값 구하기	40 %
2	b의 값 구하기	40 %
3	$a+b$의 값 구하기	20 %

1056 (전체 학생 수)$=2+4+7+11+5+1=30$

타자 수가 상위 20 % 이내에 드는 학생 수는

$30 \times \dfrac{20}{100}=6$

타자 수가 550타 이상인 학생은 1명, 500타 이상인 학생은 $5+1=6$ (명)이므로 타자 수가 6번째로 좋은 학생은 500타 이상 550타 미만인 계급에 속한다.

따라서 상위 20 % 이내에 들려면 적어도 500타 이상이어야 한다.　　답 500타

1057 (도수분포다각형과 가로축으로 둘러싸인 부분의 넓이)
$=$(계급의 크기)$\times$(도수의 총합)
$=4\times(4+9+10+7+5)$
$=4\times35=140$　　답 140

1058 주어진 두 삼각형은 밑변의 길이와 높이가 각각 같으므로 넓이가 서로 같다.

따라서 $S_1=S_2$이므로

$S_1-S_2=0$　　답 ③

1059 ① (전체 학생 수)$=2+6+10+8+3+1=30$

② (도수분포다각형과 가로축으로 둘러싸인 부분의 넓이)
　　$=10\times30=300$

③ 운동 시간이 40분 이상인 학생은 $8+3+1=12$ (명)이므로

$\dfrac{12}{30}\times100=40\,(\%)$

④ 운동 시간이 11번째로 긴 학생이 속하는 계급은 40분 이상 50분 미만이므로 이 계급의 도수는 8명이다.

⑤ 히스토그램의 직사각형의 넓이의 합과 도수분포다각형과 가로축으로 둘러싸인 부분의 넓이는 서로 같다.

따라서 옳지 않은 것은 ③이다.　　답 ③

1060 수학 성적이 70점 미만인 학생 수는

$30\times\dfrac{40}{100}=12$

따라서 수학 성적이 70점 이상 80점 미만인 학생 수는

$30-(12+5+3)=10$　　답 10

1061 전체 선수 수를 x라 하면　　$0.5\times x=25$

$\therefore x=50$

점수가 8.5점 이상 9점 미만인 선수는

$50-(3+6+10+8+4)=19$ (명)

이므로

$\dfrac{19}{50}\times100=38\,(\%)$　　답 38 %

1062 동아리 활동 시간이 3시간 30분 이상 4시간 미만인 학생 수를 $3a$, 4시간 이상 4시간 30분 미만인 학생 수를 $2a$라 하면

　　$1+1+3+4+5+6+3a+2a+3+2=40$

　　$5a+25=40$　　$\therefore a=3$

즉 동아리 활동 시간이 4시간 이상 4시간 30분 미만인 학생 수는　　$2a=2\times3=6$　　… 1단계

따라서 동아리 활동 시간이 4시간 이상인 학생 수는

　　$6+3+2=11$　　… 2단계

답 11

단계	채점 요소	비율
1	동아리 활동 시간이 4시간 이상 4시간 30분 미만인 학생 수 구하기	70 %
2	동아리 활동 시간이 4시간 이상인 학생 수 구하기	30 %

1063 ① 여학생 수는　　$4+5+6+8+6+1=30$

남학생 수는　　$2+3+10+7+6+1+1=30$

따라서 여학생 수와 남학생 수는 같다.

② 기록이 190 cm 이상인 남학생은 $6+1+1=8$ (명), 여학생은 1명이므로 그 비는 8 : 1이다.

③ 남학생의 그래프가 여학생의 그래프보다 오른쪽으로 더 치우쳐 있으므로 남학생의 기록이 여학생의 기록보다 좋은 편이다.

④ 기록이 160 cm 이상 170 cm 미만인 남학생은 3명, 여학생은 6명이므로 여학생이 남학생보다 3명 더 많다.

⑤ 기록이 2 m, 즉 200 cm 이상인 학생은 2명이다.

따라서 옳은 것은 ②, ④이다.　　답 ②, ④

1064 ㈎ 기온이 34 ℃ 이상 36 ℃ 미만인 날은 7월은 없고, 8월에 1일 있었으므로 기온이 가장 높은 날은 8월에 있다.

$$\therefore a=8$$

㈏ 기온이 22 ℃ 이상 24 ℃ 미만인 날은 7월은 없고, 8월에 2일 있었으므로 기온이 가장 낮은 날은 8월에 있다.

$$\therefore b=8$$

㈐ 기온이 30 ℃ 이상 32 ℃ 미만인 날은 7월에 7일, 8월에 10일 있었으므로 7월이 8월보다 $10-7=3$ (일) 적다.

$$\therefore c=3$$

㈑ 7월 최고 기온이 4번째로 낮은 날은 26 ℃ 이상 28 ℃ 미만인 계급에 속하므로 이 날보다 최고 기온이 낮은 날은 8월에 적어도 $2+3=5$ (일) 존재한다.

$$\therefore d=5$$
$$\therefore a+b+c+d=8+8+3+5=24$$

🖺 24

1065 (도수의 총합)$=\dfrac{13}{0.26}=50$이므로

$$a=\dfrac{5}{50}=0.1,\ b=50\times0.12=6$$
$$\therefore a+b=0.1+6=6.1$$

🖺 ③

1066 $300\times0.2=60$

🖺 60

1067 ④ (도수의 총합)$=\dfrac{(계급의 도수)}{(계급의 상대도수)}$

따라서 옳지 않은 것은 ④이다.

🖺 ④

1068 20 %는 $\dfrac{20}{100}=0.2$이므로

$$(1학년 전체 학생 수)=\dfrac{32}{0.2}=160$$

🖺 160

1069 (전체 학생 수)$=1+3+4+6+9+4+2+1=30$

도수가 가장 큰 계급은 30회 이상 35회 미만이므로

$$(상대도수)=\dfrac{9}{30}=0.3$$

🖺 0.3

1070 45 kg 이상 50 kg 미만인 계급의 도수는

$$25-(3+10+4+3)=5\ (명)$$ ··· 1단계

따라서 45 kg 이상 50 kg 미만인 계급의 상대도수는

$$\dfrac{5}{25}=0.2$$ ··· 2단계

🖺 0.2

단계	채점 요소	비율
1	45 kg 이상 50 kg 미만인 계급의 도수 구하기	50 %
2	45 kg 이상 50 kg 미만인 계급의 상대도수 구하기	50 %

1071 봉사 활동 시간이 14시간인 학생이 속하는 계급은 12시간 이상 16시간 미만이고 이 계급의 도수는

$$40-(4+8+11+5)=12\ (명)$$

이므로 (상대도수)$=\dfrac{12}{40}=0.3$

🖺 ③

1072 (1) $D=\dfrac{3}{0.1}=30,\ A=\dfrac{9}{30}=0.3,$

$$B=30\times0.4=12,\ E=1,$$
$$C=1-(0.1+0.3+0.4)=0.2$$

(2) 7시간 이상 8시간 미만인 계급의 도수는

$$30-(3+9+12)=6\ (명)$$

따라서 도수가 가장 큰 계급은 6시간 이상 7시간 미만이므로 상대도수는 0.4이다.

(3) 6시간 미만인 계급의 상대도수의 합은

$$0.1+0.3=04$$

이므로 $0.4\times100=40\ (\%)$

🖺 (1) $A=0.3,\ B=12,\ C=0.2,\ D=30,\ E=1$
(2) 0.4 (3) 40 %

1073 ② 상대도수의 총합은 1이므로

$$1-(0.18+0.3+0.16+0.12)=0.24$$

③ 상대도수가 가장 큰 계급의 도수는 15명, 상대도수는 0.3이므로

$$(도수의 총합)=\dfrac{15}{0.3}=50\ (명)$$

④ 상대도수가 가장 작은 계급의 상대도수는 0.12이므로

$$50\times0.12=6\ (명)$$

⑤ $(0.18+0.24)\times100=42\ (\%)$

따라서 옳지 않은 것은 ⑤이다.

🖺 ⑤

1074 (도수의 총합)$=\dfrac{3}{0.04}=75$

따라서 40 이상 50 미만인 계급의 도수는

$$75\times0.2=15$$

🖺 15

1075 (전체 학생 수)$=\dfrac{28}{0.175}=160$이므로

$$A=160\times0.375=60$$
$$B=\dfrac{24}{160}=0.15$$
$$\therefore A\times B=60\times0.15=9$$

🖺 ⑤

1076 (전체 학생 수)$=\dfrac{4}{0.2}=20$ ··· 1단계

책을 10권 이상 읽은 학생이 전체의 65 %이므로 5권 이상 10권 미만인 계급의 상대도수는

$$1-(0.2+0.65)=0.15$$ ··· 2단계

따라서 책을 5권 이상 10권 미만 읽은 학생 수는

$$20\times0.15=3$$ ··· 3단계

🖺 3

단계	채점 요소	비율
1	전체 학생 수 구하기	40 %
2	5권 이상 10권 미만인 계급의 상대도수 구하기	30 %
3	책을 5권 이상 10권 미만 읽은 학생 수 구하기	30 %

1077 각 혈액형의 상대도수를 구하면 다음 표와 같다.

혈액형	상대도수	
	1반	전체
A	$\dfrac{10}{40}=0.25$	$\dfrac{56}{200}=0.28$
B	$\dfrac{12}{40}=0.3$	$\dfrac{54}{200}=0.27$
O	$\dfrac{12}{40}=0.3$	$\dfrac{60}{200}=0.3$
AB	$\dfrac{6}{40}=0.15$	$\dfrac{30}{200}=0.15$
합계	1	1

따라서 1반보다 전체의 상대도수가 더 큰 혈액형은 A형이다.

답 A형

1078 각 동의 P 후보에 대한 지지도의 상대도수를 구하면

A 동: $\dfrac{2200}{4000}=0.55$, B 동: $\dfrac{2100}{3500}=0.6$,

C 동: $\dfrac{1500}{3000}=0.5$, D 동: $\dfrac{1200}{2000}=0.6$,

E 동: $\dfrac{700}{1000}=0.7$

따라서 P 후보에 대한 지지도가 가장 높은 동은 E 동이다.

답 ⑤

1079 나이가 50세 이상 60세 미만인 관람객 수는

남자: $60\times0.2=12$

여자: $40\times0.15=6$ … 1단계

따라서 전체 관람객 $60+40=100$ (명) 중 나이가 50세 이상 60세 미만인 관람객은 $12+6=18$ (명)이므로 구하는 상대도수는

$\dfrac{18}{100}=0.18$ … 2단계

답 0.18

단계	채점 요소	비율
1	남자, 여자 관람객 수 구하기	50 %
2	남녀 전체 관람객에 대한 상대도수 구하기	50 %

1080 A 반과 B 반의 도수의 총합을 각각 $3a$, a라 하고, 어떤 계급의 도수를 각각 $2b$, $3b$라 하면 이 계급의 상대도수의 비는

$\dfrac{2b}{3a}:\dfrac{3b}{a}=2:9$

답 ③

1081 A, B 두 회사의 20세 이상 30세 미만인 직원 수를 각각 $3a$, $4a$라 하면 이 계급의 상대도수의 비는

$\dfrac{3a}{80}:\dfrac{4a}{70}=21:32$

답 21 : 32

1082 A, B 두 학교의 남학생 수를 각각 a라 하면 두 학교의 남학생의 상대도수의 비는

$\dfrac{a}{400}:\dfrac{a}{500}=5:4$

답 ⑤

1083 ② 상대도수가 가장 큰 계급의 도수가 가장 크므로 도수가 가장 큰 계급의 상대도수는 0.45이다.

③ 12시간 미만인 계급의 상대도수의 합은

$0.05+0.25+0.45=0.75$

이므로 $0.75\times100=75$ (%)

④ $40\times0.45=18$

⑤ 도수가 10명인 계급의 상대도수는 $\dfrac{10}{40}=0.25$이므로 이 계급은 6시간 이상 9시간 미만이다.

따라서 옳지 않은 것은 ⑤이다.

답 ⑤

1084 도수가 전체의 10 %인 계급의 상대도수는 0.1이므로 상대도수가 0.1 이하인 계급은 2개 이상 4개 미만, 4개 이상 6개 미만, 12개 이상 14개 미만의 3개이다.

답 3

1085 샌드위치를 받은 사람은 전체의 $\dfrac{250}{500}=0.5$이므로 일찍 출근한 쪽에서 상대도수의 합이 0.5 이하인 계급에 속하는 직원은 샌드위치를 받는다.

7시 40분 이상 7시 50분 미만인 계급의 상대도수는 0.1, 7시 50분 이상 8시 미만인 계급의 상대도수는 0.4이고 $0.1+0.4=0.5$이므로 샌드위치를 받으려면 늦어도 8시 전까지 출근해야 한다.

답 ②

1086 40점 이상 50점 미만인 계급의 상대도수는 0.2이므로

(전체 학생 수)$=\dfrac{10}{0.2}=50$

60점 이상 70점 미만인 계급의 상대도수는

$1-(0.2+0.14+0.18+0.16+0.08)=0.24$

이므로 구하는 학생 수는

$50\times0.24=12$

답 12

1087 4회 이상 6회 미만인 계급의 상대도수를 x라 하면 6회 이상 8회 미만인 계급의 상대도수는 $4x$이므로

$0.225+x+4x+0.3+0.15+0.075=1$

$0.75+5x=1$ ∴ $x=0.05$

6회 미만인 계급의 상대도수의 합은

$0.225+0.05=0.275$

따라서 턱걸이 횟수가 6회 미만인 학생 수는

$80\times0.275=22$

답 22

1088 전력 사용량이 250 kWh 이상 300 kWh 미만인 가구가 전체의 29 %이므로 이 계급의 상대도수는 0.29이다.

… 1단계

300 kWh 이상 350 kWh 미만인 계급의 상대도수는

$1-(0.06+0.09+0.14+0.18+0.29)=0.24$ … 2단계

따라서 전력 사용량이 300 kWh 이상 350 kWh 미만인 가구 수는

$300\times0.24=72$ … 3단계

답 72

09

도수분포표와 상대도수

단계	채점 요소	비율
1	250 kWh 이상 300 kWh 미만인 계급의 상대도수 구하기	20 %
2	300 kWh 이상 350 kWh 미만인 계급의 상대도수 구하기	40 %
3	전력 사용량이 300 kWh 이상 350 kWh 미만인 가구 수 구하기	40 %

1089 ① A 반의 4권 이상인 계급의 상대도수의 합은

$$0.25+0.05=0.3$$

이므로 $0.3 \times 100 = 30 \, (\%)$

② B 반의 그래프가 A 반의 그래프보다 오른쪽으로 더 치우쳐 있으므로 A 반보다 B 반 학생들이 읽은 책의 수가 더 많은 편이다.

③ 2권 이상 3권 미만인 계급에서 A 반의 상대도수가 B 반의 상대도수보다 크지만 A 반, B 반의 전체 학생 수를 알 수 없으므로 A 반이 더 많은지 알 수 없다.

④ 3권 이상 5권 미만인 계급의 상대도수의 합은

A 반: $0.4+0.25=0.65$

B 반: $0.3+0.35=0.65$

이므로 책을 3권 이상 5권 미만 읽은 학생의 비율은 두 반이 서로 같다.

⑤ B 반에서 3권 미만인 계급의 상대도수의 합은

$$0.05+0.15=0.2$$

이므로 B 반의 학생 수가 20이면 책을 3권 미만 읽은 학생 수는

$$20 \times 0.2 = 4$$

따라서 옳지 않은 것은 ③이다.   🔺 ③

1090 (1) TV 시청 시간이 6시간 이상 8시간 미만인 남학생 수와 여학생 수는

(남학생 수)$=100 \times 0.3 = 30$

(여학생 수)$=150 \times 0.2 = 30$

(2) 여학생의 12시간 이상인 계급의 상대도수의 합은

$$0.16+0.12=0.28$$

이므로 $0.28 \times 100 = 28 \, (\%)$

(3) 남학생의 비율보다 여학생의 비율이 더 높은 계급은 8시간 이상 10시간 미만, 10시간 이상 12시간 미만, 12시간 이상 14시간 미만, 14시간 이상 16시간 미만의 4개이다.

🔺 (1) 30, 30 (2) 28 % (3) 4

1091 ㄱ. A 중학교에서 도수가 가장 큰 계급은 6회 이상 8회 미만이므로 이 계급의 학생 수는

$$200 \times 0.3 = 60$$

ㄴ. 도서관 방문 횟수가 8회 이상 10회 미만인 학생 수는

A 중학교: $200 \times 0.2 = 40$

B 중학교: $100 \times 0.24 = 24$

이므로 A 중학교가 더 많다.

ㄷ. B 중학교에서 12회 이상인 계급의 상대도수의 합은

$$0.16+0.1=0.26$$

이므로 $0.26 \times 100 = 26 \, (\%)$

따라서 연우는 B 중학교 학생 중 도서관 방문 횟수가 많은 쪽에서 26 % 이내에 든다.

ㄹ. 두 그래프와 가로축으로 둘러싸인 부분의 넓이는 서로 같다.

이상에서 옳은 것은 ㄴ, ㄷ이다.   🔺 ③

1092 각 계급의 도수를 구하여 도수분포표로 나타내면 다음과 같다.

식사 시간(분)	A 중학교	B 중학교
$10^{이상} \sim 12^{미만}$	16	18
12 ~ 14	48	36
14 ~ 16	52	42
16 ~ 18	40	78
18 ~ 20	24	60
20 ~ 22	12	36
22 ~ 24	8	30
합계	200	300

따라서 A 중학교의 학생 수가 B 중학교의 학생 수보다 많은 계급은 12분 이상 14분 미만, 14분 이상 16분 미만의 2개이다.

🔺 2

 시험에 꼭 **나오는 문제**   ▶ 본문 165~168쪽

1093 [전략] 줄기와 잎 그림에서 행사에 참가한 사람 수는 전체 잎의 수와 같다.

① 20대는 20세, 22세, 24세의 3명이다.

④ 행사에 참가한 사람 수는

$$2+3+6+5=16$$

⑤ 나이가 22세 이하인 사람은 11세, 13세, 20세, 22세의 4명이므로

$$\frac{4}{16} \times 100 = 25 \, (\%)$$

따라서 옳지 않은 것은 ⑤이다.   🔺 ⑤

1094 [전략] 먼저 9 % 이상 12 % 미만인 계급의 도수를 구한다.

ㄱ. 9 % 이상 12 % 미만인 계급의 도수는

$$28-(3+4+7+2+1)=11 \, (편)$$

ㄴ. 도수가 가장 큰 계급은 9 % 이상 12 % 미만이다.

ㄷ. 시청률이 18 % 이상인 프로그램은 1편, 시청률이 15 % 이상인 프로그램은 $2+1=3$ (편), 시청률이 12 % 이상인 프로그램은 $7+2+1=10$ (편)이므로 시청률이 5번째로 좋은 프로그램이 속하는 계급은 12 % 이상 15 % 미만이다.

이상에서 옳은 것은 ㄱ, ㄷ이다.   🔺 ㄱ, ㄷ

1095 전략 (계급의 도수)=(도수의 총합)×$\dfrac{(계급의 백분율)}{100}$

턱걸이 기록이 9회 미만인 학생이 전체의 60 %이므로 9회 미만인 학생 수는

$$30 \times \dfrac{60}{100} = 18$$

$$\therefore A = 30 - (18 + 7 + 1) = 4$$

답 4

1096 전략 주어진 히스토그램에서 각 계급의 도수를 구하여 전체 학생 수를 구한다.

① 앉은키가 80 cm 미만인 학생 수는

$$3 + 6 + 9 = 18$$

② (전체 학생 수)=3+6+9+12+8+2=40

③ 앉은키가 가장 큰 학생이 속하는 계급은 84 cm 이상 86 cm 미만이지만 정확한 앉은키는 알 수 없다.

④ 도수가 가장 큰 계급은 80 cm 이상 82 cm 미만이다.

⑤ 앉은키가 76 cm 이상 80 cm 미만인 학생은 6+9=15 (명)이므로

$$\dfrac{15}{40} \times 100 = 37.5 \, (\%)$$

따라서 옳은 것은 ⑤이다.

답 ⑤

1097 전략 (히스토그램에서 직사각형의 넓이의 합)
=(계급의 크기)×(도수의 총합)

계급의 크기를 x라 하면

(히스토그램의 직사각형의 넓이의 합)

$$= (계급의 크기) \times (도수의 총합)$$

$$= x \times (3 + 6 + 12 + 10 + 1) = 32x$$

즉 32x=96이므로 $x=3$

따라서 계급은 2권 이상 5권 미만, 5권 이상 8권 미만, 8권 이상 11권 미만, 11권 이상 14권 미만, 14권 이상 17권 미만이므로 도수가 가장 작은 계급은 14권 이상 17권 미만이다.

답 14권 이상 17권 미만

1098 전략 4시간 이상 5시간 미만인 계급의 도수를 x명이라 하고 (계급의 도수)=(도수의 총합)×$\dfrac{(계급의 백분율)}{100}$임을 이용한다.

운동 시간이 5시간 이상인 학생이 전체의 44 %이므로 5시간 미만인 학생은 전체의 100−44=56 (%)이다.

4시간 이상 5시간 미만인 계급의 도수를 x명이라 하면

$$1 + 2 + 3 + 9 + x = 50 \times \dfrac{56}{100}$$

$$15 + x = 28 \quad \therefore x = 13$$

따라서 운동 시간이 4시간 이상 5시간 미만인 학생 수는 13이므로

$$\dfrac{13}{50} \times 100 = 26 \, (\%)$$

답 26 %

1099 전략 각 계급의 도수를 구하여 각 등급에 해당하는 포도 수를 구한다.

① 계급의 크기는   10−6=4 (Brix)

② (전체 포도 수)=6+15+10+5+4=40

등급이 최상인 포도는 5+4=9 (송이)이므로

$$\dfrac{9}{40} \times 100 = 22.5 \, (\%)$$

③ 등급이 상인 포도는 10송이, 등급이 중인 포도는 15송이이므로 등급이 상인 포도가 등급이 중인 포도보다 적다.

④ (도수분포다각형과 가로축으로 둘러싸인 부분의 넓이)
$$= 4 \times 40 = 160$$

⑤ 당도가 가장 낮은 포도의 정확한 당도는 알 수 없다.

따라서 옳지 않은 것은 ③, ⑤이다.

답 ③, ⑤

1100 전략 통학 시간이 5분 이상 10분 미만인 학생이 전체의 5 %임을 이용하여 전체 학생 수를 먼저 구한다.

전체 학생 수를 x라 하면 통학 시간이 5분 이상 10분 미만인 학생은 2명이므로

$$2 = x \times \dfrac{5}{100} \quad \therefore x = 40$$

통학 시간이 15분 이상 20분 미만인 학생 수를 y라 하면 전체 학생 수가 40이므로 20분 미만인 학생 수는 20이다.

즉 2+4+y=20이므로 $y=14$

따라서 통학 시간이 15분 이상 20분 미만인 학생 수는 14이다.

답 14

1101 전략 (도수의 총합)=$\dfrac{(계급의 도수)}{(계급의 상대도수)}$

(전체 학생 수)=$\dfrac{18}{0.6}=30$

답 ③

1102 전략 그래프가 오른쪽으로 치우쳐 있을수록 변량이 큰 자료가 많다.

① 남학생 수와 여학생 수는 25로 같다.

② 남학생의 그래프가 여학생의 그래프보다 왼쪽으로 더 치우쳐 있으므로 남학생의 기록이 여학생의 기록보다 좋은 편이다.

③ 남학생 중 기록이 가장 좋은 학생은 12초 이상 13초 미만인 계급에 속한다.

④ 여학생에서 기록이 14초 미만인 학생 수는 1, 15초 미만인 학생 수는 1+2=3, 16초 미만인 학생 수는 1+2+5=8이므로 여학생 중 기록이 5번째로 좋은 학생이 속하는 계급은 15초 이상 16초 미만이다.

⑤ 두 그래프와 가로축으로 둘러싸인 부분의 넓이는 1×25=25로 서로 같다.

따라서 옳은 것은 ④이다.

답 ④

1103 전략 상대도수 ➡ 전체 도수에 대한 각 계급의 도수의 비율

(전체 학생 수)=3+5+9+6+2=25

사회 점수가 80점 이상 90점 미만인 학생 수는 6이므로

$$(상대도수) = \dfrac{6}{25} = 0.24$$

답 0.24

1104 전략 도수의 총합, 도수, 상대도수 사이의 관계를 이용한다.

$E = \dfrac{7}{0.14} = 50$, $A = 50 \times 0.12 = 6$, $B = \dfrac{10}{50} = 0.2$

$C = 50 - (6 + 10 + 7 + 9) = 18$

$D = \dfrac{18}{50} = 0.36$

따라서 옳지 않은 것은 ③이다.　　　　　　　　　　답 ③

1105 전략 (도수의 총합)$= \dfrac{(계급의 도수)}{(계급의 상대도수)}$임을 이용한다.

(1) (전체 학생 수)$= \dfrac{8}{0.2} = 40$

$\therefore A = 40 \times 0.05 = 2$, $B = \dfrac{10}{40} = 0.25$

(2) 도수가 4명인 계급의 상대도수는

$\dfrac{4}{40} = 0.1$

답 (1) $A = 2$, $B = 0.25$　(2) 0.1

1106 전략 상대도수의 총합은 1임을 이용하여 남자와 여자 각각에서 10세 이상 20세 미만인 계급의 상대도수를 구한다.

10세 이상 20세 미만인 계급의 상대도수는 남자가

$1 - (0.14 + 0.32 + 0.28 + 0.1) = 0.16$

이므로 이 계급의 도수는

$50 \times 0.16 = 8$ (명)

여자가

$1 - (0.2 + 0.25 + 0.3 + 0.15) = 0.1$

이므로 이 계급의 도수는

$40 \times 0.1 = 4$ (명)

따라서 구하는 비율은　$\dfrac{8+4}{50+40} = \dfrac{2}{15}$　　답 ②

1107 전략 주어진 비를 이용하여 도수의 총합과 어떤 계급의 도수를 문자로 놓는다.

A, B 두 마을의 전체 주민 수를 각각 $2a$, $3a$라 하고, 40세 이상 50세 미만인 주민 수를 각각 b라 하면 상대도수의 비는

$\dfrac{b}{2a} : \dfrac{b}{3a} = 3 : 2$　　답 ③

1108 전략 (도수의 총합)$= \dfrac{(계급의 도수)}{(계급의 상대도수)}$임을 이용한다.

15 °C 이상 16 °C 미만인 계급의 도수가 1일이므로

(기온을 측정한 일수)$= \dfrac{1}{0.04} = 25$

$\therefore a = 25$

상대도수가 가장 큰 계급은 18 °C 이상 19 °C 미만이고, 이 계급의 상대도수가 0.44이므로 도수는　$25 \times 0.44 = 11$ (일)

$\therefore b = 11$

$\therefore a + b = 25 + 11 = 36$　　답 36

1109 전략 먼저 보이지 않는 계급의 상대도수의 합을 구한 후 주어진 조건을 이용한다.

미세먼지 농도가 50 μg/m³ 이상 60 μg/m³ 미만인 계급의 상대도수의 합은

$1 - (0.04 + 0.24 + 0.12 + 0.08 + 0.04) = 0.48$

미세먼지 농도가 50 μg/m³ 이상 55 μg/m³ 미만인 지역과 55 μg/m³ 이상 60 μg/m³ 미만인 지역의 상대도수의 비가 2 : 1 이므로 미세먼지 농도가 50 μg/m³ 이상 55 μg/m³ 미만인 계급의 상대도수는

$0.48 \times \dfrac{2}{2+1} = 0.32$

따라서 미세먼지 농도가 50 μg/m³ 이상 55 μg/m³ 미만인 지역 수는

$25 \times 0.32 = 8$　　답 8

1110 전략 (계급의 도수)$=$(도수의 총합)$\times$(상대도수)임을 이용한다.

ㄱ. 2학년의 그래프가 1학년의 그래프보다 오른쪽으로 더 치우쳐 있으므로 2학년이 1학년보다 키가 더 큰 편이다.

ㄴ. 키가 160 cm 이상 165 cm 미만인 학생은

1학년: $50 \times 0.18 = 9$ (명),

2학년: $100 \times 0.12 = 12$ (명)

이므로 2학년이 더 많다.

ㄷ. 계급의 크기가 같고 상대도수의 총합도 1로 같으므로 두 그래프와 가로축으로 둘러싸인 부분의 넓이는 서로 같다.

이상에서 옳은 것은 ㄱ, ㄷ이다.　　답 ㄱ, ㄷ

1111 전략 잎의 개수는 전체 학생 수와 같다.

(전체 학생 수)$= 5 + 13 + 7 = 25$　　… 1단계

기록이 67회 이상인 학생은 10명이므로

$\dfrac{10}{25} \times 100 = 40$ (%)　　… 2단계

답 40 %

단계	채점 요소	비율
1	전체 학생 수 구하기	40 %
2	기록이 67회 이상인 학생이 전체의 몇 %인지 구하기	60 %

1112 전략 기록이 13 m 이상 17 m 미만인 학생이 전체의 60 %이면 나머지 학생은 전체의 40 %이다.

기록이 13 m 이상 17 m 미만인 학생을 제외한 나머지 학생 수는

$2 + 3 + 2 + 1 = 8$　　… 1단계

이 학생이 전체의 40 %이므로 전체 학생 수를 x라 하면

$8 = x \times \dfrac{40}{100}$　$\therefore x = 20$

따라서 전체 학생 수는 20이다.　　… 2단계

답 20

단계	채점 요소	비율
1	기록이 13 m 이상 17 m 미만인 학생을 제외한 나머지 학생 수 구하기	30 %
2	전체 학생 수 구하기	70 %

1113 전략 세 학생이 나눈 대화에서 각 계급의 상대도수를 찾는다.

60분 이상인 계급의 상대도수의 합은

$$0.56 + 0.12 = 0.68$$

이므로 60분 미만인 계급의 상대도수는

$$1 - 0.68 = 0.32 \qquad \cdots \boxed{\text{1단계}}$$

$$\therefore (전체\ 학생\ 수) = \frac{8}{0.32} = 25 \qquad \cdots \boxed{\text{2단계}}$$

따라서 대화 시간이 90분 이상인 학생 수는

$$25 \times 0.12 = 3 \qquad \cdots \boxed{\text{3단계}}$$

답 3

단계	채점 요소	비율
1	60분 미만인 계급의 상대도수 구하기	50 %
2	전체 학생 수 구하기	30 %
3	대화 시간이 90분 이상인 학생 수 구하기	20 %

1114 전략 보낸 문자 메시지가 0건 이상 4건 미만인 학생 수를 x라 하고 도수의 총합을 이용하여 식을 세운다.

보낸 문자 메시지가 0건 이상 4건 미만인 학생 수를 x라 하면 4건 이상 8건 미만인 학생 수는 $4x$이므로

$$x + 4x = 250 - (75 + 40 + 60), \qquad 5x = 75$$

$$\therefore x = 15$$

따라서 보낸 문자 메시지가 4건 이상 8건 미만인 학생 수는
$4 \times 15 = 60$이므로

$$\frac{60}{250} \times 100 = 24\ (\%)$$

답 24 %

1115 전략 먼저 두 학원의 전체 학생 수를 각각 구한다.

(A 학원의 전체 학생 수) $= 1 + 6 + 10 + 14 + 7 + 2 = 40$

(B 학원의 전체 학생 수) $= 3 + 4 + 6 + 10 + 4 + 3 = 30$

A 학원에서 상위 5 % 이내에 드는 학생은

$$40 \times \frac{5}{100} = 2\ (명)$$

이므로 국어 성적은 90점 이상이다.

따라서 B 학원에서 90점 이상인 학생은 3명이므로

$$\frac{3}{30} \times 100 = 10\ (\%)$$

이내에 든다. 답 10 %

1116 전략 비교하고자 하는 계급의 상대도수를 구한다.

1학년 전체에서 과학 관련 도서를 12권 이상 15권 미만 읽은 학생 수는

$$200 - (12 + 91 + 47 + 28) = 22$$

과학 동아리에서 과학 관련 도서를 9권 이상 12권 미만 읽은 학생 수는

$$20 - (1 + 3 + 9 + 2) = 5$$

과학 관련 도서를 9권 이상 읽은 학생의 비율을 각각 구하면

1학년 전체: $\frac{28 + 22}{200} = 0.25$

과학 동아리: $\frac{5 + 2}{20} = 0.35$

따라서 과학 동아리가 더 높다. 답 과학 동아리

대표문제 다시 풀기

I. 기본 도형

01 기본 도형

01 교점의 개수는 꼭짓점의 개수와 같으므로 $a=6$
교선의 개수는 모서리의 개수와 같으므로 $b=10$
$\therefore b-a=10-6=4$ 답 4

02 ④ $\overrightarrow{CA}$와 $\overrightarrow{CB}$는 시작점과 뻗어 나가는 방향이 모두 같으므로 $\overrightarrow{CA}=\overrightarrow{CB}$ 답 ④

03 직선은 $\overleftrightarrow{PQ}$, $\overleftrightarrow{PR}$, $\overleftrightarrow{QR}$의 3개이므로 $a=3$
반직선의 개수는 직선의 개수의 2배이므로
$b=3\times2=6$
선분의 개수는 직선의 개수와 같으므로 $c=3$
$\therefore a+b-c=3+6-3=6$ 답 6

04 직선은 $\overleftrightarrow{AB}$, $\overleftrightarrow{AP}$, $\overleftrightarrow{BP}$, $\overleftrightarrow{CP}$의 4개이므로 $a=4$
반직선은
$\overrightarrow{AB}$, $\overrightarrow{AP}$, $\overrightarrow{BA}$, $\overrightarrow{BC}$, $\overrightarrow{BP}$, $\overrightarrow{CB}$, $\overrightarrow{CP}$, $\overrightarrow{PA}$, $\overrightarrow{PB}$, $\overrightarrow{PC}$
의 10개이므로 $b=10$
$\therefore a+b=4+10=14$ 답 ②

05 ㄷ. $\overline{NB}=\overline{NM}+\overline{MB}=\overline{AN}+2\overline{AN}=3\overline{AN}$
ㄹ. $\overline{NM}=\frac{1}{2}\overline{AM}=\frac{1}{2}\times\frac{1}{2}\overline{AB}=\frac{1}{4}\overline{AB}$
이상에서 옳은 것은 ㄱ, ㄴ이다.   답 ①

06 $\overline{AC}=\overline{AB}+\overline{BC}=2\overline{MB}+2\overline{BN}$
$=2(\overline{MB}+\overline{BN})=2\overline{MN}$
$=2\times15=30\,(cm)$ 답 30 cm

07 $(x+5)+90+4x=180$이므로
$5x=85$ $\therefore x=17$ 답 ⑤

08 $\angle BOC=\angle a$라 하면 $\angle AOC=6\angle BOC=6\angle a$이므로
$\angle AOB=\angle AOC-\angle BOC$
$=6\angle a-\angle a=5\angle a$
즉 $5\angle a=90°$이므로 $\angle a=18°$
$\therefore \angle BOC=18°$

이때 $\angle COE=90°-18°=72°$이므로
$\angle COD=\frac{1}{2}\angle COE=\frac{1}{2}\times72°=36°$
$\therefore \angle BOD=\angle BOC+\angle COD$
$=18°+36°=54°$ 답 54°

09 $\angle z=180°\times\frac{5}{4+6+5}=180°\times\frac{1}{3}=60°$ 답 ③

10 맞꼭지각의 크기는 서로 같으므로
$3x+10=5x-80$, $2x=90$
$\therefore x=45$ 답 ⑤

11 $(x-15)+90=2x$이므로 $x=75$
$2x+y=180$이므로 $150+y=180$ $\therefore y=30$
$\therefore x-y=75-30=45$ 답 ③

12 세 직선을 각각 l, m, n이라 하자.
두 직선 l과 m, l과 n, m과 n으로 만들어지는 맞꼭지각이 각각
2쌍이므로 $2\times3=6$ (쌍)   답 6쌍

13 ④ 점 A에서 직선 CD에 내린 수선의 발은 점 H이다.   답 ④

14 시침이 12를 가리킬 때부터 9시간 20분 동안 움직인 각도
는 $30°\times9+0.5°\times20=280°$
분침이 12를 가리킬 때부터 20분 동안 움직인 각도는
$6°\times20=120°$
따라서 시침과 분침이 이루는 각의 크기는
$280°-120°=160°$ 답 ⑤

I. 기본 도형

02 위치 관계

01 ⑤ 두 점 A와 C는 직선 l 위에 있고, 점 B는 직선 l 위에
있지 않다.   답 ⑤

02 $\overleftrightarrow{BC}$와 한 점에서 만나는 직선은 $\overleftrightarrow{AB}$, $\overleftrightarrow{AF}$, $\overleftrightarrow{CD}$, $\overleftrightarrow{DE}$의 4
개이므로 $a=4$
$\overleftrightarrow{BC}$와 평행한 직선은 $\overleftrightarrow{EF}$의 1개이므로 $b=1$
$\therefore a-b=4-1=3$ 답 3

03 ③ 꼬인 위치에 있는 두 직선은 한 평면을 정할 수 없다.   답 ③

04 ①, ②, ④ 한 점에서 만난다.   답 ③, ⑤

05 모서리 BE와 평행한 모서리는 $\overline{AD}$, $\overline{CF}$의 2개이므로
$a=2$
모서리 BE와 수직으로 만나는 모서리는 $\overline{AB}$, $\overline{BC}$, $\overline{DE}$, $\overline{EF}$의 4개이므로 $b=4$
모서리 BE와 꼬인 위치에 있는 모서리는 $\overline{AC}$, $\overline{DF}$의 2개이므로 $c=2$
$\therefore a+b-c=2+4-2=4$ **탑** 4

06 ④ $\overline{EH}$와 평행한 면은 면 ABCD, 면 BFGC의 2개이다.
⑤ $\overline{DH}$와 수직인 면은 면 ABCD, 면 EFGH의 2개이다.
탑 ④

07 점 A와 면 DEF 사이의 거리는 $\overline{AD}$의 길이와 같으므로
$x=15$
점 B와 면 ACFD 사이의 거리는 $\overline{BC}$의 길이와 같으므로
$y=5$
$\therefore x+y=15+5=20$ **탑** 20

08 ②, ③ 면 ABFE와 면 BFGC는 면 AEGC와 수직인 직선을 포함하지 않는다. **탑** ②, ③

09 모서리 CF와 꼬인 위치에 있는 모서리는
$\overline{AB}$, $\overline{AD}$, $\overline{BE}$, $\overline{DE}$, $\overline{DG}$
의 5개이므로 $a=5$
면 CFG와 수직인 모서리는 $\overline{AC}$, $\overline{DG}$, $\overline{EF}$의 3개이므로
$b=3$
$\therefore a-b=5-3=2$ **탑** ③

10 주어진 전개도로 만들어지는
정육면체는 오른쪽 그림과 같다.
② $\overline{AB}$와 $\overline{DE}$는 한 점에서 만난다.
탑 ②

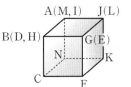

11 ② $\angle g$의 동위각은 $\angle c$, $\angle k$이다.
③ $\angle d$의 엇각은 $\angle i$이다.
⑤ $\angle l$의 엇각은 $\angle c$이다. **탑** ①, ④

12 오른쪽 그림에서 $l/\!/m$이므로
$\angle x=80°$ (엇각)
$80°+\angle y=115°$ (동위각)
$\therefore \angle y=35°$
탑 $\angle x=80°$, $\angle y=35°$

13 ⑤ 오른쪽 그림에서 동위각의 크기가 다르므로 두 직선 l, m은 평행하지 않다. **탑** ⑤

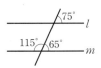

14 오른쪽 그림에서 삼각형의 세 각의 크기의 합이 $180°$이므로
$\angle x+30°+105°=180°$
$\therefore \angle x=45°$ **탑** ③

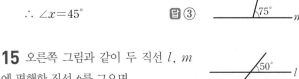

15 오른쪽 그림과 같이 두 직선 l, m에 평행한 직선 p를 그으면
$\angle x=50°+35°=85°$ **탑** ②

16 오른쪽 그림과 같이 두 직선 l, m에 평행한 직선 p, q를 그으면
$\angle x+15°=90°$
$\therefore \angle x=75°$ **탑** $75°$

17 오른쪽 그림과 같이 두 직선 l, m에 평행한 직선 p, q를 그으면
$30°+40°=\angle x-65°$
$\therefore \angle x=135°$ **탑** ④

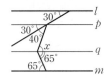

18 오른쪽 그림에서
$\angle BAC=\angle DAC=\angle x$ (접은 각)
$\angle BCA=\angle DAC=\angle x$ (엇각)
따라서 삼각형 ABC에서
$\angle x+50°+\angle x=180°$, $2\angle x=130°$
$\therefore \angle x=65°$ **탑** $65°$

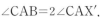

19 ① $l\perp m$, $l\perp n$이면 두 직선 m, n은 한 점에서 만나거나 평행하거나 꼬인 위치에 있다.
② $l/\!/P$, $l/\!/Q$이면 두 평면 P, Q는 한 직선에서 만나거나 평행하다.
③ $l/\!/P$, $m/\!/P$이면 두 직선 l, m은 한 점에서 만나거나 평행하거나 꼬인 위치에 있다.
④ $l\perp P$, $m\perp P$이면 두 직선 l, m은 평행하다. **탑** ⑤

20 오른쪽 그림과 같이 $\overleftrightarrow{XX'}$, $\overleftrightarrow{YY'}$에 평행한 직선 p를 긋고
$\angle CAX'=a°$, $\angle CBY'=b°$라 하자.
$\angle CAB=2\angle CAX'$,
$\angle CBA=2\angle CBY'$이므로
$\angle CAB=2a°$, $\angle CBA=2b°$
$\angle ACB=a°+b°$이므로 삼각형 ABC에서
$3a°+3b°=180°$ $\therefore a°+b°=60°$
$\therefore \angle x=a°+b°=60°$ **탑** $60°$

03 작도와 합동

01 ① 작도는 눈금 없는 자와 컴퍼스만을 사용하여 도형을 그리는 것이다.
④ 선분의 길이를 옮길 때에는 컴퍼스를 사용한다.
⑤ 선분을 연장할 때에는 눈금 없는 자를 사용한다. **답 ②, ③**

02 작도 순서는 ㉡ → ㉠ → ㉢이다. **답 ㉡ → ㉠ → ㉢**

03 ㉢ 점 O를 중심으로 하는 원을 그려 $\overrightarrow{OX}$, $\overrightarrow{OY}$와의 교점을 각각 C, D라 한다.
㉤ 점 A를 중심으로 하고 반지름의 길이가 $\overline{OC}$인 원을 그려 $\overrightarrow{AB}$와의 교점을 F라 한다.
㉠ 컴퍼스로 $\overline{CD}$의 길이를 잰다.
㉣ 점 F를 중심으로 하고 반지름의 길이가 $\overline{CD}$인 원을 그려 ㉤에서 그린 원과의 교점을 E라 한다.
㉡ $\overrightarrow{AE}$를 긋는다.
따라서 작도 순서는 ㉢ → ㉤ → ㉠ → ㉣ → ㉡이다. **답 ⑤**

04 ① 점 Q는 점 P를 중심으로 하고 반지름의 길이가 $\overline{AB}$인 원 위에 있으므로 $\overline{AB} = \overline{AC} = \overline{PQ}$
② 점 R는 점 Q를 중심으로 하고 반지름의 길이가 $\overline{BC}$인 원 위에 있으므로 $\overline{BC} = \overline{QR}$
④, ⑤ ∠BAC = ∠QPR이므로 동위각의 크기가 같다. 즉 $\overrightarrow{AC} /\!/ \overrightarrow{PR}$이다. **답 ③**

05 ① $5 < 2 + 4$ (○) ② $6 < 4 + 4$ (○)
③ $10 < 5 + 8$ (○) ④ $7 < 7 + 7$ (○)
⑤ $20 > 8 + 10$ (×) **답 ⑤**

06 한 변의 길이와 그 양 끝 각의 크기가 주어졌으므로 선분을 작도한 후 두 각을 작도하거나 한 각을 작도한 후 선분을 작도한 다음 나머지 한 각을 작도하면 된다. **답 ①**

07 ① $14 = 8 + 6$이므로 삼각형을 만들 수 없다.
③ ∠B는 $\overline{AC}$, $\overline{BC}$의 끼인각이 아니므로 삼각형이 하나로 정해지지 않는다.
⑤ 모양은 같고 크기가 다른 삼각형이 무수히 많이 그려진다. **답 ②, ④**

08 ① $\overline{CD} = \overline{GH} = 6$ (cm)
② $\overline{FG} = \overline{BC} = 7$ (cm)
③ ∠C = ∠G = 70°
④ ∠E = ∠A = 70°
⑤ ∠F = ∠B = 65°이므로
∠H = 360° − (70° + 65° + 70°) = 155° **답 ⑤**

09 ㄱ과 ㅁ: 대응하는 두 변의 길이가 각각 같고, 그 끼인각의 크기가 같으므로 SAS 합동이다.
ㄴ과 ㄹ: 대응하는 한 변의 길이가 같고, 그 양 끝 각의 크기가 각각 같으므로 ASA 합동이다.
ㄷ과 ㅂ: 대응하는 세 변의 길이가 각각 같으므로 SSS 합동이다. **답 ⑤**

10 ② $\overline{BC} = \overline{EF}$이면 대응하는 세 변의 길이가 각각 같으므로 SSS 합동이다.
③ ∠A = ∠D이면 대응하는 두 변의 길이가 각각 같고, 그 끼인각의 크기가 같으므로 SAS 합동이다. **답 ②, ③**

11 △ABD와 △CBD에서
$\overline{AB} = \overline{CB}$, $\overline{AD} = \boxed{\overline{CD}}$, $\boxed{\overline{BD}}$는 공통
∴ △ABD ≡ △CBD ($\boxed{SSS}$ 합동)
답 ㈎ $\overline{CD}$ ㈏ $\overline{BD}$ ㈐ SSS

12 △OAB와 △ODC에서
$\overline{OA} = \overline{OD}$, $\overline{OB} = \overline{OC}$, $\boxed{∠AOB} = ∠DOC$
∴ △OAB ≡ △ODC ($\boxed{SAS}$ 합동)
답 ㈎ ∠AOB ㈏ SAS

13 △AOP와 △BOP에서
$\boxed{∠AOP} = ∠BOP$, $\boxed{\overline{OP}}$는 공통,
∠APO = 90° − ∠AOP = 90° − $\boxed{∠BOP} = \boxed{∠BPO}$
∴ △AOP ≡ △BOP ($\boxed{ASA}$ 합동)
∴ $\overline{AP} = \overline{BP}$
답 ㈎ ∠AOP ㈏ $\overline{OP}$ ㈐ ∠BOP ㈑ ∠BPO ㈒ ASA

14 △ACD와 △BCE에서
$\overline{AC} = \overline{BC}$, $\overline{CD} = \overline{CE}$,
∠ACD = ∠ACE + 60° = ∠BCE
∴ △ACD ≡ △BCE (SAS 합동)
∠ACD = 180° − 60° = 120°이므로
∠CAD + ∠ADC = 180° − 120° = 60°
따라서 △PBD에서
∠BPD = 180° − (∠CBE + ∠ADC)
= 180° − (∠CAD + ∠ADC)
= 180° − 60°
= 120°
∴ ∠x = 180° − 120° = 60° **답 60°**

Ⅱ. 평면도형

04 다각형

01 ① 곡선으로 둘러싸여 있으므로 다각형이 아니다.
③, ④ 입체도형이므로 다각형이 아니다. **답** ②, ⑤

02 $\angle x = 180° - 105° = 75°$, $\angle y = 180° - 80° = 100°$
$\therefore \angle x + \angle y = 75° + 100° = 175°$ **답** ③

03 ② 네 내각의 크기가 같은 사각형은 직사각형이다.
③ 정사각형은 한 내각의 크기와 한 외각의 크기가 90°로 서로 같다.
⑤ 변의 길이와 내각의 크기가 모두 같아야 정다각형이다. **답** ②, ⑤

04 변의 개수가 15인 다각형은 십오각형이므로 십오각형의 한 꼭짓점에서 그을 수 있는 대각선의 개수는
$15 - 3 = 12$ **답** 12

05 주어진 다각형을 n각형이라 하면
$n - 3 = 10 \quad \therefore n = 13$
따라서 십삼각형의 대각선의 개수는
$\dfrac{13 \times (13 - 3)}{2} = 65$ **답** 65

06 주어진 다각형을 n각형이라 하면
$\dfrac{n(n-3)}{2} = 27, \quad n(n-3) = 54 = 9 \times 6$
$\therefore n = 9$
따라서 구각형의 한 꼭짓점에서 대각선을 모두 그었을 때 생기는 삼각형의 개수는
$9 - 2 = 7$ **답** ②

07 △ABO에서
$\angle AOB = 180° - (45° + 75°) = 60°$
이때 맞꼭지각의 크기는 같으므로
$\angle COD = \angle AOB = 60°$
따라서 △COD에서
$\angle x = 180° - (55° + 60°) = 65°$ **답** ③

08 $3x + (x + 30) = 6x - 10$이므로
$2x = 40 \quad \therefore x = 20$ **답** 20

09 △ABC에서 $\quad \angle BAC + 58° = 128°$
$\therefore \angle BAC = 70°$
$\therefore \angle DAC = \dfrac{1}{2}\angle BAC = \dfrac{1}{2} \times 70° = 35°$

따라서 △ADC에서
$\angle x = 35° + 58° = 93°$ **답** 93°

10 △ABC에서
$\angle ABC + \angle ACB = 180° - 72° = 108°$
$\therefore \angle IBC + \angle ICB = \dfrac{1}{2}(\angle ABC + \angle ACB)$
$= \dfrac{1}{2} \times 108° = 54°$
따라서 △IBC에서
$\angle x = 180° - 54° = 126°$ **답** ⑤

11 △ABC에서 $\angle ACE = 54° + 2\angle DBC$이므로
$\angle DCE = \dfrac{1}{2}\angle ACE = 27° + \angle DBC \quad \cdots\cdots$ ㉠
△DBC에서
$\angle DCE = \angle x + \angle DBC \quad \cdots\cdots$ ㉡
㉠, ㉡에서 $\quad \angle x = 27°$ **답** 27°

12 △ABC에서 $\overline{AB} = \overline{AC}$이므로
$\angle ACB = \angle B = 36°$
$\therefore \angle CAD = 36° + 36° = 72°$
△ACD에서 $\overline{AC} = \overline{CD}$이므로
$\angle D = \angle CAD = 72°$
따라서 △DBC에서
$\angle x = 36° + 72° = 108°$ **답** 108°

13 오른쪽 그림과 같이 $\overline{BC}$를 그으면
△ABC에서
$\angle DBC + \angle DCB$
$= 180° - (85° + 25° + 30°) = 40°$
따라서 △DBC에서
$\angle x = 180° - 40° = 140°$ **답** ②

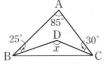

14 △AGD에서
$\angle BGF = 30° + 35° = 65°$
△CEF에서
$\angle BFG = 45° + 40° = 85°$
따라서 △BGF에서
$\angle x = 180° - (65° + 85°) = 30°$ **답** 30°

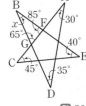

15 주어진 다각형을 n각형이라 하면
$n - 3 = 8 \quad \therefore n = 11$
따라서 십일각형의 내각의 크기의 합은
$180° \times (11 - 2) = 1620°$ **답** ④

16 육각형의 내각의 크기의 합은

$$180° \times (6-2) = 720°$$

이므로

$$\angle x + 95° + 140° + \angle x + 130° + 125° = 720°$$

$$2\angle x = 230° \qquad \therefore \angle x = 115° \qquad \text{답} ③$$

17 다각형의 외각의 크기의 합은 360°이므로

$$\angle x + 60° + \angle y + (180° - 120°) + 80° = 360°$$

$$\therefore \angle x + \angle y = 160° \qquad \text{답} 160°$$

18 오른쪽 그림과 같이 보조선을 그으면

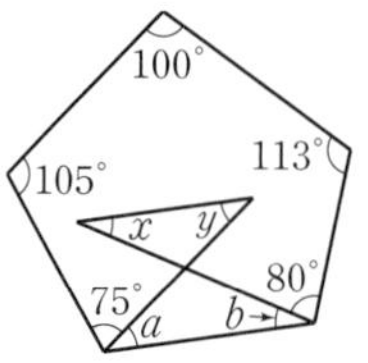

$$\angle a + \angle b = \angle x + \angle y$$

오각형의 내각의 크기의 합은

$$180° \times (5-2) = 540°$$

이므로

$$100° + 105° + (75° + \angle a) + (80° + \angle b) + 113° = 540°$$

$$\therefore \angle a + \angle b = 67°$$

$$\therefore \angle x + \angle y = \angle a + \angle b = 67° \qquad \text{답} ④$$

19 주어진 정다각형을 정n각형이라 하면

$$\frac{n(n-3)}{2} = 35, \qquad n(n-3) = 70 = 10 \times 7$$

$$\therefore n = 10$$

즉 정십각형이다.

⑤ 한 외각의 크기는 $\dfrac{360°}{10} = 36°$ 　　　답 ⑤

20 정오각형의 한 내각의 크기는

$$\frac{180° \times (5-2)}{5} = 108°$$

$\triangle ABE$는 $\overline{AB} = \overline{AE}$인 이등변삼각형이므로

$$\angle AEB = \frac{1}{2} \times (180° - 108°) = 36°$$

$\triangle EAD$는 $\overline{EA} = \overline{ED}$인 이등변삼각형이므로

$$\angle EAD = \frac{1}{2} \times (180° - 108°) = 36°$$

따라서 $\triangle AFE$에서 　$\angle x = 36° + 36° = 72°$ 　답 72°

21 $\angle x$는 정오각형의 한 외각의 크기와 정육각형의 한 외각의 크기의 합과 같으므로

$$\angle x = \frac{360°}{5} + \frac{360°}{6} = 72° + 60° = 132° \qquad \text{답} 132°$$

22 양옆에 앉은 사람을 제외한 모든 사람과 서로 한 번씩 악수를 하므로 악수를 한 횟수는 팔각형의 대각선의 개수와 같다.

$$\therefore \frac{8 \times (8-3)}{2} = 20 \,(번) \qquad \text{답} ④$$

23 $\angle BAC + \angle BCA = 180° - 48° = 132°$이므로

$$\angle EAC + \angle DCA = (180° - \angle BAC) + (180° - \angle BCA)$$

$$= 360° - (\angle BAC + \angle BCA)$$

$$= 360° - 132°$$

$$= 228°$$

$$\therefore \angle PAC + \angle PCA = \frac{1}{2} \times 228° = 114°$$

따라서 $\triangle ACP$에서

$$\angle x = 180° - 114° = 66° \qquad \text{답} 66°$$

24 $\triangle BGF$에서

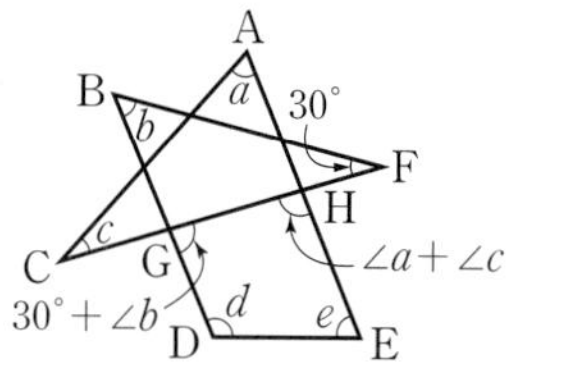

$$\angle HGD = 30° + \angle b$$

$\triangle ACH$에서

$$\angle GHE = \angle a + \angle c$$

이때 사각형 GDEH의 내각의 크기의 합은 360°이므로

$$(30° + \angle b) + (\angle a + \angle c) + \angle d + \angle e = 360°$$

$$\therefore \angle a + \angle b + \angle c + \angle d + \angle e = 330° \qquad \text{답} 330°$$

II. 평면도형

05 원과 부채꼴

01 ③ 길이가 가장 긴 현은 $\overline{AD}$이다. 　　답 ③

02 $30 : 90 = 4 : x$이므로 　　$1 : 3 = 4 : x$

$$\therefore x = 12$$

$30 : y = 4 : 16$이므로 　　$30 : y = 1 : 4$

$$\therefore y = 120 \qquad \text{답} \; x=12, \; y=120$$

03 $\overset{\frown}{AB} : \overset{\frown}{BC} : \overset{\frown}{CA} = 4 : 2 : 3$이므로

$$\angle BOC = 360° \times \frac{2}{4+2+3} = 360° \times \frac{2}{9} = 80° \qquad \text{답} 80°$$

04 $\overline{AD} /\!/ \overline{OC}$이므로

$$\angle DAO = \angle COB = 40° \,(\text{동위각})$$

오른쪽 그림과 같이 $\overline{OD}$를 그으면

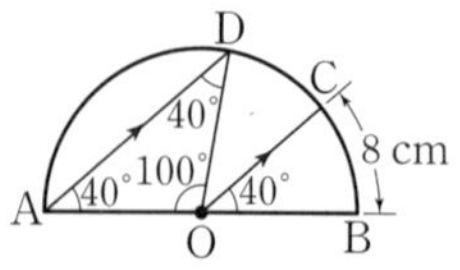

$\overline{OA} = \overline{OD}$이므로

$$\angle ODA = \angle OAD = 40°$$

$$\therefore \angle AOD = 180° - (40° + 40°)$$

$$= 100°$$

이때 $100 : 40 = \overset{\frown}{AD} : 8$이므로

$$5 : 2 = \overset{\frown}{AD} : 8$$

$$\therefore \overset{\frown}{AD} = 20 \,(cm) \qquad \text{답} ③$$

05 부채꼴 COD의 넓이를 x cm^{2}라 하면
$$45:120=24:x, \quad 3:8=24:x \quad \therefore x=64$$
따라서 부채꼴 COD의 넓이는 64 cm^{2}이다.　　　**답** 64 cm^2

06 $\overline{CD}=\overline{DE}$이므로
$$\angle COD=\angle DOE=\frac{1}{2}\angle COE=\frac{1}{2}\times80°=40°$$
$\overline{AB}=\overline{CD}$이므로　　$\angle AOB=\angle COD=40°$　　**답** 40°

07 ① $\overline{CD}<4\overline{AB}$
③ 알 수 없다.
④ $\triangle OAB>\frac{1}{4}\triangle OCD$　　　**답** ②, ⑤

08 $\overline{CP}=\overline{CO}$이므로　　$\angle COP=\angle P=35°$
$\triangle OPC$에서　　$\angle OCD=35°+35°=70°$
$\overline{OC}=\overline{OD}$이므로　　$\angle ODC=\angle OCD=70°$
$\triangle OPD$에서　　$\angle BOD=35°+70°=105°$
이때 $35:105=\overset{\frown}{AC}:21$이므로　　$1:3=\overset{\frown}{AC}:21$
　　$\therefore \overset{\frown}{AC}=7$ (cm)　　　**답** 7 cm

09 (색칠한 부분의 둘레의 길이)
$$=2\pi\times10\times\frac{1}{2}+2\pi\times6\times\frac{1}{2}+2\pi\times4\times\frac{1}{2}$$
$$=10\pi+6\pi+4\pi=20\pi \text{ (cm)}$$
(색칠한 부분의 넓이)
$$=\pi\times10^2\times\frac{1}{2}+\pi\times6^2\times\frac{1}{2}-\pi\times4^2\times\frac{1}{2}$$
$$=50\pi+18\pi-8\pi=60\pi \text{ (cm}^2\text{)}$$
답 20π cm, 60π cm^2

10 (호의 길이)$=2\pi\times5\times\dfrac{144}{360}=4\pi$ (cm)
(넓이)$=\pi\times5^2\times\dfrac{144}{360}=10\pi$ (cm^2)
답 4π cm, 10π cm^2

11 (1) (색칠한 부분의 둘레의 길이)
$$=2\pi\times8\times\frac{60}{360}+2\pi\times4\times\frac{60}{360}+4\times2$$
$$=\frac{8}{3}\pi+\frac{4}{3}\pi+8=4\pi+8 \text{ (cm)}$$
(2) (색칠한 부분의 넓이)
$$=\pi\times8^2\times\frac{60}{360}-\pi\times4^2\times\frac{60}{360}$$
$$=\frac{32}{3}\pi-\frac{8}{3}\pi=8\pi \text{ (cm}^2\text{)}$$
답 (1) $(4\pi+8)$ cm　(2) 8π cm^2

12 (색칠한 부분의 둘레의 길이)
$$=\left(2\pi\times10\times\frac{1}{4}\right)\times2+10\times4=10\pi+40 \text{ (cm)}$$
답 ④

13 오른쪽 그림에서
(색칠한 부분의 넓이)
$=(\text{㉠의 넓이})\times8$
$$=\left(\pi\times3^2\times\frac{1}{4}-\frac{1}{2}\times3\times3\right)\times8$$
$$=\left(\frac{9}{4}\pi-\frac{9}{2}\right)\times8=18\pi-36 \text{ (cm}^2\text{)}$$
답 ⑤

14 오른쪽 그림과 같이 이동하면
(색칠한 부분의 넓이)
$$=\pi\times10^2\times\frac{1}{4}-\frac{1}{2}\times10\times10$$
$$=25\pi-50 \text{ (cm}^2\text{)}$$
답 $(25\pi-50)$ cm^2

15 (색칠한 부분의 넓이)
$=(\text{부채꼴 B}'\text{AB의 넓이})+(\text{지름이 }\overline{AB'}\text{인 반원의 넓이})$
　　$-(\text{지름이 }\overline{AB}\text{인 반원의 넓이})$
$=(\text{부채꼴 B}'\text{AB의 넓이})$
$$=\pi\times8^2\times\frac{45}{360}=8\pi \text{ (cm}^2\text{)}$$
답 8π cm^2

16 오른쪽 그림에서 곡선 부분의 길이는
$$\left(2\pi\times3\times\frac{1}{4}\right)\times4=6\pi \text{ (cm)}$$
직선 부분의 길이는
$$12+6+12+6=36 \text{ (cm)}$$
따라서 필요한 끈의 최소 길이는
$(6\pi+36)$ cm　　　**답** ③

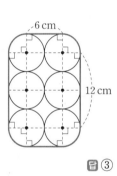

17 원이 지나간 자리는 오른쪽 그림과 같고
(①의 넓이)$+$(②의 넓이)
　$+$(③의 넓이)
$=\pi\times8^2=64\pi \text{ (cm}^2\text{)}$
(④의 넓이)$+$(⑤의 넓이)$+$(⑥의 넓이)
$=(12\times8)\times3=288 \text{ (cm}^2\text{)}$
따라서 원이 지나간 자리의 넓이는
$(64\pi+288)$ cm^2　　　**답** $(64\pi+288)$ cm^2

18 오른쪽 그림에서 점 A가 움직인 거리는 반지름의 길이가 10 cm이고 중심각의 크기가 120°인 부채꼴의 호의 길이와 같으므로
$$2\pi\times10\times\frac{120}{360}=\frac{20}{3}\pi \text{ (cm)}$$
답 ②

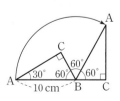

06 다면체와 회전체

01 ① 평면도형이므로 다면체가 아니다.
④ 곡면으로 둘러싸인 입체도형이므로 다면체가 아니다.
　답 ①, ④

02 각 다면체의 면의 개수는
① $5+2=7$　② $9+2=11$　③ $12+1=13$
④ $8+2=10$　⑤ $8+1=9$　답 ③

03 십일각뿔의 모서리의 개수는　$11\times2=22$
　∴ $a=22$
칠각뿔대의 꼭짓점의 개수는　$7\times2=14$
　∴ $b=14$
　∴ $a+b=22+14=36$　답 36

04 주어진 각기둥을 n각기둥이라 하면
　$3n=36$　∴ $n=12$
따라서 십이각기둥의 면의 개수는　$12+2=14$
　∴ $x=14$
꼭짓점의 개수는　$12\times2=24$
　∴ $y=24$
　∴ $y-x=24-14=10$　답 ⑤

05 ① 삼각뿔대 – 사다리꼴
② 오각뿔 – 삼각형
③ 육각기둥 – 직사각형
⑤ 팔각뿔대 – 사다리꼴　답 ④

06 ① 밑면의 모양은 다각형이고 옆면의 모양은 삼각형이다.
② 각뿔의 종류는 밑면의 모양으로 결정된다.
⑤ 옆면과 밑면은 수직이 아니다.　답 ③, ④

07 조건 ⑺, ⑷에서 주어진 입체도형은 각기둥이다.
이 입체도형을 n각기둥이라 하면 조건 ⑷에서
　$2n=18$　∴ $n=9$
따라서 구하는 입체도형은 구각기둥이다.　답 구각기둥

08 ① 정육면체의 면의 모양은 정사각형, 정십이면체의 면의 모양은 정오각형으로 다르다.
② 면의 모양은 정삼각형, 정사각형, 정오각형 중 하나이다.
③ 정육각형으로 이루어진 정다면체는 없다.
④ 각 면이 모두 합동인 정다각형이고 각 꼭짓점에 모인 면의 개수가 같은 다면체를 정다면체라 한다.　답 ⑤

09 면의 개수가 가장 많은 정다면체는 정이십면체이고 정이십면체의 꼭짓점의 개수는 12이므로　$a=12$
꼭짓점의 개수가 가장 적은 정다면체는 정사면체이고 정사면체의 모서리의 개수는 6이므로　$b=6$
　∴ $a+b=12+6=18$　답 ②

10 조건 ⑺, ⑷에서 주어진 다면체는 정다면체이다.
조건 ⑷에서 각 꼭짓점에 모인 면의 개수가 5인 것은 정이십면체이다.　답 정이십면체

11 주어진 전개도로 만든 정다면체는 정팔면체이다.
④ 모서리의 개수는 12이다.　답 ④

12 오른쪽 그림과 같이 네 점 P, Q, R, S를 지나는 평면으로 자를 때 생기는 단면의 모양은 정육각형이다.
　답 정육각형

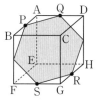

13 ②, ④, ⑤ 다면체이다.　답 ①, ③

14 ②

　답 ②

15 ③ 원뿔대 – 사다리꼴　답 ③

16 회전체는 오른쪽 그림과 같다.
따라서 구하는 넓이는
$$\left\{\frac{1}{2}\times(3+4)\times5\right\}\times2=35\ (\text{cm}^2)$$
　답 $35\ \text{cm}^2$

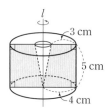

17 $\overset{\frown}{AB}=2\pi\times8=16\pi\ (\text{cm})$
$\overline{BD}=14\ \text{cm}$
$\overset{\frown}{CD}=2\pi\times10=20\pi\ (\text{cm})$
따라서 $a=16$, $b=14$, $c=20$이므로
　$a+b+c=16+14+20=50$　답 50

18 ② 직각삼각형의 빗변이 아닌 한 변을 회전축으로 하여 1회전 시킬 때 원뿔이 생긴다.
③ 원뿔을 밑면에 평행한 평면으로 자르면 원뿔과 원뿔대가 생긴다.　답 ②, ③

19 주어진 그림에서 꼭짓점의 개수는 9이므로　$v=9$
모서리의 개수는 16이므로　$e=16$
면의 개수는 9이므로　$f=9$
　∴ $v-e+f=9-16+9=2$　답 2

20 정육면체의 면의 개수는 6이므로 정육면체의 각 면의 한가운데 점을 연결하여 만든 정다면체는 꼭짓점의 개수가 6인 정다면체, 즉 정팔면체이다. **답** ③

III. 입체도형

07 입체도형의 겉넓이와 부피I

01 (밑넓이)$=\frac{1}{2}\times(4+8)\times3=18$ (cm^2)

(옆넓이)$=(8+3+4+5)\times7=140$ (cm^2)

　∴ (겉넓이)$=18\times2+140=176$ (cm^2) **답** ④

02 (밑넓이)$=\pi\times7^2=49\pi$ (cm^2)

(옆넓이)$=2\pi\times7\times14=196\pi$ (cm^2)

　∴ (겉넓이)$=49\pi\times2+196\pi$

　　　　　$=294\pi$ (cm^2) **답** 294π cm^2

03 (밑넓이)$=\frac{1}{2}\times9\times6=27$ (cm^2)

　∴ (부피)$=27\times5=135$ (cm^3) **답** ②

04 (밑넓이)$=\pi\times4^2=16\pi$ (cm^2)

　∴ (부피)$=16\pi\times8=128\pi$ (cm^3) **답** ①

05 원기둥의 밑면인 원의 반지름의 길이를 r cm라 하면

　$2\pi r=6\pi$　∴ $r=3$

(밑넓이)$=\pi\times3^2=9\pi$ (cm^2)

(옆넓이)$=6\pi\times10=60\pi$ (cm^2)

　∴ (겉넓이)$=9\pi\times2+60\pi=78\pi$ (cm^2)

　(부피)$=9\pi\times10=90\pi$ (cm^3)

답 겉넓이: 78π cm^2, 부피: 90π cm^3

06 (밑넓이)$=\pi\times2^2\times\frac{270}{360}=3\pi$ (cm^2)

　∴ (부피)$=3\pi\times12=36\pi$ (cm^3) **답** 36π cm^3

07 (밑넓이)$=\pi\times7^2-\pi\times4^2=33\pi$ (cm^2)

(옆넓이)$=2\pi\times7\times7+2\pi\times4\times7=154\pi$ (cm^2)

　∴ (겉넓이)$=33\pi\times2+154\pi=220\pi$ (cm^2)

답 220π cm^2

08 잘라 낸 부분의 면의 이동을 생각하면 주어진 입체도형의 겉넓이는 가로의 길이가 8 cm, 세로의 길이가 8 cm, 높이가 9 cm인 직육면체의 겉넓이와 같으므로

(밑넓이)$=8\times8=64$ (cm^2)

(옆넓이)$=(8+8+8+8)\times9=288$ (cm^2)

　∴ (겉넓이)$=64\times2+288=416$ (cm^2) **답** ①

09 회전체는 오른쪽 그림과 같으므로

(부피)$=$(큰 원기둥의 부피)

　　　　$-$(작은 원기둥의 부피)

　　$=\pi\times3^2\times5-\pi\times1^2\times5$

　　$=40\pi$ (cm^3) **답** 40π cm^3

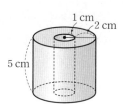

10 (밑넓이)$=8\times8=64$ (cm^2)

(옆넓이)$=\left(\frac{1}{2}\times8\times9\right)\times4=144$ (cm^2)

　∴ (겉넓이)$=64+144=208$ (cm^2) **답** ⑤

11 (밑넓이)$=\pi\times3^2=9\pi$ (cm^2)

(옆넓이)$=\pi\times3\times8=24\pi$ (cm^2)

　∴ (겉넓이)$=9\pi+24\pi=33\pi$ (cm^2) **답** 33π cm^2

12 (두 밑넓이의 합)$=\pi\times6^2+\pi\times9^2=117\pi$ (cm^2)

(옆넓이)$=\pi\times9\times15-\pi\times6\times10=75\pi$ (cm^2)

　∴ (겉넓이)$=117\pi+75\pi=192\pi$ (cm^2) **답** ②

13 사각뿔의 높이를 h cm라 하면

　$\frac{1}{3}\times(7\times7)\times h=147$　∴ $h=9$

따라서 사각뿔의 높이는 9 cm이다. **답** ④

14 (밑넓이)$=\pi\times2^2=4\pi$ (cm^2)

　∴ (부피)$=\frac{1}{3}\times4\pi\times6=8\pi$ (cm^3) **답** 8π cm^3

15 (부피)$=$(큰 원뿔의 부피)$-$(작은 원뿔의 부피)

　　$=\frac{1}{3}\times(\pi\times9^2)\times12-\frac{1}{3}\times(\pi\times3^2)\times4$

　　$=312\pi$ (cm^3) **답** 312π cm^3

16 주어진 입체도형의 부피는 정육면체의 부피에서 삼각뿔의 부피를 뺀 것과 같으므로

　$6\times6\times6-\frac{1}{3}\times\left(\frac{1}{2}\times6\times6\right)\times6=180$ (cm^3) **답** 180 cm^3

17 (물의 부피)$=\frac{1}{3}\times\left(\frac{1}{2}\times12\times5\right)\times x=10x$ (cm^3)

이때 물의 부피가 30 cm^{3}이므로

　$10x=30$　∴ $x=3$ **답** ③

18 (원뿔 모양의 그릇의 부피)$=\frac{1}{3}\times(\pi\times10^2)\times15=500\pi$ (cm^3)

따라서 빈 그릇에 물을 가득 채우는 데 $500\pi\div10\pi=50$ (분)이 걸린다. **답** 50분

19 밑면인 원의 반지름의 길이를 r cm라 하면

　$2\pi\times12\times\frac{240}{360}=2\pi\times r$　∴ $r=8$

부록 대표문제 다시 풀기

(밑넓이)$=\pi\times8^2=64\pi$ (cm^2)

(옆넓이)$=\pi\times8\times12=96\pi$ (cm^2)

$\therefore$ (겉넓이)$=64\pi+96\pi=160\pi$ (cm^2)　　　답 ⑤

20 회전체는 오른쪽 그림과 같으므로

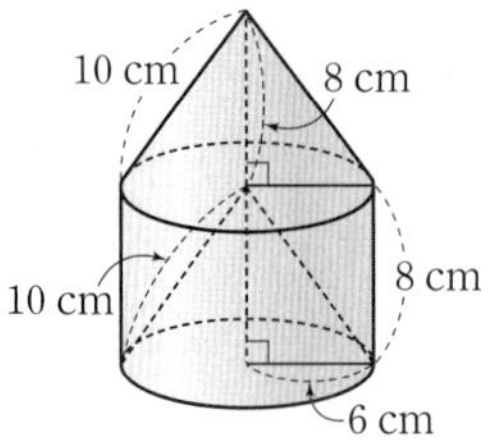

(겉넓이)$=(\pi\times6\times10)\times2$
$\qquad\qquad+2\pi\times6\times8$
$\qquad\quad=216\pi$ (cm^2)

(부피)$=\pi\times6^2\times8=288\pi$ (cm^3)

답 겉넓이: 216π cm^2, 부피: 288π cm^3

21 단면의 넓이가 최대일 때 단면인 원의 반지름의 길이를 r cm라 하면

$\pi r^2=49\pi$,　　$r^2=49=7^2$　　$\therefore r=7$

따라서 반지름의 길이가 7 cm인 구의 겉넓이는

$4\pi\times7^2=196\pi$ (cm^2)　　　답 196π cm^2

22 (부피)$=$(반구의 부피)$+$(원뿔의 부피)

$\qquad=\left(\dfrac{4}{3}\pi\times6^3\right)\times\dfrac{1}{2}+\dfrac{1}{3}\times(\pi\times6^2)\times10$

$\qquad=144\pi+120\pi=264\pi$ (cm^3)　　답 264π cm^3

23 잘라 낸 단면의 넓이의 합은 반지름의 길이가 5 cm인 원의 넓이와 같으므로

(겉넓이)$=(4\pi\times5^2)\times\dfrac{3}{4}+\pi\times5^2$

$\qquad\quad=75\pi+25\pi=100\pi$ (cm^2)　　답 100π cm^2

24 회전체는 오른쪽 그림과 같으므로

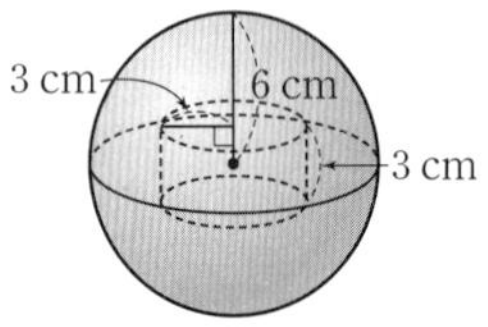

(부피)

$=$(구의 부피)$-$(원기둥의 부피)

$=\dfrac{4}{3}\pi\times6^3-\pi\times3^2\times3$

$=288\pi-27\pi=261\pi$ (cm^3)　　답 261π cm^3

25 원기둥의 밑면인 원의 반지름의 길이를 r cm라 하면

$\dfrac{1}{3}\times\pi r^2\times2r=144\pi$,　　$r^3=216=6^3$　　$\therefore r=6$

$\therefore$ (구의 부피)$=\dfrac{4}{3}\pi\times6^3=288\pi$ (cm^3)

(원기둥의 부피)$=\pi\times6^2\times12=432\pi$ (cm^3)

답 288π cm^3, 432π cm^3

26 구하는 정팔면체의 부피는 밑면인 정사각형의 대각선의 길이가 18 cm이고 높이가 9 cm인 사각뿔의 부피의 2배와 같다.

(사각뿔의 밑넓이)$=\dfrac{1}{2}\times18\times18=162$ (cm^2)

$\therefore$ (정팔면체의 부피)$=$(사각뿔의 부피)$\times2$

$\qquad\qquad\qquad\qquad=\left(\dfrac{1}{3}\times162\times9\right)\times2$

$\qquad\qquad\qquad\qquad=972$ (cm^3)　　답 972 cm^3

08 대푯값

01 $1+0+3+x+2=8$에서　　$x=2$

$\therefore$ (평균)$=\dfrac{1\times1+2\times0+3\times3+4\times2+5\times2}{8}=\dfrac{28}{8}$

$\qquad\qquad=3.5$ (점)　　　답 ③

02 A 모둠의 변량을 작은 값부터 크기순으로 나열하면

3, 4, 5, 7, 9, 10

$\therefore$ (중앙값)$=\dfrac{5+7}{2}=6$ (회)

B 모둠의 변량을 작은 값부터 크기순으로 나열하면

3, 5, 6, 8, 11, 13, 15

$\therefore$ (중앙값)$=8$회

따라서 $a=6$, $b=8$이므로　　$a+b=6+8=14$　　답 14

03 가족이 2명인 학생은 2명, 3명인 학생은 5명, 4명인 학생은 7명, 5명인 학생은 4명, 6명인 학생은 1명, 7명인 학생은 1명이므로　　(최빈값)$=4$명　　　답 ③

04 자료에 극단적인 값이 있으므로 대푯값으로 더 적절한 것은 중앙값이다.

변량을 작은 값부터 크기순으로 나열하면

2, 4, 6, 8, 8, 50

$\therefore$ (중앙값)$=\dfrac{6+8}{2}=7$ (회)　　답 중앙값, 7회

05 a를 제외한 변량을 작은 값부터 크기순으로 나열하면

5, 6, 12, 13, 16

이때 중앙값이 10이므로　　$6<a<12$

변량을 작은 값부터 크기순으로 나열하면 5, 6, a, 12, 13, 16이므로

$\dfrac{a+12}{2}=10$　　$\therefore a=8$

$\therefore$ (평균)$=\dfrac{5+6+8+12+13+16}{6}=\dfrac{60}{6}=10$　　답 10

06 ㄱ. 평균은 7이므로 추가되는 한 개의 변량이 7이면 평균은 변하지 않지만 7이 아니면 평균은 변한다.

ㄴ. 한 개의 변량을 추가하기 전 이 자료의 중앙값은 8이고 추가한 변량을 a라 하자.

　(ⅰ) 8보다 작은 변량을 추가한 경우

　　a, 3, 5, 8, 8, 8, 10 또는 3, a, 5, 8, 8, 8, 10

　　또는 3, 5, a, 8, 8, 8, 10이므로　　(중앙값)$=8$

　(ⅱ) 8을 추가한 경우

　　3, 5, 8, 8, 8, 8, 10이므로　　(중앙값)$=8$

(iii) 8보다 큰 변량을 추가한 경우

3, 5, 8, 8, 8, a, 10 또는 3, 5, 8, 8, 8, 10, a이므로

(중앙값)=8

따라서 이 자료의 중앙값은 변하지 않는다.

ㄷ. 한 개의 변량이 추가되어도 8이 가장 많으므로 최빈값은 8로 변하지 않는다. 답 ⑤

Ⅳ. 통계

09 도수분포표와 상대도수

01 ① (전체 학생 수)=4+5+6+3+2=20

③ 게시글을 20개 이상 40개 미만 올린 학생 수는

5+6=11

④ 게시글을 5번째로 많이 올린 학생이 올린 게시글 수는 43이다.

⑤ 게시글을 55개 이상 올린 학생은 2명이므로

$\dfrac{2}{20} \times 100 = 10$ (%) 답 ④

02 ① 계급의 크기는 270-240=30 (L)

② 계급의 개수는 5이다.

③ $A=19-(1+7+5+2)=4$

④ 급수량이 6번째로 많은 도시가 속하는 계급은 330 L 이상 360 L 미만이다.

⑤ 급수량이 300 L 이상인 도시는

7+5+2=14 (곳) 답 ⑤

03 $\dfrac{A}{40} \times 100 = 10$에서 $A=4$

$\therefore B=40-(5+4+9+8)=14$

따라서 나이가 45세 이상 50세 미만인 선생님 수는 14이다.

답 14

04 (1) 통학 시간이 긴 쪽에서 6번째인 학생이 속하는 계급은 40분 이상 50분 미만이다.

(2) (전체 학생 수)=2+6+8+5+4=25

통학 시간이 20분 이상 40분 미만인 학생 수는 6+8=14이므로

$\dfrac{14}{25} \times 100 = 56$ (%)

답 (1) 40분 이상 50분 미만 (2) 56 %

05 (직사각형의 넓이의 합)

=(계급의 크기)×(도수의 총합)

=2×(4+9+12+7+5)

=2×37=74 답 74

06 맞힌 퀴즈가 20개 이상인 학생은 4+2=6 (명)이므로 전체 학생 수를 x라 하면

$6=x \times \dfrac{25}{100}$ $\therefore x=24$

따라서 맞힌 퀴즈가 15개 이상 20개 미만인 학생 수는

24-(4+8+4+2)=6 답 6

07 ㄱ. 계급의 개수는 5이다.

이상에서 옳은 것은 ㄴ, ㄷ이다. 답 ④

08 (도수분포다각형과 가로축으로 둘러싸인 부분의 넓이)

=10×(5+7+9+10+8+5)

=10×44=440 답 440

09 산책 시간이 60분 이상인 사람 수는

$40 \times \dfrac{50}{100} = 20$

따라서 산책 시간이 50분 이상 60분 미만인 사람 수는

40-(2+5+20)=13 답 13

10 ⑤ A 부서와 B 부서의 부서원 수는 같으므로 도수분포다각형과 가로축으로 둘러싸인 부분의 넓이는 같다. 답 ⑤

11 (도수의 총합)=$\dfrac{30}{0.15}=200$이므로

$a=\dfrac{40}{200}=0.2$, $b=200 \times 0.35=70$

$\therefore a+b=0.2+70=70.2$ 답 70.2

12 (전체 학생 수)=2+9+14+6+4=35

도수가 가장 큰 계급은 30분 이상 40분 미만이므로

(상대도수)=$\dfrac{14}{35}=0.4$ 답 ④

13 (1) $D=\dfrac{10}{0.25}=40$, $A=40 \times 0.4=16$, $B=\dfrac{8}{40}=0.2$,

$E=1$, $C=40-(10+16+8)=6$

(2) 도수가 가장 작은 계급의 도수는 6명이므로 이 계급의 상대도수는

$\dfrac{6}{40}=0.15$

부록

대표문제 다시 풀기

(3) 2시간 이상인 계급의 상대도수의 합은 $0.2+0.15=0.35$이므로

$$0.35 \times 100 = 35 \, (\%)$$

답 (1) $A=16$, $B=0.2$, $C=6$, $D=40$, $E=1$
(2) 0.15 (3) 35 %

14 (도수의 총합)$=\dfrac{7}{0.28}=25$이므로 20 이상 30 미만인 계급의 도수는

$$25 \times 0.36 = 9$$

답 9

15 각 지역의 상대도수를 구하면 다음 표와 같다.

나이(세)	상대도수	
	A 지역	B 지역
$20^{이상} \sim 30^{미만}$	$\dfrac{45}{250}=0.18$	$\dfrac{32}{200}=0.16$
$30 \ \sim 40$	$\dfrac{25}{250}=0.1$	$\dfrac{52}{200}=0.26$
$40 \ \sim 50$	$\dfrac{55}{250}=0.22$	$\dfrac{44}{200}=0.22$
$50 \ \sim 60$	$\dfrac{50}{250}=0.2$	$\dfrac{32}{200}=0.16$
$60 \ \sim 70$	$\dfrac{75}{250}=0.3$	$\dfrac{40}{200}=0.2$
합계	1	1

따라서 A 지역보다 B 지역의 상대도수가 더 큰 계급은 30세 이상 40세 미만이다.

답 30세 이상 40세 미만

16 A 팀과 B 팀의 도수의 총합을 각각 $5a$, $2a$라 하고, 어떤 계급의 도수를 각각 $3b$, $4b$라 하면 이 계급의 상대도수의 비는

$$\dfrac{3b}{5a} : \dfrac{4b}{2a} = 3 : 10$$

답 ④

17 ① 계급의 크기는 $6-2=4$ (회)

② $50 \times 0.3 = 15$

③ 도수가 가장 큰 계급은 상대도수도 가장 크므로 0.38이다.

④ 도수가 5명인 계급의 상대도수는 $\dfrac{5}{50}=0.1$이므로 구하는 계급은 6회 이상 10회 미만이다.

⑤ 18회 이상인 계급의 상대도수의 합은 $0.18+0.02=0.2$

$$\therefore 0.2 \times 100 = 20 \, (\%)$$

답 ④

18 16세 이상 20세 미만인 계급의 상대도수는 0.25이므로

$$(전체 관람객 수) = \dfrac{10}{0.25} = 40$$

20세 이상 24세 미만인 계급의 상대도수는

$$1 - (0.05+0.25+0.2+0.1) = 0.4$$

이므로 구하는 관람객 수는

$$40 \times 0.4 = 16$$

답 16

19 ① 1학년에서 6점 미만인 계급의 상대도수의 합은

$$0.22+0.28=0.5$$

$$\therefore 0.5 \times 100 = 50 \, (\%)$$

② 1학년의 그래프가 3학년의 그래프보다 오른쪽으로 더 치우쳐 있으므로 3학년보다 1학년이 만족도가 더 높은 편이다.

④ 만족도가 2점 이상 4점 미만인 학생의 비율은

1학년: 0.22, 3학년: 0.3

으로 3학년이 더 높다.

⑤

만족도(점)	1학년		3학년	
	상대도수	도수(명)	상대도수	도수(명)
$2^{이상} \sim 4^{미만}$	0.22	66	0.3	75
$4 \ \sim 6$	0.28	84	0.5	125
$6 \ \sim 8$	0.44	132	0.18	45
$8 \ \sim 10$	0.06	18	0.02	5
합계	1	300	1	250

1학년 학생 수가 3학년 학생 수보다 더 많은 계급은 6점 이상 8점 미만, 8점 이상 10점 미만의 2개이다.

답 ⑤

유형

한권에 담아낸 유형

RPM

유형의 완성

QR 코드를 찍으면 정답과 해설이나 풀이영상을 확인할 수 있어요.

1023 (개)
그래프 (세로축 0,2,4,6,8,10 / 가로축 50 55 60 65 70 (g))

1024 2권　**1025** 6　**1026** 40

1027 4권 이상 6권 미만　**1028** 10

1029

나이(세)	도수(명)	상대도수
15이상 ~ 20미만	12	0.06
20 ~ 25	32	0.16
25 ~ 30	68	0.34
30 ~ 35	52	0.26
35 ~ 40	36	0.18
합계	200	1

1030 25세 이상 30세 미만

1031
(상대도수 그래프: 세로축 0.1, 0.2, 0.3 / 가로축 15 20 25 30 35 40 (세))

1032 ⑤　**1033** 3

1034 (1) 9　(2) 39시간　(3) 12　**1035** 6　**1036** 38분

1037 ④　**1038** 30 mm 이상 60 mm 미만　**1039** ㄱ, ㄴ

1040 20　**1041** 14　**1042** 40 %　**1043** 12

1044 (1) $A=47$, $B=35$　(2) 28 %

1045 (1) 40분 이상 45분 미만　(2) 34 %　**1046** 100　**1047** ㄱ, ㄷ

1048 ⑤　**1049** ②　**1050** 4배　**1051** 6　**1052** 10

1053 14　**1054** ㄱ, ㄴ, ㄷ　**1055** 25　**1056** 500타

1057 140　**1058** ③　**1059** ③　**1060** 10　**1061** 38 %

1062 11　**1063** ②, ④　**1064** 24　**1065** ③　**1066** 60

1067 ④　**1068** 160　**1069** 0.3　**1070** 0.2　**1071** ③

1072 (1) $A=0.3$, $B=12$, $C=0.2$, $D=30$, $E=1$　(2) 0.4　(3) 40 %

1073 ⑤　**1074** 15　**1075** ⑤　**1076** 3　**1077** A형

1078 ⑤　**1079** 0.18　**1080** ③　**1081** 21 : 32　**1082** ⑤

1083 ⑤　**1084** 3　**1085** ②　**1086** 12　**1087** 22

1088 72　**1089** ③　**1090** (1) 30, 30　(2) 28 %　(3) 4

1091 ③　**1092** 2　**1093** ⑤　**1094** ㄱ, ㄷ　**1095** 4

1096 ⑤　**1097** 14권 이상 17권 미만　**1098** 26 %　**1099** ③, ⑤

1100 14　**1101** ③　**1102** ④　**1103** 0.24　**1104** ④

1105 (1) $A=2$, $B=0.25$　(2) 0.1　**1106** ②　**1107** ③

1108 36　**1109** 8　**1110** ㄱ, ㄷ　**1111** 40 %　**1112** 20

1113 3　**1114** 24 %　**1115** 10 %　**1116** 과학 동아리

부록　대표문제 다시 풀기

01 기본 도형

01 4　**02** ④　**03** 6　**04** ②　**05** ①　**06** 30 cm

07 ⑤　**08** 54°　**09** ③　**10** ⑤　**11** ③　**12** 6쌍

13 ④　**14** ⑤

02 위치 관계

01 ⑤　**02** 3　**03** ③　**04** ③, ⑤　**05** 4　**06** ④

07 20　**08** ②, ③　**09** ③　**10** ②　**11** ①, ④

12 $\angle x=80°$, $\angle y=35°$　**13** ⑤　**14** ③　**15** ②

16 75°　**17** ④　**18** 65°　**19** ⑤　**20** 60°

03 작도와 합동

01 ②, ③　**02** ㄴ → ㄱ → ㄷ　**03** ⑤　**04** ③　**05** ③

06 ①　**07** ②, ④　**08** ⑤　**09** ⑤　**10** ②, ③

11 (개) $\overline{CD}$　(내) $\overline{BD}$　(대) SSS　**12** (개) $\angle AOB$　(내) SAS

13 (개) $\angle AOP$　(내) $\overline{OP}$　(대) $\angle BOP$　(라) $\angle BPO$　(매) ASA　**14** 60°

04 다각형

01 ②, ⑤　**02** ③　**03** ②, ⑤　**04** 12　**05** 65　**06** ②

07 ③　**08** 20　**09** 93°　**10** ⑤　**11** 27°　**12** 108°

13 ②　**14** 30°　**15** ④　**16** ③　**17** 160°　**18** ④

19 ⑤　**20** 72°　**21** 132°　**22** ④　**23** 66°　**24** 330°

05 원과 부채꼴

01 ③　**02** $x=12$, $y=120$　**03** 80°　**04** ③　**05** 64 cm²

06 40°　**07** ②, ⑤　**08** 7 cm　**09** 20π cm, 60π cm²

10 4π cm, 10π cm²　**11** (1) $(4π+8)$ cm　(2) 8π cm²　**12** ④

13 ⑤　**14** $(25π-50)$ cm²　**15** 8π cm²　**16** ③

17 $(64π+288)$ cm²　**18** ②

06 다면체와 회전체

01 ①, ④　**02** ③　**03** 36　**04** ⑤　**05** ④　**06** ③, ④

07 구각기둥　**08** ⑤　**09** ②　**10** 정이십면체

11 ④　**12** 정육각형　**13** ①, ③　**14** ②　**15** ③

16 35 cm²　**17** 50　**18** ②, ③　**19** 2　**20** ④

07 입체도형의 겉넓이와 부피

01 ④　**02** 294π cm²　**03** ②　**04** ①

05 겉넓이: 78π cm², 부피: 90π cm³　**06** 36π cm³

07 220π cm²　**08** ①　**09** 40π cm³　**10** ⑤

11 33π cm²　**12** ②　**13** ④　**14** 8π cm³

15 312π cm³　**16** 180 cm³　**17** ③　**18** 50분

19 ⑤　**20** 겉넓이: 216π cm², 부피: 288π cm³

21 196π cm²　**22** 264π cm³　**23** 100π cm³

24 261π cm³　**25** 288π cm³, 432π cm³

26 972 cm³

08 대푯값

01 ③　**02** 14　**03** ③　**04** 중앙값, 7회　**05** 10

06 ⑤

09 도수분포표와 상대도수

01 ④　**02** ⑤　**03** 14　**04** (1) 40분 이상 50분 미만　(2) 56 %

05 74　**06** 6　**07** ④　**08** 440　**09** 13　**10** ⑤

11 70.2　**12** ④

13 (1) $A=16$, $B=0.2$, $C=6$, $D=40$, $E=1$　(2) 0.15　(3) 35 %

14 9　**15** 30세 이상 40세 미만　**16** ④　**17** ④

18 16　**19** ⑤

0306 △ABC≡△DFE, SAS 합동 　0307 ③, ④
0308 ㈎ 눈금 없는 자 ㈏ 컴퍼스 　0309 ③, ⑤
0310 ㉠ → ㉢ → ㉡ 　0311 ①
0312 컴퍼스, $\overline{AB}$, 정삼각형 　0313 ② 　0314 ④
0315 ③ 　0316 ㉡ → ㉢ → ㉠ → ㉥ → ㉣ → ㉤ 　0317 ④
0318 ④ 　0319 ㄴ, ㄷ 0320 ④ 　0321 3개 　0322 ③
0323 A, C, $\overline{AC}$ 　0324 ㉢ → ㉠ → ㉡ 　0325 ①, ④
0326 ①, ⑤ 0327 ㄷ, ㄹ 0328 ③ 　0329 ⑤ 　0330 ③
0331 27 　0332 ② 　0333 ③ 　0334 ④
0335 ㄴ: ASA 합동, ㄷ: SAS 합동 　0336 ③ 　0337 ①, ③
0338 ④ 　0339 ③ 　0340 ㈎ $\overline{AC}$ ㈏ SSS
0341 ㈎ $\overline{O'B'}$ ㈏ $\overline{A'B'}$ ㈐ SSS
0342 △ABC≡△CDA, SSS 합동
0343 ㈎ ∠COD ㈏ SAS 0344 ㈎ $\overline{BM}$ ㈏ ∠PMB ㈐ SAS
0345 ③ 　0346 ㈎ ∠BOP ㈏ $\overline{OP}$ ㈐ ∠BPO ㈑ ASA
0347 ㈎ $\overline{EC}$ ㈏ ∠ECF ㈐ ASA
0348 △AMC≡△DMB, ASA 합동 　0349 120° 　0350 5 cm
0351 ⑤ 　0352 ③ 　0353 ④ 　0354 60° 　0355 ④
0356 ㉢ → ㉡ → ㉠ 　0357 ② 　0358 ② 　0359 ①
0360 ③ 　0361 ②, ③ 0362 ④ 　0363 ①, ③ 0364 69
0365 ③ 　0366 ⑤ 　0367 SSS 합동 　0368 ④
0369 △ABE≡△FCE, ASA 합동 　0370 400 m 0371 ⑤
0372 ② 　0373 2 　0374 12 cm 0375 7 cm 0376 5
0377 90° 　0378 36 cm²

04 다각형

0379 ㄱ, ㄴ, ㄹ 　0380 × 　0381 ○ 　0382 ×
0383 130° 　0384 55° 　0385 정다각형
0386 정구각형 　0387 ○ 　0388 × 　0389 ×
0390 ○ 　0391 0 　0392 1 　0393 2 　0394 3
0395 9 　0396 27 　0397 44 　0398 170 　0399 칠각형
0400 십이각형 　0401 65° 　0402 35° 　0403 100°
0404 40° 　0405 900° 　0406 1800° 0407 팔각형
0408 십사각형 　0409 135° 　0410 100° 　0411 360°
0412 360° 　0413 110° 　0414 53° 　0415 135°, 45°
0416 144°, 36° 　0417 정구각형
0418 정이십각형 　0419 정십오각형
0420 정십이각형 　0421 ①, ④ 0422 ② 　0423 ⑤
0424 ③ 　0425 125° 　0426 110° 　0427 ③ 　0428 ②, ③
0429 ④ 　0430 정팔각형 　0431 13 　0432 칠각형
0433 1 　0434 ② 　0435 44 　0436 ① 　0437 ⑤
0438 14 　0439 ④ 　0440 ④ 　0441 12
0442 정십각형 　0443 ② 　0444 15 　0445 30°
0446 24° 　0447 15 　0448 44° 　0449 44° 　0450 123°
0451 ③ 　0452 135° 　0453 ⑤ 　0454 ③ 　0455 60°
0456 130° 　0457 40° 　0458 35° 　0459 40° 　0460 120°
0461 100° 　0462 40° 　0463 92° 　0464 ③ 　0465 ⑤
0466 50° 　0467 ④ 　0468 ③ 　0469 170° 　0470 ⑤

0471 ② 　0472 36 　0473 1080° 0474 ② 　0475 105°
0476 ① 　0477 115° 　0478 ① 　0479 69° 　0480 21
0481 ② 　0482 ⑤ 　0483 30° 　0484 85° 　0485 360°
0486 ④ 　0487 ④ 　0488 30° 　0489 6 　0490 ②
0491 36° 　0492 ④ 　0493 ⑤ 　0494 36° 　0495 126°
0496 ⑤ 　0497 10 　0498 21 　0499 70° 　0500 ⑤
0501 44° 　0502 ② 　0503 314° 　0504 320° 0505 360°
0506 ④, ⑤ 0507 ② 　0508 120° 　0509 ④ 　0510 ④
0511 ⑤ 　0512 31° 　0513 ④ 　0514 ③ 　0515 ⑤
0516 정칠각형 　0517 ② 　0518 ⑤ 　0519 20°
0520 ②, ④ 0521 ④ 　0522 28 　0523 ④ 　0524 71°
0525 35 　0526 120° 　0527 27° 　0528 900° 　0529 540°

05 원과 부채꼴

0530
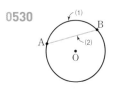
　0531 ∠AOB 　0532 $\overset{\frown}{BC}$

0533 $\overline{CD}$ 　0534 현 　0535 부채꼴 0536 활꼴 　0537 ○
0538 × 　0539 ○ 　0540 6 　0541 60 　0542 8
0543 120 　0544 10 　0545 70 　0546 6 　0547 100
0548 5 　0549 85 　0550 × 　0551 ○
0552 10π cm, 25π cm² 　0553 8π cm, 16π cm² 　0554 3 cm
0555 7 cm 　0556 6 cm 　0557 9 cm
0558 (1) 22π cm (2) 33π cm² 　0559 3π cm, $\dfrac{27}{2}$π cm²
0560 2π cm, 8π cm² 　0561 4π cm, 6π cm²
0562 9π cm, 27π cm² 　0563 72° 　0564 135°
0565 9π cm² 　0566 48π cm² 　0567 2π cm
0568 15 cm 0569 ④ 　0570 60° 　0571 ①, ④ 0572 ③
0573 5 　0574 ① 　0575 30 cm 0576 ④ 　0577 36°
0578 66° 　0579 60° 　0580 ③ 　0581 14 cm 0582 21 cm
0583 1 : 1 : 4 　0584 ④ 　0585 130° 　0586 ④
0587 24 cm² 　0588 50° 　0589 7 cm 0590 140°
0591 28 cm 0592 ①, ⑤ 0593 ③ 　0594 ④ 　0595 4 cm
0596 5 cm 0597 28 cm 0598 ⑤ 　0599 24π cm²
0600 (1) 32π cm (2) 24π cm² 　0601 24π cm
0602 10π cm, 60π cm² 　0603 ③ 　0604 27π cm²
0605 (1) 10 cm (2) 18° 　0606 (1) (12π+10) cm (2) 30π cm²
0607 (3π+8) cm 　0608 ④ 　0609 $\dfrac{65}{3}$π cm²
0610 ② 　0611 (10π+10) cm 　0612 24π cm
0613 (8π+12) cm 　0614 ⑤ 　0615 (16−4π) cm²
0616 (24−4π) cm² 　0617 (144−24π) cm²
0618 (16π−32) cm² 　0619 ③ 　0620 128 cm²
0621 72 cm² 　0622 ④ 　0623 6 cm²
0624 ② 　0625 ① 　0626 (6π+18) cm 　0627 16 cm
0628 (16π+60) cm² 　0629 (4π+28) cm²
0630 (1) (12π+18) cm (2) (72π+108) cm² 　0631 ⑤

0632 8π cm **0633** 12π cm　　**0634** ④　**0635** 60

0636 $80°$　**0637** 8 cm　**0638** ②　**0639** ⑤　**0640** ②

0641 (1) 36π cm　(2) 54π cm²　**0642** ③　**0643** $60°$

0644 6π cm **0645** ⑤　**0646** $(8\pi+16)$ cm, 32 cm²

0647 $(50\pi-100)$ cm²　**0648** ⑤　**0649** 3 cm

0650 10 cm, $180°$　**0651** (1) $(14\pi+12)$ cm　(2) 21π cm²

0652 15π cm, 30 cm²　**0653** 방법 A, 4 cm

0654 20π m²　**0655** 15π cm

06 다면체와 회전체

0656 ㄷ, ㅁ　**0657** 9, 구면체　　**0658** 6, 육면체

0659 7　　**0660** 15　　**0661** 10　　**0662** 사다리꼴

0663

	삼각기둥	삼각뿔	삼각뿔대
겨냥도			
면의 개수	5	4	5
모서리의 개수	9	6	9
꼭짓점의 개수	6	4	6
옆면의 모양	직사각형	삼각형	사다리꼴

0664 정다각형, 면　　**0665** ×　　**0666** ×　　**0667** ○

0668 ○

0669

	면의 모양	한 꼭짓점에 모인 면의 개수
정사면체	정삼각형	3
정육면체	정사각형	3
정팔면체	정삼각형	4
정십이면체	정오각형	3
정이십면체	정삼각형	5

0670 정사면체　　**0671** 점 E　**0672** $\overline{DC}$

0673 ㄴ, ㄹ, ㅁ　　**0674** 회전체　**0675** 구　**0676** 원뿔대

0677 , 원뿔

0678 , 원기둥

0679 , 원뿔대

0680 , 구

0681

	회전축에 수직인 평면으로 자른 단면의 모양	회전축을 포함하는 평면으로 자른 단면의 모양
원기둥	원	직사각형
원뿔	원	이등변삼각형
원뿔대	원	사다리꼴
구	원	원

0682 ×　　**0683** ×　　**0684** ○　　**0685**

0686

0687 ②, ⑤ **0688** 육면체

0689 ④　**0690** ④　**0691** ③　**0692** ㄴ, ㄷ, ㄹ

0693 30　**0694** 28　**0695** ⑤　**0696** ③　**0697** 20

0698 ④　**0699** 4　**0700** ⑤　**0701** ③　**0702** ②

0703 육각뿔대, 사다리꼴　**0704** ⑤　**0705** 3　**0706** ②, ④

0707 ④　　**0708** ㄱ, ㄷ　**0709** 칠각뿔대　　**0710** 사각뿔

0711 오각기둥　　**0712** 28　**0713** ②　　**0714** ③

0715 (가) 3　(나) $360°$　(다) 2　(라) $120°$　(마) $360°$

0716 각 면이 모두 합동인 정다각형이 아니므로 정다면체가 아니다.

0717 ①　　**0718** ㅁ, ㄹ, ㄴ, ㄷ, ㄱ　**0719** 6　　**0720** ③

0721 ④　　**0722** ③, ⑤ **0723** ③　　**0724** 20　**0725** ④

0726 $\overline{ED}$　**0727** (1) 점 I　(2) $\overline{JA}$ $(\overline{JI})$, $\overline{JB}$, $\overline{EI}$, $\overline{EH}$　**0728** ④

0729 ③　　**0730** ②　　**0731** $60°$　**0732** ①　　**0733** ①, ④

0734 ①　　**0735** 4　　**0736** ⑤　　**0737** ㄴ, ㄷ, ㄹ

0738 ②　　**0739** ⑤　　**0740** ②, ③　**0741** ②　**0742** ②

0743 32 cm²　　　**0744** 120 cm²　　　**0745** ①

0746 9π cm²　　　**0747** $a=4, b=8\pi, c=9$　**0748** 8

0749 $(20\pi+20)$ cm　**0750** ①, ⑤　**0751** ⑤　**0752** ③, ⑤

0753 2　**0754** 2　**0755** ④　**0756** 15　**0757** ⑤

0758 30　**0759** ④　**0760** 4　**0761** ①, ③　**0762** ④

0763 ③　**0764** 9　**0765** ①　**0766** ⑤　**0767** 14

0768 ⑤　　**0769** 정사면체　　**0770** ②, ⑤ **0771** ②

0772 ⑤　**0773** ③　**0774** ①　**0775** 60π cm²

0776 ③　**0777** ③　**0778** ⑤　**0779** 2

0780 정사면체　　**0781** 16　　**0782** 67

0783 (1) 108 cm²　(2) $\dfrac{36}{5}$ cm　　**0784** 3 cm **0785** 66

0786 74　**0787** 24π cm²　　　**0788** 정이십면체

07 입체도형의 겉넓이와 부피

0789 150 cm²　　　　**0790** 84 cm²

0791 (1) ㉠ 5　㉡ 10π　㉢ 12　(2) 밑넓이: 25π cm², 옆넓이: 120π cm²　(3) 170π cm²

0792 192π cm²　　**0793** 130π cm²

0794 240 cm³　　　**0795** 60 cm³

0796 63π cm³　　　**0797** 96π cm³

0798 100 cm²　　　**0799** 240 cm²

0800 340 cm²

0801 (1) ㉠ 9　㉡ 3　(2) 밑넓이: 9π cm², 옆넓이: 27π cm²　(3) 36π cm²

0802 39 cm²　　　**0803** 40π cm²

0804 64 cm³　0805 96 cm³
0806 120 cm³　0807 40 cm³
0808 147π cm³　0809 256π cm³
0810 324π cm³　0811 12π cm³
0812 312π cm³　0813 16π cm²
0814 144π cm²　0815 108π cm²
0816 36π cm³　0817 $\frac{500}{3}\pi$ cm³
0818 18π cm³　0819 36π cm³
0820 54π cm³　0821 1:2:3　0822 ④
0823 190 cm²　0824 6 cm　0825 ③
0826 168π cm²　0827 ①　0828 8 cm
0829 384π cm²　0830 ④　0831 95 cm³
0832 12 cm　0833 ③　0834 175π cm³　0835 6 cm
0836 ②　0837 9　0838 ①　0839 54 cm³
0840 128 cm²　0841 겉넓이: 268 cm², 부피: 240 cm³
0842 32π cm²　0843 ④　0844 (28π+24) cm²
0845 ⑤　0846 85 cm³　0847 ④　0848 98
0849 ③　0850 900 cm³　0851 572 cm²
0852 96π cm³　0853 (1) 72π cm² (2) 80π cm³
0854 ②　0855 ②　0856 50 cm²
0857 217 cm²　0858 11　0859 ②　0860 8 cm
0861 ③　0862 30π cm²　0863 ③　0864 ⑤
0865 3　0866 141π cm²　0867 ③
0868 20 cm³　0869 ②　0870 100π cm²
0871 11 cm　0872 ①　0873 4:7　0874 ④
0875 950 cm³　0876 ③　0877 112π cm³
0878 8 cm³　0879 ⑤　0880 128 cm³　0881 ⑤
0882 105 cm³　0883 1　0884 27분　0885 20
0886 104분　0887 ④　0888 4 cm　0889 12 cm
0890 겉넓이: 210π cm², 부피: 200π cm³　0891 ⑤
0892 52π cm²　0893 100π cm²　0894 ②
0895 ②　0896 18π cm²　0897 ⑤
0898 $\frac{128}{3}\pi$ cm³　0899 64개　0900 12 cm
0901 36π cm²　0902 겉넓이: 32π cm², 부피: $\frac{64}{3}\pi$ cm³
0903 겉넓이: 153π cm², 부피: 252π cm³　0904 810π cm³
0905 ③　0906 겉넓이: 27π cm², 부피: 18π cm³
0907 76π cm²　0908 겉넓이: 100π cm², 부피: $\frac{272}{3}\pi$ cm³
0909 ④　0910 1:2:3　0911 36π cm³
0912 36 cm³　0913 2　0914 ③
0915 36π cm³　0916 ③　0917 360 cm²
0918 ③　0919 7 cm　0920 ②
0921 겉넓이: (150π+102) cm², 부피: (250π-90) cm³
0922 ④　0923 577π cm³　0924 ②
0925 32π cm²　0926 72 cm³
0927 겉넓이: 150π cm², 부피: 192π cm³　0928 ③
0929 5 cm　0930 216°　0931 ④　0932 288π cm³
0933 ④　0934 겉넓이: 172π cm², 부피: 312π cm³
0935 144π cm²　0936 ③　0937 48개

0938 겉넓이: (78π+60) cm², 부피: 90π cm³
0939 36 cm²　0940 252 cm³
0941 겉넓이: 162π cm², 부피: 168π cm³　0942 288π cm³

08 대푯값

0943 6　0944 6　0945 86　0946 22　0947 90
0948 6　0949 5.5　0950 83　0951 3　0952 2
0953 9, 10　0954 빨강　0955 ×　0956 ○　0957 ×
0958 ○　0959 ○　0960 7개　0961 7.5개　0962 2개
0963 3.4점　0964 4점　0965 4점　0966 ③　0967 4개
0968 ②　0969 38　0970 30　0971 8　0972 ③
0973 창훈, 진수, 태연　0974 13.5 kg
0975 중앙값, 6편　0976 최빈값, 80 cm　0977 ⑤
0978 15　0979 ③　0980 4　0981 ㄴ, ㄷ　0982 82점
0983 22　0984 ⑤　0985 6회　0986 ①　0987 ②
0988 0　0989 ④　0990 ⑤　0991 ⑤　0992 20
0993 7　0994 29　0995 ⑤　0996 9
0997 풀이 75쪽　0998 14　0999 ①　1000 8회
1001 9.2초

09 도수분포표와 상대도수

1002

(1|2는 12장)

줄기	잎
1	2 3 4
2	1 2 2 5 6 7
3	3 5 5 7 8
4	0 1

1003 3, 5, 5, 7, 8　1004 2　1005 41　1006 4
1007 45회　1008 19
1009 가장 작은 변량: 3시간, 가장 큰 변량: 16시간
1010

봉사 활동 시간(시간)		도수(명)
3이상 ~ 6미만	///	3
6 ~ 9	//// //	7
9 ~ 12	////	5
12 ~ 15	///	3
15 ~ 18	//	2
합계		20

1011 5　1012 45 kg 이상 50 kg 미만　1013 5 kg
1014 5　1015 7　1016 50 kg 이상 55 kg 미만
1017
1018 5 m　1019 6
1020 30　1021 25 m 이상 30 m 미만　1022 10

01 기본 도형

0001 ○ 0002 × 0003 × 0004 4 0005 4
0006 6 0007 5 0008 6 0009 9 0010 $\overline{MN}$
0011 $\overrightarrow{MN}$ 0012 $\overrightarrow{NM}$ 0013 $\overleftrightarrow{MN}$ 0014 = 0015 ≠
0016 = 0017 = 0018 7 cm 0019 5 cm 0020 2
0021 2 0022 4 0023 3 0024 6 0025 6
0026 ㄱ, ㅁ 0027 ㄹ 0028 ㄴ, ㅂ 0029 ㄷ 0030 평각
0031 예각 0032 둔각 0033 직각 0034 130° 0035 67°
0036 ∠DOE (또는 ∠EOD)
0037 ∠EOF (또는 ∠FOE)
0038 ∠DOF (또는 ∠FOD)   0039 $\angle x=60°$, $\angle y=120°$
0040 $\angle x=35°$, $\angle y=85°$ 0041 $\angle x=90°$, $\angle y=60°$
0042 $\overrightarrow{AB}\perp\overrightarrow{CD}$ 0043 점 O 0044 $\overline{AO}$ 0045 점 A
0046 $\overline{AB}$ 0047 3 cm 0048 ③ 0049 ④ 0050 2
0051 ② 0052 (1) ㄱ, ㅁ (2) ㄴ (3) ㅂ   0053 ④
0054 ③ 0055 (1) 6 (2) 12 (3) 6 0056 20 0057 6
0058 (1) 1 (2) 6 (3) 6 0059 19 0060 ④ 0061 ⑤
0062 ①, ④ 0063 24 cm 0064 28 cm 0065 10 cm 0066 8 cm
0067 ③ 0068 $\angle x=50°$, $\angle y=40°$ 0069 135° 0070 52°
0071 42° 0072 28° 0073 60° 0074 72° 0075 ②
0076 63° 0077 100° 0078 120° 0079 25 0080 40
0081 ③ 0082 100 0083 ④ 0084 ⑤ 0085 85
0086 6쌍 0087 ④ 0088 20쌍 0089 ⑤ 0090 ②
0091 ④ 0092 ④ 0093 95° 0094 ⑤ 0095 35
0096 ② 0097 ⑤ 0098 ② 0099 ④ 0100 12 cm
0101 65° 0102 ⑤ 0103 ④ 0104 ② 0105 32°
0106 ③, ⑤ 0107 4 cm 0108 42° 0109 20 0110 16
0111 15 cm 0112 7시 $\dfrac{60}{11}$분

02 위치 관계

0113 점 A, 점 B   0114 점 B, 점 C
0115 점 C, 점 D   0116 점 B
0117 점 C, 점 D, 점 E   0118 점 A, 점 B
0119 면 ABC, 면 ABD, 면 BCD   0120 면 ABD, 면 BCD
0121 점 D 0122 직선 BC
0123 직선 AB, 직선 DC 0124 × 0125 ○ 0126 ○
0127 ○ 0128 한 점에서 만난다.
0129 꼬인 위치에 있다. 0130 평행하다.
0131 꼬인 위치에 있다. 0132 $\overline{DC}$, $\overline{EF}$, $\overline{HG}$
0133 $\overline{AD}$, $\overline{BC}$, $\overline{AE}$, $\overline{BF}$ 0134 $\overline{CG}$, $\overline{DH}$, $\overline{EH}$, $\overline{FG}$
0135 $\overline{AD}$, $\overline{BC}$, $\overline{EH}$, $\overline{FG}$ 0136 면 ABCD, 면 ABFE
0137 면 AEHD, 면 BFGC
0138 면 CGHD, 면 EFGH
0139 $\overline{AB}$, $\overline{BC}$, $\overline{DE}$, $\overline{EF}$ 0140 $\overline{BC}$, $\overline{BE}$, $\overline{CF}$, $\overline{EF}$
0141 $\overline{AD}$, $\overline{BE}$, $\overline{CF}$ 0142 $\overline{AB}$, $\overline{BC}$, $\overline{CA}$
0143 면 EFGH 0144 7 cm   0145 4 cm
0146 3 cm

0147 면 ABFE, 면 BFGC, 면 CGHD, 면 AEHD
0148 면 EFGH
0149 면 ABCD, 면 BFGC, 면 EFGH, 면 AEHD
0150 $\overline{CD}$
0151 면 ABC, 면 DEF, 면 ADFC, 면 BEFC
0152 면 DEF   0153 면 ADEB, 면 ABC, 면 DEF
0154 면 ADEB, 면 BEFC
0155 × 0156 ○ 0157 ○ 0158 × 0159 ∠e
0160 ∠g 0161 ∠d 0162 ∠h 0163 ∠c 0164 60°
0165 95° 0166 $\angle x=140°$, $\angle y=140°$
0167 $\angle x=55°$, $\angle y=125°$ 0168 $\angle x=70°$, $\angle y=50°$, $\angle z=60°$
0169 34°, 34°, 58°   0170 × 0171 ○ 0172 ×
0173 ○ 0174 ⑤ 0175 ⑤ 0176 ㄱ, ㄷ 0177 5
0178 ②, ④ 0179 ② 0180 ⑤ 0181 1 0182 4
0183 ⑤ 0184 ①, ③ 0185 $\overline{EH}$ 0186 7
0187 (1) 한 점에서 만난다. (2) 평행하다. (3) 꼬인 위치에 있다.
0188 ⑤ 0189 ② 0190 ③ 0191 2 0192 ①, ③
0193 ③ 0194 ④ 0195 6 0196 ⑤ 0197 ④
0198 ④ 0199 (1) 4 cm (2) 9 cm 0200 ③ 0201 ①, ④
0202 2 0203 4쌍 0204 ⑤ 0205 ②, ⑤
0206 (1) 면 BFGC (2) 면 ABC, 면 DEFG   0207 ③
0208 4 0209 ② 0210 ① 0211 ② 0212 ③
0213 ① 0214 ⑤
0215 (1) $\overline{JC}$, $\overline{HE}$ (2) $\overline{IJ}$, $\overline{IH}$, $\overline{CD}$, $\overline{DE}$ (3) $\overline{HE}$, $\overline{IH}$, $\overline{CE}$
0216 ④ 0217 ①, ⑤ 0218 220° 0219 $\angle x=65°$, $\angle y=70°$
0220 ④ 0221 50° 0222 81 0223 ④ 0224 ㄴ, ㄹ
0225 ⑤ 0226 ⑤ 0227 ④ 0228 ① 0229 ②
0230 58° 0231 25 0232 ① 0233 55° 0234 120°
0235 235° 0236 31 0237 ② 0238 112° 0239 ①
0240 55° 0241 37° 0242 66° 0243 25° 0244 ③
0245 ② 0246 ②, ⑤   0247 ② 0248 90°
0249 20° 0250 ⑤ 0251 ④ 0252 7
0253 $\overline{BC}$, $\overline{EF}$ 0254 ② 0255 ② 0256 ④
0257 ②, ⑤   0258 1 0259 $\overline{DF}$ 0260 ④
0261 ⑤ 0262 260° 0263 ② 0264 80° 0265 25
0266 15° 0267 ⑤ 0268 ③ 0269 ③ 0270 9
0271 45° 0272 65 0273 꼬인 위치에 있다. 0274 8개
0275 60°

03 작도와 합동

0276 ㄴ, ㄹ 0277 ○ 0278 × 0279 ○ 0280 ×
0281 컴퍼스, P, $\overline{AB}$, Q 0282 ⓔ, ㉠, ㉣   0283 $\overline{PC}$
0284 $\overline{CD}$ 0285 ㉡, ㉤, ㉢   0286 동위각
0287 ㉣, ㉤, ㉡   0288 엇각 0289 $\overline{AC}$ 0290 ∠C
0291 × 0292 ○ 0293 $\overline{AC}$ 0294 $\overline{BC}$, $\overline{AC}$
0295 × 0296 ○ 0297 ○ 0298 × 0299 ○
0300 ○ 0301 $x=4$, $y=55$ 0302 ○ 0303 ×
0304 ○ 0305 △ABC≡△EFD, SSS 합동